工程师自学笔记系列丛书

Web 全栈开发进阶之路

马伟青　编著

北京航空航天大学出版社

内 容 简 介

全书一共7章:第1章介绍了如何利用Maven快速地搭建SpringMVC的Web项目;第2章循序渐进地对jQuery的各种函数和方法调用进行了介绍;第3章介绍了前端开发框架Bootstrap的开发和应用;第4章介绍了如何对常见的jQuery和Bootstrap插件进行HTML扩展;第5章介绍了关系型数据库MySQL及其连接方法;第6章介绍了AdminLTE,及其囊括的大量可直接投入项目使用组件的应用;第7章介绍了From表单,使Web客户端能够和服务器端真正地连接起来,融为一体。

初涉Web开发的读者在学习完本书的内容后,能够在最短的时间内快速进阶为一名富有开发经验、能够解决问题的Web开发高手。除此之外,本书附送的源码实例本身就是一个完整的项目,可以在此之上进行二次开发,能够帮助读者快速地完成一个企业级的Web应用程序。

图书在版编目(CIP)数据

Web全栈开发进阶之路 / 马伟青编著. -- 北京 : 北京航空航天大学出版社,2018.12

ISBN 978 - 7 - 5124 - 2880 - 5

Ⅰ.①W… Ⅱ.①马… Ⅲ.①网页制作工具-程序设计 Ⅳ.①TP393.092.2

中国版本图书馆 CIP 数据核字(2018)第 261521 号

版权所有,侵权必究。

Web全栈开发进阶之路
马伟青 编著
责任编辑 董宜斌
*
北京航空航天大学出版社出版发行
北京市海淀区学院路37号(邮编100191) http://www.buaapress.com.cn
发行部电话:(010)82317024 传真:(010)82328026
读者信箱: copyrights@buaacm.com.cn 邮购电话:(010)82316936
涿州市新华印刷有限公司印装 各地书店经销
*
开本:710×1 000 1/16 印张:29.7 字数:629千字
2019年4月第1版 2019年4月第1次印刷 印数:2 000册
ISBN 978 - 7 - 5124 - 2880 - 5 定价:79.00元

若本书有倒页、脱页、缺页等印装质量问题,请与本社发行部联系调换。联系电话:(010)82317024

致读者的一封信

亲爱的读者：

  你们好！

  初次见面，写点什么好呢？虽然本书是一本关于 Java Web 的技术图书，但我希望书中能够穿插一些文艺的内容，因为程序员的成长过程中不只有技术和程序，还有诗和远方。记得木心先生有这样一首小诗——《从前慢》，我选取其中两段念给大家听（请注意坐姿）：

      记得早先少年时
      大家诚诚恳恳
      说一句 是一句

      从前的日色变得慢
      车，马，邮件都慢
      一生只够爱一个人

  听到这里，你是不是也特别怀念以前慢的日子，尤其是上初中、高中的时期。那时候有手机的同学并不多，同学们之间的主要联系方式还是写纸质的信，信封是纯洁的白色。下课铃声响起，我趴在走廊的围栏边上往下瞧，收信箱那里总能瞅见三五成群的同学，他们的脸上写满了殷切的期待，我想他们一定像我一样，期待着远方的朋友或者亲人的来信，那信里都写着什么呢？也许是肝胆相照的友情，也许是朦朦胧胧的恋情，也许是关怀备至的亲情。总之，那时候的书信，充满着令人怀念的味道，那味道，就像深巷里的酒香。

  那么，现在，就让我来写一封信给亲爱的你们吧！让我来揣摩你们的心思，替你们提几个问题，然后请允许我再来一一作答，看看这些问题，这些答案是否是你们想要的。倘若这些问题不在你的咨询范围内，这些答案也未能使你感到满意，那么你可以通过以下的联系方式找到我，把你想要咨询的问题，或者是想要对我说的悄悄话，统统告诉我吧，我期待着你的回信，这里是"沉默王二"的"解忧杂货店"，就像东野圭吾笔下的那家解忧店一样——回答在牛奶箱里。

沉默王二技术交流群
120926808

沉默王二CSDN博客
http://blog.csdn.net/qing_gee

沉默王二的GitHub
https://github.com/qinggee

下面，请进入我们的"开讲了"栏目，为了配合我的演出，这里有请帅气的主持人"小二哥"登场（一阵热烈的掌声）。

小二哥：请和大家介绍下你和目前所从事的工作吧。

马伟青：大家好，我是马伟青。为了更加亲民，小二哥以后可以称呼我为"小王老师"，至于原因嘛，var 小王老师＝马伟青。

我给自己的标签是"扫地僧"，为什么这样说呢？首先来看这样一幕场景吧！

客户钟总："邢总，咱们这套集电商、项目订单发布与订单订转等业务与一体的综合服务系统什么时候能正式上线？"

老板邢总："钟总，快了快了。咱们公司的'所有'工程师，包括项目总监、产品经理、开发工程师、UI 设计师、测试人员等这一段时间都在加班加点赶进度，最慢一个月后就能正式上线。"

……

放下手机后，邢总有意无意地瞥了一眼旁边的程序员小青，而恰好此时小青也在直勾勾地瞅着他，于是他们的目光就像电池的正负极对接在了一起，激起一道电光火石。

小青的目光里写满了吃惊："邢总，全公司的开发人员就我一个啊，哪有什么项目总监、产品经理、开发工程师、UI 设计师、测试人员，撂大话可真是脸不红心不跳啊！"

那边邢总也会了意，表示："小青，别狐疑了，说的还不就是你，你就是我的扫地僧啊。什么技术做不来，什么问题解决不了，还有什么是你做不出来的！"

嗯，上面场景中的小青可不是《新白娘子传奇》中的青蛇，他其实就是我，一名普普通通的程序员，一名名副其实的"扫地僧"，除了和老板谈业务、设计产品、敲代码、做测试、做项目维护和运营外，办公室的地板也确实要扫，厕所的马桶也确实得刷。

小二哥：小王老师说话就是幽默，我都笑得合不拢嘴了。那小王老师能聊聊为什么要写这本书吗？

马伟青：首先，回想我刚开始学习编程的时候，那是在大学期间写的第一个静态网页，其复杂程度现在回想起来都觉得不可思议。要做一个网页，"网页三剑客"是必须要学会用的，因为页面布局需要 Dreamweaver，图片处理需要 Fireworks，动画制作需要 Flash。我记得当时做的是一个农产品展示的首页，没有涉及一点服务器端的代码，真的就是一个静态的HTML页面，就足足花了我两个多月的时间。现在回想当时的学习过程，完全就是在摸着石头过河。

你可能会问，不是还有老师和同学吗？不会去图书馆借书读吗？

是，可以问老师和同学，也可以去图书馆借书读，但收效甚微。为什么会这样？因为对于编程来说，老师也不敢拍着胸脯说自己很有经验，因为大家都是初学者，甚至有些爱学习的同学，编程能力还在老师之上。至于技术图书，大部分都是诸如《21天学会用Dreamweaver》《21天学会用Fireworks》的快餐式书籍，对初学Java Web编程的学生来说，帮助很有限。那么，对于一名在校的学生或者刚刚接触Web开发的编程人员来说，如何才能拥有一个总揽全局的导航地图呢？相信不止我一人曾有过这样的困惑。

其次，我相信，像我这样的程序员还有很多，需要掌握多种技能，并能利用这些技能快速迭代出产品，尤其是对于公司而言，这样的"扫地僧"是刚需。可以毫不夸张地说，能够在创业初期就遇到一位称职的"扫地僧"是创业公司的幸运。换句话说，如果公司最终走向成功，"扫地僧"也将会获得优厚的报酬。那么如何才能成为一名对公司发展至关重要的"扫地僧"（在严格意义上讲，"扫地僧"更专业的术语应该是"全栈工程师"）呢？

我想，《Web全栈开发进阶之路》这本书就是一个不错的答案。Web开发是一个动态的领域，新的编程语言、框架和技术陆续出现，流行，然后消失，技术的更新换代就好像雨后春笋一般。作为开发者的我们，不必为此感到恐慌，因为只要我们不断地学习和实践，就能够淬炼出一种永不过时的学习能力，有了这种能力之后，任凭环境怎么日新月异，我们都能够保持岿然不动的姿态。

我写这本书的目的就是帮助初学者梳理出一个清晰的导航地图，帮助开发者培养一种良好的学习能力。有了清晰的导航地图，那么在学习过程中就不再感到迷茫，就有了培养学习能力的基础。而一旦养成了良好的学习能力，那么在工作当中就能够发现问题，并且解决问题，成为公司发展过程中不可或缺的一员。

小二哥：听小王老师这样讲完，我也迫不及待想要踏上"Web全栈开发进阶之路"了。写书不是一件容易的事情，能不能谈谈在这段期间内的辛酸和收获？

马伟青：说句实话，在写作的最初阶段，我真的是挺后悔自己做出写书这个决定的。因为写博客可以相对随心所欲一些，毕竟都是自己的一家之言，可以不考虑语言是否严谨，可以不考虑技术是否专业，也可以不考虑读者是否满意，总之，可以有一千个"不负责任"的理由。但写书就不一样了，要认认真真地考量技术，要细细致致地考量技术，也要付出120%的努力，所以经常是写完之后改，改完之后删，删完之后再写。

从2017年5月份准备写作，到2017年年底，7个月的时间过去了，我也只是完成了书稿的前三章，还是零零碎碎的样子，那时候我的内心是绝望的。工作上，要以一己之力完成项目，费时费力费心，几乎腾不出时间写作；生活上，我家女儿那时还不满两岁，精力旺盛，下班回到家后她几乎能把我折腾得精疲力竭。我原本寄希望于老婆能够挺身而出，给我创造一个相对安静的写作环境，但这个希望就像是陪女儿上早教课时老师吹起的泡泡，美丽但很快就会破碎，然后消失得无影无踪。

我该怎么办呢？下定决心做了这些安排。

1. 调整自己的作息习惯，早上 5 点准时起床，写作到 8 点，这段时间世界是安静的。

2. 抵制一切浪费时间的行为，例如说手机刷朋友圈、看无聊的新闻和视频。

3. 坚持，想做一件事当然很简单，但把一件事做成功却没有那么容易，所谓"念念不忘，必有回响"，唯有坚持，方得始终。

现在，《Web 全栈开发进阶之路》这本书终于和大家见了面，我也进化成了一个更好的自己——自信、自律。

小二哥：我对小王老师的总结就是，"世上无难事，只怕有心人"，只要肯下决心去做，世界上就没有什么办不到的事情，困难总是可以克服的。那么咱们这本《Web 全栈开发进阶之路》面向的群体是怎样的？

马伟青：好，请允许我先省掉一些自谦的话语（笑），《Web 全栈开发进阶之路》可以说是一本 Web 开发的"百科简书"。本书没有对目标读者做任何限制，只要你喜欢开发 Web，那么都可以从本书中获益。本书的内容通俗易懂，同时配套做了大量的实例来讲解 Web 开发必备的基础技能。

1. 假如你是一名初级开发人员，通过亲自动手实践本书提供的示例，可以快速让你进阶到中级的开发水平。虽然书中所有的源代码均可以自由获取，但我不建议大家只是为了看代码来学习本书，进而错过了一次很好的练手机会，因为所有的开发技能都需要不断练习，熟能生巧，巧能生辉。

套用心学创始人王阳明的话，叫做"知行合一"，即在学习理论知识的过程中反复练习，在实践的过程中温故知新。在王阳明提出"知行合一"之前，人们普遍信奉的是朱熹的"先知后行"（知就是学知识，行就是行动、做事情），认为知和行是分开的，在实际运作之前要先学好理论，有把握了再去做。对比朱熹和王阳明的观点，我更认可"知行合一"，因为在我的认知中，理论知识注定是枯燥的，如果一味地先去"格物"（学习理论）而后实践，注定要误入"书呆子"的歧途。

2. 假如你是一名中级开发人员，想在 Web 开发的道路上走得远、攀得高、持续精进，想在短时间内无压力地搞定一个 Web 项目，那么这本书涉及到的优秀案例、提到的框架设计思想会对你有所帮助。

小二哥：这本书有什么特色呢？

马伟青：第一，专注于解决问题。曾有人这样说过："很多人都能够发现问题，但只有少数人既能发现问题，又能解决问题"。我很认同这句话，并把这句话当做是自己奋斗的一个标杆。这本书中我列出的实例也都是对实际项目中解决问题的过程进行的总结和提炼，相信这会帮助到很多热爱技术的朋友。

第二，通俗易懂。就我读过的技术书籍来看，学院派老师编写的书籍特别多，也是市面上的主流书籍，作者们拥有让人敬仰的头衔；文风严谨，用词专业；案例也十分深奥。总之我也希望自己有朝一日能够像他们一样，但在读这些书的过程中，我往往需要

致读者的一封信

硬着头皮去读,这样无形当中增加了读书的烦恼。我是一名平凡的程序员,爱读书、爱写作、爱分享,在 CSDN 和"沉默王二"订阅号上也发表了很多文章,喜欢的朋友都说我的文章朴实无华、通俗易懂,在碎片化阅读的时代里是一股难得的清流(捂脸中～)。说实话,我挺喜欢这样的评价。

第三,三管齐下。

(1)教你梳理清楚 Web 开发是怎样的一个流程,以及怎样快速地建立自己的开发模型(认知方法);

(2)本书介绍了很多适合实际项目开发的实例,你可以按部就班地模仿这些练习,从而达到熟能生巧(模仿方法);

(3)确定你的方向,落实在行动上,通过在你的实际项目当中运用这些知识从而成为一名优秀的 Web 开发者(行为方法)。

小二哥:你有要感谢的人吗?

马伟青:当然有啊,首先我要感谢的是董宜斌老师。有这样一句话,"第一次出版技术图书的作者都拥有着非凡的勇气!",虽然这句话是我杜撰的,但的的确确有这样一个人给了我莫大的勇气。尽管我一直有着出书的梦想,但苦于对自己写作能力的怀疑,迟迟不敢接受出版社的邀请。董老师的热情和真诚真的打动了我,促使我有了写作本书的勇气,真的非常感谢。

其次,我要感谢的是那些陪着我一起成长的群友们,"沉默王二"技术交流群经常遇到类似下面的一些提问。

程序员 A:"群主,在吗,能把《Bootstrap Fileinput》(文件上传组件)那篇博客涉及的源码打包发给我吗?"

程序员 B:"二哥,在吗,《Bootstrap Summernote》(富文本编辑器)文章中提到的编辑后的 HTML 代码该怎么保存到 MySQL 数据库啊?"

程序员 C:"哥们,在吗,我是看了你那篇《Bootstrap Tree View》(树形结构)文章后进群的,我按照你的方法做了全选和全不选操作,但就是不起效啊,你有时间帮我看看怎么回事吗?"

程序员 D:"老大,在吗,帮忙看看吧,实在是不会啊,select2 组件加上我这个分页方法就一直报错…"

程序员 E:"大家好,我用这种方式(展示 jqGrid 代码的一张图),数据显示不出来,有没有遇到这种情况的@群主,在吗?"

……

起先,遇到这类"小白"的问题,我总是显得不屑一顾,自以为是地认为是群友们没有认真读我的博客,没有认真去思考,没有亲自动手去实践,所以才会遇到诸多困扰。可是后来我发现,类似这样的问题层出不穷,明明我在博客里已经把解决方案写得一清二楚,为什么还会这样呢?我开始反思,是不是因为我的博客写得不够深入、不够系统,才导致大家在解决问题的时候产生疑惑? 于是我开始追本溯源,按照群友们描述的问题,重新翻看我的博客,发现的确如此:博客里讲解的内容太过于私有化,站在读者的角度来看,很难按图索骥,很难轻易地参照个别方案解决实际问题。

  这些,促使着我做出改变,重构解决方案,重新编辑博客,重新审视自己,这样做的结果是我解决问题的能力又提高了。这就好像游戏里我重新刷了一遍副本,等级、经验、人望都得到了提高,所以我必须要感谢这批忠实的群友们!正是因为他们的帮助,才有了今天更好的我。

作者

2019 年 3 月

目 录

第1章 Web 项目的快速实现 ... 1
1.1 手把手带你搭建开发环境 ... 2
1.1.1 配置 JDK ... 2
1.1.2 选择 IDE ... 3
1.1.3 配置 Maven ... 3
1.1.4 配置 Tomcat ... 5
1.2 创建你的第一个 Web 项目 ... 6
1.2.1 从 GitHub 上获取原型项目 ... 7
1.2.2 导入 Maven4Web 项目到 Eclipse 工作库 ... 8
1.2.3 运行 Maven4Web ... 10
1.3 分析你的第一个 Web 项目 ... 11
1.3.1 pom.xml ... 12
1.3.2 web.xml ... 15
1.3.3 context-dispatcher.xml ... 19
1.3.4 IndexController.java ... 21
1.3.5 index.jsp ... 22
1.4 Web 项目的调试 ... 23
1.4.1 客户端调试 ... 23
1.4.2 服务器端调试 ... 30
1.5 小 结 ... 31

第2章 锋利的 jQuery ... 33
2.1 jQuery 简介 ... 33
2.2 编写第一行 jQuery 代码 ... 36
2.2.1 准备 jQuery 程序库 ... 36
2.2.2 编写 jQuery 代码 ... 38
2.2.3 JS 库文件管理 ... 42
2.2.4 EL 表达式 ... 43

2.2.5　JSP 标准标签库 ································· 45
2.3　jQuery 选择器 ··· 47
　　2.3.1　基本选择器 ····································· 47
　　2.3.2　过滤选择器 ····································· 47
　　2.3.3　选择器组 ······································· 48
2.4　jQuery 中的 DOM 操作 ································ 48
　　2.4.1　查找节点 ······································· 48
　　2.4.2　遍历节点 ······································· 49
　　2.4.3　创建并插入节点 ································· 52
　　2.4.4　删除节点 ······································· 53
2.5　jQuery 的 getter 和 setter ······························ 54
　　2.5.1　获取和设置 HTML 属性 ························· 55
　　2.5.2　获取和设置 Form 表单域的值 ···················· 62
　　2.5.3　获取和设置 HTML 元素内容 ····················· 66
　　2.5.4　获取和设置元素数据 ····························· 68
2.6　jQuery 中的 Ajax ······································ 71
　　2.6.1　jQuery.ajax() 函数 ······························· 71
　　2.6.2　Ajax 全局事件 ·································· 72
　　2.6.3　中文乱码 ······································· 76
2.7　小　　结 ··· 77

第 3 章　优雅的 Bootstrap

3.1　你好啊，Bootstrap ······································ 79
3.2　粘页脚，你必须得学会的简单技能 ······················· 81
3.3　响应式栅格系统，行业趋势所向 ························· 86
　　3.3.1　栅格系统的起源 ································· 86
　　3.3.2　栅格系统的基本用法 ····························· 87
　　3.3.3　列偏移和列嵌套 ································· 91
3.4　Bootstrap 常用的 CSS 样式 ····························· 93
　　3.4.1　排　　版 ······································· 93
　　3.4.2　表　　格 ······································· 95
　　3.4.3　表　　单 ······································· 97
　　3.4.4　按　　钮 ······································· 99
　　3.4.5　图　　像 ······································· 100
　　3.4.6　浮　　动 ······································· 101
3.5　那些锦上添花的图标字体库 ····························· 102
　　3.5.1　Glyphicon Halflings ······························ 102
　　3.5.2　Font Awesome ·································· 103

目　录

- 3.5.3 iconfont …… 107
- 3.5.4 综合应用 …… 109
- 3.6 变魔术一样的导航条 …… 110
  - 3.6.1 基础导航条 …… 110
  - 3.6.2 带有表单的导航条 …… 111
  - 3.6.3 响应式导航条 …… 112
  - 3.6.4 顶部固定的导航条 …… 115
  - 3.6.5 滚动时隐藏导航条 …… 119
  - 3.6.6 更多动画效果 …… 123
- 3.7 小结 …… 125

第 4 章　便捷的 HTML 扩展 …… 127

- 4.1 什么是 HTML 扩展？ …… 127
  - 4.1.1 HTML 是什么？ …… 127
  - 4.1.2 为什么要进行 HTML 扩展 …… 129
  - 4.1.3 编写 HTML 扩展的 jQuery 插件 …… 130
- 4.2 Lazy Load——图像延迟加载 …… 132
  - 4.2.1 图像延迟加载 …… 133
  - 4.2.2 Lazy Load 的 HTML 扩展 …… 134
  - 4.2.3 Lazy Load 的更多参数 …… 135
  - 4.2.4 为什么不选择 2.x 版的 Lazy Load …… 138
- 4.3 iCheck——超级复选框和单选按钮 …… 139
  - 4.3.1 复选框和单选按钮 …… 139
  - 4.3.2 iCheck 的自我介绍 …… 139
  - 4.3.3 iCheck 的基本应用步骤 …… 139
  - 4.3.4 iCheck 的皮肤式样 …… 143
  - 4.3.5 iCheck 的监听事件 …… 146
  - 4.3.6 iCheck 改变复选框/单选按钮状态 …… 146
  - 4.3.7 iCheck 的 HTML 扩展 …… 147
- 4.4 Switch——Bootstrap 的开关组件 …… 150
  - 4.4.1 Switch 的自我介绍 …… 150
  - 4.4.2 Switch 的基本应用步骤 …… 150
  - 4.4.3 Switch 的常用属性 …… 154
  - 4.4.4 Switch 的监听事件 …… 155
  - 4.4.5 Switch 其他功能 …… 156
  - 4.4.6 Switch 的 HTML 扩展 …… 156
- 4.5 Datetime Picker——Bootstrap 日期时间选择器 …… 158
  - 4.5.1 Datetime Picker 的自我介绍 …… 158

- 4.5.2 Datetime Picker 的基本应用步骤 ········· 158
- 4.5.3 Datetime Picker 的常用属性 ············ 160
- 4.5.4 Datetime Picker 的 HTML 扩展 ········· 162
- 4.5.5 请求参数注解@RequestParam ············ 163
- 4.6 DateRange Picker——Bootstrap 日期范围选择器 ········· 164
  - 4.6.1 DateRange Picker 的自我介绍 ············ 164
  - 4.6.2 DateRange Picker 的基本应用步骤 ········· 164
  - 4.6.3 DateRange Picker 的常用属性 ············ 165
  - 4.6.4 DateRange Picker 的 HTML 扩展 ········· 167
  - 4.6.5 更完善的 DateRange Picker ············ 168
- 4.7 Tags Input——Bootstrap 风格的标签输入组件 ········· 171
  - 4.7.1 Tags Input 的自我介绍 ············ 171
  - 4.7.2 Tags Input 的基本应用 ············ 171
  - 4.7.3 Tags Select ············ 172
  - 4.7.4 Tags Input 的常用属性 ············ 173
  - 4.7.5 Tags Input 的 HTML 扩展 ············ 173
- 4.8 Star Rating——简单而强大的星级评分插件 ········· 175
  - 4.8.1 Star Rating 的自我介绍 ············ 175
  - 4.8.2 Star Rating 的基本应用 ············ 176
  - 4.8.3 Star Rating 的常用属性 ············ 176
  - 4.8.4 Star Rating 的 HTML 扩展 ············ 178
- 4.9 Layer——更友好的 Web 弹层组件 ········· 179
  - 4.9.1 Layer 的自我介绍 ············ 179
  - 4.9.2 Layer 的基本应用步骤 ············ 180
  - 4.9.3 Layer 的基础参数 ············ 181
  - 4.9.4 Layer 常用的回调函数 ············ 184
  - 4.9.5 Layer 的常用方法 ············ 185
  - 4.9.6 为 Layer 定制常用的全局函数 ············ 187
- 4.10 Magnific Popup——一款真正的响应式灯箱插件 ········· 189
  - 4.10.1 Magnific Popup 的自我介绍 ············ 189
  - 4.10.2 Magnific Popup 的基本应用步骤 ············ 191
  - 4.10.3 Magnific Popup 的初始化方式 ············ 193
  - 4.10.4 Magnific Popup 的弹窗类型 ············ 194
  - 4.10.5 Magnific Popup 的公用选项 ············ 201
  - 4.10.6 Magnific Popup 的 Gallery 选项 ············ 204
  - 4.10.7 Magnific Popup 常用的回调函数 ············ 205
  - 4.10.8 Magnific Popup 常用的公共方法 ············ 206

- 4.10.9 Magnific Popup 常用的公共属性 ... 207
- 4.10.10 Magnific Popup 的 HTML 扩展 ... 207
- 4.11 小　结 ... 210

第 5 章　不可或缺的数据库 ... 212

- 5.1 MySQL——关系型数据库 ... 212
  - 5.1.1 MySQL 简介 ... 212
  - 5.1.2 安装 MySQL ... 213
  - 5.1.3 数据库管理工具 ... 216
  - 5.1.4 创建数据库表 ... 217
- 5.2 MyBatis——数据库持久层框架 ... 219
  - 5.2.1 MyBatis 简介 ... 219
  - 5.2.2 基于 XML 映射的 MyBatis ... 220
  - 5.2.3 Mapper 接口 ... 228
- 5.3 Druid——数据库连接池 ... 229
  - 5.3.1 Druid 简介 ... 229
  - 5.3.2 使用 Druid ... 229
  - 5.3.3 配置 LogFilter ... 234
  - 5.3.4 为数据库密码提供加密功能 ... 236
- 5.4 小　结 ... 238

第 6 章　多彩的 AdminLTE ... 240

- 6.1 初识 AdminLTE ... 240
  - 6.1.1 AdminLTE 简介 ... 240
  - 6.1.2 AdminLTE 的优点 ... 241
  - 6.1.3 AdminLTE 初次探索 ... 242
- 6.2 SiteMesh——网页布局和装饰的集成框架 ... 245
  - 6.2.1 SiteMesh 简介 ... 245
  - 6.2.2 SiteMesh 的基本应用 ... 246
  - 6.2.3 SiteMesh 详细配置 ... 249
  - 6.2.4 小　结 ... 250
- 6.3 Chart.js——简单而灵活的图表库 ... 251
  - 6.3.1 关于 Chart.js ... 251
  - 6.3.2 Chart.js 的基本应用 ... 252
  - 6.3.3 Chart.js 的常用配置项（options） ... 255
  - 6.3.4 Chart.js 的不同类型图表 ... 267
  - 6.3.5 Chart.js 重要的组成部分 ... 277
  - 6.3.6 Chart.js 的那些重要方法 ... 286
  - 6.3.7 Chart.js 常用的监听事件 ... 286

- 6.3.8 为 Chart.js 锦上添花 ⋯⋯⋯⋯⋯⋯⋯⋯⋯⋯⋯⋯⋯⋯⋯⋯⋯⋯⋯⋯⋯⋯⋯⋯ 287
- 6.3.9 通过 Ajax 从服务器端获取数据 ⋯⋯⋯⋯⋯⋯⋯⋯⋯⋯⋯⋯⋯⋯⋯⋯⋯⋯⋯ 289
- 6.4 Select2——支持搜索、标记、远程数据和无限滚动的下拉框 ⋯⋯⋯⋯⋯⋯⋯⋯⋯⋯ 292
  - 6.4.1 Select2 简介 ⋯⋯⋯⋯⋯⋯⋯⋯⋯⋯⋯⋯⋯⋯⋯⋯⋯⋯⋯⋯⋯⋯⋯⋯⋯⋯⋯ 292
  - 6.4.2 Select2 的基本应用 ⋯⋯⋯⋯⋯⋯⋯⋯⋯⋯⋯⋯⋯⋯⋯⋯⋯⋯⋯⋯⋯⋯⋯⋯ 293
  - 6.4.3 Select2 配置项概览 ⋯⋯⋯⋯⋯⋯⋯⋯⋯⋯⋯⋯⋯⋯⋯⋯⋯⋯⋯⋯⋯⋯⋯⋯ 296
  - 6.4.4 Select2 数据源 ⋯⋯⋯⋯⋯⋯⋯⋯⋯⋯⋯⋯⋯⋯⋯⋯⋯⋯⋯⋯⋯⋯⋯⋯⋯⋯ 298
  - 6.4.5 Select2 占位符 ⋯⋯⋯⋯⋯⋯⋯⋯⋯⋯⋯⋯⋯⋯⋯⋯⋯⋯⋯⋯⋯⋯⋯⋯⋯⋯ 306
  - 6.4.6 Select2 的 JavaScript 编程步骤 ⋯⋯⋯⋯⋯⋯⋯⋯⋯⋯⋯⋯⋯⋯⋯⋯⋯⋯⋯ 306
  - 6.4.7 Select2 注意事项 ⋯⋯⋯⋯⋯⋯⋯⋯⋯⋯⋯⋯⋯⋯⋯⋯⋯⋯⋯⋯⋯⋯⋯⋯⋯ 308
- 6.5 Bootstrap-Treeview——一款非常酷的分层树结构插件 ⋯⋯⋯⋯⋯⋯⋯⋯⋯⋯⋯⋯ 308
  - 6.5.1 Bootstrap-Treeview 简介 ⋯⋯⋯⋯⋯⋯⋯⋯⋯⋯⋯⋯⋯⋯⋯⋯⋯⋯⋯⋯⋯⋯ 308
  - 6.5.2 Bootstrap-Treeview 基本应用 ⋯⋯⋯⋯⋯⋯⋯⋯⋯⋯⋯⋯⋯⋯⋯⋯⋯⋯⋯⋯ 309
  - 6.5.3 Bootstrap-Treeview 数据结构 ⋯⋯⋯⋯⋯⋯⋯⋯⋯⋯⋯⋯⋯⋯⋯⋯⋯⋯⋯⋯ 310
  - 6.5.4 Bootstrap-Treeview 常用配置项 ⋯⋯⋯⋯⋯⋯⋯⋯⋯⋯⋯⋯⋯⋯⋯⋯⋯⋯⋯ 312
  - 6.5.5 Bootstrap-Treeview 常用方法 ⋯⋯⋯⋯⋯⋯⋯⋯⋯⋯⋯⋯⋯⋯⋯⋯⋯⋯⋯⋯ 314
  - 6.5.6 Bootstrap-Treeview 的常用监听事件 ⋯⋯⋯⋯⋯⋯⋯⋯⋯⋯⋯⋯⋯⋯⋯⋯⋯ 320
  - 6.5.7 关于 Bootstrap-Treeview 节点勾选 ⋯⋯⋯⋯⋯⋯⋯⋯⋯⋯⋯⋯⋯⋯⋯⋯⋯⋯ 321
  - 6.5.8 Bootstrap-Treeview 异步加载 ⋯⋯⋯⋯⋯⋯⋯⋯⋯⋯⋯⋯⋯⋯⋯⋯⋯⋯⋯⋯ 325
  - 6.5.9 Bootstrap-Treeview 节点数据提交 ⋯⋯⋯⋯⋯⋯⋯⋯⋯⋯⋯⋯⋯⋯⋯⋯⋯⋯ 328
- 6.6 小 结 ⋯⋯⋯⋯⋯⋯⋯⋯⋯⋯⋯⋯⋯⋯⋯⋯⋯⋯⋯⋯⋯⋯⋯⋯⋯⋯⋯⋯⋯⋯⋯⋯ 330

第7章 大有可为的 Form 表单 ⋯⋯⋯⋯⋯⋯⋯⋯⋯⋯⋯⋯⋯⋯⋯⋯⋯⋯⋯⋯⋯⋯⋯⋯ 332

- 7.1 原来你是这样的 Form 表单 ⋯⋯⋯⋯⋯⋯⋯⋯⋯⋯⋯⋯⋯⋯⋯⋯⋯⋯⋯⋯⋯⋯⋯ 332
- 7.2 BootstrapValidator——非常好用的表单验证插件 ⋯⋯⋯⋯⋯⋯⋯⋯⋯⋯⋯⋯⋯⋯ 334
  - 7.2.1 BootstrapValidator 的前世今生 ⋯⋯⋯⋯⋯⋯⋯⋯⋯⋯⋯⋯⋯⋯⋯⋯⋯⋯⋯ 334
  - 7.2.2 BootstrapValidator 的基本应用 ⋯⋯⋯⋯⋯⋯⋯⋯⋯⋯⋯⋯⋯⋯⋯⋯⋯⋯⋯ 334
  - 7.2.3 BootstrapValidator 常用的验证器 ⋯⋯⋯⋯⋯⋯⋯⋯⋯⋯⋯⋯⋯⋯⋯⋯⋯⋯ 337
  - 7.2.4 BootstrapValidator 的常用方法 ⋯⋯⋯⋯⋯⋯⋯⋯⋯⋯⋯⋯⋯⋯⋯⋯⋯⋯⋯ 345
  - 7.2.5 普通表单提交时的遗憾 ⋯⋯⋯⋯⋯⋯⋯⋯⋯⋯⋯⋯⋯⋯⋯⋯⋯⋯⋯⋯⋯⋯ 352
  - 7.2.6 使用 Ajax 提交表单 ⋯⋯⋯⋯⋯⋯⋯⋯⋯⋯⋯⋯⋯⋯⋯⋯⋯⋯⋯⋯⋯⋯⋯⋯ 354
- 7.3 Validform——一行代码搞定整站的表单验证 ⋯⋯⋯⋯⋯⋯⋯⋯⋯⋯⋯⋯⋯⋯⋯⋯ 358
  - 7.3.1 Validform，大声喊出你的口号 ⋯⋯⋯⋯⋯⋯⋯⋯⋯⋯⋯⋯⋯⋯⋯⋯⋯⋯⋯ 358
  - 7.3.2 Validform 的基本应用 ⋯⋯⋯⋯⋯⋯⋯⋯⋯⋯⋯⋯⋯⋯⋯⋯⋯⋯⋯⋯⋯⋯⋯ 358
  - 7.3.3 Validform 常用的附加属性 ⋯⋯⋯⋯⋯⋯⋯⋯⋯⋯⋯⋯⋯⋯⋯⋯⋯⋯⋯⋯⋯ 360
  - 7.3.4 Validform 常用的初始化参数 ⋯⋯⋯⋯⋯⋯⋯⋯⋯⋯⋯⋯⋯⋯⋯⋯⋯⋯⋯⋯ 361
  - 7.3.5 使用 Ajax 提交表单 ⋯⋯⋯⋯⋯⋯⋯⋯⋯⋯⋯⋯⋯⋯⋯⋯⋯⋯⋯⋯⋯⋯⋯⋯ 362
- 7.4 验证码——防止恶意捣乱的神器 ⋯⋯⋯⋯⋯⋯⋯⋯⋯⋯⋯⋯⋯⋯⋯⋯⋯⋯⋯⋯⋯ 364

目　录

- 7.4.1　关于验证码 …… 364
- 7.4.2　集成验证码 …… 364
- 7.5　Geetest——更可靠的安全验证工具 …… 368
  - 7.5.1　关于 Geetest …… 368
  - 7.5.2　注册极验账号 …… 369
  - 7.5.3　行为验证的服务器端 SDK …… 369
  - 7.5.4　集成行为验证的客户端 SDK …… 372
  - 7.5.5　运行实例 …… 377
- 7.6　Form——不再令人痛苦的文件上传 …… 378
  - 7.6.1　在表单中添加文件上传域 …… 378
  - 7.6.2　使用 Ajax 提交 Form 表单 …… 380
- 7.7　Dropify——图片拖拽和预览插件 …… 394
  - 7.7.1　关于 Dropify …… 394
  - 7.7.2　Dropify 的基本应用 …… 394
  - 7.7.3　Dropify 常用的配置项 …… 396
  - 7.7.4　Dropify 常用的监听事件 …… 399
  - 7.7.5　使用 Ajax 提交 Dropify 选择的图片 …… 400
- 7.8　Bootstrap FileInput——增强版的 HTML5 文件输入框 …… 402
  - 7.8.1　Bootstrap FileInput 到底有多优秀？ …… 402
  - 7.8.2　Bootstrap FileInput 的基本应用 …… 403
  - 7.8.3　Bootstrap FileInput 的使用模式 …… 404
  - 7.8.4　Bootstrap FileInput 的常用配置项 …… 407
  - 7.8.5　Bootstrap FileInput 的扩展应用实例 …… 428
- 7.9　Summernote——超级简洁的富文本编辑器 …… 434
  - 7.9.1　为什么选择 Summernote …… 434
  - 7.9.2　Summernote 的基本应用 …… 435
  - 7.9.3　Summernote 的常用配置项 …… 437
  - 7.9.4　Summernote 的常用方法 …… 440
  - 7.9.5　Summernote 的常用监听事件 …… 441
  - 7.9.6　Summernote 的扩展应用实例 …… 446
- 7.10　筛选结果的查询类表单 …… 451
- 7.11　小结 …… 454

第1章
Web 项目的快速实现

学习和使用一门新技术,说起来并没有多少玄机。就我个人的经验来看,首先要做的就是找一个好用的、有引领性质的例子来进行快速的实践,在实践的过程当中去解锁未知的领域。就像玩密室逃脱一样,必须要先身处在密室的环境,然后按照一定方式去寻找开关。如果只是纸上谈兵,恐怕就会在实战当中吃大亏,如马谡失街亭一般。在实践的过程中,如果对技术的某个概念不清楚,那么就花些时间进行更深入的研究,比如说买一本该领域的权威书籍、上 Stack Overflow 索引相关内容查找答案,了解清楚后再回头去实践,我认为这是学习 IT 技术的最佳方法。

※Stack Overflow:一个与程序相关的 IT 技术问答网站,由 Jeff Atwood 和 Joel Spolsky 在 2008 年创建。

顺便要说的是,一名不断进阶的程序员一定是勤奋又好学的,强烈建议大家在遇到问题时要先学会搜索,Stack Overflow 就是一个非常好的选择。另外英语是程序员绕不开的技能,所以一起加油吧!

对于大部分编程从业者来说,无论是学习哪门语言,上来首先要做的一件事情就是先敲一段代码,让程序输出"Hello World"。记得最初我在学习 Java 编程语言的时候,老师花了一堂课的时间来讲 Java 语言的起源,然后我只记住了聪明绝顶的 Java 鼻祖 James Gosling,以及那个热气腾腾的咖啡杯——Java 的标志;然后第二堂课、第三堂课、第四堂课老师又分别讲了 Java 的几大特性,诸如平台独立与可移植性、面向对象、多线程等,搞得我们这群刚接触计算机编程的同学压力山大,并且大部分同学已经产生了抵抗的情绪,而这种情绪一直持续到大学毕业。结果可想而知,大部分同学在毕业后都没有选择与 Java 编程相关的行业。对此,我感到非常惋惜,我惋惜的不仅仅是大部分同学在大学期间浪费的青春年华,还有他们错过了一个生机勃勃、欣欣向荣的 IT 行业。如果时光可以倒流,我一定会劝谏我的老师,应该先教会同学们如何通过一行神奇的代码,就能够在计算机屏幕上显示"Hello World",而不是先教我们那些枯燥的理论知识。如果老师当初能够这样做的话,我想不仅会激起同学们强烈的求知欲,还能帮助同学们树立起对编程的自信心。

现在,我有了一个可以"传道授业解惑"的机会,我一定会好好珍惜。因此,本章要完成的任务就是:

(1) 配置 Web 开发环境。

(2) 使用 Maven 快速地创建一个 SpringMVC 的 Web 开发项目。

(3) 分析 Web 项目的重要文件:pom.xml、web.xml、context-dispatcher.xml 和 index.jsp。

(4) 介绍如何在浏览器客户端调试 Web 项目。

这样做的目的有两个:一是为以后的章节打好坚实的基础,因为后续章节的内容都是在本章内容基础上完成的;二是勾起大家对 Web 编程的强烈兴趣,促使大家在初学阶段就树立起"我能、我可以"的信心。作为入门章节,我会尽量在项目中剔除与输出"Hello World"无关的"噪声",只关注能实现第一个 Java Web 示例的最少知识,因为最少也就意味着最整洁。

1.1 手把手带你搭建开发环境

所谓"磨刀不误砍柴工",在动手开始第一个项目之前,我们需要准备好 Java Web 项目的开发环境,包括 JDK、Maven、IDE 和 Tomcat。选择一个好的开发环境将会最大幅度地提高我们的编程效率,这就好像为什么绝大多数的父母,希望自己的孩子在幼儿园或者小学阶段就能够到重点学校就读,因为要赢在起跑线嘛。作为程序员也一样,我们需要的不是记事本编程,我们也要赢在起跑线,所以本节我们就花一点时间来把环境搭建起来吧!

1.1.1 配置 JDK

JDK 是 Java Development Kit 的缩写,他是编写 Java 程序时必需的开发工具包。在我准备这篇书稿时,JDK 的最新版本为 1.9,但我并不建议你立马就选择最新的版本来进行学习和开发,因为在 IT 界也流传着一个不能说的秘密——最新版本的工具往往 BUG 也比较多,尽管这句话是我杜撰的。我建议你选择 JDK 1.7 或者 JDK 1.8,下载地址为:http://www.oracle.com/technetwork/java/javase/downloads/index.html。

在「download」页面选择版本,下载并安装好 JDK 后,修改以下系统环境变量:

(1) 添加 JAVA_HOME 参数,例,JAVA_HOME : C:\Program Files\Java\jdk1.7.0_80;

(2) 添加 bin 目录到执行路径 PATH 变量中,例,PATH : %JAVA_HOME%\bin。

系统环境变量修改完毕后,在控制台键入 java-version 的测试命令,如果输出结果如下面代码所示,则证明 JDK 安装成功。

```
java version "1.7.0_80"
Java(TM) SE Runtime Environment (build 1.7.0_80-b15)
Java HotSpot(TM) 64-Bit Server VM (build 24.80-b11, mixed mode)
```

1.1.2 选择IDE

"工欲善其事必先利其器",选择一个适合自己的集成开发环境(IDE,Integrated Development Environment)相当重要,这就好像足球运动员在上场之前要先选择好一款适合自己脚的鞋子,否则在上场之后就会找不到感觉,发挥不出自己应有的水准。

就我个人偏好而言,我比较喜欢Eclipse,其一是因为最开始学习编程的时候我就在用Eclipse,它已经在我的编程血液里发根生芽、枝繁叶茂,我已经离不开它了;其二是因为Eclipse是采用Java编写的,风格简约而实用,而我正是靠着Java语言谋生的,所以没有理由不选择它。

有很多前辈建议我,写书稿的时候一定要有一颗公正的心,保持一种不偏不倚的态度。他们说得没错,但对于有些事物来说,这样做很难,就像我对Eclipse的感情一样,本书选择的IDE正是Eclipse。

不过,读者完全可以根据个人的偏好选择其他的IDE,例如更人性化、更智能化的IntelliJ IDEA。本书源码提供的全部示例都是基于Maven的Java Web项目,而当今主流的IDE对Maven的支持都比较好,所以你大可以放心地选择IDE。

Eclipse的下载地址:https://www.eclipse.org/downloads/eclipse-packages/

IntelliJ IDEA的下载地址:http://www.jetbrains.com/idea/download/

1.1.3 配置Maven

Maven是apache的一个顶级项目,是当今非常流行的项目构建工具,越来越多的开源项目或者商业项目都采用Maven提倡的方式进行管理。

我接触Maven特别的晚。可以做个恰当的对比,假如说使用Maven的开发者已经进入现代社会,选择了飞机来作为交通工具,那么估计我还活在春秋时代,模仿着老子骑着青牛,缓缓前行。但孔子曾说:"朝闻道夕死可矣",尽管我对Maven的掌握也只停留在初学者的阶段,但我的的确确已经被Maven征服了。

从严格意义上讲,我是一名极其保守的程序员,如果一件工具没有彻彻底底地伤透我的心,我就舍不得放弃它。就像有的开发者已经在使用Maven快速构建项目,而我还是在用Eclipse新建Java Project或者Dynamic Web Project,但我并不是一味地选择保守,当我有机会接触Maven,并且发现了Maven的优点之后,我还是会毫不犹豫地选择爱上它。

那么,我都发现了哪些Maven的优点呢?

第一,作为Java语言的使用者,我喜欢Java的一个重要原因就是Java的整个生态系统中有无数优秀的框架和API。他们通常都是以JAR包的形式存在。在使用传统的方式新建项目时，例如使用 Eclipse 新建一个 Java project 的时候，往往需要手动下载好 JAR 包，然后再将这些 JAR 包添加到 classpath，也就是将 JAR 包添加到项目的编译路径当中，这是一件特别繁琐又特别消耗时间的事情。另外，在查看项目依赖的外部 JAR 包的源文件时，往往需要像剥洋葱那样，一层一层地添加 Source 源码包，如图 1-1-1 所示，在弹出的「Class File Editor」界面，单击「Attach Source」，在接下来的对话框中选择源码包的下载路径，然后单击 OK 之后才能看到 Logger 类的源码内容。而 Maven 则不需要，它会采用静默的方式悄悄地就帮我们加载好了，想知道怎么悄悄地呢？那就需要你亲自动手体验一下了。

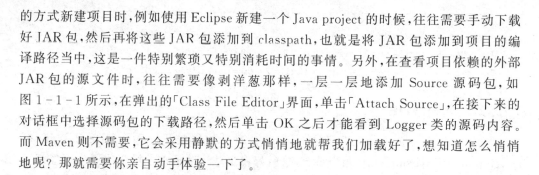

图 1-1-1

第二，如果按照传统的方式新建项目，也就是在没有 Maven 帮助的情况下，每次新建项目时，就需要手动去下载对应的 JAR 包，并且将这些 JAR 包添加到项目的构建路径当中。并且，如果有两个或者两个以上的项目都需要同一个 JAR 包，那么就需要把这个 JAR 包复制多份，添加到各个项目的构建路径当中，而一个项目往往需要依赖很多第三方 JAR 包。按照这种情况发展下去，我们很快就会失去耐心，因为作为程序员来说，我们相当讨厌那些重复性的工作。而有了 Maven 的帮助之后，情况就得到了极大的改善。Maven 提供了本地仓库的概念，它会将项目依赖的 JAR 包放进仓库进行统一管理。也就是说，当 A 项目第一次加载一个 JAR 包时，Maven 会自动下载这个 JAR 包并将其放入仓库，同时 A 项目的构建路径下也会添加上对这个 JAR 包的依赖。当 B 项目也需要这个 JAR 包时，就会直接从 Maven 的本地仓库中获取，不需要重新下载。

我喜欢分享，经常会把自己在工作当中总结的一些经验分享到 CSDN 技术博客上，同时会附带一份源码 Demo 到 GitHub 上方便喜欢的朋友们下载。在遇到 Maven 之前，为了防止出现编译错误，我在 Demo 中附带了很多依赖的第三方 JAR 包，这就导致 Demo 的体积在无形当中变得特别庞大，于是下载这些 Demo 就需要花费很多的时间。当我学会了使用 Maven 之后，Demo 中就不再需要直接添加 JAR 包文件了，而只需要添加 JAR 包的依赖信息，这样就省去了那些额外的下载时间。

要想使用 Maven，首先需要下载 Maven 的二进制压缩存档 apache-maven-3.5.2-bin.zip，下载地址为 http://maven.apache.org/download.cgi，如图 1-1-2 所示。

第1章　Web项目的快速实现

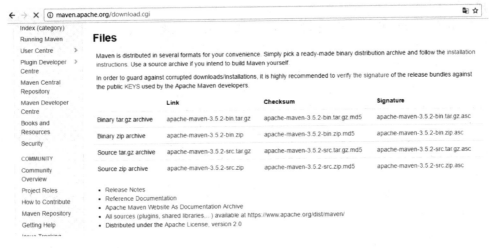

图 1-1-2

下载 apache-maven-3.5.2-bin.zip 并将其解压到对应目录，然后修改系统环境变量：

（1）添加 MAVEN_HOME 参数，例，MAVEN_HOME：D:\program\apache-maven-3.5.2；

（2）添加 bin 目录到执行路径 PATH 变量中，例，PATH：%MAVEN_HOME%\bin。

系统环境变量修改完毕后，在控制台键入 mvn-v 的测试命令，如果输出结果如下面代码所示，则证明 Maven 配置成功。

```
Apache Maven 3.5.2 (138edd61fd100ec658bfa2d307c43b76940a5d7d;
2017-10-18T15:58:13+08:00)
Maven home: D:\program\apache-maven-3.5.2\bin..
Java version: 1.7.0_80, vendor: Oracle Corporation
Java home: C:\Program Files\Java\jdk1.7.0_80\jre
Default locale: zh_CN, platform encoding: GBK
OS name: "windows 8.1", version: "6.3", arch: "amd64", family: "windows"
```

注意：

（1）在我准备本章节书稿的时候，Maven 最新的版本是 3.5.2，要求 1.7 或者以上版本的 JDK。

（2）如果读者想要了解更多关于 Maven 的细节，建议查阅 Maven 官网，地址为：http://maven.apache.org/index.html。

1.1.4　配置 Tomcat

Tomcat 是现在最流行的 Servlet 容器之一，免费而且开源。在日常工作和学习当中，我通常会将项目部署在 Tomcat 中进行测试和运行。不过，在介绍 Tomcat 之前，需要向大家先说明一下什么叫做 Web 服务器。

  Web 服务器使用 HTTP 协议来传输数据。Web 服务器每天 24 小时运行，等待 HTTP 客户端请求，也就是通常大家说的使用 Web 浏览器来连接并请求资源。互联网用户通过在浏览器的地址栏中输入一个 URL 地址（例如，http://blog.csdn.net/qing_gee），然后 Web 服务器将用户想要的网页发送至客户端供用户阅览。

  Servlet 是 Java 体系中开发 Web 应用的底层技术。也就是说，Servlet 是运行在 Servlet 容器中的 Java 程序，而 Servlet 容器则相当于一个 Web 服务器，它可以根据用户的输入，通过 Java 程序来产生动态的内容，而不只是静态资源（例如图片、CSS 和 JavaScript 文件）。

  Tomcat 的下载地址为 http://tomcat.apache.org，最新的 Released 版本是 8.0.48。不过，本书使用的是 Tomcat 7.0.82，其解压缩后的目录为：D:\program\apache-tomcat-7.0.82。

  我们需要把 Tomcat 添加到 Eclipse 的 Server Runtime Environment 中。在 Eclipse 的导航栏中依次选择 Window → Preferences → Server → Runtime Environments → Add，在弹出的选择对话框中选择 Apache → Apache Tomcat v7.0 → Next，在接下来的选择对话框中选择我们下载好的 Tomcat 7.0.82，然后单击 Finish，完成添加工作，如图 1-1-3 所示。

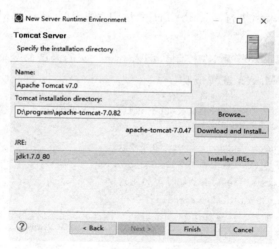

图 1-1-3

1.2 创建你的第一个 Web 项目

  到目前为止，Java Web 的开发环境已经搭建完毕了。那么接下来应该做什么呢？我相信你已经跃跃欲试了，那就让我们开始创建第一个 Web 项目吧。

  像之前说的那样，学习任何一门编程语言，都绕不开一个主题，那就是完成一个"Hello World"的 Demo，这已经成为编程界永恒的经典，就好像《大话西游》里孙悟空

对紫霞仙子的那段对白一样:

曾经有一份真诚的爱情放在我面前,我没有珍惜,等我失去的时候我才后悔莫及,人世间最痛苦的事莫过于此。如果上天能够给我一个再来一次的机会,我会对那个女孩子说三个字:我爱你。如果非要在这份爱上加上一个期限,我希望……一万年!

再次重温经典,内心的那股暖暖的情怀也要燃烧起来了!那么趁热打铁,是时候动手创建第一个 Web 项目了。

1.2.1 从 GitHub 上获取原型项目

本书提供的第一个例子 Maven4Web,是托管在 GitHub 上的,是通过 Maven 构建的一个 Java Web 原型项目。所谓的"原型项目",是指已经具备基本功能、依赖包完整、编译和运行测试都没有问题的示例项目。

让我们来简单了解一下 GitHub。GitHub 是非常知名和流行的 GIT 服务器,它提供了基于身份认证的项目托管等功能。那么,GIT 又是什么呢? 它是一种开源的分布式 SCM(Source Code Management,源代码管理)工具。现如今,越来越多的优秀的开源软件都将版本控制迁移到 GIT 上,并使用 GitHub 托管。本书所有源码依赖的服务器端 JAR 包,以及客户端的 JavaScript 组件,都可以在 GitHub 上找到。Maven4Web 项目在 GitHub 上的地址为:https://github.com/qinggee/Maven4Web,如图 1-2-1 所示。

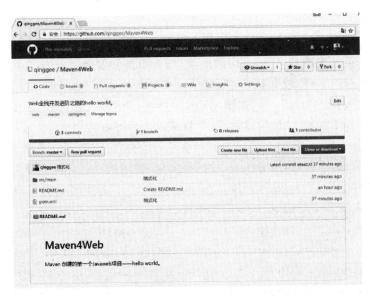

图 1-2-1

单击右侧「Clone or download」按钮,在弹出式菜单上选择「Download ZIP」,然后将 Maven4Web 的源码包 Maven4Web-master.zip 文件保存并解压。

1.2.2　导入 Maven4Web 项目到 Eclipse 工作库

在 Eclipse 的导航栏中依次单击 File→Import→Maven→Existing Maven Projects,此时会弹出选择 Maven 项目的对话框。选择 Maven4Web 项目解压后所在的根目录「Maven4Web－master」,然后单击「Finish」,如图 1-2-2 所示。

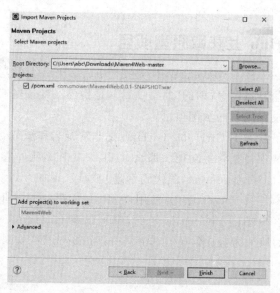

图 1-2-2

如果你是第一次使用 Maven 构建项目,那么可能需要稍微等待一会,因为 Maven 需要把项目依赖的 JAR 包下载到本地仓库。Windows 操作系统默认的仓库地址为:C:\Users\用户.m2\repository,如图 1-2-3 所示。你可以看到图 1-2-3 的文件目录下已经有很多常见的 JAR 包目录,选择目录进入后即可看到对应的 JAR 文件。

通常情况下,Maven4Web 项目会顺利地导入到你的 Eclipse 工作库中。但假如你遇到了下面列出的错误,也不必担心,原因很简单:国内的网络环境连接到 Maven 默认的镜像仓库"https://repo.maven.apache.org/maven2"并不那么容易,解决办法我会在稍后给出,先来看一下错误信息,内容大致如下:

Failure to transfer org. apache. maven. plugins:maven-surefire-plugin:pom:2.12.4 from https://repo. maven. apache. org/maven2 was cached in the local repository, resolution will not be reattempted until the update interval of central has elapsed or updates are forced. Original error: Could not transfer artifact org. apache. maven. plugins:maven-surefire-plugin:pom:2.12.4 from/to central (https://repo. maven. apache. org/maven2): connect timed out

解决办法很简单,就是修改 Maven 的默认镜像地址为国内阿里云的 Maven 镜像地址。

第一步,找到 Maven 的 conf 目录(例,D:\program\apache-maven-3.5.2\conf),复

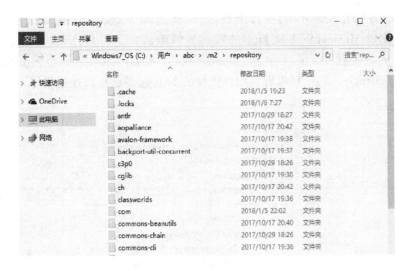

图 1-2-3

制 settings.xml 文件到 Maven 的 .m2 目录(例,C:\Users\abc.m2)。

第二步,打开 settings.xml 文件,找到 <mirrors> 节点,添加以下内容(阿里云的 Maven 镜像地址)并保存。

```
<mirror>
    <id>aliyun</id>
    <name>aliyun Maven</name>
    <mirrorOf>*</mirrorOf>
    <url>http://maven.aliyun.com/nexus/content/groups/public/</url>
</mirror>
```

第三步,在 Eclipse 中展开「Maven Repositories」视窗的「Global Repositories」节点,如果前两步完成的话,可以在此看到 aliyun 的镜像地址,如图 1-2-4 所示。

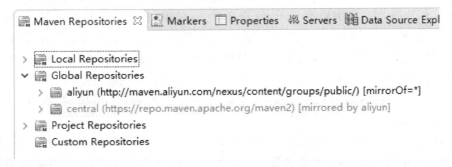

图 1-2-4

注意:通过在导航栏中依次单击 Window → Show View → Other →Maven→Maven Repositories,将「Maven Repositories」视窗添加到 Eclipse 的可见窗体中。

第四步，在「Maven4Web」项目上右击，依次选择 Maven → Update Project，单击 OK。你会发现 Maven4Web 项目上的错误悄悄地消失了。另外，在 Eclipse 的 Project Explorer 导航栏中，依次单击 Maven4Web → Java Resources → Libraries → Maven Dependencies 节点，可以看到项目依赖的 JAR 包都已经添加进来了，如图 1-2-5所示。

图 1-2-5

1.2.3 运行 Maven4Web

项目在本地创建成功后，接下来要做的事情就是验证项目是否能够正常运行。在「Maven4Web」项目上右击，依次选择 Run As → Run On Server，此时会弹出选择 Server 的对话框，选择「Tomcat v7.0 Server」，然后单击「Next」，在接下来的对话框中将 Maven4Web 项目添加到该 Tomcat 服务器下，单击「Finish」。稍候片刻，你的项目就会运行起来了（假设 Tomcat 默认的端口 8080 没有被其他应用占用）。在此过程中，你可以把目光聚焦在「Console」面板上，等待 Eclipse 给你的及时反馈，就像盯着游戏当中角色头顶上的那个红色血条一样，是不是有一种非常期待的感觉？

稍后 Eclipse 通过自己默认的浏览器打开一个页面，不出所料，结果应该和图 1-2-6 显示的一样。

Maven4Web 项目运行成功了！这时候你会后知后觉地发现，还没有写一行代码项目就已经运行起来了，是不是感觉有点小小的遗憾，不要着急，后面写代码的机会多着呢。另外，刚才在这个过程当中，你已经掌握了 Maven 和 GitHub 的基本使用，这可比我当初学习它们的时候容易多。要知道当初我在摸索它们的时候，前前后后花了将近两个月的时间，为此还在 CSDN 上发表过诸多辛苦的感慨，不过现在，一切都过来了。现在我不仅掌握了它们的基础用法，还可以将这些经验传播给更多需要的人，这真

第 1 章　Web 项目的快速实现

图 1-2-6

是一件让人感到兴奋的事情。

1.3　分析你的第一个 Web 项目

项目测试通过，表明本地环境已经没有问题，接下来就让我们花一些时间，来分析一下第一个 Web 项目 Maven4Web。通过对项目构成的必须文件进行解读，同时在解读的过程当中我对关联的相关知识进行说明，一定会使你对 Web 项目有一个更深刻的认知。

好了，现在就让我们开始吧！

打开 CMD 命令行，进入到 Maven4Web-master 的目录，键入 "tree /f" 命令，可以总览 Maven4Web 项目的文件结构，如图 1-3-1 所示。

```
C:\Users\abc\Downloads\Maven4Web-master>tree /f
卷 Windows7_OS 的文件夹 PATH 列表
卷序列号为 0000009D B21C:3341
C:.
│   pom.xml
│   README.md
│
└───src
    └───main
        ├───java
        │       context-dispatcher.xml
        │       └───com
        │           └───cmower
        │               └───spring
        │                   └───controller
        │                           IndexController.java
        │
        └───webapp
                404.jsp
                └───WEB-INF
                        web.xml
                        └───pages
                                index.jsp
```

图 1-3-1

Maven4Web 项目是使用 SpringMVC 构建的 Web 应用程序。如果你是第一次接触 SpringMVC 的话，对上面这些文件可能会有一些陌生感。不过，别担心，我现在就对这些文件进行一一说明，你很快就能弄清楚它们的作用。

1.3.1 pom.xml

pom 的英文全称是 Project Object Model,也就是项目对象模型。pom.xml 是一个将项目编译、测试、部署等步骤联系在一起,并加以自动化的 XML,其通常放置在项目的根目录下(参见图 1-3-1)。pom.xml 是 Maven 项目的灵魂文件,它的作用主要是用来配置项目和开发者的信息,以及管理项目的依赖包和编译环境。

1. pom.xml 文件的第一部分

```
<project xmlns="http://maven.apache.org/POM/4.0.0"
    xmlns:xsi="http://www.w3.org/2001/XMLSchema-instance"
    xsi:schemaLocation="http://maven.apache.org/POM/4.0.0 http://maven.apache.org/maven-v4_0_0.xsd">
    <modelVersion>4.0.0</modelVersion>
</project>
```

其中<modelVersion>的值为 4.0.0。这是当前仅有的、可以被 Maven2 和 Maven3 同时支持的 POM 版本,这是必需的。

2. pom.xml 文件的第二部分

```
<groupId>com.cmower</groupId>
<artifactId>Maven4Web</artifactId>
<packaging>war</packaging>
<version>0.0.1-SNAPSHOT</version>
<name>Maven4WebMavenWebapp</name>
<url>http://maven.apache.org</url>
<developers>
    <developer>
        <id>cmower</id>
        <name>maweiqing</name>
    </developer>
</developers>
```

按照顺序依次说明:

① <groupId>:组织标识,本书的所有源码均为 com.cmower。
② <artifactId>:项目名称,本例子为 Maven4Web。
③ <packaging>:打包格式,Java Web 项目为 war 包。
④ <version>:版本号,通常以 0.0.1 为起始版本号。
⑤ <name>:项目的名称,Maven 产生的文档用。
⑥ <url>:项目主页的 URL,Maven 产生的文档用。
⑦ <developers>:项目的开发者,可以有多个<developer>。

3. pom.xml 文件的第三部分

```
< properties >
    < spring.version > 3.2.8.RELEASE < /spring.version >
    < jdk.version > 1.7 < /jdk.version >
< /properties >
```

< properties > 用来定义一些可能需要变动、又经常使用的版本号变量,例如说定义 < spring.version > 为 3.2.8.RELEASE。

Spring 系列的 JAR 包有很多,例如 spring-core、spring-web、spring-webmvc 等。对于使用 SpringMVC 构建的 Web 应用程序来说,这些 JAR 包通常都是必须的,在使用它们的时候,版本号必须要保持一致,这样就不会造成版本冲突。当在 < properties > 中定义了 < spring.version > 之后,在接下来引用 Spring JAR 包的时候就可以通过 ${spring.version} 来设置版本号。这样做的好处显而易见,当对 JAR 包的版本进行升级的时候,直接在 < properties > 下改动版本号对应的变量值即可。

4. pom.xml 文件的第四部分

```
< dependencies >
    <!-- Spring 3 dependencies -->
    < dependency >
        < groupId > org.springframework < /groupId >
        < artifactId > spring-core < /artifactId >
        < version > ${spring.version} < /version >
        < exclusions >
            < exclusion >
                < groupId > commons-logging < /groupId >
                < artifactId > commons-logging < /artifactId >
            < /exclusion >
        < /exclusions >
    < /dependency >
< /dependencies >
```

< dependencies > 描述了项目相关的所有依赖,这些依赖组成了项目构建过程中的一个个环节。每次更改 pom.xml 文件并保存后,新增或者改动的依赖将会自动从 Maven 定义的仓库中(例如阿里云镜像库)下载到本地仓库。与此同时,项目构建路径下的 Maven 依赖包也会对应改变。

< exclusions > 主要用于解决版本冲突问题。本例中,在计算 spring-core 的依赖传递时,排除了对 commons-logging 的依赖构件集。

有了 Maven 的帮助,新增项目依赖的 JAR 包就很方便了。例如,我们要使用 Fastjson 来进行 JSON 解析和生成,那么要添加 Fastjson 的 JAR 包到项目的构建路径

中,该怎么做呢?

(1)进入MavenRepository网站(地址为http://mvnrepository.com),在search文本域中输入com.alibaba(按照groupId搜索)或者fastjson(也可以按照artifactId搜索),单击「search」按钮,可以查看到Fastjson的链接导航。

(2)单击Fastjson的链接进入到Fastjson主页,可以看到所有版本的Fastjson,选择一个使用率最高的版本(目前是1.2.41版本)。使用率高在一定程度上表明这个版本的JAR包最稳定,已经得到了广大程序员的认可。

(3)在1.2.41版本的Fastjson页面,只需要左键单击「Maven」选项卡,就已经把Fastjson的Maven依赖信息复制到粘贴板了(不需要「Ctrl+C」,非常的人性化),如图1-3-2所示。

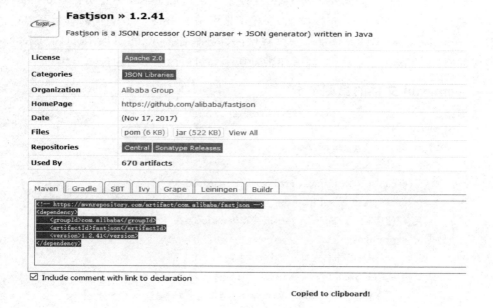

图1-3-2

(4)将Fastjson的依赖信息粘贴到pom.xml文件的<dependencies>节点下,然后「Ctrl+S」保存;紧接着,依次展开Maven4Web → Java Resources → Libraries → Maven Dependencies节点,就可以看到fastjson-1.2.41.jar已经悄悄地添加进项目的构建路径中来了。

5. pom.xml文件的第五部分

```
< build >
    < finalName > Maven4Web < /finalName >
    < plugins >
        < plugin >
```

```xml
            <groupId>org.apache.maven.plugins</groupId>
            <artifactId>maven-compiler-plugin</artifactId>
            <version>2.3.2</version>
            <configuration>
                <source>${jdk.version}</source>
                <target>${jdk.version}</target>
            </configuration>
        </plugin>
    </plugins>
    <resources>
        <resource>
            <directory>src/main/java</directory>
            <includes>
                <include>**/*.xml</include>
            </includes>
        </resource>
    </resources>
</build>
```

(1) <build>用于构建项目需要的信息。

(2) <plugins>用于指定该项目使用的插件列表。如本例中指定了编译源代码的"maven-compiler-plugin"插件。

(3) <resources>描述了项目相关的所有资源路径列表。如本例中指定的xml文件，这些资源被包含在最终的打包文件里。

1.3.2 web.xml

web.xml通常被称做部署描述符，其对于一个Servlet项目(SpringMVC就是一个Servlet项目)来说，是至关重要的一个文件，必须位于WEB-INF目录下。web.xml的应用场景包括：

(1) 需要传递参数给ServletContext；

(2) 有多个过滤器，并需要指定调用顺序；

(3) 需要更改回话的超时时间设置；

(4) 要限制资源的访问，并配置用户身份验证方式。

你可能会对这些场景感到陌生，请不要担心，我们会在随后的章节中进行介绍。接下来，我们来了解一下本例中web.xml文件的构成。

1. web.xml文件的第一部分

```xml
<?xml version="1.0" encoding="UTF-8"?>
<web-app xmlns:xsi="http://www.w3.org/2001/XMLSchema-instance" xmlns="http://java.sun.com/xml/ns/javaee"
```

```
xsi:schemaLocation = "http://java.sun.com/xml/ns/javaee http://java.sun.com/xml/ns/ja-
vaee/web-app_3_0.xsd" id = "WebApp_ID"
version = "3.0" >
</web-app >
```

web.xml 文件和其他 XML 文件类似,以 < ? xml > 元素作为头部开始,声明 XML 的版本并指定文件的字符编码(通常为 UTF - 8)。

其后紧跟着 web-app 元素,其中 xsi:schemaLocation 属性定义了模式文档的位置,以便可以进行验证,version 属性定义了 Servlet 规范的版本,这两个属性是前后对应的,例如 web-app3_0 对应的是 version3.0。在此声明之后,web-app 元素及其子元素的配置需要遵守 web-app_3_0.xsd 文件定义的规则。可在 Eclipse 中打开 web.xml,直接单击 http://java.sun.com/xml/ns/javaee/web-app_3_0.xsd 链接下载该文件进行查看。

2. web.xml 文件的第二部分

```
< servlet >
    < servlet-name > web - app </servlet-name >
    < servlet-class > org.springframework.web.servlet.DispatcherServlet </servlet-class >
    < init-param >
        < param-name > contextConfigLocation </param-name >
        < param-value > classpath:context-dispatcher.xml </param-value >
    </init-param >
    < load - on - startup > 1 </load - on - startup >
</servlet >
< servlet-mapping >
    < servlet-name > web - app </servlet-name >
    < url - pattern > / </url - pattern >
</servlet-mapping >
```

一个 < servlet > 至少包含一个 < servlet-name > 和一个 < servlet-class >。同时,必须有一个与其匹配的 < servlet-mapping >,即 < servlet-mapping > 中的 < servlet-name > 要与 < servlet > 中的 < servlet-name > 保持一致。

(1) < servlet-name > 定义的 Servlet 名称在 web.xml 中必须是唯一的。也就是说,在本例中不能再定义一个 Servlet 名称为"web-app"的 Servlet。

(2) < servlet-class > 指定的类名必须是全路径的格式。也就是说,在本例中类名不能是 DispatcherServlet。

(3) < init-param > 可以传递一个初始参数给指定的 Servlet。

(4) < load - on - startup > 指定 Servlet 容器(例如 Tomcat)在启动时就要装载 Servlet,而不是第一个 Servlet 被访问时再装载。这样做的好处是避免由于加载 Servlet 而导致第一个请求的响应延迟。< load - on - startup > 可以指定一个整数值来设

第1章 Web项目的快速实现

定Servlet加载的顺序,当有两个Servlet且都包含<load-on-startup>时,值小的Servlet优先加载。

(5)<servlet-mapping>映射一个Servlet到一个URL模式,该元素必须有一个<servlet-name>和一个<url-pattern>。

本例中,Servlet的类名配置的是org.springframework.web.servlet.DispatcherServlet,它是SpringMVC的核心。在了解DispatcherServlet之前,我先来简单介绍一下SpringMVC。

从SpringMVC的名字上就能够看得出一二,其是一种基于Spring、MVC(模型-视图-控制器,也就是Model-View-Controller)设计模式实现的,是请求驱动类型的轻量级Web框架。框架的目的就是帮助我们简化开发。DispatcherServlet是它的前端控制器。

那么,SpringMVC能帮我们做什么?

在一个Web应用程序中,状态管理、工作流以及验证都是需要解决的重要特性。HTTP协议是无状态的,它决定了这些问题都不那么容易解决。SpringMVC正是基于解决这些问题而设计的,它能够轻松地构建灵活以及松耦合的Web应用程序。

与大多数基于Java的Web框架一样,SpringMVC中的所有请求都会通过Dispatcher Servlet进行调度。Dispatcher Servlet会将客户端的请求分配给控制器,这些请求包括用户在Web浏览器中键入URL、单击链接、提交表单等。举个例子吧,我们都坐过火车去旅行。上火车之前,我们要先购买一张火车票,比如说从河南洛阳到湖北恩施。这张火车票就是我们的凭证,在进入站台的时候它将引导我们乘坐哪一趟火车,去往哪里。这就好像我们在Web浏览器的URL地址栏中键入了"http://localhost:8080/WebAdvanced/travel?from=luoyang&to=enshi",这个URL信息告诉DispatcherServlet我们从洛阳出发(from=luoyang)去往恩施(to=enshi)旅行(travel)。DispatcherServlet了解了我们的需求之后,就会将这个请求转发给对应的控制器(比如说TravelController)进行处理。

一旦通过了检票站,乘客就会按照路标的指引选择相应的列车和车厢,找到座位后,乘客就会放下背包并耐心地等待列车把自己送往目的地。同样地,一旦选择了合适的控制器(Controller),DispatcherServlet就会将请求发送给选中的控制器,到达了控制器,请求也会把自己携带的信息转交给控制器进行处理。控制器在完成业务处理后,通常会将处理结果(Model)返回给用户并在浏览器上呈现,呈现的方式通常是展示一个界面友好的JSP页面(View)。

在了解了SpringMVC和DispatcherServlet之后,我们再来回顾一下本实例中关于Servlet的配置。如果在Servlet中没有指定<init-param>(即没有指定<param-name>为contextConfigLocation和<param-value>为classpath:context-dispatcher.xml),DispatcherServlet会尝试从名为web-app-servlet.xml(位于WEB-INF目录下)的文件来加载Spring应用上下文。也就是说在这种情况下,必须要把context-dispatcher.xml文件重命名为web-app-servlet.xml(前缀为Servlet名),并且要把该

文件从 src 目录（classpath）下挪动到 WEB-INF 目录下。但通常情况下，为了更灵活地使用 context-dispatcher.xml 文件，我建议在 Servlet 中指定 < init-param >，这样做带来的好处是：

① context-dispatcher.xml 文件存放的位置会更加灵活，可以放在 classpath（即 src）目录下，也可以放在 WEB-INF 下的某个指定的目录。

② context-dispatcher.xml 文件不需要随着 Servlet 名称的变化而重新命名。

配置完 < servlet > 之后，我们必须要声明 DispatcherServlet 可以处理哪一些 URL，于是就需要配置 < servlet-mapping >。我建议 DispatcherServlet 的匹配模式是 "/"，声明 Servlet 会处理所有的请求，包括对静态资源的请求。

3. web.xml 文件的第三部分

```
< error-page >
    < error-code > 404 </error-code >
    < location >/404.jsp </location >
</error-page >
```

< error-page > 元素包含一个 HTTP 错误代码与资源路径的映射关系。本例中定义 Servlet 容器在遇到 404 错误时返回位于应用目录（webapp 目录）下的 404.jsp 页面。

本例是一个 Java Web 的快速上手项目（Hello World）尽管并不是一定要配置 < error-page >，但我还是极不情愿省去这几行代码，因为这样做可以培养开发者一个好的开发习惯，那就是时时刻刻为用户着想。站在用户的角度来看，他们或许很有兴趣在 Hello World 项目的基础上尝试一把，例如在浏览器的地址栏继续追加 "test"，如果没有配置 < error-page > 的话，它们得到的就是一个并不友好的错误页面，而现在呢？情况将会大有不同，用户将会得到一个有趣的页面，如图 1-3-3 所示：郑智化《星星点灯》的一点点歌词就能够让用户重温那曾经逝去的芳华年代——满满的回忆，他们一定会对网站的印象加分不少。

图 1-3-3

注意：对于 Maven4Web 项目来说，服务器端只编写了一个控制器 IndexController，而在 IndexController 中并没有编写名为 test 的处理器映射。所以当 DispatcherServlet 在接收到 URL 为 http://localhost:8080/Maven4Web/test 的请求时,就会找不到对应的处理器映射 test,于是就向浏览器返回了 HTTP 错误代码 404,表示请求的资源不存在,这时候浏览器显示的就是我们在 web.xml 文件中定义的 404.jsp 页面。

除了 404 状态码,常见的 HTTP 状态码还有以下几个,如表 1-3-1 所示,它们在以后的开发中相当常见。

表 1-3-1 HTTP 状态码

状态码	说　明
200	客户端请求成功
304	服务器告诉客户端,原来缓冲的文档还可以继续使用
400	客户端请求有语法错误,不能被服务器识别
500	服务器发生不可预期的错误

1.3.3　context-dispatcher.xml

SpringMVC 的核心就是 org.springframework.web.servlet.DispatcherServlet,这个 Servlet 充当 SpringMVC 的前端控制器。之前,我们已经在部署描述符文件(web.xml)中配置了该 Servlet。现在,DispatcherServlet 准备要工作了,但在它工作之前,需要配置文件 context-dispatcher.xml,其作用是通过 Spring 扫描机制来加载基于注解的控制器类,并解析视图。

先来看 context-dispatcher.xml 文件的头部声明,内容如下:

```
< beans xmlns = "http://www.springframework.org/schema/beans" xmlns:p = "http://www.
    springframework.org/schema/p"
    xmlns:xsi = "http://www.w3.org/2001/XMLSchema - instance" xmlns:context = "http://
    www.springframework.org/schema/context"
    xmlns:mvc = "http://www.springframework.org/schema/mvc"
    xsi:schemaLocation = "
        http://www.springframework.org/schema/beans
        http://www.springframework.org/schema/beans/spring-beans - 3.2.xsd
        http://www.springframework.org/schema/mvc
        http://www.springframework.org/schema/mvc/spring-mvc - 3.2.xsd
        http://www.springframework.org/schema/context
        http://www.springframework.org/schema/context/spring-context-3.2.xsd" >
</beans >
```

context-dispatcher.xml 文件的头部声明格式都是固定的。本书的源码中,使用的 Spring 版本是 3.2.8.RELEASE,所以 xsi:schemaLocation 属性定义的模式文档是 3.2。如果你想升级 Spring 版本到比较新的 4.3.8.RELEASE,那么 3.2 应该被替换为 4.0。

注意:在 < beans > 的属性中,xmlns 的意思是 xml namespace(xml 的默认命

空间)。声明 xmlns:context="http://www.springframework.org/schema/context"就意味着,在接下来使用 < context:component - scan > 的时候必须以 context 开头,而不能是 context1、context2。

SpringMVC 是通过扫描的机制来找到应用程序中基于注解的控制器类,所以为了保证 SpringMVC 能够找到控制器,就需要在 context-dispatcher.xml 文件中定义 < context:component - scan > 元素。

```
< context:component - scan base - package = "com.cmower.spring.controller" />
```

当定义了 < context:component - scan > 元素之后,SpringMVC 就会在 Servlet 容器启动时扫描 base - package 下面带有 Spring 注解的类,例如@Controller 注解。经过扫描之后,带有 Spring 注解的类就会自动被注册为 Bean,然后供 Web 应用程序来使用。

建议在 < context:component - scan > 中加入 base - package 属性,并且不要指定一个太宽泛的基本包,因为这样可以避免 Spring 扫描一些无关的包。base - package 的配置方式就有两种:一种是全路径(com.cmower.spring.controller),一种是带 * 的省略路径(com.*.controller)。

context-dispatcher.xml 文件中的剩余内容如下:

```
< bean id = "viewResolver" class = "org.springframework.web.servlet.view.InternalResourceViewResolver" >
    < property name = "viewClass" value = "org.springframework.web.servlet.view.JstlView" />
    < property name = "prefix" value = "/WEB - INF/pages/" />
    < property name = "suffix" value = ".jsp" />
</bean >
< mvc:annotation - driven   />
< mvc:default - servlet-handler/ >
```

id 为 viewResolver 的 < bean > 是一个视图解析器,它用来将控制器返回的逻辑视图名称转换成渲染后的实际视图。在 SpringMVC 中,大量使用了约定优于配置的开发模式,InternalResourceViewResolver 就是一个面向约定的解析器。属性 viewClass 的值为 JstlView,它表明我们可以在 jsp 页面中使用 JSTL 标签;属性 prefix 的值为"/WEB - INF/pages/",属性 suffix 的值为".jsp",也就是说,如果控制器类返回"index"作为逻辑视图名称时,它最终会被 InternalResourceViewResolver 解析为"/WEB - INF/pages/index.jsp"路径。

注意:

WEB - INF 目录下的任何文件或子目录都受保护,无法通过浏览器直接访问,但控制器依然可以转发请求到这些页面。也就是说,无法直接通过 URL 为 http://localhost:8080/Maven4Web/WEB - INF/pages/index.jsp 的请求来访问到该 JSP 页面。

第1章　Web项目的快速实现

尽管 < mvc:annotation-driven / > 标签非常简单,但它能够对 SpringMVC 的应用程序提供足够多的支持,这其中就包括注解驱动特性 < mvc:annotation-driven / >,其会自动注册一个名为 DefaultAnnotationHandlerMapping 的处理器映射 bean,它将请求映射给@RequestMapping 注解的控制器类和控制器方法使用,这样一来,DispatcherServlet 就知道应该把请求分发给哪个控制器了。

在 web.xml 中,我们将 DispatcherServlet 请求映射配置为"/",这样做可让 SpringMVC 框架捕获所有 URL 的请求,包括对静态资源(包括图片、CSS 式样、JavaScript 脚本等)的请求。

那么,如何巧妙地避开这个错误呢? Spring 团队给出了两种解决方案:

① < mvc:default-servlet-handler / >

启用该配置后,Spring MVC 上下文中会定义一个 org.springframework.web.servlet.resource.DefaultServletHttpRequestHandler,它会对进入 DispatcherServlet 的 URL 进行筛查,如果发现是静态资源的请求,就将该请求转由 Web 服务器默认的 Servlet 进行处理,如果不是静态资源的请求,由 DispatcherServlet 继续处理。

② < mvc:resources / >

我们先来看一下 < mvc:resources / > 的使用方法,代码如下:

```
< mvc:resources location = "/resources/" mapping = "/resources/**"/>
```

以上配置表明,所有以/resources 路径开头的请求都会自动由应用程序根目录下的/resources 目录提供服务。也就是说,项目用到的静态资源需要放在应用程序的/resources 目录下。在本例中,我们可以通过 URL 为 http://localhost:8080/Maven4Web/resources/images/cmower160x160.jpg 的请求访问 cmower160x160.jpg 文件,但如果把该配置去掉后,cmower160x160.jpg 文件将无法再访问到。

< mvc:default-servlet-handler / > 将静态资源的处理经 Spring MVC 框架交回 Web 应用服务器处理。而 < mvc:resources / > 更进一步,由 Spring MVC 框架自己处理静态资源,所以我建议大家使用 < mvc:resources / > 的方式来解决静态资源的访问问题。

1.3.4　IndexController.java

IndexController.java 是一个基本的 SpringMVC 控制器,它是用于处理请求 URL 为"http://localhost:8080/Maven4Web"的请求。代码如下:

```
package com.cmower.spring.controller;
import org.springframework.stereotype.Controller;
import org.springframework.web.bind.annotation.RequestMapping;
@Controller
public class IndexController {
    @RequestMapping("")
```

```
    public String index() {
        return "index";
    }
}
```

这是一个简化的、基于@Controller注解的控制器类。基于注解的控制器有一个明显的优势：它的请求映射不需要存储在配置文件中，可以直接在控制器类中通过@RequestMapping注解来进行配置。@Controller和@RequestMapping是SpringMVC中最重要的两个注解。我们再来看一下@RequestMapping注解，它的作用就如同它的名字所暗示的：请求映射，它不仅可以注解一个方法，还可以注解一个类。

假如有一个@RequestMapping注解的控制器类，代码如下：

```
@Controller
@RequestMapping(value = "test")
public class TestController {
    @RequestMapping("hello")
    public String hello() {
        return "hello";
    }
}
```

在TestController类中，可以看到两种不同使用方法的@RequestMapping注解。第2行的@RequestMapping注解中有value属性，而第4行的@RequestMapping则没有value属性，这是因为value属性是@RequestMapping注解的默认属性，换句话说，如下两个标注含义相同。

```
@RequestMapping(value = "test")
@RequestMapping("test")
```

在类级别上加注@RequestMapping注解表示想要访问该类中的方法，需要在访问路径上加前缀test，例如hello方法的访问地址就是：http://localhost:8080/Maven4Web/test/hello。

我们再回头来看IndexController类，它只有一个index方法，并且请求映射的值是一个空字符串，这意味着当有URL为http://localhost:8080/Maven4Web的请求过来时，DispatcherServlet将会把该请求转交给IndexController控制器的index方法来处理。

1.3.5　index.jsp

index.jsp是IndexController控制器的index方法的响应视图，它将在用户的浏览器中呈现一个内容为"Hello World!"的页面。

```
<%@ page language = "java" contentType = "text/html; charset = UTF-8"
```

```
     pageEncoding = "UTF-8" % >
<! DOCTYPE html >
< html >
< head >
    < meta http-equiv = "Content-Type" content = "text/html; charset = UTF-8" >
    < title >第一个Java Web项目</title>
</head >
< body >
    Hello World!
</body >
</html >
```

尽管index.jsp文件比较简单,但是这里还是有一点需要说明的,那就是<! DOCTYPE html >声明必须要在< html >元素之前,它指示Web浏览器要使用哪个HTML版本进行解析。

我曾在以往的开发中遇到一个奇怪的BUG,使用weebox组件弹出一些页面时窗口始终不能居中,最后查找出的原因竟然是<! DOCTYPE html >声明放在了html >元素之后,代码如下所示:

```
< html xmlns = "http://www.w3.org/1999/xhtml" >
<! DOCTYPE html PUBLIC" -//W3C//DTD XHTML 1.0 Transitional//EN" "http://www.w3.org/TR/xhtml1/DTD/xhtml1-transitional.dtd" >
< head >
```

这是一种错误的做法,原则上<! DOCTYPE > 声明必须要在< html >元素之前进行声明,也只有这样,Web浏览器才能正确地呈现内容。

注意:

<! DOCTYPE html PUBLIC "-//W3C//DTD XHTML 1.0 Transitional//EN" "http://www.w3.org/TR/xhtml1/DTD/xhtml1-transitional.dtd" > 声明是HTML 4.01版本,声明比较复杂,需要引入DTD,而HTML5则不再需要。

1.4 Web项目的调试

Web项目大体上由两部分代码组成:客户端代码和服务器端代码,无论这个Web项目如何庞大,或者又像本章的Hello World项目一样简单,它们的组成部分总是包含这两部分代码。那么,Web项目的调试工作也就分为两部分:客户端调试和服务器端调试。

1.4.1 客户端调试

为什么需要在客户端调试Web项目呢?因为我们需要知道一个HTTP请求到底返回了什么数据,或者没有返回数据是什么原因造成的。因此,掌握客户端的调试工具是开发优秀的 Web 项目的前提。

1. 基于浏览器的图形化调试插件

世面上目前有很多种浏览器：IE 浏览器或者微软新推出的 Edge 浏览器，Firefox 浏览器，Google Chrome 浏览器，国产浏览器如 360 极速浏览器等，本节我选择 Chrome 浏览器作为默认的客户端调试工具进行讲解。

Chrome 浏览器自身具有很多优点。先来看一下 Chrome 浏览器的开发者工具界面，打开 Chrome 浏览器，按快捷键「F12」打开，如图 1-4-1 所示。

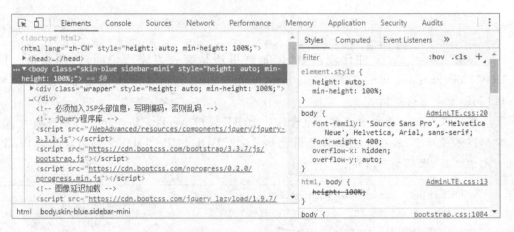

图 1-4-1

（1）选择按钮（左上角第一个）：用于在页面选择一个元素来查看它的详细信息（对应 Elements 面板的 HTML 元素和 Styles 面板的 CSS 样式）。

（2）设备按钮（左上角第二个）：单击它可以切换到不同的设备模式，例如 PC 设备、移动设备（可以选择不同的模拟对象，包括 iPhone 系列和 Android 系列）。Chrome 浏览器支持响应式，能够准确地模仿移动设备的触摸、滚动事件，这在很大程度上可以帮助开发者减少在调试移动设备网站时遇到的阻力。开启移动设备模式的快捷键为「Ctrl + Shift + M」。

借此机会，我们来查看一下 WeUI（一套同微信原生视觉体验一致的基础样式库，由微信官方设计团队为微信内网页和微信小程序量身设计，令用户的使用感知更加统一，地址为 https://weui.io/），如图 1-4-2 所示。

（3）元素（Elements）标签：可配合选择按钮来查看、修改指定元素的 HTML 代码、CSS 样式、盒型信息等。

现在，我们选择＜body＞元素，焦点就会移动到该元素对应的 HTML 代码上，与此同时，元素（Elements）标签的右侧就会显示该元素对应的 CSS 样式。我们通过右键改变节点的状态（:active、:hover 、:visited 、:focus），如果没有该功能的帮助，在通常情况下是很难捕获这些伪类的状态的。另外，我们还可以直接对元素的 CSS 样式进行修改，比如说把背景色调整为黑色，如图 1-4-3 所示。

图 1-4-2

```
body {
   font-family: 'Source Sans Pro', 'Helveti
      Helvetica, Arial, sans-serif;
   font-weight: 400;
   overflow-x: hidden;
   overflow-y: auto;
   background-color: black;
}
```

图 1-4-3

(4) 控制台(Console)标签：除了能够查看错误信息(会不会查看错误信息在很大程度上决定了一个程序员是否能高效地解决问题)、打印调试信息(使用 console.log()命令)、测试脚本，还可以在此查看 Javascript 的 API。如果你想查看 console 都有哪些方法和属性，就可以直接在控制台面板中键入"console"(Chrome 还提供按键弹起时提示的辅助功能)，并按下「回车键」执行，console 对象的方法或者属性就会按照树形结构在面板上呈现出来，单击对应节点就可以查看详细情况。如图 1-4-4 所示。

(5) 资源(Sources)标签：可以查看网站的所有 JavaScript 源文件、CSS 源文件、图片，还可以对 JavaScript 源文件进行格式化和调试。

一般情况下，为了提升网站的访问速度，开发者都会对 JavaScript 文件进行压缩以减小体积。但是压缩过后的 JavaScript 代码往往只有长长的一行(长到说不定能环绕地球转一圈呢)，可读性非常差，该怎么办？单击 Sources 面板下的大括号({})，就可以将其格式化为可读代码，如图 1-4-5 所示。

当然，我们还可以对 JavaScript 代码进行调试。在需要调试的 JavaScript 代码前设置断点，利用这些断点可以使代码运行到指定的位置停下，以便查看特定时刻的变量值、调用堆栈等。不仅如此，还可以在右侧的「Watch」栏目中手动添加调试的对象，如图 1-4-6 所示。

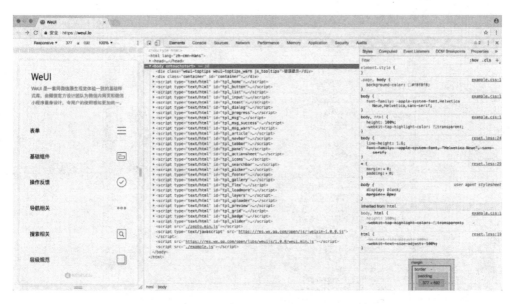

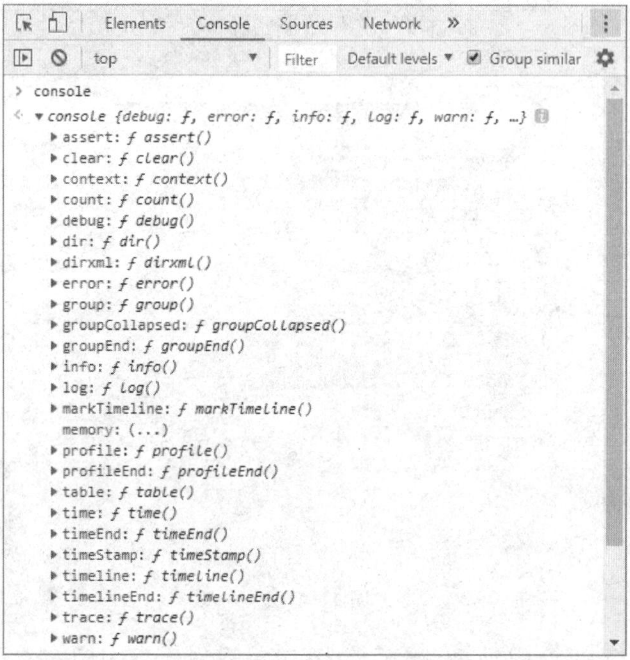

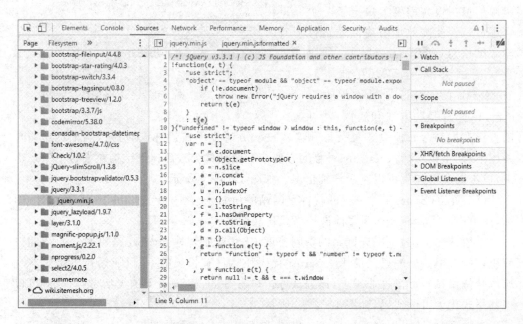

图 1-4-4

图 1-4-5

（6）网络（Network）标签：可以查看每个资源的加载时间、资源类型、服务器端返回的状态码、资源大小等。鼠标左键单击对应的资源，还可以查看请求头信息和响应消息（包括响应状态、响应头和响应实体），如图 1-4-7 所示。

第 1 章　Web 项目的快速实现

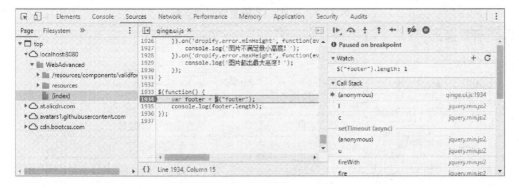

图 1－4－6

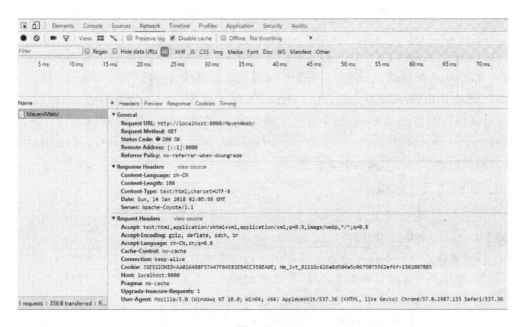

图 1－4－7

从 Headers 面板中的 General 节点下，可以看到如表 1－4－1 所示的信息。

表 1－4－1　General 节点下关键字

关键字	说　明
Request URL	HTTP 请求的 URL 地址，如本例为 http://localhost:8080/Maven4Web/
Request Method	HTTP 请求的方式，GET 一般用来获取数据，POST 一般用来提交数据
Status Code	HTTP 请求的响应状态码，本例为 200，表示响应正常

从 Headers 面板中的 Request Headers 节点和 Response Headers 节点下，可以看到常用的 HTTP 请求头和响应头，如表 1－4－2 所示。

表1-4-2 HTTP请求头和响应头

请求头	说明
Accept-Encoding	用于指定可接受的内容编码,如本例中的gzip,xxx
Accept-Language	用于指定一种自然语言,如本例中为zh-CN,表示中文简体
Connection	用于表示当前链接是否还在保持当中,如本例为keep-alive
Host	用于指定被请求资源的Internet主机和端口号,如本例为localhost:8080
User-Agent	客户端将运行环境的操作系统、浏览器等告诉服务器

另外,还有一个值得重视的选项"Disable cache",其用于控制浏览器是否要开启缓存。浏览器缓存是一个比较复杂但又比较重要的机制。在我们测试一个页面时出现了异常,站在程序员的角度,首先想到的就是浏览器是不是做了缓存,进而导致更改过的CSS、JavaScript、HTML文件在客户端没有及时刷新,于是我们就会勾选"Disable cache"这个选项,告知浏览器不需要缓存,请在重新请求后提供最新的页面。为什么重新请求就一定能够请求到没有缓存的页面呢?首先是在客户端,勾选过"Disable cache"这个选项后,浏览器会直接向目标URL发送请求,而不会使用浏览器缓存的数据;其次浏览器会在请求头中加入两个重要的选项:Cache-Control:no-cache和Pragma:no-cache(在图1-4-7 Request Headers节点下可以看得到),它们会告诉服务器端要返回最新的数据而不是缓存。

2. 抓包工具Fiddler

在Fiddler的官网上,是这么介绍Fiddler的:The free web debugging proxy for any browser,system or platform。

以我差强人意的英语能力翻译出来这句话的意思就是:Fiddler是一款可以为任何浏览器、系统或平台提供的免费的Web调试工具。这也就是说,Fiddler可以像Google Chrome的开发者工具一样用来做客户端代码的调试工具。

Fiddler是一款不错的抓包工具,为什么大家会这样认为呢?

首先,来看一下百度百科中对"抓包"的解释:抓包(packet capture)就是将网络传输发送与接收的数据包进行截获、重发、编辑、转存等操作,也用来检查网络安全。抓包也经常被用来进行数据截取等。

想必看到这里,大家已经知道答案了。Fiddler在绝大多数情况下,就是用来拦截HTTP请求和响应,分析请求和响应的具体细节,协助排查前后端联调中发生的问题。这其实和Chrome浏览器的开发者模式相似,不过,Fiddler的拦截能力更加强大,它可以把请求参数整合成webform的形式,这样会使参数看起来直观明了,修改起来自然也就十分容易了。在此基础上,可以轻松地绕过某些JavaScript的限制,从而更好地对数据进行模拟测试。

大致了解Fiddler的用处后,我们进入Fiddler官网,单击红色按钮「Free download」下载并安装Fiddler,如图1-4-8所示。

第1章 Web项目的快速实现

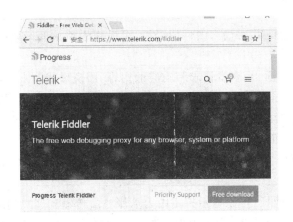

图1-4-8

怎么利用 Fiddler 来进行客户端的调试呢？

首先,运行 Fiddler,运行后的界面如图 1-4-9 所示。

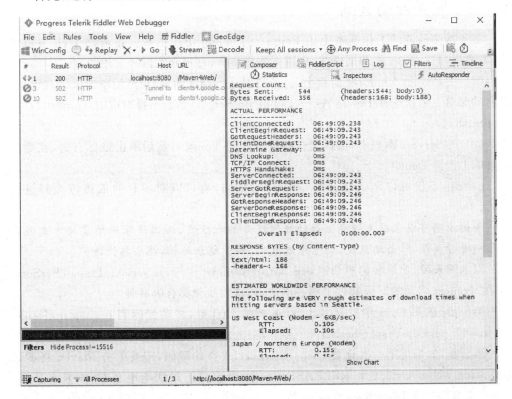

图1-4-9

利用 Fiddler 工具,我们可以拦截 URL 为 http://localhost:8080/Maven4Web/ 的请求。

在 Fiddler 面板的左侧,是拦截的 URL 列表;在 Fiddler 的右侧,有几个非常有用的面板。

(1)「Statistics」面板:对请求的性能分析,可以查看请求的开始时间以及响应的结束时间。

(2)「Inspectors」面板:查看请求和响应的内容,展现形式非常丰富。

(3)「AutoResponder」面板:允许拦截指定规则的请求,并返回本地资源或 Fiddler 资源,从而代替服务器响应。

(4)「Composer」面板:允许自定义请求发送到服务器。

(5)「Fiters」面板:用于过滤请求,因为 Fiddler 默认会拦截本机上所有的互联网以及内网请求。

(6)「Timeline」面板:可以显示指定内容从服务端传输到客户端的时间。

Fiddler 的功能非常强大,除了抓取 PC 上的网络请求,还可以抓取移动端设备的数据包。读者如果有兴趣,可以在网络上搜索更多关于 Fiddler 的主题,进行进一步学习和探索。

1.4.2 服务器端调试

服务器端的调试工作基本上由 Eclipse 的 debug 功能负责。在调试 Web 项目之前,需要启用 Tomcat 的调试模式,启用方法有多种,这里介绍两种常用的方式:

(1)在 Project Explorer 面板上,选择需要进行调试的项目,然后单击鼠标右键,在弹出的菜单上依次选择 Debug As → Debug on Server,然后选择对应的 Tomcat 后,单击「Finish」。

(2)在 Servers 面板上,选择调试项目所在的 Tomcat,然后单击鼠标右键,在弹出的菜单上选择 Debug。

Eclipse 不仅可以调试自己编写的 Java 代码,也可以对项目的依赖包源码进行调试。

阅读源码可以在很大程度上帮助我们提升编程能力,而阅读源码的最佳方式就是对源码进行调试,跟着断点走,让它带着我们,脚步越来越轻,越来越快活。

以本例来说,如果我们想知道 org.springframework.web.servlet.DispatcherServlet 在 Tomcat 启动的时候都做了哪些事情,调试的步骤都有哪些呢?

第一步,在 Eclipse 中打开 web.xml,按住 Ctrl 键,移动光标到 org.springframework.web.servlet.DispatcherServlet 类上,左击。

第二步,如果是第一次查看 DispatcherServlet 类的源码,需要等待 Maven 将源码包(spring-webmvc-3.2.8.RELEASE-sources.jar)下载到本地仓库;如果不是,Eclipse 会直接打开 DispatcherServlet 类。

第三步,往下翻看 DispatcherServlet 类,找到 initStrategies 方法,在 440 行处打上断点(可在行号前双击鼠标左键),如图 1-4-10 所示。

第四步,在 Servers 面板上双击 Maven4Web 项目所在的 Tomcat,修改启动超时时间为 34.5 秒(Tomcat 默认启动超时时间为 45 秒,超过该时间后 Tomcat 就会显示异

图 1-4-10

常,导致我们不能在足够的时间内查看完源码)。

第五步,启动 Tomcat 的调试模式,之后 Eclipse 会自动停留在我们指定的断点处,如图 1-4-11 所示。

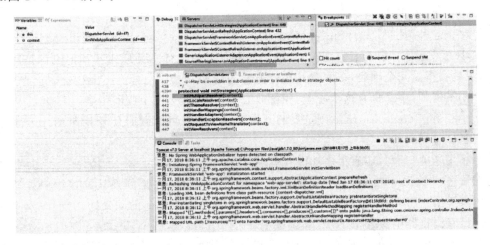

图 1-4-11

在 debug 视窗下,我们可以通过左侧「Variables」面板来查看变量的详细信息,如图 1-4-10 所示的 context 对象。

1.5 小 结

在《致读者的一封信》中,我向大家引荐了一位帅气的主持人——"小二哥",同时我为自己换了一个更加亲切的称呼——"小王老师",这都是我"蓄谋已久"的事情。为什么要说"蓄谋已久"呢？因为如果每篇文章都以"我"这个第一人称来写的话,总不免枯燥乏味,尤其是到了该"总结"的时候。鉴于此,请大家再次以热烈的掌声欢迎两位嘉宾的登场吧！

小二哥:亲爱的读者,你们好!

小王老师:亲爱的读者,你们好!

小二哥:小王老师,你为什么要重复我打招呼的话呢?

小王老师:谁叫你先抢着打招呼呢!

小二哥:好吧,怨我了。小王老师别生气啊,让我们开始总结吧!

小王老师:好,小二哥,我来问,你来答,好不好?

小二哥:甚好甚好!

小王老师:小二哥,第一节你都学习到了什么呢?

小二哥:不好意思,小王老师,第一节我还真没学到什么。

小王老师:好吧,第二节呢?

小二哥:原来通过 Maven 创建一个 Web 项目这么轻松啊,我想赶紧试一试;另外,GitHub 真心不错,可以把源码托管到上面,省去了我买一台服务器的钱。如果有一个平台可以把数据库也托管到上面就更好了!

小王老师:关于托管数据库的事,我也真的挺期待的。那么,第三节呢?

小二哥:说实话,第三节的内容有点儿多,我一时半会儿有点儿消化不过来。

小王老师:是啊,关于 SpringMVC 的内容也绝非通过一个章节就能说清楚的。

小二哥:不过,小王老师别担心,第三节中介绍的配置文件形式基本上也都是固定的,只要我多做几个项目,多配置几次就能弄明白了。

小王老师:小二哥有这个心态,我就放心了。那么,第四节呢?

小二哥:Google Chrome 浏览器的开发者模式原来可以做那么多事情,好多我都还没有尝试过呢。

小王老师:是啊,还有很多功能我也没有解锁呢,咱们接下来一起学习。不过,我想再次缅怀一下 Firebug,这么经典的调试工具竟然就这样在更新换代的过程中被遗弃在角落里了。Firefox 和 Firebug 在某种意义上就是网络崛起的同义词,它们改变了开发人员在浏览器中检查 HTML 和调试 JS 的方式,可以这么说,Firebug 开创了网络 2.0 的时代。没有 Firebug 的身影,新版的 Firefox 浏览器就好像失去了灵魂,好惋惜啊!

小二哥:小王老师,别唏嘘了。时代的发展就是这样,爱过也痛过。

小王老师:是啊,在 IT 发展的快速通道上,要有一颗善于接纳的心才行啊。

第 2 章

锋利的 jQuery

让我先来回忆一下往事,因为家离初中学校有十几里地的距离,所以在上小学五年级的时候,我不得不学习一项技能——骑自行车。为了学会骑自行车,我交的学费也是高昂的。有一次,不小心一个跟头连人带车栽进了沙坑,下巴摔破了疼不要紧,要紧的是里面钻进去了好多沙子。但当时年少轻狂,疼过了就又继续骑,等回到家里照镜子的时候,发现下巴肿得长长的,就好像动画片《葫芦兄弟》里面蛇精的下巴一样。由于长时间没有消毒清理,伤口感染了。大概在两个月的时间里,吃饭的时候尤其痛苦,至今下巴上还残留着当时的印记。不过幸好,疤痕是在下巴往里的位置,不仰头的时候很难被别人发现,也就是说,不至于毁了容。代价是惨痛的,但带来的收益也是显著的。学会了骑自行车,也就意味着上学不需要大人的接送,也不需要步行。另外更重要的是,骑自行车不仅促进我锻炼身体,还绿色环保。我现在上班就骑自行车。

会骑自行车的人一定都不会忘记,最开始学习的时候是需要有人帮助的,至少得有人能够扶几把。等到自信心建立起来了之后,学会骑自行车也就变得水到渠成了。

第一章,我们在 Eclipse 中导入了第一个 Web 项目 Maven4Web,并成功运行。这标志着我们已经迈出了 Web 开发进阶的第一步。就好像当初学骑自行车,我们已经可以踩着踏板,让自行车轮子顺利地转起来了。

第二章,我们来学习锋利的 jQuery,这可是 Web 前端开发的第一把利器。

2.1 jQuery 简介

要了解 jQuery,有必要首先了解一下 JavaScript,因为 jQuery 是 JavaScript 简化版的一个程序库。这个程序库里封装了很多预定义的对象和非常实用的函数,对于那些并不熟练 JavaScript 的开发者来说,这简直就像是天上掉下来的馅饼,好吃又免费。

JavaScript 是面向 Web 的编程语言,是由 Netscape 公司在 1995 年开发的一种脚本语言,JavaScript 的出现使得网页显示更加动态美观,用户在浏览的过程中也不再感到枯燥。尤其是近些年，JavaScript程序库越来越丰富，也越来越优秀，使得用户看到的网页效果也越来越令人惊叹和兴奋。

一个网站包含了很多网页，而一个网页是由HTML(描述网页内容)+CSS(描述网页样式)+JavaScript(描述网页行为)组成的。这三者的关系非常紧密，拿一扇门来说：HTML就是门板，CSS就是点缀的图案和花纹，而JavaScript呢，就是门轴和把手。

从"JavaScript"字面上的意思来看，它更像是Java语言的脚本(Script)；但Java和JavaScript是两种完全不同的编程语言。套用网络上经典的一句话来说就是：Java是雷锋，JavaScript是雷峰塔。不过，名字上如此的相近，也并非全是偶然，当年Netscape与Sun(Java的诞生地)公司正在合作，Netscape的管理层就希望这种面向Web的编程语言在外观上看起来更像Java，于是就把其命名为JavaScript。

后来，基于JavaScript开发的网页越来越多，但JavaScript自身并不完美，它的文档对象模型(DOM)过于复杂，并且在不同的浏览器上操作方式不一致，于是这些弊端成为了JavaScript进一步发展的阻力。但是，随着Web 2.0的兴起，以及基于JavaScript的Ajax越来越受欢迎，JavaScript又重获新生。越来越多的开发者在JavaScript的基础上创建了很多优秀的程序库，这其中就包括了脱颖而出的jQuery。

jQuery是一个JavaScript的轻量级库，正如其名，jQuery类库聚焦于查询。它通过强大的CSS选择器它可以快速找到我们想要的一组文档元素，并且返回jQuery对象来表示这些元素。返回的对象又提供了大量有用的方法来批量操作：添加内容、编辑HTML属性和CSS属性、定义事件处理程序，以及通过Ajax工具来动态发起HTTP请求。这些方法会尽量返回调用对象本身，使得简洁的链式操作成为可能。链式操作是一个非常优秀的设计，不仅在jQuery中可以看到它的身影，在Java语言中也经常能够看到它，所以我们也要在实际的开发应用中学会使用链式操作。

JavaScript核心API设计得非常简单，但由于浏览器之间的严重不兼容，导致开发人员在使用JavaScript时异常艰难。尽管很多浏览器已经在发力改善这种糟糕的状况，但情况仍不容乐观。时至今日，开发完一个Web项目之后，依然要做不同浏览器之间的兼容测试，并且测试之后总会发现一些不兼容的问题。令人感到欣慰的是，jQuery等优秀的程序库已经在很大程度上隐藏掉了浏览器之间的差异，使得我们在开发Web应用时变得简单了些、纯粹了些。

jQuery由John Resig创建于2006年1月，在我写本书的时候，jQuery已经11周岁了，这对于日新月异的IT界来说，算得上是一件值得被称赞的事情。jQuery最新的版本是v3.2.1。

从版本号上就可以推测出jQuery是多么优秀，否则它不可能迭代出这么多的版本。可以这么说，jQuery改变了数百万人编写JavaScript的方式，能成为一名jQuery的使用者和推广者，我感到非常的自豪。

jQuery强调的理念是write less, do more(写得少，做得多)，这个理念让我很容易

第 2 章 锋利的 jQuery

想到 Sun 公司对 Java 的设计目标,那就是:为开发者减少复杂性。jQuery 凭借简洁的语法和跨平台的兼容性,让前端开发人员操作 DOM、处理事件和开发 Ajax 的时候更加轻松自如,就仿佛吃鱼的时候别人已经帮忙拔掉了刺一样,没人会不喜欢这种感觉。

jQuery 有多优秀,指望着我在这里"王婆卖瓜,自卖自夸"是没用的,我们不妨举个例子来证明一下。例如,你想在页面初始化加载完成后弹出"页面加载完毕!"的提示信息。在没有 jQuery 帮助的情况下,你需要写这样的 JavaScript 代码。

```
window.onload = function(){
    alert("页面加载完毕!");
}
```

有了 jQuery 的帮助后呢?

```
$(function(){
    alert("页面加载完毕!");
});
```

别小看这一行代码 $(function() {});哦,我认为这正是 jQuery 的精髓。

请在脑海中想象这样一幅画面,2006 年 1 月的某一天,窗外淅淅沥沥地飘着雨,你百无聊赖地呆坐在一台破旧的 PC 前面,费劲地用着 JavaScript 敲着代码。突然,你脑海中闪过一个念头:干嘛不用 $(function() {});来替代 window.onload = function() {}呢?这个念头一直不停地呼唤着你,催促着你,要你立马就能实现它,你的热情被激发了出来!于是,经过一段时间的折腾后,你正式以 jQuery 的名称发布了这个程序库。此刻,你就是 jQuery 的创始人 John Resig。现在,你是否已经体会到了 jQuery 的精髓?

好了,言归正传。如果你是第一次接触 jQuery,我建议你在桌面上准备一份 jQuery 的 CHM 帮助文档,随时参考,这将会大大提高你编写 jQuery 代码的效率。

jQuery 如此强大和好用,关键得益于以下特性:

- 强大的 CSS 选择器,可以快速定位文档元素;
- 高效的筛选方法,例如 find、children、parent、siblings 等;
- 可以批量操作,而不只是针对单个元素;
- 简洁的链式操作,可以按照顺序进行一系列动作;
- 出色的 Ajax 请求,使得交互式的网页应用开发变得更加简单和灵活;
- 丰富的插件支持,使用插件不仅可以帮助我们开发出更稳定的 Web 应用程序,还可以帮助我们节省大量的时间成本。

注意:

jQuery 的插件中心网址为:http://plugins.jquery.com,如图 2-1-1 所示。可在页面中输入关键字搜索 jQuery 插件,也可以单击页面左侧的分类导航查看不同功能类型的 jQuery 插件。

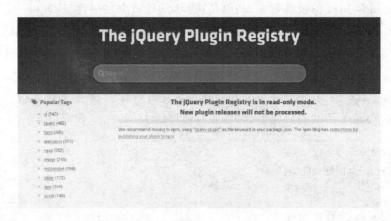

图 2-1-1

2.2 编写第一行 jQuery 代码

编写一行 jQuery 代码非常简单。假设我们要通过 jQuery 代码在页面上输出"你好,我是沉默王二"。首先,准备好 jQuery 程序库,就好像学习写字之前先削好一支铅笔那样;完成这个任务并不会花费你太多的时间,但我希望你在轻松地完成这个任务之后,再进阶一步,完成以下任务:

- 使用公共的 jslib.jsp 来管理越来越多的 JS 库文件;
- 学会使用 EL 表达式;
- 了解 JSP 标准标签库。

2.2.1 准备 jQuery 程序库

在编写第一行 jQuery 代码之前,需要准备好 jQuery 程序库文件。准备方式有两种:一种是传统的方式,通过 jQuery 官网下载 jquery.js,将该文件放到项目中的一个公共位置;第二种是 CDN 的方式,先找到一家稳定的 CDN 加速服务商,再找到该服务商提供的 jQuery 库文件的引用地址。

1. 传统方式

进入 jQuery 官网,网址为 http://jquery.com,单击「Download jQuery」下载,如图 2-2-1 所示。在 Download 页面中,找到「Download the uncompressed,development jQuery 3.3.1」链接并单击下载(在有的浏览器下需要右键另存),将 jquery-3.3.1.js 文件保存到本地。

将下载好的 jquery-3.3.1.js 文件放到项目 WebAdvanced 的 /src/main/webapp/resources/js 目录下,如图 2-2-2 所示。

图 2-2-1

图 2-2-2

2. CDN 方式

CDN 也就是内容分布网络(Content Delivery Network),它是构建在 Internet 网络上的一种先进的流量分配网络。其目的是通过在现有的 Internet 中增加一层新的网络架构,将网站的内容发布到最接近用户的网络"边缘",使用户可以就近取得所需内容,提高用户访问网站的响应速度。

目前,使用 CDN 引入前端开源库的做法已经非常普遍。就个人而言,CDNJS 和 BootCDN 是我最常用的两个免费的 CDN 加速服务商。CDNJS 由 CloudFlare 提供支持,免费开源的 CDN,其提供的 Web 前端程序库可以帮助你大幅提升网站响应速度;BootCDN 由 Bootstrap 中文网支持并维护,同样致力于为优秀的前端开源项目提供稳定、快速、免费的 CDN 加速服务。

BootCDN 收录的开源程序库主要来源于 CDNJS 的 GitHub 仓库(地址为 https://github.com/cdnjs/cdnjs),也就是说 BootCDN 会和 CDNJS 保持同步更新。不过 BootCDN 的更新时间会相对晚一些。

CDNJS 和 BootCDN 对 jQuery 的收录情况如表 2-2-1 所示。

表 2-2-1 收录信息

名称	官网地址	jQuery \<script\> 标签
CDNJS	https://cdnjs.com	\<script src="https://cdnjs.cloudflare.com/ajax/libs/jquery/3.3.1/jquery.min.js"\>\</script\>
BootCDN	http://www.bootcdn.cn	\<script src="https://cdn.bootcss.com/jquery/3.2.1/jquery.min.js"\>\</script\>

3. jQuery 的类型

Web 前端程序库的类型一般分为两种,分别是生产版和开发版。假若稍加留意,你就会在 jQuery 官网下载 jQuery 时注意到这个细节,另外你会看到 CDNJS 和 BootCDN 也都分别收录了这两种版本。生产版和开发版的区别,如表 2-2-2 所示。

表 2-2-2　生产版和开发版区别

名　　称	大　小	说　　明
jquery.min.js	85 KB	经过工具压缩后的生产版,体积小,可节约网站传输流量
jquery.js	1384 KB	未经压缩的开发版,主要用于学习、开发和测试

注意:

在本书的所有章节中,如果没有特别说明,jQuery 库以及其他 JavaScript 库文件默认导入的都是开发版。

2.2.2　编写 jQuery 代码

现在,jQuery 程序库文件已经准备妥当了,我们可以稍微放松一下心情,来看下面这样一段话:

"我小说里的人总在笑,从来不哭,我以为这样比较有趣。喜欢我小说的人总说,从头笑到尾,很有趣等等。这说明本人的作品有自己的读者群。当然,也有些作者以为哭比较使人感动。他们笔下的人物从来就不笑,总在哭。这也是一种写法。他们也有自己的读者群。"

以上这段话出自我的文学偶像王小波。在我最初写博客时总会不经意地去模仿它的"黑色幽默",我喜欢他那种无拘无束的文学逻辑:我们的生活有那么多的障碍,真的有意思。

出于对王小波由衷的热爱,他的著作我几乎都买了,如时代三部曲:《青铜时代》《白银时代》和《黄金时代》,还有可读性强、幽默、浑然天成、令人舒服的杂文集《沉默的大多数》等等。在《黄金时代》这本小说中,王小波通过男主人公王二(一个具有浓郁的"黑色幽默"色彩的北京知青)的视角,讲述了与女主人公陈清扬之间的"爱恋情愁"。王二从来没有主动对陈清扬说过"我爱你",但是他回忆了这个故事,复述了陈清扬所有的话,我认为,这是一种沉默者对爱的表达。近些年来,人们追求自由,追求行使话语的权利,认为"沉默是金"在这个时代已经被淘汰了,但我却喜欢"沉默"这个词,正如王小波在《沉默的大多数》这篇杂文中要表达的观点:因为大多数人无法掌握话语权力,也无法改变大环境,便要学会在沉默中思考。

请注意,我花了很多心思写上面这段内容是有目的的;我的微信订阅号就叫"沉默王二",我的技术交流群也叫"沉默王二",我在 CSDN 上发表文章的笔名也是"沉默王二",这名字的缘由正在于此。你如果在阅读本书时遇到困难和疑惑,可以通过搜索"沉默王二"来找到我。

第 2 章 锋利的 jQuery

通常,技术类图书都会悄无声息地跳入一个陷阱,那就是一定要用晦涩难懂的专业词汇来讲解专业的技术,这在一定程度上不可避免地降低了图书的趣味性。我在写作的道路上只能算是"乳臭未干"的黄毛小子,但我会尽自己最大的努力跳出这个陷阱。

王小波生前,他的作品很难出版,关于这一点,在他的杂文中也可窥见一斑。然而,在他去世后,国内出版界却掀起了一股"王小波热",称其作品为"当代文坛最美的收获"。为了表达对王小波的喜欢是发自内心的,借此机会,就让我这个"沉默王二"和大家打声招呼吧,见图2-2-3。

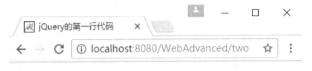

图 2-2-3

那么,第一行 jQuery 代码在哪里呢?请稍安勿躁,马上就来。见以下代码(index.jsp):

```
<html>
<head>
    <title>jQuery的第一行代码</title>
    <!-- <script src="resources/js/jquery-3.3.1.js"></script> -->
    <script src="https://cdn.bootcss.com/jquery/3.2.1/jquery.js"></script>
    <!-- <script src="https://cdnjs.cloudflare.com/ajax/libs/jquery/3.3.1/jquery.min.js"></script> --></script> -->
</head>
<body>
    <script type="text/javascript">
    $('body').append('<p>大家好,我是沉默王二。</p>').append(
            '我希望自己朴实无华,所以选择沉默;<br>我希望你们选择沉默,因为沉默是金。');
    </script>
</body>
</html>
```

足足十多行代码,怎么能说是一行代码呢?真正的属于 jQuery 的代码确实只有一行,就是 $('body').append('……');这行。为什么这么说呢?因为其他代码都是辅助的 HTML 代码。

在 index.jsp 文件中,我们在 <head> 标签内通过 CDN 的方式引入了 BootCDN

提供的jQuery程序库（也可以换成CDNJS提供的），这是一种值得推荐的方式，CDN可以有效减少JS库文件的下载时间，从而减少Web应用程序的响应时间，提升用户体验。除此之外，在页面中引入外部JS库文件还有另外一种常用的做法，就是前面提到的传统方式：首先，要确保jQuery程序库文件在指定的目录下（其目录结构如图2-2-2）所示；其次，通过< script >标签引入jQuery程序库文件时要确保src路径格式是正确的。

引入jQuery程序库文件之后，我们就可以写jQuery代码了。$('body').append('……');的作用就是在当前页面中的< body >内添加一段沉默王二和大家打招呼的文本，就像你在图2-2-3中看到的那样。

这行jQuery代码被称作是行内脚本，因为它直接包含在页面文档的< script >标签中。既然有行内脚本，也就意味着有外部脚本，< head >标签内引入的jQuery库文件就是外部脚本。

通常情况下，jQuery代码应该包裹在$(function(){})函数内（推荐做法）。

```
$(function() {
    $('body').append(' < p > 大家好,我是沉默王二。 < /p > ');
});
```

$(function(){})是jQuery(document).ready()函数的缩写形式。在该函数内的所有代码都将在DOM加载完毕后，页面全部内容完全加载前执行，这样做的好处就是：它允许用户在第一眼看到元素时，就能立即看到元素产生的一些隐藏、显示或者其他的动画效果，而不必等待图片内容加载完毕后再看到这些效果。

在jQuery库中，$是jQuery关键字，它是一种简写形式，例如$('body')和jQuery('body')是相同的。

我真的要为jQuery的设计者点上32个赞，就这么一个小小的改变，在不知不觉中帮助我们减少了大量的麻烦，毕竟一个$符号要比jQuery关键字少5个字母呢，还不用切换大小写。

现在，我们来比较一下jQuery对象和DOM对象的差别。

DOM的全称是Document Object Model，也就是文档对象模型，它是W3C组织推荐的处理可扩展标志语言的标准编程接口。在网页上，文档的对象被组织在一个树形结构中，用来表示文档中对象的标准模型就称为DOM。

在index.jsp中，< html >、< head >、< body >、< title >、< script >就是DOM树的元素节点，可以通过JavaScript中的getElementsByTagName或者getElementById来获取元素节点，通过这种方式获取的DOM元素就是DOM对象，如下所示：

```
var body = document.getElementsByTagName('body');
var id = document.getElementById('id');
```

jQuery对象是通过jQuery包装DOM对象后产生的jQuery独有对象。jQuery对象和 DOM 对象并不等价，jQuery 对象不能使用 DOM 对象的任何方法，但可以使用 jQuery 提供的方法。例如：

```
$('body').append('大家好');  //正确的使用方法，获取 body 元素并向其追加一段文本
document.getElementsByTagName('body')[0].innerHTML = '大家好';  //正确的使用方法，同上
$('body').innerHTML = '大家好';  //错误的使用方法，innerHTML 是 DOM 对象的方法
document.getElementsByTagName('body')[0].append('大家好');  //错误的使用方法，append 是 jQuery 对象的方法
```

了解 jQuery 对象和 DOM 对象的区别后，我们来看看如何对它们进行相互转换。为什么要进行相互转换？因为 jQuery 不可能封装所有 JavaScript 的方法，遇到这种情况的时候就不得不使用 DOM 对象的方法。

先来看 jQuery 对象转 DOM 对象的方式，示例如下：

```
var $body = $('body'); // jQuery 对象
var body = $body[0]; // DOM 对象
```

jQuery 对象是一个类似数组的对象，通过下标[index]可得到相应的 DOM 对象。

再来看 DOM 对象转 jQuery 对象的方式，示例如下：

```
var body = document.getElementsByTagName('body'); // DOM 对象
var $body = $(body); // jQuery 对象
```

使用 $() 包裹一个 DOM 对象就可以转换成 jQuery 对象。$() 就相当于 Java 中的 new 关键字，它是 jQuery 对象的构造工厂，输入的参数可以是上例中提到的一个 DOM 对象，也可以是一个包含 CSS 选择器的字符串（如，$('body')），还可以是一段包含有 HTML 标签的字符串（如，$('<p>大家好，我是沉默王二。</p>'))。

好了，让我们再来看一下服务器端代码。尽管完全可以只在静态的 HTML 中完成一行 jQuery 代码，但为了让大家从一开始就厘清 SpringMVC 开发 Web 应用程序的流程，我还是下定决心在每个实例中加入服务器端程序代码，它们同样非常简单，易于学习。

我们首先创建一个服务器端控制器类 TwoController，具体代码如下：

```java
package com.cmower.spring.controller.two;
import org.springframework.stereotype.Controller;
import org.springframework.web.bind.annotation.RequestMapping;
@Controller
@RequestMapping("two")
public class TwoController {
    @RequestMapping("")
    public String index() {
        return "two/index";
    }
}
```

在图 2-2-3 中，你可以看到请求 URL 最后有一个"two"的关键字，现在，控制器类 TwoController 也有一个"Two"关键字，它们有什么特殊的含义吗？答案是肯定的，two 指的是第二章，你可以按照这个对应关系在 GitHub 源码仓库 WebAdvanced(https://github.com/qinggee/WebAdvanced)中找到本书的所有示例。

TwoController.java 类非常简单，它是一个基于注解@Controller 和@RequestMapping 的控制器类，请求处理方法 index 返回了逻辑视图名为"two/index"的 String，这意味着当在浏览器地址栏中输入 http://localhost:8080/WebAdvanced/two 的请求 URL 时，服务器端将会返回/WEB-INF/pages/two 目录下的 index.jsp 视图。

2.2.3　JS 库文件管理

一个 Web 项目通常有很多个 JSP 页面，而这些页面通常又需要引入相同的 JS 程序库文件，如果有 10 个页面要引入 jQuery 库，每个页面都像 index.jsp 中的方式引入的话，jQuery 库文件的版本管理工作就变得相当的困难。例如，要将 BootCDN 提供的 jQuery 链接切换到 CDNJS 提供的链接，或者将 jQuery 的版本从 3.2.1 升级到 3.3.1，就需要在 10 个页面中进行修改。哇！这个工作量显然很难让人接受，有什么好的解决方案吗？

答案是肯定的

首先，新建一个公共的 jslib.jsp 文件，在 jslib.jsp 文件中引入 JS 程序库，代码如下：

```jsp
<!-- 必须加入 JSP 头部信息,写明编码,否则乱码 -->
<%@ page pageEncoding="UTF-8" %>
<!-- jQuery 程序库 -->
<script src="../resources/js/jquery-3.3.1.js"></script>
<!-- <script src="https://cdn.bootcss.com/jquery/3.2.1/jquery.js"></script> -->
<!-- <script src="https://cdnjs.cloudflare.com/ajax/libs/jquery/3.3.1/jquery.min.js"></script> -->
```

然后，在 index2.jsp 页面中引入这个公共的 jslib.jsp，代码如下：

```jsp
<%@ include file="/resources/common/jslib.jsp" %>
<script type="text/javascript">
<!--
    $(function(){
        $('body').append('<p>大家好,我是沉默王二。</p>');
    });
//-->
</script>
```

<%@include%> 是 JSP 的一个静态包含指令。在 index2.jsp 中，使用 <%@

include file="/resources/common/jslib.jsp"%>，就是为了把 jslib.jsp 的内容，除了 JSP 头部信息<%@ page pageEncoding="UTF-8"%>原封不动引入到 index2.jsp 中。为了证明这一点，我在 TwoController 类中新增了一个请求处理方法，用 jslib 来响应 index2.jsp，代码如下：

```
@RequestMapping("jslib")
public String jslib() {
    return "two/index2";
}
```

启动 Tomcat 后，在 Chrome 浏览器地址栏输入请求 URLhttp://localhost:8080/WebAdvanced/two/jslib，然后在页面中单击鼠标右键，在弹出的右键菜单中选择「查看网页源代码」，可以查看 index2.jsp 在引入 jslib.jsp 后的实际内容，如图 2-2-4 所示。

图 2-2-4

也就是说，先新建一个公共的 jslib 文件引入必需的 JS 库，再通过 JSP 静态包含指令<%@include%>在需要这些 JS 库的页面中引入 jslib 文件，这样只需要在 jslib 文件中修改 JS 库的路径或者版本，就能够反馈到所有需要这些 JS 库文件的 JSP 页面中。

2.2.4 EL 表达式

在 index2.jsp 文件中，有一行代码使用了相对路径<script src="../resources/js/jquery-3.3.1.js"></script>。以"../"开头的相对路径会带来一些不必要的麻

烦,因为这种"../"的相对路径是必须要基于 http://localhost:8080/WebAdvanced/two/jslib 的请求 URL,一旦把这个请求 URL 调整为 http://localhost:8080/WebAdvanced/two/jslib/1(在请求路径上加入了路径变量),jquery-3.3.1.js 就无法被请求得到。为了证明这一点,我在 TwoController 类中又新增加了一个请求处理方法 jslib 用来响应 index2.jsp,代码如下:

```
@RequestMapping("jslib/{id}")
public String jslib(@PathVariable String id) {
    return "two/index2";
}
```

在以上代码当中,id 被称为路径变量。为了使用路径变量,首先需要在@RequestMapping 注解的中括号()当中添加一个变量,该变量需要放在大括号{}中。然后,在 jslib()方法中添加一个同名参数,并加上@PathVariable 注解。当该方法被调用时,请求 URL 中的 id 值将会赋值到该系统变量中。这种方法适合于当请求 URL 中只需要传递一个参数值给服务器端的情况。

不过,使用路径变量时会遇到上面提到的那个小问题:浏览器误解了路径变量,它把 http://localhost:8080/WebAdvanced/two/jslib/1 中的 1 也当做了一个请求动作。于是 <script src="../resources/js/jquery-3.3.1.js"></script> 被错误解析为 http://localhost:8080/WebAdvanced/two/resources/js/jquery-3.3.1.js,而不是我们期望的 http://localhost:8080/WebAdvanced/resources/js/jquery-3.3.1.js,多出来的 two 路径导致 jQuery 程序库无法被请求得到,于是出现了 404 Not Found 的错误,如图 2-2-5 所示。

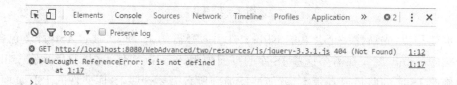

图 2-2-5

该如何解决这个问题呢?最简单的方法就是在 <script src="../resources/js/jquery-3.3.1.js"></script> 中再加入一个"../",也就是 <script src="../../re-

sources/js/jquery-3.3.1.js"></script>。其实这种方法并不可取,因为这种"../"的相对路径必须要依赖固定的请求 URL,一旦请求 URL 发生变化,jquery-3.3.1.js 又将无法被请求得到。有什么好的办法吗?

当然有,${pageContext.request.contextPath}这个 EL 表达式(JSP 最重要的特性之一就是 EL 表达式,通过它可以轻松地访问到 Web 应用程序数据,它将有助于我们编写更简短、更高效的 JSP 页面)就是用于解决使用相对路径时出现的问题,它的作用就是返回当前页面所在的上下文路径。

在使用 ${pageContext.request.contextPath} 之前,需要在项目的编译路径中加入 jsp-api.jar 文件,否则项目将会抛出以下两个错误:

```
javax.servlet.jsp.PageContext cannot be resolved to a type
javax.servlet.jsp.JspException cannot be resolved to a type
```

对于 Maven 构建的项目来说,添加 jsp-api.jar 文件非常简单,只需要将该文件对应的 Maven 依赖信息添加到 pom.xml 文件中保存即可。

```xml
<!-- https://mvnrepository.com/artifact/javax.servlet.jsp/jsp-api -->
<dependency>
    <groupId>javax.servlet.jsp</groupId>
    <artifactId>jsp-api</artifactId>
    <version>2.2</version>
    <scope>provided</scope>
</dependency>
```

添加完 jsp-api.jar 文件后,就可以使用 ${pageContext.request.contextPath} 了。修改 jslib.jsp 文件的内容如下:

```
<script src="${pageContext.request.contextPath}/resources/js/jquery-3.3.1.js"></script>
```

再次访问 http://localhost:8080/WebAdvanced/two/jslib,发现可以正常访问页面。把请求 URL 调整为 http://localhost:8080/WebAdvanced/two/jslib/1,发现也可以正常访问页面。再次查看页面源代码,jquery-3.3.1.js 文件的导入路径为:<script src="/WebAdvanced/resources/js/jquery-3.3.1.js"></script>。

这是我们期望的结果,有了上下文路径"/WebAdvanced"的帮助,我们就不必再担心 jquery-3.3.1.js 文件不能被访问了,${pageContext.request.contextPath}的确解决了使用相对路径时出现的问题。

2.2.5 JSP 标准标签库

${pageContext.request.contextPath}对于那些追求极简主义的人来说,显得有些过长了。如果我们需要在很多文件内使用的话,就总觉得代码烦琐冗余,有什么好的办法代替吗?

答案当然是肯定的,那就是使用 JSP 标准标签库(JavaServer Pages Standard Tag Library,JSTL)中的 set 标签创建一个引用 ${pageContext.request.contextPath} 的有界变量,那么在该标签出现后的整个 JSP 页面中都可以使用该变量。

不过,在使用 JSTL 之前,需要在项目中引入 JSTL 的 jar 包。目前 JSTL 最新的版本是 1.2,复制以下代码到 pom.xml 文件中并保存。

```xml
<!-- https://mvnrepository.com/artifact/javax.servlet/jstl -->
<dependency>
    <groupId>javax.servlet</groupId>
    <artifactId>jstl</artifactId>
    <version>1.2</version>
</dependency>
```

JSTL 标签库可以分为 5 类,如表 2-2-3 所示。

表 2-2-3　JSTL 标签库

类别	URI	前缀
核心	http://java.sun.com/jsp/jstl/core	c
XML	http://java.sun.com/jsp/jstl/xml	x
格式化	http://java.sun.com/jsp/jstl/fmt	fmt
数据库	http://java.sun.com/jsp/jstl/sql	sql
函数	http://java.sun.com/jsp/jstl/functions	fn

如要在 JSP 页面中使用核心库,则必须在页面的开头处做出以下声明:

```
<%@ taglib prefix="c" uri="http://java.sun.com/jsp/jstl/core" %>
```

接下来,我们就要创建一个名为 ctx 的有界变量,使它引用 ${pageContext.request.contextPath},如下所示:

```
<c:set var="ctx" value="${pageContext.request.contextPath}" />
```

之后,我们就可以通过以下代码在页面中引入本地资源,例如:

```
<script src="${ctx}/resources/components/jquery/jquery-3.3.1.js"></script>
```

看到了吧,使用 ${ctx} 代替 ${pageContext.request.contextPath} 为我们省去了不少字符,JSTL 的应用使得我们的代码变得更加简洁,也更让人感觉到舒服自然。另外,JSTL 还可以完成更多任务,例如遍历集合(forEach)、条件判断(if、choose、when、otherwise)、格式化文本(formatDate、formatNumber)以及操作有界对象(out、set、remove),更重要的是 JSTL 还定义了一套在 EL 表达式中使用的标准函数(join、indexOf、split 等)。感兴趣的小伙伴不妨赶紧行动起来,去了解一下更多的 JSTL 知识。

2.3 jQuery 选择器

一列火车最重要的一节车厢是哪一个呢？我想大多数人的答案是火车头。因为火车头不仅仅是一列火车动力的源头，也是前行方向的选择器。选择器之于 jQuery 的价值，就如同火车头之于火车的价值。

jQuery 中的选择器完全继承了 CSS(Cascading Style Sheets，层叠样式表) 选择器的风格，它们之间的写法也非常相似。差别就在于 CSS 是单纯用来添加式样的，而 jQuery 选择器则用来为元素添加行为；同时，jQuery 选择器显然功能更加强大，因为 jQuery 的行为当中就涵盖了 CSS 的功能，例如 jQuery 的 css() 和 addClass() 就是为元素设置式样和添加式样。

学会使用选择器是学习 jQuery 的基础。上个章节中我们见到的 $('body')，就应用了一个基本的选择器——body 标签选择器，它以文档元素作为选择符。

2.3.1 基本选择器

基本选择器是 jQuery 中最常用的选择器。基本选择器的示例如表 2-3-1 所示。

表 2-3-1 基本选择器

选择器	示例	描述
#id	$("#cmower")	选取 id 为 cmower 的元素
.class	$(".summernote")	选取 class 为 summernote 的所有元素
element	$("div")	选取所有的 <div> 元素

网络上传说 E 键是程序员最常用的按键，无论是写 JavaScript，还是写 Java、C++，所以 E 键上的字符 E 是最容易磨损掉的——这足以证明 E 键的使用频率之高。我想，jQuery 中的基本选择器相对于其他选择器来说，使用频率和 E 键不相上下。

注意：

(1) id 对于一个页面的所有元素来说，必须要唯一。

(2) 使用 class 作为选择器时，我一般习惯于加上前缀来缩小检索范围，例如 $(div.summernote)，选取 class 为 summernote 的所有 <div> 元素。

(3) 使用 element 作为选择器时，还有一种特殊的情况 $(document)，用来获取整个 document 对象，计算弹出窗口的中心位置时经常用到。

2.3.2 过滤选择器

过滤选择器主要是通过一定的规则来筛选出所需的 DOM 节点。例如，通过 DOM 元素之间的层次关系来获取特定元素；通过特定的过滤规则筛选出所需的 DOM 元素，包括属性过滤选择器、子元素过滤选择器等。过滤选择器的示例如表 2-3-2 所示。

表 2-3-2　过滤选择器示例

选择器	示例	描述
parent children	$("form input")	从 Form 表单中找出所有 <input>
:even	$("tr:even")	选取索引(从 0 开始)是偶数的所有 <tr>
:odd	$("tr:odd")	选取索引是奇数的所有 <tr>
[attr=value]	$("a[target=ajaxTodo]")	选取属性 target 为"ajaxTodo"的 <a> 元素
:nth-child(index)	$("div:nth-child(1)")	选取索引值为 1 的 <div> 元素
:nth-child(equation)	$("div:nth-child(3n+1)")	选取索引值为 3n+1(n 从 1 开始)的 <div> 元素

2.3.3　选择器组

选择器组匹配的元素只要匹配该选择器组中的任何一个选择器即可,通常以逗号为分隔符。选择器组的示例如表 2-3-3 所示。

表 2-3-3　选择器组匹配示例

选择器	示例	描述
element1,element2,element3	$("h1,h2,h3")	匹配 <h1>、<h2>、<h3> 中的任意几个
.classA,.classB	$(".summernote,.wysiwyg")	匹配 class 为 summernote 或 wysiwyg 的元素

2.4　jQuery 中的 DOM 操作

2.4.1　查找节点

除了可以通过 jQuery 选择器快速地找到对应的 DOM 节点,jQuery 还定义了一些选取方法,这些选取方法同样可以完成选择器的工作。这其中有两个方法最为常用:filter()和 find()。顾名思义,filter 是过滤的意思,即对当前匹配的元素集合进行过滤,目的是缩减结果集;find 是查找的意思,即获取当前匹配元素集中每个元素的后代,再根据选择器条件进行查找,目的是找出子元素。

为了尽快找出两者的差异,我们先来看如下代码:

```
< div class = "main" >
    < p class = "star" > 周杰伦 < /p >
</div >
< div class = "star" >
    < p > 王力宏 < /p >
</div >
< script type = "text/javascript" >
    $ (function() {
        console.log( $ ("div").filter(".star").text());     // 输出 王力宏
        console.log( $ ("div").find(".star").text());       // 输出 周杰伦
    });
</script >
```

从上面代码的输出结果中我们可以看出，同样的条件，filter()输出的结果是"王力宏"，而 find()输出的结果是"周杰伦"。这是因为 $("div").filter(".star")筛选后的 DOM 节点是 < div class = "star" > < p > 王力宏 < /p > < /div >，相当于选择器 $("div.star")，查找 class 为 star 的 < div >；而 $("div").find(".star")查找到的 DOM 节点是 < p class = "star" > 周杰伦 < /p >，相当于选择器 $("div .star")，从 < div > 中查找 class 为 star 的所有元素。

2.4.2 遍历节点

1. each( )和 map( )

在我的习惯当中，each()方法是我最常用的遍历节点的方法，没有之一。此方法的名字"each"也起得非常直接明了，翻译成中文的意思就是每或者每个。each()方法需要传递一个函数作为参数，也就是说，执行.each(function)将会遍历指定的 jQuery 对象，并为每个匹配的元素执行一段函数。

另外，map()方法也可以进行遍历，map()方法同 each()方法一样，也需要传递一个函数作为参数，只不过 map()方法的参数被称做回调函数。执行.map(callback)将会为遍历后的每个元素传递当前指定的回调函数，并通过回调函数产生一个包含返回值的数组对象，数组对象调用 get()方法后即可获得一个标准的 JavaScript 数组，再调用 join()方法就可以将数组转换成分隔符拼接的字符串了。示例如下：

```
< ul class = "level - 1" >
    < li class = "item-i" > I < /li >
    < li class = "item-ii" > II
        < ul class = "level - 2" >
            < li class = "item-a" > A < /li >
            < li class = "item-b" > B
                < ul class = "level - 3" >
                    < li class = "item-1" > 1 < /li >
```

```
            < li class = "item-2" > 2 < /li >
            < li class = "item-3" > 3 < /li >
         < /ul >
      < /li >
      < li class = "item-c" > C < /li >
   < /ul >
< /li >
< li class = "item-iii" > III < /li >
</ul >
< script type = "text/javascript" >
   $ (function() {
      // 遍历节点
      $ ("li").each(function(index, element) {
         // element = = this
         console.log("li " + index + " 元素的 className:" + this.className);
      });


      // 回调函数
      var _toString = function() {
         if (this.className) {
            return this.localName + "." + this.className;
         }
         return this.localName;
      };
      console.log("li 元素的 " + $ ("li").map(_toString).get());
   });
</script >
```

在以上代码当中,我们先构建了一段包含标准列表(ul 和 li)的 DOM 树,然后通过 each()和 map()对 li 元素进行遍历,将其字符串表示的名称打印出来,其结果如图 2-4-1 所示。

```
li 0 元素的className: item-i
li 1 元素的className: item-ii
li 2 元素的className: item-a
li 3 元素的className: item-b
li 4 元素的className: item-1
li 5 元素的className: item-2
li 6 元素的className: item-3
li 7 元素的className: item-c
li 8 元素的className: item-iii
li元素的 li.item-i,li.item-ii,li.item-a,li.item-b,li.item-1,li.item-2,li.item-3,li.item-c,li.item-iii
```

图 2-4-1

第 2 章 锋利的 jQuery

注意：

（1）对于 each()的执行函数 function 来说，它有两个可以省略的默认参数：index 和 element，index 指的是当前元素的索引值，如图 2-4-1 中的 0—8；element 指的是当前元素，它等同于 this。

（2）对于 map()的回调函数 callback 来说，它同样也有两个可以省略的默认参数，其意义和 each()方法等同。另外，如果. map(). get()后面没有紧跟 join()方法的时候，默认分隔符为英文的"，"，如图 2-4-1 中的结果。

2. children( )

此方法用于获取匹配元素集合中每个元素的子元素。该方法可以传递一个选择器字符串，用来进行子元素的过滤。

同样以编历程序中的 DOM 树为例，考虑一下 $("ul. level-2"). children(). length(class 属性值为 level-2 的 ul 的子元素个数)等于几？答案是 3。为什么呢？因为 ul. level-2 的子元素为 li. item-a、li. item-b、li. item-c，所以子元素的个数为 3。

3. parent( )、parents( )、closest(selector)

parent()、parents()、closest(selector)的查找方式相似，所不同的是，parent()从给定的一组 DOM 元素的 jQuery 对象的直接父节点开始查找，并返回一个元素节点，即当前父节点；parents()在找到第一个父节点后，并不会停止，而是会继续查找，直到返回指定 jQuery 对象的所有祖先；closest(selector)至少需要指定一个用于匹配元素的选择器字符串 selector，它是从当前元素开始查找而不是从父节点开始查找，如果当前元素就是想要找的元素，那么就返回，如果不是，则继续按图索骥，直到找到从元素本身开始最邻近的 selector，并返回。也就是说，closest(selector)与 parent()最大的不同是它不仅限于从父节点开始查找。而 closest(selector)与 parents()最大的不同是它只会找到最邻近的那个父节点，而不是全部，表 2-4-1 更能体现出它们之间的不同。

表 2-4-1 closet( )与 parents 的不同点

closest( )	parents( )
开始于当前元素	开始于父元素
在 DOM 树中向上遍历，直到找到了与提供的选择器相匹配的元素	向上遍历 DOM 树到文档的根元素，每个祖先元素加入到临时集合，如果提供一个选择器，则会使用该选择器在集合中进行过滤
返回包含零或一个元素的 jQuery 对象	返回包含零个、一个或多个元素的 jQuery 对象

现在，考虑一下 $("li. item-a"). parent()、$("li. item-a"). parents()、$('li. item-a'). closest('ul')的结果是什么？

思考片刻，你是否已经得出了答案呢？好了，让我们来验证一下吧，请看以下代码：

```
console.log("li.item-a 的父元素 " + $("li.item-a").parent().map(_toString).get());
console.log("li.item-a 的祖先元素 " + $("li.item-a").parents().map(_toString).get().join(","));
console.log("li.item-a 的邻近元素 " + $("li.item-a").closest("ul").map(_toString).get());
li.item-a 的父元素为:ul.level-2。
li.item-a 的祖先元素为:ul.level-2,li.item-ii,ul.level-1,body,html。
li.item-a 的邻近元素为:ul.level-2。
```

也就是说,$("li.item-a").parents()会先找到 li.item-a 的直接父元素 ul.level-2,然后继续往上找,直到查找完整个页面的根节点 < html >。

另外,你也可以在 Chrome 浏览器的「Console」面板上键入 $("li.item-a").parent()、$("li.item-a").parents()、$("li.item-a").closest("ul")进行验证,如图 2-4-2 所示。

```
$("li.item-a").parent()
▶ jQuery.fn.init [ul.level-2, prevObject: jQuery.fn.init(1)]
$("li.item-a").parents()
▶ jQuery.fn.init(5) [ul.level-2, li.item-ii, ul.level-1, body, html, prevObject: jQuery.fn.init(1)]
$("li.item-a").closest("ul")
▶ jQuery.fn.init [ul.level-2, prevObject: jQuery.fn.init(1)]
```

图 2-4-2

4. next()、prev()和 siblings()

next()方法用于获取 DOM 树中指定元素的后一个同胞,而 prev()方法则用于获取前一个。尽管两个方法都可以传递一个选择器字符串的参数,但我觉得传递参数后的 next()和 prev()的意义就发生了改变,有的时候获取到的 jQuery 对象就不再是指定元素的后一个或者前一个同胞。与其这样,还不如使用其他的方法,例如使用 siblings()和之前介绍的 find()。

siblings()方法用于获取匹配元素前后所有的同辈元素,并且可以指定选择器表达式进行过滤。同样以上文编历程序中的 DOM 树为例,考虑一下 $("li.item-ii").next()、$("li.item-ii").prev()和 $("li.item-ii").siblings()的结果是什么?

……

通过「Console」面板验证后的结果如图 2-4-3 所示。

2.4.3 创建并插入节点

创建节点非常简单,可以通过 jQuery 的构造工厂完成,例如 $("< p >今天是狗年的第一天,沉默王二在此恭祝大家新春快乐,万事如意! </p>")就可以创建一个段落节点。$()构造工厂会根据传入的 HTML 字符串,创建一个 DOM 对象,并将这个 DOM 对象封装为 jQuery 对象后返回。

```
$("li.item-ii").next()
▶ jQuery.fn.init [li.item-iii, prevObject: jQuery.fn.init(1)]
$("li.item-ii").prev()
▶ jQuery.fn.init [li.item-i, prevObject: jQuery.fn.init(1)]
$("li.item-ii").siblings()
▶ jQuery.fn.init(2) [li.item-i, li.item-iii, prevObject: jQuery.fn.init(1)]
```

图 2-4-3

有了创建的节点,就可以通过 jQuery 提供的一系列方法将其插入到文档中。在此,假设已经创建好了一个 hello 节点,内容为 var hello = $("<p>新年好</p>");,我们通过以下几个常用的方法来对其进行操作,如表 2-4-2 所示。

表 2-4-2 创建并插入节点的 4 个方法

方法	示例	描述
append()	$("body").append(hello);	向<body>中追加内容<p>新年好</p>
appendTo()	hello.appendTo("body");	将<p>新年好</p>追加到<body>中
after()	hello.after("<p>祝大家万事如意</p>")	在段落"新年好"后追加新的段落"祝大家万事如意"
before()	$("<p>祝大家万事如意</p>").before(hello)	在段落"祝大家万事如意"前追加段落"新年好"

2.4.4 删除节点

删除节点最常用的两个方法分别是 remove() 和 empty()。这两个方法有着类似的功能,但有所不同,我们先来看以下代码:

```
<p class = "blessing">
    新春快乐,<span>沉默王二</span> <em>恭祝大家狗年旺旺旺。</em>.
</p>
<p class = "blessing1">
    新春快乐,<span>沉默王二</span> <em>恭祝大家狗年旺旺旺。</em>.
</p>
<script type = "text/javascript">
    $(function() {
        // 2.4.3 创建并插入节点
        var hello = $("<p>新年好</p>");
        $("body").append(hello);
        // 2.4.4 删除节点
        $(".blessing").empty();
        $(".blessing1").remove();
    });
```

</script>

remove()所到之处,寸草不生。也就是说,执行 $(".blessing1").remove()将会删除 class 为 blessing1 的 <p> 元素本身以及其中的所有子孙元素。$(".blessing1").empty()虽然会删除 class 为 blessing 的 <p> 元素的子孙元素,但会保留 <p class="blessing"></p> 本身,这是两个方法之间最根本的区别。

2.5 jQuery 的 getter 和 setter

说起 getter 和 setter,我首先想起的就是 JavaBean 的 getter 和 setter,这是职业习惯使然,因为我是一名 Java 工程师,JavaBean 的 getter 和 setter 概念已经在我多年的编程生涯中根深蒂固。如果从一开始就统计下来我写它们的数量,约摸要占据在我的排行榜的第二位。至于第一位嘛,应该就是变量的声明了,诸如 String、int、long 等,当然还有 JavaBean 对象名。对于 jQuery 来说,其声明更简单一点,只有一个 var;jQuery getter 和 setter 也更简单,如 attr()、attr("attributeName") 即为 getter,attr("attributeName",value) 即为 setter,其根据参数的形式进行功能上的自动切换,并不需要像 JavaBean 那样设置一对方法:getName() 和 setName()。两者相比较的话,各有千秋,但不得不说的是,无论是 Java,还是 jQuery,它们对于 getter 和 setter 的设计都相当的经典,使我们在使用 getter 和 setter 的时候感觉非常自然。在我看来,getter 和 setter 就好像人的一呼一吸,看似简单,却意义非凡,正是因为这一呼一吸,我们的生命特征才得以维持。

jQuery 方法用做 setter 和 getter 时,具有以下特征:

(1) setter 方法会给 jQuery 对象中的每一个元素设值。换句话说,如果页面中有很多个 span 元素,要改变它们的内容为"沉默王二",只需要执行 $("span").html("沉默王二")这行代码就可以了,而不需要对 span 进行遍历,再对每一个 span 元素执行 setter。

(2) setter 方法会返回该 jQuery 对象以便进行链式调用。例如 $("span")返回的对象为公式输入有误。("span").html("沉默王二")在进行 setter 后依然会返回 $span 对象,也就是说这样 $("span").html("沉默王二").attr("name","cmower")' 执行代码是可以的。

(3) getter 方法只会查询元素集合中的第一个元素,返回单个值。如果要获取所有元素,需要使用 map()方法或者 each()方法进行遍历。

(4) getter 方法不会返回调用对象本身,它和 setter 方法有所不同,因此执行 getter 方法后不能再进行链式调用。

(5) setter 和 getter 在执行之前并不需要像 Java 那样先进行判空操作。对于这一点,我需要作说明:jQuery 对象是一个类似数组的对象,也就是说如果对象中没有元素,那么数组的长度即为 0(可以作为判断该对象中有没有元素的条件);如果对象中有一个元素,那么数组的长度即为 1;如果对象中有 n 个元素,那么数组的长度即为 n。

下面,我挑了几个我在工作当中最常用的 getter 和 setter 进行说明,大家可以在学习当中作为参考。

2.5.1 获取和设置 HTML 属性

HTML 元素由一个标签和一组(零个、一个或多个)称为属性的键值对组成。例如 <img> 元素定义了一个图像,它的 src 属性值指定了图像的地址 URL <img src="cmower.jpg">,<img> 即为一个标签,src="cmower.jpg" 即为一组键值对。

在 jQuery1.6 之前,attr()方法是 jQuery 中唯一一个用于 HTML 属性获取和设置的 getter、setter。但从 jQuery1.6 开始,attr()出现了一个"孪生兄弟":prop()方法,它们都可以用来获取和设置 HTML 属性,但在某种特定的场景下作用又大有不同。这就很容易带来困扰,尤其是对于那些 jQuery 的初学者,想要搞清楚在什么时候使用 attr(),什么时候使用 prop(),就变成了一件特别费劲的事情。

1. attr( ) 和 prop( )

要厘清 attr()和 prop()的区别,最直接的方法有以下两种。

(1)查看 API 的帮助文档。对于 attr()和 prop(),jQuery 官网给出的说明是这样的:

attr():Get the value of an attribute for the first element in the set of matched elements or set one or more attributes for every matched element.

prop():Get the value of a property for the first element in the set of matched elements or set one or more properties for every matched element.

这两段说明就好像冯巩先生在春晚的开场白:"我想死你们了"和"你们让我想死了"。其意义在我看来大差不差,同样幽默亲切。但冯巩先生的开场白让我感受到了快乐,而 jQuery 的帮助文档则没有,它反而让我更加迷惑不解,毕竟 attribute 和 property 的中文含义都可以译为"属性",这也是 attr()和 prop()之间最容易让人产生迷惑的地方了。

(2)探究 jQuery 源码。这种方法我也尝试过了,但就好像雾里看花终隔一层,毕竟咱不是这对孪生兄弟的亲生妈妈,也并非能明察秋毫、一叶知秋的专家。那么究竟该怎么办呢?最合适的方法就是把这对孪生兄弟叫到面前来问一问,并向它们的妈妈寻求帮助。

接下来就让我们通过实例来厘清 attr()和 prop()的区别,毕竟实践出真知。示例如下:

```
<input id="c1" type="checkbox" checked="checked" />
<input id="c2" type="checkbox" checked="true" />
<input id="c3" type="checkbox" checked="" />
<input id="c4" type="checkbox" checked />
<input id="c5" type="checkbox" checked="false" />
```

```html
<input id="c6" type="checkbox" />

<script type="text/javascript">
    $(function(){
        var attrs = [], props = [];

        $("input").each(function(i, n) {
            var attr = {}, prop = {}, $this = $(this);

            attr.id = $this.attr("id");
            attr.name = $this.attr("name");
            attr.cmower = $this.attr("cmower");
            attr.type = $this.attr("type");
            attr.checked = $this.attr("checked");
            attrs[i] = attr;

            prop.id = $this.prop("id");
            prop.name = $this.prop("name");
            prop.cmower = $this.prop("cmower");
            prop.type = $this.prop("type");
            prop.checked = $this.prop("checked");
            props[i] = prop;
        });

        console.table(attrs);
        console.table(props);
    });
</script>
```

在以上代码当中，我们创建了 6 个复选框（type 属性值是 checkbox），它们的 id 属性值从 c1 到 c6，而 checked 属性的表现形式无一相同。根据 W3C 表单规范可知，checked 属性是一个布尔属性，这意味着只要 checked 属性存在，则其对应的属性值即为 true，即使属性没有值或者设置为空字符串值，甚至属性值为 false，这也正是我们要创建 6 个复选框的原因。然后在 < script > 脚本中，我们通过 jQuery 的 each() 方法遍历这 6 个复选框，再分别通过 attr() 和 prop() 获取 6 个复选框的 id、name、cmower、type、checked 等属性值（其中 name 为 HTML 元素的标准属性，cmower 为自定义的非标准属性），最后通过 console.table() 方法打印出对应的属性值，其结果如图 2-5-1 所示。

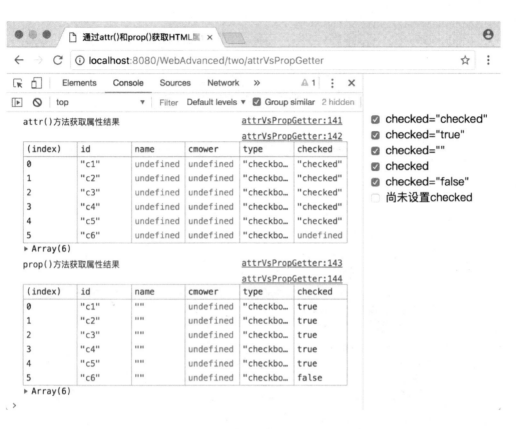

图 2-5-1

比较图 2-5-1 中 attr() 和 prop() 获取的属性值结果，可以得出以下结论：

(1) attr() 和 prop() 在获取页面上已定义的标准的 HTML 属性时，结果一致。如 id 属性和 type 属性。

(2) attr() 和 prop() 在获取页面上未定义的非标准的 HTML 属性时，结果一致。如 cmower 属性。如果在页面上定义了非标准的 HTML 属性，获取的结果还一致吗？建议你在学习的过程中动手尝试一下。

(3) attr() 和 prop() 在获取页面上未定义的标准的 HTML 属性时，结果不一致。如 name 属性，attr() 获取的结果为 undefined，而 prop() 获取的结果为空字符串。

(4) 对于布尔属性来说，attr() 和 prop() 获取的结果就完全不同，这也正是 attr() 和 prop() 最显著的区别。从 jQuery 1.6 开始，对于在页面上未定义的 HTML 属性（包括标准属性、自定义非标准属性以及布尔属性），attr() 方法均返回 undefined 关键字，即该属性未定义。

比较完 attr() 和 prop() 在 getter 应用上的不同，我们再来对比一下它们在 setter 应用上的不同。

再来看下面一段代码：

```html
<input id="c1" type="checkbox" />
<input id="c2" type="checkbox" name="checkbox" cmower="沉默王二" checked="checked" />
<input id="c3" type="checkbox" />
<input id="c4" type="checkbox" name="checkbox" cmower="沉默王二" checked="checked" />

<script type="text/javascript">
    $(function(){
        $("#c1").attr({
            name:"checkbox",
            cmower:"沉默王二",
            checked:true,
        }).next().html($("#c1").attr("name") + "," + $("#c1").attr("cmower") + "," + $("#c1").attr("checked"));
        $("#c2").attr({
            name:"",
            cmower:"",
            checked:false,
        }).next().html($("#c2").attr("name") + "," + $("#c2").attr("cmower") + "," + $("#c2").attr("checked"));
        $("#c3").prop({
            name:"checkbox",
            cmower:"沉默王二",
            checked:true,
        }).next().html($("#c3").prop("name") + "," + $("#c3").prop("cmower") + "," + $("#c3").prop("checked"));
        $("#c4").prop({
            name:"",
            cmower:"",
            checked:false,
        }).next().html($("#c4").prop("name") + "," + $("#c4").prop("cmower") + "," + $("#c4").prop("checked"));
    });
</script>
```

在以上代码当中，我们创建了4个复选框（type属性值是checkbox），它们的id属性值从c1到c4，c1和c3在创建的时候没有对name、cmower、checked等三个属性赋值，c2和c4在创建的时候赋了值。然后在$(function(){})函数内部，分别通过attr（attributes）和prop（properties）（attributes和properties为一组键值对对象）改变4个复选框属性值，然后再将name、cmower、checked等三个属性对应的属性值显示出来。如图2-5-2所示。

图 2-5-2

在图 2-5-2 中,左侧部分为复选框在设置属性后的勾选状态,以及 name、cmower、checked 三个属性的值;右侧部分为 Chrome 浏览器的「Elements」面板,展示了复选框在设置属性后的 HTML 元素结构。那么依据我们测试的结果,可以得出以下结论:

(1) 对于标准的 HTML 属性来说,attr()和 prop()在作为 setter 时没有差异。如 name 属性。

(2) 对于自定义的非标准的 HTML 属性来说,attr()比 prop()要更合理一点,这是因为 prop()容易造成错觉。

如 cmower 属性,c3 复选框在通过 prop({cmower : "沉默王二"})方法设置后,并没有在 HTML 元素结构处看到 cmower="沉默王二"的反馈,但从 prop("cmower")方法获取后的结果"沉默王二"来看,可以确定 prop({cmower : "沉默王二"})已经生效;c4 复选框在通过 prop({cmower : ""})方法设置后,也没有在 HTML 元素结构处看到 cmower=""的反馈,但从 prop("cmower")方法获取后的结果空字符串来看,可以确定 prop({cmower : ""})已经生效。这可能是 jQuery 的一种设计策略,在不改变 HTML 序列的情况下改变 HTML 属性的值。但我更希望"所见即所得",当改变 HTML 属性值后就能够从 HTML 元素结构处得到反馈,而不是要通过 getter 方法获取结果后再确认 setter 是否生效。

当然了,我并不建议为 HTML 元素设置自定义的非标准 HTML 属性来承载数据,如果需要,最好使用 data(),而非 attr()和 prop()。

(3) 对于布尔属性来说,jQuery 的官网给出的建议是在获取或者修改布尔属性(如 checked、selected 或 disabled)时,使用 prop()方法。但是,我并不太认同这样的做法,我认为在获取布尔属性时应该使用 prop(),而修改时应该使用 attr()。

我为什么会持这样的观点呢?拿 checked 这个布尔属性来说,attr()在作为 getter 时,返回的结果为 checked 或者 undefined,这并不是布尔值。而 prop()则不同,它会返回 true 或者 false(判断复选框是否选中时,最好使用 if($(elem).prop("checked"))或者if ($(elem).is(":checked"))),这符合布尔值的预期。而在作为setter时，prop()并没有将设置后的结果反馈到HTML元素结构处，c3复选框在页面上表现出的结果是选中状态，但在HTML元素结构处却看不到checked="checked"，这容易让开发者产生混乱，究竟复选框是checked还是没有checked。

但这并不是jQuery的错，这可能是历史原因造成的。因为单就复选框来说，要想让它处于勾选的状态，就有以下五种不同的做法：

```
< input id = "c1" type = "checkbox" checked = "checked" / >
< input id = "c2" type = "checkbox" checked = "true" / >
< input id = "c3" type = "checkbox" checked = "" / >
< input id = "c4" type = "checkbox" checked / >
< input id = "c5" type = "checkbox" checked = "false" / >
```

这就好像一个人有五个不同的称呼。那么初次见面，我们该怎么称呼才不失礼貌呢？显然很难办，所以我希望在未来，HTML规范的制定者能够消除这种混乱。

当我们搞定了attr()和prop()的差别之后，就可以稍微放松一下了。这就好像在学驾照的时候过了科目二考试的感觉。在2.5.1节attr()和prop()的程序中，我们使用了attr()和prop()的getter方法，诸如$this.attr("checked")和$this.prop("checked")，其参数均为HTML元素的属性名。在2.5.1节setter应用的程序中，我们使用了attr()和prop()的setter方法，诸如$("#c1").attr({ name：" checkbox"，cmower："沉默王二"，checked：true，})和$("#c3").prop({ name：" checkbox"，cmower："沉默王二"，checked：true，})，其参数为一组键值对(包含一个或者多个属性名/属性值的键值对对象)。attr()和prop()的setter方法还有另外两种不同的使用方式：

（1）attr(attributeName, value)。attributeName为属性名，value为属性需要设置的值，此方式用来设置一个简单的属性。

（2）attr(attributeName, function(i, val){})。attributeName为属性名，function用来计算需要设置的值。调用该函数时会派生出一个表示当前HTML元素的this对象，通过$(this)即可获取当前HTML元素的jQuery对象。该函数默认会有两个参数i和val，i表示该元素的索引，val表示该元素未经当前function设置之前的属性值。

由于prop()的setter方法和attr()完全一致，所以接下来我们只对attr()的setter方法进行介绍。代码如下：

```
< img id = "cmower" src = " $ {pageContext. request. contextPath}/resources/images/cmower160x160.jpg" alt = "沉默王二" >
< script type = "text/javascript" >
    $(function(){
        $("#cmower").attr("alt", "我是沉默王二");
```

第 2 章　锋利的 jQuery

```
        $("#cmower").attr("title","沉默王二的头像");
        $("#cmower").attr({
            "alt" : "我是沉默王二",
            title : "沉默王二的头像"
        });
        $("#cmower").attr("title", function(i, val) {
            return $(this).attr("alt") + " - 的偶像是 MJ";
        });
    });
</script>
```

attr()作为 setter 方法使用时，可以分为 3 种类型，分别如下。

(1) 设置一个简单的属性

改变 alt 属性值，传递当前属性名 alt，以及一个新的属性值"我是沉默王二"：

```
$("#cmower").attr("alt","我是沉默王二");
```

增加一个新的属性 title：

```
$("#cmower").attr("title","沉默王二的头像");
```

(2) 一次性设置多个属性值

如果要同时改变 alt 属性值，并增加一个新的属性 title，那么就需要传递一个键值对对象，键与值之间通过":"隔开，键值对之间通过","隔开，另外，此方式下的属性名可以不使用双引号包裹，代码如下所示。

```
$("#cmower").attr({
    "alt" : "我是沉默王二",
    title : "沉默王二的头像"
});
```

注意：当设置 'class'（用来指定 HTML 元素的 CSS 式样）属性时，必须始终使用引号！

(3) 通过方法计算属性值

当我们需要通过一些复杂的计算得出属性值时，此方式就显得尤为重要，例如在 alt 属性值的基础上设置一个新的 title 属性值，代码如下所示。

```
$("#cmower4").attr("title", function() {
    return $(this).attr("alt") + " - 的偶像是 MJ";
});
```

注意：此方式如果没有返回值，或者返回 undefined，则当前值不会更改。

2.5.2 获取和设置 Form 表单域的值

1. 获取 Form 表单域的值

val()方法在不接受任何参数的情况下是一个 getter,它用来获取 input,select 和 textarea 等 Form 表单域的值,代码如下:

```
<form>
    <label>用户:</label>
    <input type="text" name="user" value="沉默王二">
    <br>
    <label>密码:</label>
    <input type="password" name="password" value="123456">
    <br>
    <label>我喜欢李孝利:</label>
    <input type="checkbox" name="star" value="Lee Hyo Ri" checked="checked">
    <br>
    <label>我喜欢章子怡:</label>
    <input type="checkbox" name="star" value="Zhang Ziyi" checked="checked">
    <br>
    <label>女性:</label>
    <input type="radio" name="sex" value="female" />
    <br>
    <label>男性:</label>
    <input type="radio" name="sex" value="male" checked="checked" />
    <br>
    <label>支持的足球队:</label>
    <select name="football">
        <option value="Real Madrid">皇马</option>
        <option value="Barcelona">巴萨</option>
        <option value="Manchester United" selected="selected">曼联</option>
        <option value="Liverpool">利物浦</option>
    </select>
    <br>
    <label>支持的篮球队:</label>
    <select name="basketball" multiple="multiple">
        <option value="Houston Rockets" selected="selected">火箭</option>
        <option value="Golden State Warriors" selected="selected">勇士</option>
        <option value="Boston Celtics" selected="selected">凯尔特人</option>
        <option value="Cleveland Cavaliers">骑士</option>
```

```
        </select>
        <br>
        <label>备注:</label>
        <textarea name="memo">养成早起的习惯十分重要!</textarea>
</form>
<%@ include file="/resources/common/jslib.jsp" %>
<script type="text/javascript">
        $(function(){
            console.log("用户:" + $("input[name=user]").val());
            console.log("密码:" + $("input[name=password]").val());
            console.log("备注:" + $("textarea[name=memo]").val());

            var star = $("input[name=star]:checked").map(function(){
                return this.value;
            }).get();
            console.log("明星:" + star.join(","));

            console.log("足球队:" + $("select[name=football]").val());
            console.log("篮球队:" + $("select[name=basketball]").val());
        });
</script>
```

val()方法作为getter时的使用场景可以分为以下三种。

(1) 文本域和密码框

对于单行文本域(type="text"的input)、多行文本域(textarea)和密码框(type="password"的input),直接通过val()就可以获取其值。

```
$("input[name=user]").val();
$("textarea[name=memo]").val();
$("input[name=password]").val();
```

(2) 单选按钮和复选框

对于单选按钮(type="radio"的input),要想获取选中项的值,必须要使用:checked选择符进行匹配。

```
$("input[name=sex]:checked").val();
```

对于复选框(type="checkbox"的input)来说,要想获取选中项的值,不仅要使用:checked选择符进行匹配,还需要使用map()方法进行遍历。

```
var star = $("input[name=star]:checked").map(function(){
    return this.value;
```

```
}).get();
console.log("明星:" + star.join(","));
```

(3) 下拉框

对于下拉框(select),获取其选中项的值和文本域一样简单。在多选(multiple="multiple")的情况下,val()方法获取的值会自动以","进行连接,相比较复选框来说,实在是很智能了。为什么复选框不这么做呢?我想你和我一样,会产生这样的疑惑,在我看来,复选框和多选下拉框的情况的确非常类似,获取其值的方法实在可以再简化一些。换句话说,jQuery完全有能力把复选框的获取方法进行内部封装。作为jQuery的使用者来说,我们只需要关注val()即可,即$("select[name=football]").val();就行了。

最后,我们来看一下输出结果,如图2-5-3所示。

图2-5-3

2. 设置 Form 表单域的值

当给 val() 传递一个参数时,它就变身为一个 setter,不仅可以为文本域赋值,还可以为单选框、多选框和下拉框等表单域进行赋值。val()在作为 setter 时有两种形式:val(value)和val(function),其中 value 可以是一个字符串文本、一个数值或一个数组;function 是一个计算返回值的函数,它和前面我们介绍 attr() 的 setter 时一致。我们来看以下代码:

```
< form >
    < label >用户:</label >
    < input type = "text" name = "user" >
    < br >
    < label >密码:</label >
    < input type = "password" name = "password" >
    < br >
```

```html
<label>我喜欢李孝利：</label>
<input type="checkbox" name="star" value="Lee Hyo Ri">
<br>
<label>我喜欢章子怡：</label>
<input type="checkbox" name="star" value="Zhang Ziyi">
<br>
<label>女性：</label>
<input type="radio" name="sex" value="female" />
<br>
<label>男性：</label>
<input type="radio" name="sex" value="male" />
<br>
<label>支持的足球队：</label> <select name="football">
    <option value="Real Madrid">皇马</option>
    <option value="Barcelona">巴萨</option>
    <option value="Manchester United">曼联</option>
    <option value="Liverpool">利物浦</option>
</select>
<br>
<label>支持的篮球队：</label> <select name="basketball" multiple="multiple">
    <option value="Houston Rockets">火箭</option>
    <option value="Golden State Warriors">勇士</option>
    <option value="Boston Celtics">凯尔特人</option>
    <option value="Cleveland Cavaliers">骑士</option>
</select>
<br>
<label>备注：</label>
<textarea name="memo"></textarea>
</form>
<%@ include file="/resources/common/jslib.jsp" %>
<script type="text/javascript">
    $(function() {
        $("input[name=user]").val("沉默王二");
        $("input[name=password]").val("123456");
        $("textarea[name=memo]").val("养成早起的习惯十分重要！");

        $("input[name=star]").val(["Lee Hyo Ri","Zhang Ziyi"]);
        $("input[name=sex]").val(["male"]);

        $("select[name=football]").val("Manchester United");
        $("select[name=basketball]").val([ "Houston Rockets", "Golden State Warriors", "Boston Celtics" ]);
```

```
});
</script>
```

(1) 文本域和密码框

对于单行文本域、多行文本域和密码框来说，可以直接通过 val(value)来赋值。

```
$("input[name = user]").val("沉默王二");
$("input[name = password]").val("123456");
$("textarea[name = memo]").val("养成早起的习惯十分重要!");
```

(2) 单选按钮和复选框

对于单选按钮来说，要想设置某一选项，必须要使用 val([value])的形式进行赋值，而不能使用 val(value)。其中 value 为单选按钮组中的某一个 radio 的 value 值。请注意其中的差别：

```
$("input[name = sex]").val(["male"]);// 正确
$("input[name = sex]").val("male");// 错误
```

对于复选框来说，其赋值方法和单选按钮类似，需要向 val()传递一个包含选中项的 value 值的数组：

```
$("input[name = star]").val(["Lee Hyo Ri","Zhang Ziyi"]);
```

(3) 下拉框

对于下拉框来说，单选和多选的情况有所不同。在单选的情况下，请使用 val(value)的形式进行赋值；而在多选的情况下，请使用 val([value1,value2])的形式进行赋值。我为什么要用"请"字呢？这当然是有一定原因的，请看以下代码：

```
$("select[name = football]").val("Manchester United");
// 或者
$("select[name = football]").val(["Manchester United"]);

$("select[name = basketball]").val([ "Houston Rockets", "Golden State Warriors", "Boston Celtics" ]);
// 多选的情况下只选中一个时
$("select[name = basketball]").val("Houston Rockets");
```

也就是说，在复选框单选的情况下，既可以使用 val(value)，也可以使用 val([value])进行赋值；而在复选框多选的情况下，就必须使用 val([value1,value2])的数组形式进行赋值了。运行后的效果如图 2-5-4 所示。

2.5.3 获取和设置 HTML 元素内容

获取和设置 HTML 元素内容有两个方法：text()和 html()，它们的作用大不相同。首先，它们的功能是不一样的，text()用于获取和设置纯文本内容，而 html()用于

第 2 章 锋利的 jQuery

图 2-5-4

获取和设置带有 HTML 标签的内容；其次，text() 在作为 getter 时会获取所有匹配的子孙文本节点的纯文本内容，而 html() 在作为 getter 时只能获取第一个匹配元素的 HTML 内容。示例如下：

```
< div class = "cmower" >
    < div >声音驿站 < /div >
    < ul >
        < li >
            朗读者 < strong >雅雅 < /strong >
        < /li >
        < li >
            朗读者 < strong >静静 < /strong >
        < /li >
    < /ul >
< /div >
< div class = "cmower1" > < /div >
< div class = "cmower2" > < /div >
< script type = "text/javascript" >
    $ (function() {
        console.log( $ (".cmower").text());
        console.log( $ (".cmower").html());

        $ (".cmower1").text(" < p >《声音驿站》第一期:你不快乐的每一天都不是你的 < /p
> ");
        $ (".cmower2").html(" < p >《声音驿站》第二期:只要不快乐,你就没有生活过 < /p
> ");
```

```
});
</script>
```

(1) getter

$(".cmower").text()返回的结果为:声音驿站 朗读者雅雅 朗读者静静,而$(".cmower").html()返回的结果为:< div >声音驿站< /div > < ul > < li >朗读者< strong >雅雅< /strong > < /li > < li > 朗读者< strong > 静静< /strong > < /li > < /ul >。

(2) setter

$(".cmower1").text("< p >《声音驿站》第一期:你不快乐的每一天都不是你的< /p >");text()会将< p >当做是文本呈现在页面上,而html()则不会。

运行的结果如图2-5-5所示。

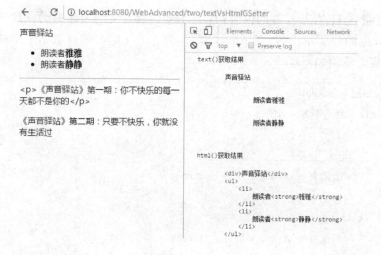

图2-5-5

2.5.4 获取和设置元素数据

jQuery定义了一个data()方法,用来获取和设置元素数据。当传入两个参数调用data()方法时(例如,$("♯id").data("name","马伟青")),该方法会将第二个参数以数据的形式存储起来,并以第一个参数为索引,此时data()方法可以称为setter,可理解为设值的意思;当传入一个参数调用data()方法时(例如,$("♯id").data("name")),该方法会返回元素上与该参数关联的数据值(例如,"马伟青");当不传入参数调用data()方法时(例如,$("♯id").data()),该方法会返回一个对象,此对象包含了元素上所有的数据值(例如,一个数据时为{name:"马伟青"},两个数据时为{name:"马伟青",book:"Web全栈开发进阶之路"})。传入一个参数或不传入参数调用data()方法时,data()方法可以称为getter,可理解为获值的意思。需要注意的是:data()方法与attr()和prop()的setter不同,它不接受函数形式的参数。当将函数作为参数传递给 data() 方法时,该函数也会被存储,就像存储一个字符串值一样。

另外,removeData() 方法用来从元素中删除数据。如果传递字符串给 removeData(),该方法会删除元素中与该字符串相关联的值。如果不带参数调用 removeData(),该方法会删除与元素相关联的所有数据。示例如下:

```
< div id = "cmower" data-name = "马伟青" data-favorite-coach = "穆里尼奥" data-favoriteTeam = "曼联" > < /div >
< div id = "cmower1" > < /div >
< script type = "text/javascript" >
    $(function() {
        console.log( $("#cmower").data());
        console.log("data('favorite-coach') " + $("#cmower").data("favorite-coach"));
        console.log("data('favoriteCoach') " + $("#cmower").data("favoriteCoach"));
        console.log("data('favoriteTeam') " + $("#cmower").data("favoriteTeam"));
        console.log("data('favoriteteam') " + $("#cmower").data("favoriteteam"));
        $("#cmower1").data("name", "马伟青");
        $("#cmower1").data("favorite", {
            coach : "穆里尼奥",
            team  : "曼联"
        });
        console.log( $("#cmower1").data("name"));
        console.log( $("#cmower1").data("favorite"));
        // 删除 name 关联的数据
        // $("#cmower1").removeData("name");
        // 删除所有
        // $("#cmower1").removeData();

    });
< /script >
```

1. HTML5 数据-* 属性

以 HTML5 数据-* 属性的方式在 HTML 元素上设置数据的做法已经非常普遍,这也是一种非常便捷的赋值方法。

```
< div id = "cmower" data-name = "马伟青" data-favorite-coach = "穆里尼奥" data-favoriteTeam = "曼联" > < /div >
```

这段代码被浏览器解析后的源码内容是这样的:

```
< div id = "cmower" data-name = "马伟青" data-favorite-coach = "穆里尼奥" data-favoriteteam = "曼联" > < /div >
```

这里面有一个细微的差别,就是"data-favoriteTeam"的大写"T"被转成了小写的

"t",于是当我们试图通过 data('favoriteTeam')来获取值的时候,得到的结果是:undefined,并非我们期望的结果:曼联。这也就是说,通过 data-* 进行数据绑定时,要避免进行大写赋值。如果一定要使用大写,那么最好使用 attr()获取属性值。

为了更清晰地查看 HTML5 数据-* 属性的数据结果,我把结果整理成了表格的形式,如表 2-5-1 所示。

表 2-5-1 HTML5 数据属性

方　法	结　果
data('favorite-coach')	穆里尼奥
data('favoriteCoach')	穆里尼奥
data('favoriteTeam')	undefined
data('favoriteteam')	曼联

当通过 data-favorite-coach="穆里尼奥"进行赋值时,既可以通过 data('favorite-coach')获取到值"穆里尼奥",也可以通过 data('favoriteCoach')进行获取。但通过 data-favoriteTeam="曼联"进行赋值时,就只能通过 data('favoriteteam')获取到对应的值。这是因为 jQuery 在进行 data 数据检索时,会将驼峰字符串(favoriteCoach)转换为虚线字符串(favorite-coach),然后再将前缀"data-"添加到索引中,所以,字符串 favoriteCoach 被转换为 data-favorite-coach。

2. data(key,value)

以 HTML5 数据-* 属性的方式在 HTML 元素上设置数据的做法会将数据显式的呈现在 HTML 代码上,但如果通过 data(key,value)进行数据绑定的话,就可以达到隐式存储数据的目的。这些数据只能通过 data()的方式获取,却不会直接显示在 HTML 代码上。

data(key,value)中的 value 既可以是简单的字符串数据,也可以是复杂的数据类型,如下代码所示:

```
$("#cmower1").data("name","马伟青");
$("#cmower1").data("favorite",{
    coach:"穆里尼奥",
    team:"曼联",
    star:["C罗","梅西"]
});
```

cmower1 在经过 data()绑定数据之前的 HTML 代码为 <div id="cmower1"></div>,在经过以上代码绑定数据之后的 HTML 代码依然为 <div id="cmower1"></div>,并没有发生任何变化。

如果希望查看所有经过 data()绑定后的数据,可以直接在 Chrome 浏览器的「Console」面板上键入 $("#cmower1").data(),其结果如图 2-5-6 所示。

```
$("#cmower1").data()
▼ {name: "马伟青", favorite: {…}}
   ▼ favorite:
       coach: "穆里尼奥"
       ▼ star: Array(2)
           0: "C罗"
           1: "梅西"
           length: 2
         ▶ __proto__: Array(0)
       team: "曼联"
     ▶ __proto__: Object
     name: "马伟青"
```

图 2 - 5 - 6

2.6 jQuery 中的 Ajax

2.6.1 jQuery.ajax()函数

Ajax 的全称为"Asynchronous Javascript And XML",意为异步的 JavaScript 和 XML。Ajax 的出现,开启了网页局部刷新的新时代,也成就了许多专业的前端开发者,这其中就包括我们后面将要介绍的 DWZ 团队。Ajax 在很大程度上推动了 Web 开发的未来,它是 Web 开发应用中的一个里程碑。Ajax 最大的优点就在于,它能在不刷新整个网页的前提下更新数据,使得 Web 应用程序能够更迅速地响应用户的操作,提升用户体验。

jQuery 对 Ajax 进行了一系列的封装,并提供了 $.load()、$.post()、$.get()、$.getScript()、$.getJson()等函数方便开发者调用。但我并不打算对这些函数进行一一介绍,因为这些函数的底层实现都是 $.ajax(),只要我把 $.ajax()介绍清楚了,相信大家也能够完全掌握其他的上层函数。

我需要向大家透露一点秘密,那就是在我的实际开发应用当中,$.ajax()使用的频率远远高于其他函数,使用起来更加灵活便利。

$.ajax()仅接受一个固定格式的对象作为参数,该对象用来指定 Ajax 请求如何执行的细节。

举例来说,$.getScript(url, callback)和以下代码是等价的:

```
$.ajax({
  type: "GET",
  url: url,
  data = undefined,
  dataType: "script",
```

```
success: callback
})
```

也就是说,以上代码就是 $.ajax() 的基本使用形式。其中 url、type、data、dataType、success 是 Ajax 请求所需设置参数的一部分,具体含义如表 2-6-1 所示。

表 2-6-1 ajax 参数含义

参数名称	类型	默认值	说明
type	String	"GET"	请求方式。另外一个常用的参数值是"POST"。该选项的命名方式容易让人产生歧义,如果把关键字 type 用 method 进行替换会更好一些。
url	String	location.href	发送请求的 URL 地址。
data	String 或者 Object	undefined	发送到服务器的数据。GET 请求时,该参数会自动转换为字符串形式(&key=value)附加到请求 URL 后。
dataType	String	null	预期服务器端返回的数据类型。不指定的情况下,jQuery 将服务器端返回的 HTTP 信息传递给回调函数 callback 作为参数。常用的类型: xml,返回 XML 文档; json,返回 JSON 数据。
success	Function	无	请求成功后调用的回调函数。有三个参数,第一个参数最为常用,即服务器端返回的数据,它的类型取决于 dataType 选项。如果类型是"xml",则第一个参数是 Document 对象。如果类型是"json",则第一个参数是服务器端返回的 JSON 对象。
error	Function	无	请求失败后调用的回调函数。该函数的格式:function(XMLHttpRequest, textStatus, errorThrown){}。第一个参数为 Ajax 请求的 XMLHttpRequest 对象。第二个参数为 jQuery 状态码,对于 HTTP 错误,该状态码可能是"error",对于超时,则是"timeout"。第三个参数为捕获的错误对象。

以上列举的是 $.ajax() 最常用的一些参数,如果要进行 Ajax 开发,这些参数都必须要了解。此外,$.ajax() 还提供了其他参数,我在此就不再一一列举,感兴趣的可以去查看 jQuery 的帮助文档。

2.6.2 Ajax 全局事件

jQuery 提供了自定义的全局函数,能够为各种与 Ajax 相关的事件注册回调函数。例如,当 Ajax 请求开始时,会触发 ajaxStart() 方法的回调函数;当 Ajax 请求结束时,会触发 ajaxStop() 方法的回调函数。通常情况下,一个 Ajax 请求是静默发生的,用户无法从视觉上感知请求的进程,为了告知用户一些事情正在如"涓涓细流"般发生,我们可以利用 Ajax 的全局事件 ajaxStart()和 ajaxStop()来做一些事情。

首先，我们需要在页面中引入一款组件：NProgress.js，其是 JavaScript 中的一款极简主义的进度条。请求发生时，页面的顶部会浮现一条又细又长的进度条，进度条会伴随请求的进行而拉长，直到请求完成。经常登录 GitHub 的开发者应该对这样的进度条不会感到陌生。进入到 NProgress 的官网 http://ricostacruz.com/nprogress/时，你就可以体验到 NProgress 进度条的效果了，如图 2-6-1 所示。

图 2-6-1

1. 安装 NProgress

可以在 NProgress 主页单击「Download」按钮，在接下来的 GitHub 页下载 NProgress 的开发版文件 nprogress.js 和 nprogress.css，然后将两个文件加入到项目当中，并引入到页面中。也可以直接在页面中通过 CDN 的方式引入这两个文件。具体方法可参照 2.2 节《编写第一行 jQuery 代码》中引入 jQuery 的方法。

本节实例我选择 CDN 的方式引入 nprogress.js 和 nprogress.css，代码如下：

```
< link href = "https://cdn.bootcss.com/nprogress/0.2.0/nprogress.min.css" rel = "stylesheet" >
< script src = "https://cdn.bootcss.com/nprogress/0.2.0/nprogress.min.js" ></script >
```

2. 使用 NProgress

在页面中引入 nprogress.js 和 nprogress.css 两个文件后,就可以使用 NProgress 组件了。示例如下:

```
<script type="text/javascript">
$(function() {
    NProgress.configure({
        showSpinner: false
    });

    $(document).ajaxStart(function() {
        NProgress.start();
    }).ajaxStop(function() {
        NProgress.done();
    });

    $.ajax({
        type: "GET",
        url: "${pageContext.request.contextPath}/two/ajaxNprogress",
        success: function(text) {
            $("p").html("Ajax 请求响应结果:" + text);
        },
        error: function(XMLHttpRequest, textStatus, errorThrown) {
            $("p").html(textStatus);
        }
    });
});
</script>
```

第一步,禁止 NProgress 显示转动的小圆圈。默认情况下,NProgress 会在页面顶部的最右侧显示一个转动的小圆圈,有兴趣的读者可以尝试打开该选项查看效果。

```
NProgress.configure({
    showSpinner: false
});
```

第二步,为整个 document 绑定 ajaxStart、ajaxStop 事件。ajaxStart 和 ajaxStop 是全局事件,也就是说,只要为 document 绑定了这两个事件,当前页面中的所有 Ajax 请求都会在请求开始时启动 NProgress,在请求结束时强制完成 NProgress。

```
$(document).ajaxStart(function() {
    NProgress.start();
}).ajaxStop(function() {
```

```
        NProgress.done();
    });
```

第三步,模拟一个最简单的 Ajax 请求,请求服务器端并显示服务器端返回的数据。请求 URL 为"/WebAdvanced/two/ajaxNprogress",请求成功(success)时显示服务器端返回的文本信息,请求失败(error)时显示错误状态码。

```
$.ajax({
    type : "GET",
    url : "${pageContext.request.contextPath}/two/ajaxNprogress",
    success : function(text) {
        alert("Ajax 请求响应结果:" + text);
    },
    error : function(XMLHttpRequest, textStatus, errorThrown) {
        alert(textStatus);
    }
});
```

注意:

在 JSP 页面中,${pageContext.request.contextPath}不仅能够在<script>标签的 src 路径中被解释(例如<script src="${pageContext.request.contextPath}/resources/js/jquery-3.3.1.js"></script>),还可以在<script>的 JavaScript 脚本中被解释(例如上述代码中"${pageContext.request.contextPath}/two/ajaxNprogress")。对于本书提供的源码工程 WebAdvanced 来说,${pageContext.request.contextPath}的解释结果为"/WebAdvanced",它能够解决相对路径带来的不必要麻烦,详情可参照 2.2 节《编写第一行 jQuery 代码》相关内容。

第四步,为了配合 URL 为"/WebAdvanced/two/ajaxNprogress"的 Ajax 请求,需要在 TwoController.java 类中增加一个请求处理方法 ajaxNprogress。在 ajaxNprogress 方法内部,调用 Thread 类使当前线程休眠 2 秒,以便在页面上能够捕捉到 Nprogress 进度条的进程。

```
@RequestMapping(value = "ajaxNprogress")
@ResponseBody
public String ajaxNprogress() {
    try {
        Thread.sleep(2000);
    } catch (InterruptedException e) {
    }
    return "你好";
}
```

注意: @responseBody 注解的作用是将请求处理方法返回的对象通过适当的转换器转换为指定的格式,然后写入到 HttpServletResponse 对象的 body 区,@Response

Body 注解通常用来返回 JSON 数据或者是 XML 数据。它的效果等同于通过 HttpServletResponse 对象输出指定格式的数据。

```
@RequestMapping("ajaxNprogress1")
public void ajaxNprogress1(HttpServletResponse response) throws IOException {
    response.getWriter().write("你好");
}
```

一切准备就绪后，我们来看一下 NProgress 的效果图，如图 2-6-2 所示。

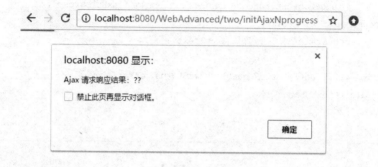

图 2-6-2

2.6.3 中文乱码

在 2.6.2 小节中，我通过 NProgress 进度条的例子向大家展示了 jQuery.ajax() 函数的用法，以及 Ajax 全局事件的绑定方式。但遗憾的是，在图 2-6-2 中，Ajax 请求的响应结果并没有正常显示出来，原本应该显示"你好"，却变成了两个问号"??"，这是为什么呢？

对于我们这群学汉语长大的程序员来说，中文乱码的问题似乎就是编程生涯中最难以绕过去的坎。大家都知道，计算机中一个基本的存储单元是字节(byte)，而人类使用的语言有很多，这就需要中间有个翻译，把我们常用的中文转换为计算机可以理解的语言，这个过程就可以被认为是编码。目前的编码格式很多，常见的有 GBK、GB2312、UTF-8，以及 ISO-8859-1。

对于 @ResponseBody 注解来说，当请求处理方法返回 String 字符串时，SpringMVC 会调用 StringHttpMessageConverter 类来进行字符串转换，而 StringHttpMessageConverter 类的默认处理字符串编码为"ISO-8859-1"(详情可见源码：org.springframework.http.converter.StringHttpMessageConverter)，而 ISO-8859-1 编码并不支持中文和中文符号，所以"你好"变成了"??"。

了解了问题发生的原因，接下来我们要做的就是解决问题，有什么好的解决方案呢？

(1) 局部解决方案

在 @RequestMapping 注解中增加参数 produces = "text/html;charset=UTF-

8",代码如下:

```
@RequestMapping(value = "ajaxNprogress",produces = "text/html;charset = UTF-8")
```

(2) 全局解决方案

在配置文件 context-dispatcher.xml 的 < mvc:annotation-driven > 的节点中增加消息转换器,代码如下:

```
< mvc:annotation-driven >
    < mvc:message-converters >
        < bean
        class = "org.springframework.http.converter.StringHttpMessageConverter" >
            < property name = "supportedMediaTypes" value = "text/html;charset = UTF-8"/>
        </bean >
    </mvc:message-converters >
</mvc:annotation-driven >
```

通过 < property name = "supportedMediaTypes" value = "text/html;charset = UTF-8"/> 为 StringHttpMessageConverter 类增加支持的媒体类型,并设置其编码方式为 UTF-8。

配置完成后,重新启动 Tomcat,再次查看 2.6.2 小节中实例的运行结果,发现中文乱码的问题解决了,如图 2-6-3 所示。

图 2-6-3

2.7 小　结

小二哥:亲爱的读者,你们好,想死你们了。

小王老师:亲爱的读者,你们好,你们让我想死了。

小二哥:小王老师,你把冯巩老师的那套幽默都学会了啊。

小王老师:哪儿啊,你不也是嘛,承让承让。

小二哥:那就让我们开始本章的总结吧!

小王老师:好,小二哥,还是我来问,你来答,好不好?

小二哥:甚好甚好!

小王老师:小二哥,你觉得这一章里哪一节的内容让你印象深刻呢?

小二哥:我的第六感告诉我,2.5节《jQuery 的 getter 和 setter》最让我印象深刻。我甚至觉得 Java 的 getter 和 setter 就不如 jQuery 的简洁灵活。

小王老师:被你这么一说,我也这么觉得了。jQuery 的确是一个高效、精简,并且功能丰富的 JavaScript 工具库。它不仅提供了简洁的 getter 和 setter,还提供了诸如 HTML 文档遍历和操作、事件处理、动画和 Ajax 操作等易于理解使用的 API,更重要的是它还能够兼容众多浏览器。

小二哥:接下来的时间,我要先到 jQuery 学习中心历练历练,网址是 http://learn.jquery.com/,亲爱的读者们,你们要不要随我一起来呢?

小王老师:哇,我相信,历练过后的小二哥一定能大有斩获。

小二哥:小王老师不是一直念叨"知行合一"嘛,我的耳根子都快灌出茧子来了,能不有所表现吗?

小王老师:小二哥,注意你说话的语气啊,小心我给你来个脑瓜崩。

小二哥:好了,尊师重教是我们中国的传统美德,小王老师,我记着呢,我就是跟你开个玩笑活跃一下气氛。

小王老师:哎呀,让你淘,给你个脑瓜崩。

小二哥:我,跑……!

小王老师:小二哥,你慢点,等等我……!

第 3 章

优雅的 Bootstrap

先让我来说说为什么要学习 Bootstrap 吧。

Bootstrap 是一个非常受欢迎的前端开发框架,不仅用户喜欢 Bootstrap 优雅的风格,开发者也喜欢。Bootstrap 的强大之处就在于它对常见的 CSS 布局组件和 JavaScript 插件都进行了完整且完善的封装,更重要的是,有大量优秀的第三方插件都是基于 Bootstrap 进行的二次开发,因此,Bootstrap 能够帮助我们开发者(尤其对于我这类起先从事服务器端开发、对前端不那么熟练的开发者)快速地制作出精美的 Web 页面。

至于为什么要把 Bootstrap 放在 jQuery 之后讲解,我想你一定能够猜得出原因,Bootstrap 依赖于 jQuery。

好了,让我们踏上新的进阶之路吧!

3.1 你好啊,Bootstrap

大概在 2015 年,当时我所在公司的研发团队只有三驾马车,我和另外两名程序员。我主要负责大宗期货交易平台服务器端的代码,另外两个人分别负责安卓手机客户端和 PC 客户端的代码。有一天,老板突发奇想地要求我们在三个月内开发出一套 Web 版的众筹系统,就像京东众筹那样的。这不是强人所难吗?其一,我们仨都不是正儿八经的 Web 开发工程师,尤其是对于 Web 前端,简直就是三个菜鸟;其二,众筹到底是个怎么样的系统都还不清楚,就要在三个月内完成,实在是挑战不可能;其三,京东的研发团队有多少人啊,要我们参照人家的众筹系统来做,老板是不是在痴人说梦?

困难就是这么个困难。遇到困难该怎么办呢?选择逃避,我们仨就卷铺盖走人,我们曾经的创业梦想就彻底化为乌有;选择迎难而上,说不定还真能开创出一片新天地呢。

我在知乎上曾看到这样一句话"程序员绝对不要把自己的职业生涯和某门语言、某个产品、某种系统挂钩,绝对不要!!!!"我们三个人不能因为我们不是专业的 Web 开发人员,而拒绝为公司开发 Web 版的众筹系统。于是,我就想法设法去调动另外两名小伙伴的积极性,并鼓励他们,只要我们找到一款成熟的 Web 前端框架,也许事情就会有所转机。

这套框架最好能够提供以下这些重要的特性:

(1) 一套完整的基础 CSS 插件;

(2) 丰富的预定义样式表;

(3) 一组基于 jQuery 的 JS 插件库;

(4) 一个非常灵活的响应式系统,最好能兼顾 PC 端和移动设备。

基于这 4 点,我们在开源中国和 GitHub 上找啊找,最终找到了 Bootstrap(一看到 Bootstrap,我就想到《加勒比海盗》中比尔•特钠的老爸「Bootstrap Bill」,被困在黑珍珠号海盗船上)——真可谓众里寻它千百度啊。和其他的一些前端框架(例如 Amaze UI)相比后,我们还是决定使用 Bootstrap 来作为首选的 Web 前端框架,因为 Bootstrap 更好用。也可以说是更容易上手,毕竟我们仨都是 Web 前端的新人,必须要更容易上手才能尽快完成老板交给我们的任务。

也许,你会说,为什么公司不招一个专业的 Web 前端开发人员呢?嗯,不是不想招,实在是因为开支有限,养不起那么多程序员——理想是丰满的,现实是骨感的。

尽管 Bootstrap 创建于 2010 年 8 月份,并且早已盛名在外(在我写这篇书稿时,Bootstrap 在 Github 上已经有 7008 个 Watch、112497 个 Star、52140 个 Fork),但我们在 2015 年的时候还真的没听说过 Bootstrap。不要偷偷地笑,这是真的。一方面由于我们不是前端工程师,对前端框架并不关注。另外一方面由于,在我看来,可能是地区环境的原因造成的。与北京、上海、广州、深圳相比,洛阳的 IT 行业发展相对缓慢,技术更加低迷和闭塞。在这里生活的程序员(当然包括我们仨),也欠缺一种拥抱新技术、新变化的心态。

但不管怎样,在 2015 年遇到 Bootstrap 也不算晚,这个时候的 Bootstrap 更加优雅,社区也更加稳定。因此,即便是我们三个非专业的前端开发人员也能够开发出一套拥有漂亮界面的 Web 版的众筹系统,正所谓「好风凭借力,送我上青云」。

Bootstrap 框架的文件和源码可以通过 https://v3.bootcss.com/getting-started/ 进行下载,如图 3-1-1 所示。

其实,在我准备这本书稿的时候,Bootstrap 已推出了 4.0 的版本,界面也更加多姿多彩。就好像有这样一面美颜的镜子,Bootstrap3 就站在镜子前,而镜子里的成像就是 Bootstrap4,只不过更美而已。考虑到基于 Bootstrap3 的许多 JavaScript 插件并没有同步更新,所以我最终还是决定使用 Bootstrap3,其最稳定的版本是 3.3.7。

选择「下载源码」,下载 Bootstrap 并解压下载好的压缩包,其中 dist(distribution,用于存放最终发布版本的代码)的目录结构如下所示。

```
dist/
├── css/
│   ├── bootstrap.css
│   ├── bootstrap.min.css
```

```
├── js/
│   ├── bootstrap.js
│   └── bootstrap.min.js
└── fonts/
    ├── glyphicons-halflings-regular.eot
    ├── glyphicons-halflings-regular.svg
    ├── glyphicons-halflings-regular.ttf
    ├── glyphicons-halflings-regular.woff
    └── glyphicons-halflings-regular.woff2
```

这个目录结构中的文件可以分为以下三类：

图 3-1-1

- bootstrap.css 和 bootstrap.js 用于开发环境下的调试和分析，因为这两个文件没有经过压缩，所以是完整的源码。
- bootstrap.min.css 和 bootstrap.min.js 通常用于生产环境，因为它们是经过压缩的，体积是最小的，文件名中的"min"的意义也就在于此。既然体积小，就能够节约网站传输流量，提升网站的访问性能。尽管它们的体积变小了，但请不要担心，bootstrap.css 和 bootstrap.js 该有的 API，它们都有。
- fonts 目录下有 5 种类型的字体文件，它们是通过 @font-face 技术实现的图标文件。@font-face 的好处是图标可以任意缩放大小并且可以改变颜色值。

3.2 粘页脚，你必须得学会的简单技能

明武宗这个皇帝唯一的爱好就是玩，当皇帝只是他的副业）正德三年，也就是 1508 年，心学的集大成者王守仁（也就是王阳明）在贵阳某个书院讲学，在讲学的过程当中，首次提出了"知行合一"。所谓"知行合一"，有的人认为并不是指一般的认识和实践的关系。他们认为，"知"，主要指人的道德意识和思想意念。"行"，主要指人的道德践履和实际行动。因此，知行关系，也就是指道德意识和道德践履的关系。在我看来，"知行合一"应当就包含了"认识和实践"的关系。

知中有行,行中有知。王阳明认为知行是一回事,二者互为表里,不可分离。它极力反对"知行脱节"或者"知而不行"。知必然要表现为行,如果不去行动,就不能算是真知。

在我看来,学习的最佳方式就是知行合一,先知后行或者先行后知都不重要,重要的是能快速地解决问题。有的人喜欢在遇到一门新技术的时候先啃 API,啃通了 API 然后再去尝试 Demo。但我不是这样的,我喜欢先做 Demo,遇到问题的时候再翻阅 API。这两种做法都无可厚非,重要的是弄明白自己适合哪一种学习方式。

让我们先来看一段超级简单的 HTML 模板吧。

```html
<!DOCTYPE html>
<html lang="zh-CN">
  <head>
    <meta charset="utf-8">
    <meta http-equiv="X-UA-Compatible" content="IE=edge">
    <meta name="viewport" content="width=device-width, initial-scale=1">
    <!-- 上述3个meta标签*必须*放在最前面,任何其他内容都*必须*跟随其后! -->
    <title>Bootstrap 101 Template</title>

    <!-- Bootstrap -->
    <link href="https://cdn.bootcss.com/bootstrap/3.3.7/css/bootstrap.min.css" rel="stylesheet">

  </head>
  <body>
    <h1>你好啊,Bootstrap!</h1>

    <script src="https://cdn.bootcss.com/jquery/3.2.1/jquery.js"></script>
    <!-- 加载 Bootstrap 的所有 JavaScript 插件。你也可以根据需要只加载单个插件。-->
    <script src="https://cdn.bootcss.com/bootstrap/3.3.7/js/bootstrap.min.js"></script>
  </body>
</html>
```

将以上代码复制至一个后缀名为 HTML 的文件中,并通过浏览器打开运行,就能够看到一个最简单的 Bootstrap 页面了。再次重申:Bootstrap 是依赖于 jQuery 的,所以在使用 Bootstrap 之前,请确保引入了 jQuery。

接下来,让我们来简单分析一下这段代码。

(1) HTML5 文档类型

Bootstrap 使用到的某些 HTML 元素和 CSS 属性需要将页面设置为 HTML5 文

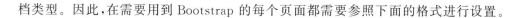

档类型。因此,在需要用到Bootstrap的每个页面都需要参照下面的格式进行设置。

```
<!DOCTYPE html>
<html lang = "zh-CN">
...
</html>
```

(2) 支持移动设备

Bootstrap从3.0开始全面支持移动设备,并且贯彻移动先行(Mobile First)的宗旨。因此,为了确保页面能够适当地绘制和触屏缩放,需要在<head>中添加viewport元数据标签。

```
<meta name = "viewport" content = "width = device - width, initial - scale = 1">
```

另外,在移动设备浏览器上,还可以设置user-scalable=no来禁用缩放(zooming)功能。当禁用缩放功能后,用户只能滚动屏幕,这让网站看上去更像是原生应用的感觉。

```
<meta name = "viewport" content = "width = device - width, initial - scale = 1, maximum-scale = 1, user-scalable = no">
```

在这里,你可能会对viewport产生好奇,什么是viewport,它是用来干什么的?下面就是问题的答案:

通俗地讲,设备上的viewport就是设备屏幕上用来显示网页的区域,再具体一点,就是浏览器上用来显示网页的那部分区域。但viewport又不局限于浏览器可视区域的大小,它可能比浏览器的可视区域要大,也可能比浏览器的可视区域要小。一般情况下,移动设备上的viewport都是要大于浏览器的可视区域的,这是因为考虑到移动设备的分辨率相对于桌面PC来说都比较小,所以为了能在移动设备上正常显示那些传统为桌面浏览器设计的网站,移动设备上的浏览器都会把自己默认的viewport设为980px或1024px(也可能是其他值,由设备自己决定),但带来的后果就是浏览器会出现横向滚动条,因为浏览器可视区域的宽度是比这个默认的viewport的宽度要小的。

另外,width=device-width, initial-scale=1, maximum-scale=1, user-scalable=no又代表了什么意思呢?

① width

可视区域的宽度,值可为数字,也可为关键词device-width(设备宽度),移动设备默认的viewport比屏幕要宽,但我们需要的是宽度为100%的屏幕宽度,也就是device-width。

② initial-scale

页面首次被显示时可视区域的缩放级别,取值为1,则表明页面按实际尺寸显示,无任何缩放。

③ maximum-scale

可视区域的最大缩放级别，也就是说取值为 1，则表明禁止用户将可视区域放大到超过实际尺寸。

④ user-scalable

是否可对页面进行缩放，取值为 no，则禁止缩放。

(3) 引入 jQuery

最后，Bootstrap 所有的 JavaScript 插件都依赖于 jQuery，因此 jquery.js 必须在 bootstrap.js 之前引入。

```html
<script src="https://cdn.bootcss.com/jquery/3.2.1/jquery.js"></script>
<script src="https://cdn.bootcss.com/bootstrap/3.3.7/js/bootstrap.min.js"></script>
```

现在，我们明白了一个基本的 Bootstrap 页面是如何构造的。接下来，我们就可以来做一个 Bootstrap 粘页脚的实例。

什么叫做"粘页脚"？说白了，粘页脚其实就是"将固定高度的页脚紧贴在页面底部"，我见过的所有网站页面几乎都坚持了这一页面布局。假如一个页面的页脚没有紧贴在页面底部，看起来会怎样呢？就好像一个人会轻功，双脚离地在飞，放在《倚天屠龙记》中就好像青翼蝠王韦一笑，武功了得；可若要放在现实生活当中，没准要把人吓出一身冷汗。

好了，准备开始吧！我们先在 <body> 中加入简单的页面内容，以及页脚内容：

```html
<body>
    <div class="container main">
        <div class="page-header">
            <h1>没有粘页脚的情况</h1>
        </div>
        <p class="lead">有些事情不是看到希望才去坚持，而是坚持了才会看到希望。
        </p>
    </div>

    <footer class="footer">
        <div class="container">
            <p class="text-muted">我是页脚页脚。</p>
        </div>
    </footer>
</body>
```

完成之后，可直接在浏览器中打开该页面，效果如图 3-2-1 所示。

你会发现页面布局显示得不够友好，页脚没有紧贴在页面底部而是悬在半空中。但只从 HTML 代码上看，我们的确是把页脚 <footer> 放在了页面 <body> 中的底部。由于页面内容过少，不足以占满整个视窗，这就导致页脚被悬浮在空中，而页面底部留下了一大块空白。

第3章 优雅的 Bootstrap

图 3-2-1

通常情况下，一个 HTML 页面往往由三个部分组成，分别是头部（header）、内容（main）和页脚（footer）。为了能够使页脚紧贴在页面底部，无论其内容是否真的充满了整个视窗，我们可以按照以下步骤来达成目标。

首先，我们需要设置 <html> 元素的最小高度为 100%，即页面的整体高度至少要撑满整个视窗。同时，设置 <html> 元素的 position 为 relative，即页面所用的定位机制为相对定位。

```css
html {
    position: relative;
    min-height: 100%;
}
```

接着，我们需要设置页脚的 position 为 absolute，即 <footer> 元素要使用绝对定位来固定位置，它离页面底部的距离为 0，这样的话，页脚就能始终处在 HTML 页面的底部。

```css
.footer {
    position: absolute;
    bottom: 0;
    width: 100%;
    height: 60px;
    background-color: #f5f5f5;
}
```

然后，在定位好页脚的位置后，按页脚的实际高度（60px）来固定 <body> 元素的底部外边距，也就是为页脚腾出该有的区域。

```
body {
    margin-bottom: 60px;
}
```

现在,就让我们来看一下粘页脚后的效果图吧!

图 3-2-2

注意:如果你不想采用 CSS 的方式固定页脚,你还可以采用 JavaScript 的方式:

```
$(".main").height( $(document).height()
- $("header").height() - $("footer").height());
```

3.3 响应式栅格系统,行业趋势所向

3.3.1 栅格系统的起源

对于栅格系统,网络上流传着这么一个故事:1692 年,新登基的法国国王路易十四感到法国的印刷水平不尽人意,因此下命令成立一个管理印刷的皇家特别委员会。皇家特别委员会的首要任务是设计出一套科学、合理、重视功能性的新字体。委员会由数学家核实尼古拉斯·加宗担任领导,它们以罗马字体为基础,以方格为设计依据,将每个字体方格分为 64 个小的方格单位,每个方格单位再分成 36 个更小的方格,就这样,一个印刷版面就充满了 2304 个细分的小方格。然后,委员会在这个严谨的几何网格中重新设计字体的形状、版面的编排等。这是世界上最早对字体和版面进行科学实验的活动,也是栅格系统最早的雏形。由此看来,Bootstrap 的栅格系统要对法国国王路易十四,以及他的皇家特别委员会表示感谢。

栅格系统在网页上的使用,不仅可以让网页信息的呈现更加美观、易读,而且对于前端开发者来说,也让他们的开发工作变得更加灵活与规范。"以规则的网格矩阵来指导和规范网页中的版面布局以及信息分布",我觉得这句话是对"栅格系统"的最佳定义。

Bootstrap 的栅格系统就是把网页的总宽度平分为 12 份,当然不只是网页的总体宽度,小到一个 div 也可以使用 12 等分的栅格系统,这使得网页的开发更加灵活自如。

在网页设计中,我们把宽度为 W 的页面分割成 n 个网格单元 a,暂不考虑单元与单元之间的间隙。它们之间的关系如下:

$$W = a \times n$$

把以上公式中的 n 换成 12,就是 Bootstrap 栅格系统的实现原理。在此基础上,我们就可以将页面宽度分为任意的组合,例如 12 * 1、8+4、3 * 4、2 * 6。总之,组合非常灵活,只要总数为 12 就可以。如图 3-3-1 所示(第一排是 12 * 1,第二排是 8+4,第三排是 3 * 4,第四排为 2 * 6)。

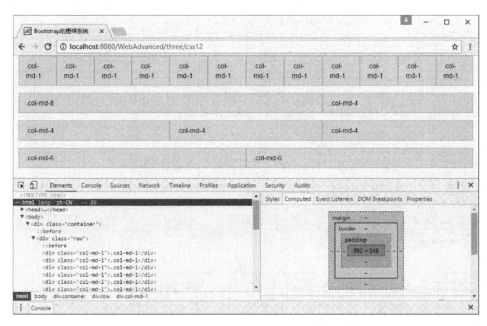

图 3-3-1

3.3.2　栅格系统的基本用法

Bootstrap 栅格系统的用法非常简单,无非就是对 12 等分的列进行不同方式的组合,示例如下:

```
< body >
    < div class = "container" >
        < div class = "row" >
            < div class = "col-md-1" > .col-md-1 </div >
            < div class = "col-md-1" > .col-md-1 </div >
```

```html
            <div class = "col-md-1">.col-md-1</div>
            <div class = "col-md-1">.col-md-1</div>
            <div class = "col-md-1">.col-md-1</div>
            <div class = "col-md-1">.col-md-1</div>
            <div class = "col-md-1">.col-md-1</div>
            <div class = "col-md-1">.col-md-1</div>
            <div class = "col-md-1">.col-md-1</div>
            <div class = "col-md-1">.col-md-1</div>
            <div class = "col-md-1">.col-md-1</div>
            <div class = "col-md-1">.col-md-1</div>
        </div>
        <div class = "row">
            <div class = "col-md-8">.col-md-8</div>
            <div class = "col-md-4">.col-md-4</div>
        </div>
        <div class = "row">
            <div class = "col-md-4">.col-md-4</div>
            <div class = "col-md-4">.col-md-4</div>
            <div class = "col-md-4">.col-md-4</div>
        </div>
        <div class = "row">
            <div class = "col-md-6">.col-md-6</div>
            <div class = "col-md-6">.col-md-6</div>
        </div>
    </div>
</body>
```

栅格系统通过一系列的行(row)与列(column)的组合来创建页面布局,我们需要显示的内容就可以放入这些创建好的布局当中。在此过程中,我们需要遵守一定的规则：

(1) 行(row)必须包含在.container(特定宽度,container两侧会留白)或.container-fluid(100%宽度,container-fluid充满整个窗口的宽度)中,以便为其赋予合适的排列(aligment)和内边距(padding);

(2) 需要在行(row)内创建一组列(column),并且列(column)要作为行(row)的直接子元素;

(3) 栅格系统中的列是通过指定1到12的值来表示其跨越的范围。例如,三个等宽的列可以使用三个.col-md-4来创建。

Bootstrap的栅格系统是响应式的,它会随着整体页面的宽度而发生相应的变化。也就是说,当页面宽度大于或等于992px时,页面呈现的布局如图3-3-1所示的效果;但当屏幕宽度小于992px时,页面布局是怎么样的呢？你会发现这些列会堆叠在一起,页面效果如图3-3-2所示。

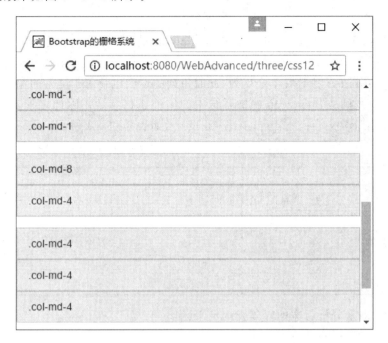

图3-3-2

为什么列会堆叠在一起呢？因为天冷,它们需要聚在一起取取暖,哈哈(开个玩笑,逗个乐子)。真正的原因是:Bootstrap 的 .col-md-* 只有在屏幕宽度大于或等于 992px 的时候才会生效。源码如下:

```
@media (min-width: 992px) {
    .col-md-1, .col-md-2, .col-md-3, .col-md-4, .col-md-5, .col-md-6, .col-md-7, .col-md-8,
    .col-md-9, .col-md-10, .col-md-11, .col-md-12 {
        float: left;/*确保每列都是左浮动*/
    }
}
.col-md-12 { width: 100%; }
.col-md-11 { width: 91.66666667%; }
.col-md-10 { width: 83.33333333%; }
.col-md-9 { width: 75%; }
.col-md-8 { width: 66.66666667%; }
.col-md-7 { width: 58.33333333%; }
.col-md-6 { width: 50%; }
.col-md-5 { width: 41.66666667%; }
.col-md-4 { width: 33.33333333%; }
.col-md-3 { width: 25%; }
.col-md-2 { width: 16.66666667%; }
```

```
.col-md-1 { width: 8.33333333%; }
}
```

Bootstrap 使用了媒体查询@media（min-width：992px）{}来创建关键的分界点阈值，这正是 Bootstrap 响应式栅格系统的关键所在。也就是说，当屏幕宽度小于 992px 时，.col-md-* 参数并不会生效，此时每列的宽度也就等于屏幕的宽度。

.col-md-* 只是 Bootstrap 栅格系统中的一种栅格参数。除此之外，Bootstrap 的栅格参数还有.col-xs-*、.col-sm-*、.col-lg-*，如表 3-3-1 所示。

表 3-3-1　Bootstrap 栅格参数

	超小屏幕 手机 （<768px）	小屏幕 平板 （≥768px）	中等屏幕 桌面显示器 （≥992px）	大屏幕 大桌面显示器 （≥1200px）
最大行宽	None（自动）	750px	970px	1170px
类前缀	.col-xs-	.col-sm-	.col-md-	.col-lg-
最大列宽	自动	~62px	~81px	~97px

首先，我们来分析行宽的媒体查询定义：

```
@media (min-width: 768px) {
  .container {
    width: 750px;
  }
}
@media (min-width: 992px) {
  .container {
    width: 970px;
  }
}
@media (min-width: 1200px) {
  .container {
    width: 1170px;
  }
}
```

从 Bootstrap 源码中可以看得出，当屏幕宽度≤768px 时，.container 的最大宽度为 750px，此时剩下的 18px 为.container 两侧的留白宽度；当屏幕宽度≤992px 时，.container 的最大宽度为 970px，此时剩下的 22px 为留白宽度；当屏幕宽度≥1200px 时，.container 的最大宽度为 1170px，此时剩下的 30px 为留白宽度；这也就是说，.container 容器在屏幕宽度≥750px 时，并不会 100% 填充整个屏幕的宽度。

在媒体查询的帮助下，Bootstrap 满足了"一个框架、多种设备"的要求，就好像 Java 一样，可以"一次编译，处处运行"。作为开发者来说，只需一份代码，我们的网页就能快速、有效地适配手机、平板以及 PC 设备,这太棒了!

3.3.3　列偏移和列嵌套

有的时候,我们需要列与列之间有所间隔,于是栅格系统的列偏移就派上了用场。使用.col-md-offset-* 就可以将列向右侧偏移。例如,.col-md-offset-4 将 .col-md-4 元素向右侧偏移了 4 个列(column)的宽度,如图 3-3-3 所示。

图 3-3-3

实现上述效果也很简单,只需要在代码偏移的列上加上.col-md-offset-* 即可:

```
< body >
    < div class = "container" >
        < div class = "row" >
            < div class = "col-md-4" > .col-md-4 </div >
            < div class = "col-md-4 col-md-offset-4" > .col-md-4 .col-md-offset-4 </div >
        </div >
        < div class = "row" >
            < div class = "col-md-3 col-md-offset-1" > .col-md-3 .col-md-offset-1 </div >
        </div >
        < div class = "row" >
            < div class = "col-md-6 col-md-offset-3" > .col-md-6 .col-md-offset-3 </div >
        </div >
    </div >
</body >
```

.col-md-offset-* 的实现原理也很简单,利用 margin-left 向左偏移指定个数的 1/12 的宽度。

```css
@media (min-width: 992px) {
  .col-md-offset-12 { margin-left: 100%; }
  .col-md-offset-11 { margin-left: 91.66666667%; }
  .col-md-offset-10 { margin-left: 83.33333333%; }
  .col-md-offset-9 { margin-left: 75%; }
  .col-md-offset-8 { margin-left: 66.66666667%; }
  .col-md-offset-7 { margin-left: 58.33333333%; }
  .col-md-offset-6 { margin-left: 50%; }
  .col-md-offset-5 { margin-left: 41.66666667%; }
  .col-md-offset-4 { margin-left: 33.33333333%; }
  .col-md-offset-3 { margin-left: 25%; }
  .col-md-offset-2 { margin-left: 16.66666667%; }
  .col-md-offset-1 { margin-left: 8.33333333%; }
  .col-md-offset-0 { margin-left: 0; }
}
```

有的时候，为了使用内置的栅格系统将内容再次嵌套，可以通过在指定的.col-md-* 元素内添加一个新的.row 元素和一系列.col-md-* 元素，这就是所谓的列嵌套。这在页面排版布局时经常被用到。使用列嵌套能够让布局更加规整和有序，示例如下：

```html
<div class="row">
  <div class="col-md-9">
    Level 1：.col-md-9
    <div class="row">
      <div class="col-md-8">
        Level 2：.col-md-8
      </div>
      <div class="col-md-4">
        Level 2：.col-md-4
      </div>
    </div>
  </div>
</div>
```

我们在.col-md-9 中嵌套了一个新的.row，并在其中放了两个新列：.col-md-8 和.col-md-4，两列加起来刚好占满整行，总宽度和外层的.col-md-9 一样。也就是说，在任何一个嵌套列里，都可以再进行 12 等分，然后再进一步组合。效果如图 3-3-4 所示。

第 3 章 优雅的 Bootstrap

图 3-3-4

3.4 Bootstrap 常用的 CSS 样式

Bootstrap 常用的 CSS 布局包括：排版（Typography）、代码（Code）、表格（Table）、表单（Form）、按钮（Button）、图片（Image）、辅助类（Helper Class）和响应式（Responsive utility）。所有常见的 HTML 元素均可以通过它们设置式样，并得到增强的效果，深入了解它们可以让我们的 Web 页面变得更好、更快、更强壮。

3.4.1 排　版

排版：是指将文字、图片等可视化信息元素在版面布局上调整位置、大小，使版面布局条理化的过程。Bootstrap 的排版可以细分为很多种，本书我们只挑选其中具有代表性的三种来简单说明。

1. 全局样式

我们知道，一个没有内容的 HTML 模板是这样的：

```
< html lang = "zh-CN" >
  < head >
    < title >  < /title >
  < /head >
  < body >
  < /body >
< /html >
```

其中绝大多数的内容都要放在 < body > 元素中，因此 < body > 元素的样式（也就是全局样式）对所有子元素都起效，除非子元素对其进行了覆盖。Bootstrap 为 < body > 元素设置了如下的全局样式：

```
body {
    font-family: "Helvetica Neue", Helvetica, Arial, sans-serif;
    font-size: 14px;
    line-height: 1.42857143;
    color: #333;
```

```
    background-color: #fff;
}
```

说明：

① 字体(font-family)：Helvetica 是 Mac OS X 的默认字体，Windows 常用的 Arial 字体也源自于它。Sans-serif 是专指西文中没有衬线的字体，与汉字字体中的黑体相对应。

② 字号(font-size)为 14px，行高默认的计算值是 20px，于是 line-height 就是 20／14≈1.42857143。

③ 前景色(color)为黑色(#333)，背景色(background-color)为白色(#fff)。

2. 文本对齐

文本对齐一般分为 4 种：左对齐、右对齐、居中、两端对齐。Bootstrap 为文本对齐提供了 4 个简单又明了的样式，使用方法如下：

```
< p class = "text-left" > 左对齐 </p>
< p class = "text-center" > 居中 </p>
< p class = "text-right" > 右对齐 </p>
< p class = "text-justify" > 两端对其，即左右均贴边 </p>
```

3. 列　　表

Bootstrap 提供了 6 种形式的列表，分别是无序列表、有序列表、无样式列表、内联列表、描述列表和水平排列的描述列表，其中最常用的是无样式列表，其用法如下：

```
< ul class = "list-unstyled" >
    < li > 面对敌人需要勇气，但敢于直面朋友，需要更大的勇气 </li>
    < li > 真正的爱情不是一时好感，而是我知道遇到你不容易，错过了会很可惜 </li>
    < li > 不要害怕黑暗，不要害怕追寻自己的梦想，不要害怕做与众不同的自己，走你自己的路 </li>
</ul>
```

样式 list-unstyled 的源码如下：

```
.list-unstyled {
    padding-left: 0;
    list-style: none;
}
```

移除了默认的无样式列表(list-style：none，默认显示小圆点)和左侧的内边距(padding-left：0)。不过，这只针对直接子元素，也就是说，你需要对所有嵌套的列表都添加 list-style 类才能消除嵌套子元素的默认式样。

水平排列的描述列表也经常用到，主要用来对表单数据进行陈述：

```
< dl class = "dl - horizontal" >
    < dt > 姓名 < /dt >
    < dd > 詹姆斯·哈登(James Harden) < /dd >
    < dt > 位置 < /dt >
    < dd > 双能卫 < /dd >
    < dt > 球衣号码 < /dt >
    < dd > 13 < /dd >
    < dt > 简介 < /dt >
    < dd > 詹姆斯·哈登于2009年通过选秀进入NBA,先后效力于雷霆队和火箭队,新秀赛季入选最佳新秀第二阵容,2011-12赛季当选最佳第六人,3次入选最佳阵容第一阵容,6次入选全明星阵容,2017-18赛季荣膺常规赛MVP。< /dd >
< /dl >
```

3.4.2 表 格

表格由 < table > 标签来定义。每个表格均有若干行(由 < tr > 标签定义),每行被分割为若干单元格(由 < td > 标签定义)。Bootstrap提供了一种基础的表格样式,只需要在 < table > 元素上增加.table样式即可,示例如下:

```
< table class = "table" >
    ...
< /table >
```

在此基础上,Bootstrap又提供了4种附加样式,分别是条纹状表格(.table-striped)、带边框的表格(.table-bordered)、鼠标悬停表格(.table-hover)、紧缩表格(.table-condensed)。这些样式的用法也非常简单,拿条纹状表格来说,示例如下:

```
< table class = "table table-striped" >
    ...
< /table >
```

这里,我想重点强调一下Bootstrap的响应式表格其应用是将样式.table-responsive包裹在.table元素外部即可。示例如下:

```
< div class = "table-responsive" >
    < table class = "table" >
        ...
    < /table >
< /div >
```

我们来关注一下.table-responsive的源码:

```css
.table-responsive {
    min-height: .01%;
    overflow-x: auto;
}
@media screen and (max-width: 767px) {
    .table-responsive {
        width: 100%;
        margin-bottom: 15px;
        overflow-y: hidden;
        border: 1px solid #ddd;
    }
    .table-responsive > .table {
        margin-bottom: 0;
    }
    .table-responsive > .table > thead > tr > th,
    .table-responsive > .table > tbody > tr > th,
    .table-responsive > .table > tfoot > tr > th,
    .table-responsive > .table > thead > tr > td,
    .table-responsive > .table > tbody > tr > td,
    .table-responsive > .table > tfoot > tr > td {
        white-space: nowrap;
    }
}
```

响应式表格的实现原理利用了媒体查询特性，在屏幕宽度大于768px时，它的水平滚动条会消失（overflow-x：auto；）；而当屏幕宽度小于768px时，它将应用@media screen and（max-width：767px）样式，该样式具有以下特性。

（1）将.table的底部外边距由默认的20px设置为0（.table-responsive > .table｛margin-bottom：0；｝），其目的是消除当出现滚动条时带来的上下高度差（滚动条的高度大约为20px）；在.table-responsive上设置margin-bottom：15px，用来避免和容器外部的下一个元素重叠。

（2）通过white-space：nowrap将所有单元格的文本都设置成不自动换行，即文本会在同一行上继续书写，直到遇到＜br＞标签为止。假如你需要在单元格内使文本自动换行，一定要重载white-space的值为"pre-wrap"，保留空白符序列。响应式表格的效果图3－4－1如下：

第3章　优雅的 Bootstrap

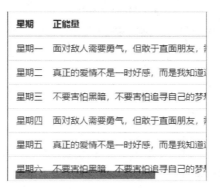

图 3-4-1

3.4.3 表　单

通过为 < form > 元素添加.form-horizontal 类,并联合使用 Bootstrap 预置的栅格类,可以将表单以水平排列的方式进行布局,我们称这种表单为水平排列的表单,这也是表单最经常见到的一种形式了。示例如下:

```
< div class = "container" >
    < form class = "form-horizontal" >
        < div class = "form-group" >
            < label class = "col-sm-2 control-label" > 引荐人 < /label >
            < div class = "col-sm-10" >
                < p class = "form-control-static" > 沉默王二 < /p >
            < /div >
        < /div >
        < div class = "form-group" >
            < label class = "col-sm-2 control-label" > 邮箱 < /label >
            < div class = "col-sm-10" >
                < input type = "email" class = "form-control" placeholder = "邮箱" >
                < span class = "help-block" > 使用邮箱登陆可以及时收到新的资讯 < /span >
            < /div >
        < /div >

        < div class = "form-group" >
            < label class = "col-sm-2 control-label" > 密码 < /label >
            < div class = "col-sm-10" >
                < input type = "password" class = "form-control" placeholder = "密码" >
            < /div >
        < /div >
        < div class = "form-group" >
```

```html
                    < div class = "col-sm-offset-2 col-sm-10" >
                        < div class = "checkbox" >
                            < label >   < input type = "checkbox" >  记住我
                            < /label >
                        < /div >
                    < /div >
                < /div >
                < div class = "form-group" >
                    < div class = "col-sm-offset-2 col-sm-10" >
                        < button type = "submit" class = "btn btn-default" >登陆< /button >
                    < /div >
                < /div >
            < /form >
        < /div >
```

运行效果如图 3-4-2 所示。

图 3-4-2

（1）对于表单的每一行内容来说，需要为其添加 .form-group 式样，这不仅仅是为了保证每一行的内容是一个单元，也是为以后对表单添加校验状态时做好准备。另外，.form-horizontal 下的 .form-group 有着和栅格系统中行（row）同样的表现形式，因此就无需再为每一行内容额外添加 .row。

（2）如果需要在表单中将一行纯文本和 label 元素放置于同一行，那么只需要为 < p > 元素添加 .form-control-static 类即可，如 3.4.3 小节的代码示例中的 < p class="form-control-static" >沉默王二< /p >。

（3）有时候，我们需要为某一行表单内容添加块级提示，那么可以为显示文本提示的元素添加 .help-block 类，如 3.4.3 小节的代码示例中的 < span class="help-block" >使用邮箱登陆可以及时收到新的资讯< /span >。

(4) 对于 checkbox 和 radio,使用的时候通常要在其外层包裹一层 < label >,并在其后添加文字描述,然后在 < label > 的外层使用 .checkbox 或者 .radio 的 div 再次包裹。只有这样,才能让复选框和单选框左右或者上下居中,代码如下:

```
.radio, .checkbox {
    position: relative;
    display: block;
    margin-top: 10px;
    margin-bottom: 10px;
}

.radio label, .checkbox label {
    min-height: 20px;
    padding-left: 20px;
    margin-bottom: 0;
    font-weight: normal;
    cursor: pointer;
}
```

(5) HTML 属性应当按照以下给出的顺序依次排列,以确保代码的易读性。
- class
- id, name
- data-*
- src, for, type, href, value
- title, alt
- role, aria-*

在代码的世界里,流传着这样一句名言:"不管有多少人共同参与同一项目,一定要确保每一行代码都像是同一个人编写的"。遵守一定的编码规范能够在相当程度上提升代码的整洁程度。我们都知道,光把代码写好是不够的,必须时时保持代码的整洁程度,防止代码随着时间的流逝而"腐坏"(自己写的代码自己看不懂)。

3.4.4 按 钮

按钮几乎是任何系统都不可缺少的一部分。Bootstrap 提供了一套非常完整的按钮样式,单从颜色上分类,Bootstrap 的按钮可分为以下 7 种,如图 3-4-3 所示。

首先,需要为按钮添加基础的 .btn 类,然后再根据风格添加不同的颜色,例如 btn-primary,具体用法如下:

```
< button type = "button" class = "btn btn-default" > 默认 < /button >
< button type = "button" class = "btn btn-primary" > 首选项 < /button >
< button type = "button" class = "btn btn-success" > 成功 < /button >
< button type = "button" class = "btn btn-info" > 一般信息 < /button >
```

```
< button type = "button" class = "btn btn-warning" > 警告 < /button >
< button type = "button" class = "btn btn-danger" > 危险 < /button >
< button type = "button" class = "btn btn-link" > 链接 < /button >
```

如果你还需要让按钮具有不同的尺寸,那么使用.btn-lg(大按钮)、.btn-sm(小按钮)或.btn-xs(超级小按钮),就可以获得不同尺寸的按钮。另外,通过给按钮添加.btn-block 类可以将其拉伸至父元素 100% 的宽度,默认情况的按钮宽度是根据其文本的长短来自动填充的,如图 3-4-4 所示。

图 3-4-3

图 3-4-4

当然,我们不仅可以为 < button > 元素添加按钮类(button class),也可以为 < a > 或 < input > 元素添加按钮类,其在视觉效果上也表现俱佳。

```
< a class = "btn btn-primary" href = "#" role = "button" > 链接 < /a >
< input class = "btn btn-success" type = "submit" value = "提交" >
```

3.4.5 图　像

在 HTML 中,图像由 < img > 标签定义。要在页面上显示图像,只需要将图像的 URL 地址指向 src 属性即可,如下所示。

```
< img class = "img-rounded" src = "comwer.jpg" >
```

Bootstrap 提供了 3 种不同的风格用来显示图像,分别是:.img-rounded(圆角方形)、.img-circle(圆形)、.img-thumbnail(缩略图),如图 3-4-5 所示。

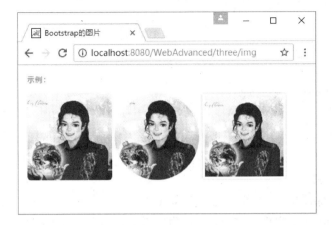

图 3-4-5

用法如下:

< imgclass = "img-rounded" src = "..." alt = "..." >
< imgclass = "img-circle" src = "..." alt = "..." >
< imgclass = "img-thumbnail" src = "..." alt = "..." >

通过为图片添加.img-responsive 类可以让图片支持响应式布局,其实质是为图片设置了 max-width:100%;height:auto;display:block;属性,从而让图片在其父元素中更好地进行缩放。如果需要让响应式图片水平居中,可以在 < img > 元素上添加.center-block 类,但请不要用.text-center(适合用于文本居中),两者差别如下:

```
.center-block {
    display: block;
    margin-right: auto;
    margin-left: auto;
}
.text-center {
    text-align: center;
}
```

3.4.6 浮 动

在制作页面的过程中,常需要将内容左右浮动和居中。另外,对于紧跟着浮动元素之后的元素,为了避免布局错乱,需要对其清除浮动。Bootstrap 提供了对应的解决方案:.pull-left 用于左浮动、.pull-right 用于右浮动、center-block 用于内容块居中、.clearfix 则用于清除浮动。

(1) 左浮动和右浮动主要是应用了 float:left 和 float:right,并在其定义后紧跟了!important 关键字,其意为更改默认的 CSS 样式优先级规则,使该条样式属性声明

具有最高优先级,代码如下:

```
.pull-left {
    float: left ! important;
}
.pull-right {
    float: right ! important;
}
```

(2) 内容块居中主要是应用了 display：block；margin-right：auto；margin-left：auto；,即当前元素以块状的方式显示,宽度为其自身宽度,并在左右两侧通过外边距自动填充的方式使其居中。

(3) 对于清除浮动,其主要是通过伪类:before 和:after 来实现的,即首先在.clearfix 元素的内容前后均插入一个 content 为空的占位元素;其次,设置:before 和:after 的 display 为 table,即:before 和:after 这两个占位元素会作为块级表格(前后带有换行符)来显示;最后,设置:after 的 clear 为 both,即在:after 这个占位元素的左右两侧不再允许浮动。代码如下:

```
.clearfix:before,.clearfix:after {
    display: table;
    content: " ";
}
.clearfix:after {
    clear: both;
}
```

3.5 那些锦上添花的图标字体库

图标字体库(Icons)对于一个优秀的网站来说,是不可或缺的。当 Icons 配合文本一起使用的时候,能够让文字在视觉上的平淡消失。甚至可以说,一个形象具体的图标完全有能力取代文本,其传递的信息已经让我们足以了解文字信息。

网络改变的不仅仅是人们信息传播的速度和质量,还极大地丰富了人们表情传达的方式,形成了独特的网络语言,其中又以大量的表情符号为特征。表情符号用来生动呈现和描述日常面对面交际中的非言语信息,使双方如闻其声,如见其人。图标字体库在一定程度上就像表情符号一样。

3.5.1 Glyphicon Halflings

Bootstrap v3 中提供了 250 多个来自 Glyphicon Halflings 的字体图标。虽然 Glyphicons Halflings 是一家提供商业图标的网站,但是它们的作者允许 Bootstrap 免费使用。

Glyphicon Halflings 图标几乎可以在任何地方使用，只需要在使用图标的标签上添加.glyphicon 的前缀式样，并且添加对应的图标名称，如下所示。

< spanclass = "glyphicon glyphicon - search" > < /span >

以上代码就能将该 < span > 标签显示为一个搜索的图标。

Glyphicon Halflings 的字体图标是为使用内联元素而设计的。因此，图标类不能和其他组件直接联合使用，也就是说如果想要在一个按钮（button）上内嵌一个删除的图标，就应当为删除图标创建一个嵌套的 < span > 标签，并将图标类应用到这个 < span > 标签上，示例如下：

< button type = "button" class = "btn btn-default" > < span class = "glyphicon glyphicon - trash" > < /span > 删除 < /button >

注意：为了设置正确的内补（padding），务必在图标和文本之间添加一个空格。也就是说，在 < span > 标签的结束符后与"删除"文字之前应当留有一个空格的间隔。我们来比较一下其中的差别（有空格看起来更加自然舒服），如图 3-5-1 所示。

既然我们已经了解了 Glyphicon Halflings 图标的基本使用方法，那么接下来需要做的就是找到需要的图标，该怎么做呢？在浏览器中输入网址 https://v3.bootcss.com/components/#glyphicons，进入 Bootstrap 中文网查看需要的图标，如图 3-5-2 所示，找到需要的图标后复制图标类名（例如 glyphicon glyphicon-user），然后将其添加到 < span > 标签的 class 中。

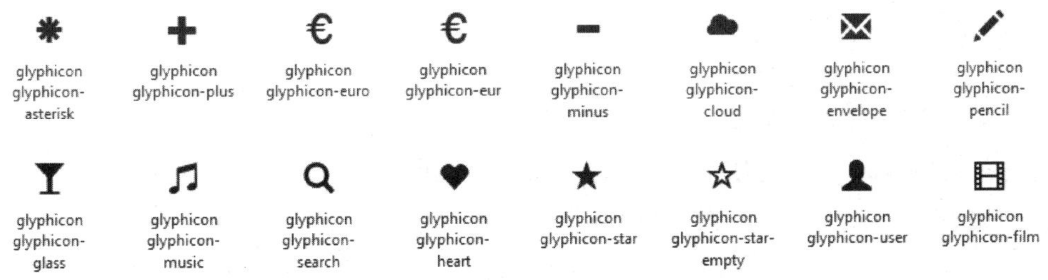

图 3-5-1

图 3-5-2

3.5.2 Font Awesome

Font Awesome 是一款公认的图标字体库，它提供的是可缩放的矢量图标。所以，我们可以使用 CSS 所提供的所有特性对它进行更改，包括大小、颜色、阴影或者其他任何支持的效果。目前 Font Awesome 最稳定的版本是 Version 4.7.0，它拥有以下特性：

● 仅一个字体库，就可以提供 675 个与网页相关的形象图标；

- 完全不依赖 JavaScript,因此无需担心兼容性;
- 无论在任何尺寸下,可缩放的矢量图形都会呈现出完美的图标;
- 完全免费,可以商用;
- 只要 CSS 支持,Font Awesome 无论颜色、大小、阴影或者其他任何效果,都可以轻易展现;
- 矢量图标可以在视网膜级的高分屏(Retina)上大放异彩;
- 尽管 Font Awesome 的初衷是为 Bootstrap 应用设计的(所以在 Bootstrap 中使用 Font Awesome 最适合),但也可以完美兼容其他框架。

其源码下载地址为:https://github.com/FortAwesome/Font-Awesome/tree/v4.7.0。既可以选择传统的方式,先将下载好的 css 和 fonts 文件夹复制到项目当中,再将样式文件和 JavaScript 文件引入到需要 Font Awesome 网页;也可以选择 CDN 的方式,复制 BootCDN(或 CDNJS)上 Font Awesome 的 < link > 链接然后直接添加到需要的网页中,如下所示。

```
< link href = "https://cdn.bootcss.com/font-awesome/4.7.0/css/font-awesome.css" rel = "stylesheet" >
```

注意: 如果你是在 Bootstrap 框架下使用 Font Awesome,那么需要在引入 bootstrap.css 之后再引入 Font Awesome。另外,你可以通过网址 https://fontawesome.com/v4.7.0/icons/ 来查看所有 Font Awesome 的图标样式。

1. 基本用法

Font Awesome 的基本用法和 Glyphicon Halflings 一样,只需要在内联元素上应用对应的样式,如下所示:

```
< i class = "fa fa-bath" > </i> 洗澡
```

2. 放　　大

Font Awesome 可以使用.fa-lg(33%递增)、.fa-2x(2 倍)、.fa-3x(3 倍)、.fa-4x(4 倍),或 fa-5x(5 倍)来放大图标,如下所示:

```
< iclass = "fa fa-bath fa-lg" > </i> 洗澡
< iclass = "fa fa-bath fa-2x" > </i> 洗澡
< iclass = "fa fa-bath fa-3x" > </i> 洗澡
< iclass = "fa fa-bath fa-4x" > </i> 洗澡
< iclass = "fa fa-bath fa-5x" > </i> 洗澡
```

3. 固定宽度

由于不同的图标其原生宽度并不一致,所以在嵌入到列表或者导航条时宽度上可能有一些差距。使用.fa-fw 就可以将图标设置为一个固定宽度,代码如下:

```html
< div class = "list-group" >
    < a class = "list-group-item" href = " # " >
        < i class = "fa fa-home fa-fw" > < /i >  主页
    < /a >
    < a class = "list-group-item" href = " # " >
        < i class = "fa fa-book fa-fw" > < /i >  帮助文档
    < /a >
    < a class = "list-group-item" href = " # " >
        < i class = "fa fa-cog fa-fw" > < /i >  设置
    < /a >
< /div >
```

效果如图3-5-3所示。

图3-5-3

4.用于列表

使用.fa-ul和.fa-li可以将简单无序列表的默认符号替换成自定义的图标，代码如下：

```html
< ul class = "fa-ul" >
    < li > < i class = "fa-li fa fa-check-square" > < /i >黄金时代< /li >
    < li > < i class = "fa-li fa fa-check-square" > < /i >青铜时代< /li >
    < li > < i class = "fa-li fa fa-square" > < /i >白银时代< /li >
< /ul >
```

效果如图3-5-4所示。

5.动　画

使用.fa-spin可以使任意图标旋转，使用.fa-pulse还可以使图标旋转得更加立体化，不过.fa-pulse只适用于部分图标，代码如下：

```html
< iclass = "fa fa-spinner fa-2x fa-spin" > < /i >
< iclass = "fa fa-circle-o-notch fa-2x fa-spin" > < /i >
< iclass = "fa fa-refresh fa-2x fa-spin" > < /i >
```

```
< iclass = "fa fa-cog fa-2x fa-spin" > </i >
< iclass = "fa fa-spinner fa-2x fa-pulse" > </i >
```

很遗憾，动画的效果图不能在书本上动起来，所以只能省略效果图了。

6. 旋转与翻转

使用 .fa-rotate-* 和 .fa-flip-* 可以对图标进行任意旋转和翻转，代码如下：

```
< iclass = "fa fa-shield" > </i > 正常 < br >
< i class = "fa fa-shield fa-rotate-90" > </i > 旋转90度 < br >
< i class = "fa fa-shield fa-rotate-180" > </i > 选装180度 < br >
< i class = "fa fa-shield fa-rotate-270" > </i > 旋转270度 < br >
< i class = "fa fa-shield fa-flip-horizontal" > </i > 水平翻转 < br >
< i class = "fa fa-shield fa-flip-vertical" > </i > 垂直翻转
```

效果如图 3-5-5 所示。

7. 融入 Bootstrap

既然 Font Awesome 是为 Bootstrap 设计的，那么它就可以完美兼容 Bootstrap 的所有组件，例如按钮组（通过按钮组容器 .btn-group 把一组按钮放在同一行里）、输入框组（通过为 .input-group 赋予 .input-group-addon 或 .input-group-btn 类，就可以给 .form-control 的前面或后面添加额外的元素），代码如下：

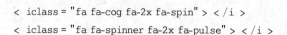

图 3-5-5

```
< div class = "btn-group" >
    < a class = "btn btn-default" href = "#" >
        < i class = "fa fa-align-left" > </i >
    </a >
    < a class = "btn btn-default" href = "#" >
        < i class = "fa fa-align-center" > </i >
    </a >
    < a class = "btn btn-default" href = "#" >
        < i class = "fa fa-align-right" > </i >
    </a >
    < a class = "btn btn-default" href = "#" >
        < i class = "fa fa-align-justify" > </i >
    </a >
</div >
< div class = "input-group" >
    < span class = "input-group-addon" >
        < i class = "fa fa-envelope-o fa-fw" > </i >
    </span >
    < input class = "form-control" type = "text" placeholder = "邮箱" >
</div >
```

效果如图 3-5-6 所示。

图 3-5-6

3.5.3 iconfont

有了 Glyphicon Halflings 和 Font Awesome 这两个重量级的字体图标库，对于网站上大部分常用图标来说已经够用，但这两组图标都不支持关键词的模糊搜索，于是我们使用它们的时候，只能在列表中一个一个地盘查筛选。图标那么多，从中找出我们想要的那一个还是需要花费一定工夫的。幸运的是，还有 iconfont——阿里巴巴的矢量图标库。它不仅支持关键词的模糊搜索，还可以搜图标、搜用户，甚至还可以做到中文、English 和 Ping yin 的无缝互译，如图 3-5-7 所示。

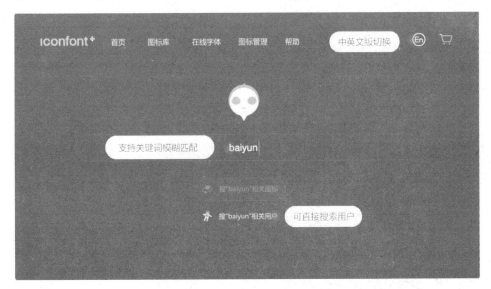

图 3-5-7

与 Glyphicon Halflings 和 Font Awesome 相比较，iconfont 最大的优势就在于它可以通过 GitHub 账号进行登录，然后创建专属于自己的图标库，当然也可以收藏他人的图标库。更重要的是它还可以创建分门别类的项目，然后在每个项目当中对独立的图标库进行增加、删除和修改。这些项目不仅可以私有化，还可以和其他团队的小伙伴共享。

既然 iconfont 这么厉害，还要 Glyphicon Halflings 和 Font Awesome 做什么呀？答案当然是"多多益善"。开源的字体库越多，对于前端的开发者来说选择就越多，网站呈现给用户的视觉效果就越丰富。

接下来，我们就来聊聊怎么使用 iconfont 吧。

第一步，新建项目。

通过网址 http://www.iconfont.cn 进入 iconfont 主页，使用 GitHub 账号进行快捷登陆后，在「图标管理」菜单中选择「我的项目」，然后单击新建项目，在弹出的对话框中填写信息，如图 3-5-8 所示。

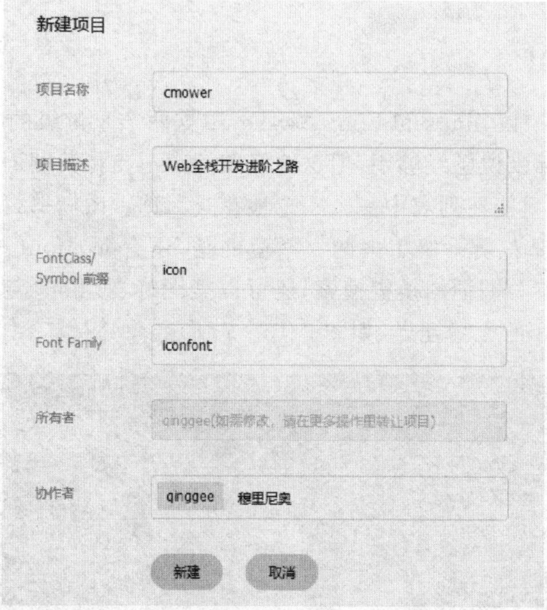

图 3-5-8

（1）FontClass/Symbol 默认前缀是"icon"，也可以自定义前缀名称。

（2）Font Family 默认前缀是"iconfont"，其作用相当于 Glyphicon Halflings 中"glyphicon"和 Font Awesome 的"fa"。

（3）在协作者一栏中，你还可以填写项目的共享成员，例如我选择的是"穆里尼奥"。

第二步，添加图标。

项目新建成功后，接下来要做的就是添加自己需要并且喜欢的图标。你可以回到首页浏览 iconfont 推荐的图标，也可以直接在搜索框中进行模糊查询，然后在结果集中选择自己喜欢的图标添加到购物车，如图 3-5-9 所示。

接下来，单击购物车，将选择好的图标添加到对应的项目当中。此时，网站会跳转到「我的项目」页面，然后选择「Font class」并查看「在线链接」，如图 3-5-10 所示。

第三步，使用 iconfont。

首先，拷贝项目下面生成的 fontclass 代码，采用 link 的方式添加到需要的页面当中。

```
<link href="//at.alicdn.com/t/font_588640_frp867vkg3krzfr.css" rel="stylesheet">
```

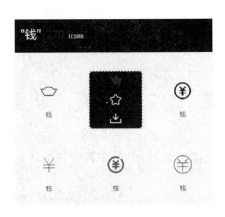

图 3-5-9　　　　　　　　　　　图 3-5-10

其次,挑选相应图标并获取类名,将其在页面进行应用。

```
<i class="iconfont icon-set"></i> 设置
<i class="iconfont icon-cart"></i> 购物车
<i class="iconfont icon-all"></i> 全部
<i class="iconfont icon-qian"></i> 财富
```

效果如图 3-5-11 所示。

图 3-5-11

3.5.4　综合应用

我们还可以将 Font Awesome 特有的样式应用到 iconfont 上,例如放大、旋转,另外也可以将 Bootstrap 的辅助类样式应用到 iconfont,例可以将控制文本颜色的 CSS 类 text-danger(红色)、text-warning(黄色)、text-success(绿色)等样式应用到 iconfont 上。示例如下:

```
<span class="text-danger">
    <i class="iconfont icon-set"></i> 设置
</span>
<span class="text-warning">
```

```
        < i class = "iconfont icon - set fa-2x" > </i > 设置
</span >
< span class = "text-success" >
        < i class = "iconfont icon - set fa-2x fa-spin" > </i > 设置
</span >
```

这样的话,图标和它后面的文本颜色将会发生对应的改变,效果如图3-5-12。

图 3 - 5 - 12

原本,使用了.fa-spin 的 class 后,设置图标就会旋转起来,但由于我们是纸质书,无法展示旋转的效果。

注意:将 Font Awesome 的动画效果应用到 iconfont 之前,需要为 iconfont 加载一种全局的 CSS 样式,代码如下所示:

```
.iconfont {
    display: inline-block;/* 行内块元素 */
}
```

3.6 变魔术一样的导航条

3.6.1 基础导航条

我们在浏览一些网页的时候,经常看到这样一种效果:顶部的导航条在随着页面往下滚动的过程中,起先是消失的,随后又像变魔术一样出现在页面的顶部,并且一直出现在视野当中。这样的效果让我一个非专业的前端工程师感到非常震惊。说句实话,我也想要把这种效果做到公司项目的网站中,这显然会增强用户体验,不是吗?这样的导航条使得页面内容在非常非常多的情况下,用户依然能够通过导航条快捷地进行重要内容之间的跳转操作。

导航条是网页中作为顶部导航页头的响应式基础组件,以便用户能够很容易地识别出这块导航区域,如图3-6-1所示。

这是一个最基础的导航条,包含一个网站标志和两个导航链接。在 Boostrap 中,要实现以上效果,只需要在普通列表的 <ul> 元素上应用.navbar-nav 样式,然后在外部容器上应用.navbar 和.navbar-default 样式即可实现,代码如下所示:

第 3 章　优雅的 Bootstrap

图 3-6-1

```
< nav class = "navbar navbar-default" >
    < div class = "navbar-header" >
        < a class = "navbar-brand" href = "#" > 沉默王二 </a >
    </div >
    < ul class = "nav navbar-nav" >
        < li class = "active" >
            < a href = "#" > jQuery </a >
        </li >
        < li >
            < a href = "#" > Bootstrap </a >
        </li >
    </ul >
</nav >
```

注意：为了增强导航条的可访问性，请务必使用 < nav > 元素。如果使用的是通用的 < div > 元素的话，务必为导航条设置 role="navigation" 属性，这样能够让使用辅助设备的用户明确知道这是一个导航区域。

另外，Bootstrap 的导航条在移动设备上是可以折叠（并且可开可关）的，且在视窗（viewport）宽度增加时逐渐变为水平展开模式。

3.6.2　带有表单的导航条

多数情况下，我们需要在导航条中增加搜索功能，那么此时就需要在导航条中放一个样式为 .navbar-form 的表单，该式样可以让表单呈现出良好的对齐方式，并在较窄的视窗中呈现折叠状态。另外，使用对齐选项 .pull-left 或者 .pull-right 可以让表单出现在导航条靠左或者靠右的位置上，代码如下所示：

```
< nav class = "navbar navbar-default" >
    < ul class = "nav navbar-nav" >
    </ul >
    < form class = "navbar-form navbar-left" >
        < div class = "form-group" >
            < input type = "text" class = "form-control" placeholder = "输入章节名" >
```

```
        </div>
        <button type="submit" class="btn btn-default">搜索</button>
    </form>
</nav>
```

效果如图 3-6-2 所示。

图 3-6-2

3.6.3 响应式导航条

通常情况下,一个导航条都是以 100% 的宽度在页面中显示的。导航条内包含了很多元素,那么当屏幕的宽度逐渐变小的时候,导航条的显示效果就会不尽人意。不过,令人欣喜的是 Bootstrap 的响应式布局能够比较好地处理这个问题,当页面宽度在 768px 以上时,显示效果如图 3-6-3 所示。当页面宽度小于 768px 时,显示效果如图 3-6-4 所示。

图 3-6-3

稍令人感到遗憾的是,Bootstrap 在小屏幕下并没有处理好表单的显示。在图 3-6-4 中,输入框和搜索按钮处在两行而不是紧凑地排列在一行之内,这使得显示的效果并不是很好。不过,我们可以通过 CSS 对其进行稍加改造,以达到输入框和搜索按钮排列在一行,我想你不妨去试一试。

在响应式导航条中,我们需要用到 Bootstrap 的折叠组件(collapse),它实现的效果是:单击一个触发元素,将指定的可折叠区域进行显示或隐藏;再次单击,可以出现相反的效果。这样的应用不仅体现在响应式导航条中,还体现在另外一种被大家熟知的经典场景——手风琴(accordion),如图 3-6-5 所示。

第 3 章　优雅的 Bootstrap

图 3-6-4

图 3-6-5

collapse 最简单的用法就是声明一个触发按钮和一个折叠区域,代码如下所示:

```
< button class = "btn btn-primary" type = "button" data-toggle = "collapse" data-target = "
＃collapseExample" >触发按钮</button >
< div class = "collapse" id = "collapseExample" >折叠区域</div >
```

① 使用 data-toggle="collapse"来标识该按钮,用来触发折叠效果,同时使用 data-target="＃collapseExample"来绑定要进行折叠的区域。

② 在需要进行折叠的区域上指定 class="collapse",同时指定 id 属性值,用来和触发按钮进行呼应。

不过,以上的折叠效果只能进行单个区域的折叠,并不能满足手风琴风格的要求。因为手风琴风格中一般会有多个折叠区域,并且在显示一个折叠区域的时候,另外的区

域要进行隐藏。那么针对这种情况,该怎么做呢?代码如下所示:

```html
<div class="panel-group" id="accordion">
    <div class="panel panel-default">
        <div class="panel-heading" id="headingOne">
            <h4 class="panel-title">
                <a data-toggle="collapse" data-parent="#accordion" href="#collapseOne"> 每日一句 #1 </a>
            </h4>
        </div>
        <div id="collapseOne" class="panel-collapse collapse in">
            <div class="panel-body">
                如果你真的照顾好自己的心,那么你会惊讶地发现,有那么多的姑娘在你的门前排好长队。
            </div>
        </div>
    </div>
    <div class="panel panel-default">
        <div class="panel-heading" id="headingTwo">
            <h4 class="panel-title">
                <a class="collapsed" data-toggle="collapse" data-parent="#accordion" href="#collapseTwo">
                    每日一句 #2 </a>
            </h4>
        </div>
        <div id="collapseTwo" class="panel-collapse collapse">
            <div class="panel-body">
                不要强迫你的朋友爱你所爱,除非他们自愿。
            </div>
        </div>
    </div>
</div>
```

代码 `<a data-toggle="collapse" data-parent="#accordion" href="#collapseOne"> 每日一句 #1 </a>` 是手风琴风格的触发元素,它与简单的触发按钮不同的是少了 data-target 属性,多了 data-parent 和 href 属性。

data-parent 属性用来指定一个父容器,这意味着要展开一个折叠区域之前应先把父容器内部的所有折叠区域进行关闭,包括要展开的折叠区域;随后,通过 href 属性值找到要展开的折叠区域进行显示。当我们理解了手风琴的折叠原理后,再回头看手风琴代码的时候就会觉得非常简单,它只不过比简单风格的折叠多了一些"手风琴"风格的装饰,例如使用了 panel 的 panel-title 来作为触发元素,使用了 panel-body 的父容器作为折叠区域。

第3章 优雅的Bootstrap

当我们了解了collapse的使用方法后,再来看响应式导航条中的折叠效果,代码如下所示:

```html
< nav class = "navbar navbar-default" >
    < div class = "container - fluid" >
        < div class = "navbar-header" >
            < button type = "button" class = "navbar-toggle collapsed" data-toggle = "collapse" data-target = "#navbar-collapse-1" >
                < span class = "icon - bar" > < /span >
                < span class = "icon - bar" > < /span >
                < span class = "icon - bar" > < /span >
            < /button >
            < a class = "navbar-brand" href = "#" > 沉默王二 < /a >
        < /div >

        < div class = "collapse navbar-collapse" id = "navbar-collapse-1" >
            < ul class = "nav navbar-nav" >
                < li class = "active" >
                    < a href = "#" > jQuery < /a >
                < /li >
            < /ul >
        < /div >
    < /div >
< /nav >
```

首先,我们定义了一个data-toggle="collapse"的触发按钮(图3-6-4中右上角有一个三个横杠的按钮,它就是触发按钮);其次,我们定义了class="collapse"的折叠区域(图3-6-4中jQuery、Bootstrap以及搜索表单的区域)。当页面宽度在768px以上时,collapse触发按钮消失,折叠区域呈水平排列显示;当页面宽度小于768px时,collapse触发按钮出现,单击该触发按钮,折叠区域就可以显示或者隐藏。

注意:触发按钮在屏幕宽度大于768px时不显示原因在下面代码中寻找。

```
@media (min-width: 768px){
.navbar-toggle {
    display: none;
}}
```

3.6.4 顶部固定的导航条

你是否留意过Windows操作系统的任务栏(有些东西的使用频率非常高,反而容易导致我们忽略了它的存在),其不仅仅可以固定在整个屏幕的底部,当你取消任务栏固定后,你甚至可以使用鼠标把它拖动到屏幕的顶部、左侧或者右侧。Bootstrap的导航条也可以实现类似的效果,只不过 Bootstrap 原生的导航条只支持固定在顶部或者底部,不支持固定在左侧或者右侧。如果你想固定在左侧或者右侧,也不是不可能,利用 jQuery 的一些插件就可以实现,例如 jQuery.Pin。

在正式介绍顶部固定的导航条之前,我们不妨先来介绍一下 Flat UI,一款免费的 Web 界面工具组件库,就像 Bootstrap。Flat UI 提供更绚丽多彩的组件,它在 Bootstrap 的基础上进行了扁平化风格的改造,令人爱不释手。

这是 Flat UI 的在线预览地址 http://designmodo.github.io/Flat-UI/,你可以前去欣赏一番。如果喜欢的话,就可以单击下载链接 https://github.com/designmodo/Flat-UI/archive/master.zip,将 Flat UI 下载到本地,解压后的目录结构如下所示:

```
    flat-ui/
    ├── dist/
    │   ├── css/
    │   │   ├── vendors/
    │   │   ├── flat-ui.css
    │   │   └── flat-ui.min.css
    │   ├── js/
    │   │   ├── vendors/
    │   │   ├── flat-ui.js
    │   │   └── flat-ui.min.js
    │   ├── fonts/
    │   │   ├── lato/
    │   │   └── glyphicons/
    │   │       ├── flat-ui-icons-regular.eot
    │   │       ├── flat-ui-icons-regular.svg
    │   │       ├── flat-ui-icons-regular.ttf
    │   │       ├── flat-ui-icons-regular.woff
    │   │       └── selection.json
    │   ├── img/
    │   └── index.html
    ├── docs/
    ├── examples/
    ├── components.html
    ├── getting-started.html
    └── template.html
```

让我们来看一下这个列表。

(1) dist 目录,存放了 Flat UI 编译后的版本文件,包含有 Flat UI 必需的 CSS 文件(flat-ui.css)、JavaScript 文件(flat-ui.js)以及图标字体库文件(fonts/)。如果你喜欢原来模样的 Flat UI,并且不需要改变 Flat UI 组件的外观,就可以把这个目录下的文件导入到项目当中引用即可,这也是最简单的方式。

第 3 章　优雅的 Bootstrap

（2）docs 目录，存放了 Flat UI 的帮助文档以及示例说明。可直接运行 components.html 文件，里面有 Flat UI 详细的组件使用说明。

好了，是时候开启一场 Flat UI 的魔幻之旅了。我们在项目中找一个合适的位置，把 Flat UI 的 dist 目录放进去，如图 3-6-6 所示。

图 3-6-6

有了 Bootstrap 的帮忙，顶部固定的导航条实现起来也是轻而易举的事，示例如下所示：

```html
< nav class = "navbar navbar-default navbar-fixed-top" >
    < div class = "container" >
        < ul class = "nav navbar-nav" >
            < li class = "active" > < a href = "#" > jQuery </a > </li >
            < li > < a href = "#" > Bootstrap </a > </li >
        </ul >
    </div >
</nav >
```

要想在顶部固定导航条，其关键所在就是 navbar-fixed-top。其实现的原理也非常简单，就是利用 position 的 fixed（绝对定位）特性，然后再设置容器的 top 值为 0 即可，代码如下所示：

```css
.navbar-fixed-top {
    position: fixed;
    top: 0;
}
```

现在，导航条已经可以固定在顶部了。接下来，我们还需要做一件重要的事，就是把 Flat UI 的 flat-ui.css 和 flat-ui.js 文件引入到页面当中，代码如下所示：

```
<!-- 注意,要放在 Bootstrap 的引用之后 -->
<link href = "${ctx}/resources/components/flat-ui/css/flat-ui.css"
  rel = "stylesheet">
<script src = "${ctx}/resources/components/flat-ui/js/flat-ui.js"></script>
```

最后,我们需要将 Flat UI 下载包中的 index.html 文件(请参照解压后的目录结构图)中的 <div class="container"></div> 节点下的内容复制到对应的页面当中,用来填充整个内容区域。整体页面的代码如下所示:

```
<head>
<title>Bootstrap 的顶部固定的导航条</title>
<link href = "${ctx}/resources/components/bootstrap/css/bootstrap.css" rel = "stylesheet">
<link href = "${ctx}/resources/components/flat-ui/css/flat-ui.css" rel = "stylesheet">
<link href = "${ctx}/resources/components/flat-ui/assets/css/demo.css" rel = "stylesheet">
</head>
<body>
    <nav class = "navbar navbar-default navbar-fixed-top">
        <div class = "container">
            <div class = "navbar-header">
                <a class = "navbar-brand" href = "#">沉默王二</a>
            </div>
            <ul class = "nav navbar-nav">
                <li class = "active"><a href = "#">jQuery</a></li>
                <li><a href = "#">Bootstrap</a></li>
            </ul>
        </div>
    </nav>
    <div class = "container">
        <div class = "demo-headline">
            <h1 class = "demo-logo">
                <div class = "logo"></div>
                Flat UI <small>Free User Interface Kit</small>
            </h1>
        </div>
        ……
    </div>
    <!-- /container -->
    <script src = "${ctx}/resources/components/jquery/jquery-3.3.1.js"></script>
    <script src = "https://cdn.bootcss.com/bootstrap/3.3.7/js/bootstrap.js"></
```

```
script>
<script src="${ctx}/resources/components/flat-ui/js/flat-ui.js"></script>
<script src="${ctx}/resources/components/flat-ui/js/vendor/video.js"></script>
<script>
    videojs.options.flash.swf =
    "${ctx}/resources/components/flat-ui/js/vendors/video-js.swf"
</script>
</body>
```

这样的话，你会发现，当往下滚动鼠标滑轮时，页面内容不断上浮，而导航条一直处在窗口的顶部位置。另外呢，你还可以顺便欣赏一下 Flat UI 的美丽外观，感觉不错吧，如图 3-6-7 所示。

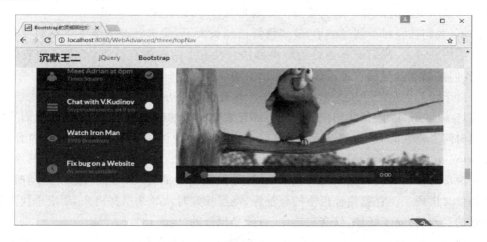

图 3-6-7

Flat UI 的风格真的非常令人惊叹，仿佛让人置身于爱丽丝的梦游仙境当中。这对于那些在前端界面上手足无措的 Web 全栈工程师来说，真是天大的福利。如果能够将 Flat UI 提供的组件充分利用起来，Web 全栈工程师就一定能够展现给用户一个漂亮的界面，使他们也身心愉悦。

注意： 如果你在实战中发现有一些组件并不能顺利地展示出来，也不必担心。如果是图片不能正常显示，那一定是图片路径出现了一些问题；如果是视频不能正常播放，那一定是少了 video.js 的支持或者没有指定具体的视频路径；如果是组件的渲染效果没有起效，那一定是少了对应插件的支持。解决方法很简单，参照本书提供的源码示例进行对应的修改即可。

3.6.5 滚动时隐藏导航条

顶部固定的导航条很方便，但事情的发展总会有其两面性。顶部固定的导航条方便了用户在各个菜单之间的随意切换，但是这也带来了新的问题。在大屏幕的设备上，一般都是宽度大于高度的，也就是说页面高度要少一些，顶部固定的导航条会占用一部分本来用于展示内容的区域，小屏幕设备的高度较大，但其屏幕本来就小，顶部固定的导航条占用一部分的话，屏幕可用于展示内容的区域就更少了。

当你年幼时，生活在父母的庇护下，你希望能赶快长大，长大后独立了就再也不用天天听父母的唠叨了。于是随着时间的推移，你有了自己的工作，组建了自己的家庭，然后顺其自然有了自己的孩子。但年纪越长，你反而就越怀念，怀念年幼时和父母一起逛庙会时的无拘无束；怀念那辆永久牌的老式自行车。当年父亲骑着车。母亲坐在后座上，你呢，没地儿坐了，只好坐在自行车前面的横梁上。等到了庙会，你发现腿麻了，因为坐在横梁上实在是一件辛苦的事情。但即使如此，当时年幼的你，一定感到非常快乐。还怀念什么呢？怀念和父母在一起时的所有点点滴滴。

好了，你现在开始怀念没有顶部导航条的日子了，毕竟没有顶部导航条的话，页面就可以显示更多的内容。难道要找一台时光机，再回到过去吗？

不，我们已经回不到过去了，就像我们已经长大了，父母已经变老了。我们也并不想真的回到过去，我们还有更好的解决办法。没有了两轮的自行车，却有了四轮的汽车，我们可以开着车载着父母孩子一起出去兜风。

对于顶部固定的导航条来说，也有一个两全其美的办法。

Headroom.js能帮我们把需要的页面元素在合适的时间展示出来，而在我们不需要的时间里将它隐藏，这样的话，用户就可以把更多的注意力聚焦到页面的内容上。Headroom.js是一个轻量级、高性能的JavaScript插件。它可以不依赖任何工具库，在页面滚动时作出响应。当页面向上滚动时，导航条就会消失，而当页面向下滚动时，导航条就又出现了。它就像孙悟空的金箍棒，降魔除妖时从耳朵里掏出来，变成杀伤力特别强的武器，打完了妖怪，就变成迷你、可随身携带的"定海神针"。

简单来说，Headroom.js只是为需要在滚动时隐藏或者显示顶部导航条增加了对应的CSS类。

```
< headerclass = "headroom" >
< headerclass = "headroom headroom -- unpinned" >
< headerclass = "headroom headroom -- pinned" >
```

页面最初呈现时，顶部导航条的CSS类只有"headroom"。当页面向上滚动时，增加了一个名为"headroom--unpinned"的CSS类。当页面向下滚动时，"headroom--unpinned"变成了"headroom--pinned"。

一旦在顶部固定的导航条上增加了这三种不同状态的CSS类，接下来要做的工作就变得简单明了了，只需要增加三种不同的CSS样式（或者只需要两种），就可以完全控制导航条在页面滚动向上或者滚动向下时导航条要做的动作。例如，如果你需要在页面向下滚动时隐藏导航条，并在页面向上滚动时再次显示它，最基本的CSS是这样的：

```css
.headroom--pinned {
    display: block;
}
.headroom--unpinned {
    display: none;
}
```

是不是超简单？display：block 表示显示，display：none；表示隐藏。如果你觉得这样的效果过于直白了些，完全不能体现你在 CSS 方面高深的造诣，那么不妨增加一些过渡效果吧！例如，我们可以利用 transitions 来使导航条更平滑地从视窗中移入或移出，代码如下所示：

```css
.headroom {
    /* 增强页面渲染性能 */
    will-change: transform;
    /* 以 transform 的形式来进行过渡，持续时间为 200ms，运动形式为 linear（匀速） */
    transition: transform 200ms linear;
}

.headroom--pinned {
    /* 基于原来的位置，沿 Y 轴平移 */
    transform: translateY(0%);
}

.headroom--unpinned {
    /* -100% 总能保证元素完全从视窗中移除 */
    transform: translateY(-100%);
}
```

接下来，我们再来看 Headroom.js 的具体用法。虽然 Headroom.js 可以不依赖任何工具库就能工作，但我们倾向于将一切 JavaScript 组件建立在 jQuery 之上，所以我们需要在页面中先引入 headroom.js，再引入 jQuery.headroom.js（相当于一名翻译官，把 Headroom.js 原生的 JavaScript API 翻译为 jQuery 能懂的语法）。

```html
<script src="https://cdn.bootcss.com/headroom/0.9.4/headroom.js"></script>
<script src="https://cdn.bootcss.com/headroom/0.9.4/jQuery.headroom.js"></script>
```

接下来，我们就可以为顶部固定的导航条进行 Headroom 初始化了，代码如下所示：

```html
<head>
    <title>Bootstrap 顶部固定的导航条结合 headroom.js</title>
</head>
```

```
< body >
    < nav class = "navbar navbar-default navbar-fixed-top" >
    </nav >
    < script >
        $("nav.navbar-fixed-top").headroom({
            // 状态改变之前的容差
            tolerance : 5,
            // 在元素没有固定之前,垂直方向的偏移量(以 px 为单位)
            offset : 505,
            // 对于每个状态都可以自定义 css classes
            classes : {
                // 当元素初始化后所设置的 class
                initial : "headroom",
                // 向下滚动时设置的 class
                pinned : "headroom--pinned",
                // 向上滚动时所设置的 class
                unpinned : "headroom--unpinned"
            }
        });
    </script >
</body >
```

好了,是时候来看一下 Headroom.js 和顶部固定导航条珠联璧合后的运行效果了,如图 3-6-8 所示。

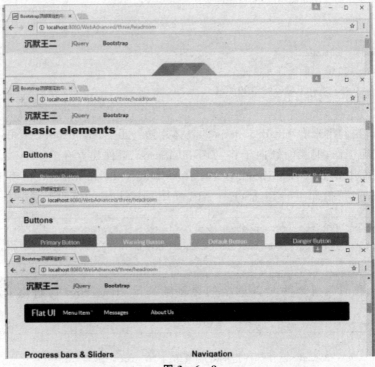

图 3-6-8

过程是这样的：

（1）初始化时导航条固定在顶部。

（2）随着页面逐渐地向上滚动，垂直方向的偏移量大约为500px时，导航条消失在当前视窗中。

（3）而当页面向下滚动时，导航条又立即出现在视窗中。

3.6.6 更多动画效果

在3.6.5小节中，我们为Headroom.js定制了三个带有过渡效果的CSS类，它们带来的效果在我看来已经相当不错了，但有的时候，我们还想要更绚丽多姿的效果，可以做到吗？

你是否听说过Animate.css？它是一个有趣的、跨浏览器的CSS动画库，可以使HTML元素呈现出更"雍容华贵"的动画效果，官网地址为 https://daneden.github.io/animate.css/，你可以到官网上亲身体验更多有趣的动画特效。我利用Animate.css为Headroom.js定制了四款梦幻般的动画效果，分别是滑动、摇摆、翻动和弹跳，代码如下所示：

```html
<nav class="navbar navbar-default navbar-fixed-top">
    <div class="container">
        <ul class="nav navbar-nav">
            <li><a href="javascript:;" data-headroom-classes='{"initial":"animated","pinned":"slideDown","unpinned":"slideUp"}'>滑动</a></li>
            <li><a href="javascript:;" data-headroom-classes='{"initial":"animated","pinned":"swingInX","unpinned":"swingOutX"}'>摇摆</a></li>
            <li><a href="javascript:;" data-headroom-classes='{"initial":"animated","pinned":"flipInX","unpinned":"flipOutX"}'>翻动</a></li>
            <li><a href="javascript:;" data-headroom-classes='{"initial":"animated","pinned":"bounceInDown","unpinned":"bounceOutUp"}'>弹跳</a></li>
        </ul>
    </div>
</nav>
```

这四种动画的触发按钮就在顶部固定的导航条上，当我们单击这四个按钮时，Headroom.js对应的动画效果就会相应地进行切换。

```
<script>
    var navbar_fixed_top = $("nav.navbar-fixed-top");
    var defaults = {
        "tolerance" : 5,
        "offset" : 505,
        "classes" : {
            "initial" : "animated",
            "pinned" : "slideDown",
            "unpinned" : "slideUp"
        }
    };

    navbar_fixed_top.find("ul.navbar-nav li a").click(function(event){
        var $this = $(this),classes = $this.data("headroom-classes");
        options = $.extend(defaults,{"classes" : classes});
        navbar_fixed_top.headroom("destroy").headroom(options);
        event.preventDefault();
    });
</script>
```

然后,我们需要为滑动、摇摆、翻动和弹跳定制对应的 CSS 动画效果,代码如下所示(需要注意的是,下面只列出了滑动的动画效果,另外 3 种并不包含在内)。

```
@keyframes slideDown {
    0% {transform: translateY(-4em)}
    100% {transform: translateY(0)}
}

.animated.slideDown {
    animation-name: slideDown
}

@keyframes slideUp {
    0% {transform: translateY(0);}
    100% {transform: translateY(-4em);}
}

.animated.slideUp {
    animation-name: slideUp
}
```

现在，我要说一说为什么只列出滑动的 CSS 动画效果的原因了。因为我希望你能亲自动手实践一番，写出另外 3 种 CSS 动画效果的代码，"自己动手，丰衣足食"的感觉真的是蛮不错的。鲁迅先生曾有言："伟大的成绩和辛勤的劳动是成正比的，有一分劳动就有一分收获，日积月累，从少到多，奇迹就可以创造出来。"

在实践中体会学习的乐趣，这也是我们作为程序员应该有的态度。当然了，如果你在练习的时候遇到了麻烦，可能需要一份参照。实例我已经准备好了，你可以在第三章的实例中找到它。

注意：不要忘记在页面的 < head > 中引入 Animate.css。

```
< link href = "https://cdn.bootcss.com/animate.css/3.5.2/animate.css" rel = "stylesheet" >
```

3.7 小 结

小二哥：亲爱的读者，你们好！我是勤奋又好学的小二哥。

小王老师：亲爱的读者，你们好！我是满腹经纶、学富五车、才高八斗的小王老师。

小二哥：小王老师，你咋不把自己吹上天呢？

小王老师：我这人没啥优点，唯一的优点就是喜欢实话实说。

小二哥：小王老师，你继续吹，我看你什么时候从天上掉下来。

小王老师：好了好了，活跃一下气氛而已嘛。小二哥，开始咱的老生长谈吧——总结！

小二哥：就请开始你的表演吧，小王老师。

小王老师：本章介绍的内容是 Bootstrap，我对 Bootstrap 的第一印象就是真的挺优雅的。

小二哥：是啊，感同身受。

小王老师：Bootstrap 的整体大模块可以分为全局 CSS 样式、组件和 JavaScript 组件等 3 个部分，里面的内容可谓包罗万象。如果想要对它进行全面的介绍，保守估计至少需要一整本书。所以，我只挑选了其中具有代表性的内容进行简单的介绍。其中，JavaScript 组件篇并没有进行介绍，因为很多开源作者已经在 Bootstrap 的基础上进行了封装和改造，我们在后续章节中会找出一些优秀的插件进行更详细的介绍，例如大家非常喜欢的 Bootstrap File Input 组件等。这章的目的是把大家领进 Bootstrap 的大门，至于修行嘛，还需看个人啊，小二哥！

小二哥：放心吧，小王老师，我肯定没问题的啊。早上读安晓辉老师的《你好哇，程序员》一书时，看到了 10000 小时准则。凡是成功之人，必有其"反复练习"的长处，正所谓熟能生巧嘛，我肯定会把 Bootstrap 的每个知识点过一遍，提炼出属于自己的知识。

小王老师：对啊。我相信小二哥对金庸先生的《射雕英雄传》一定不会陌生，郭靖大侠就是10000小时准则的最佳实践者,一招'亢龙有悔'硬是练习到了出神入化的境界啊。

小二哥:嗯,小王老师,我要去实践Bootstrap的粘页脚效果、以及Headroom.js和Bootstrap顶部固定导航条的功能了,我对它们两个有着非常大的兴趣。

小王老师:赶快去吧!今天周一,总结完这个小节我也要骑自行车上班去了,免得遭堵。

小二哥:小王老师,你真是绿色出行的最佳实践者。

小王老师:别贫了,一起走吧。

小二哥:稍等,我要刷一辆支付宝电动车体验一把。

小王老师:那种电动车是要求定点停车的,刚兴起的时候我被坑过一把,至今还耿耿于怀。

小二哥:别抱怨了,小王老师,想一想"第一个吃螃蟹的人",那时候停车点更少。好了,准备走吧!

小王老师:走起!

第 4 章

便捷的 HTML 扩展

有句话是这么说的,"只有你想不到的,没有你找不到的"。至于这句话是谁说的,好像已经无法追本溯源,但这句话说得恰到好处。在 jQuery 和 Bootstrap 的世界里,只要你有需要,就能找得到相应的 jQuery 插件和 Bootstrap 插件,关键就在于你是否知道自己想要什么。

本章,我将向大家推荐 9 款非常优秀的插件,它们有的依赖于 jQuery,有的依赖于 Bootstrap,在 Web 客户端的应用非常广泛。几乎在所有成型的 Web 网站里都能看得到它们的身影,它们分别是:

- Lazy Load——用于图像延迟加载的组件;
- iCheck——能够变身的超级复选框和单选按钮;
- Switch——一个非常棒的开关组件;
- Datetime Picker——用于日期时间选择的组件;
- DateRange Picker——用于日期范围选择的组件;
- Tags Input——Bootstrap 风格的标签输入组件;
- Star Rating——简单而强大的星级评分插件;
- Layer——更友好的 Web 弹层组件;
- Magnific Popup——一款真正的响应式灯箱插件。

由于这些组件的使用频率非常高,我引入了一个时下非常流行的概念:HTML 扩展。HTML 扩展能够减少大量重复性的代码编写,使编码变得更加简洁,从而提升工作的效率。那么什么是 HTML 扩展呢?

4.1 什么是 HTML 扩展?

4.1.1 HTML 是什么?

在了解什么是 HTML 扩展之前,我们先要了解什么是 HTML。对于 HTML,我相信你就像熟悉自己回家的路一样熟悉它。HTML指的是超文本标记语言（Hyper Text Markup Language），它并不是一种编程语言，而是一种标记语言（markup language）。HTML使用了一套标记标签来描述网页。

作为一名兢兢业业的程序员，我每天要浏览的网站包括：

（1）CSDN。虽然新版让人很不适应，但我已经养成了习惯天天进去瞅一眼，看看有没有好的技术博客。

（2）GitHub。给我的感觉就是"人外有人，天外有天"。原来大牛们在GitHub上已经分享了这么多令人啧啧称赞的开源项目。

（3）码云，中文版的GitHub。近期国内的一些知名开源作者已经把GitHub上的项目在码云上进行了同步。

（4）Stack Overflow。bug解决不了？问题找不到原因？上Stack Overflow就对了。虽然是英文网站，但英语毕竟是程序员的必修课，绕不开的。英语能力有待加强的程序员可以耐着性子多琢磨琢磨，时间久了，不仅英语能力能够得到提高，解决问题的能力也会加强。

（5）豆瓣。程序员的世界里不应只有代码和bug，还要有好书、好电影与好音乐。当你在程序的世界里忙得焦头烂额、身心疲倦的时候，那么不妨找一本好书、一部好电影或者一曲好音乐来调整一下心情。懂得劳逸结合的程序员才不至于最后不得不去买一本《颈椎病康复指南》，或者不得已再把近视镜的度数增加一点儿，也或者被不在IT界行走的他或她数落不懂生活、不懂闲情逸致。

（6）知乎。先来听我讲一个充满着遗憾的故事。记得好些年以前，有一个大学生在知乎上提问："自己有6000块钱闲置，我该怎么花出去或者做些什么投资呢？"，于是一名富有真知灼见的大牛回复说："买比特币，保存好钱包文件，然后忘掉你有过6000元这事。五年后再看看。"开始划重点，回复的日期显示的是"2011年12月21日"，比特币当时的价格3美元，现在多少钱一个，你也许比我更清楚。如果那名大学生当时用那6000元买成比特币，现在估计很富有，但可惜的是他没买。我想你听完这个故事也一定和我一样充满遗憾，为什么那时候不上知乎呢？

我每天浏览的网站也就这么几个，但综合起来浏览的网页数确实能超过一百个。浏览的网页数目不重要，重要的是作为程序员来说，要有自己的途径获取知识，保持进步。

在浏览这些网页的时候，你可以右键查看网页源代码，此时，你就会看到网页的"庐山真面目"了，其中有无数个HTML标签，代码如下所示：

```
<!doctype html>
<html>
<head> <meta charset="utf-8"> </head> <body>
<!-- Container. -->
<div class="container">
    <b>重要的话说三遍，一遍两遍三遍</b>
```

第 4 章　便捷的 HTML 扩展

```
   < hr >
</div > </body > </html >
```

这些 HTML 标签通常是由尖括号包围的关键字，如 < html >、< head >、< body > 等。其中有一些 HTML 标签以成双成对的形式出现，例如 < b > 和 </b >，而另外一些则不需要，例如 < hr >。

我们这里所说的 HTML 扩展，指的就是给 HTML 标签增加一些特别的类(class)和属性(attribute)，使其自动关联上对应的 JavaScript 处理和 CSS 效果，如下所示：

```
< imgclass = "lazyload" data-original = "img/cmower.jpg" >
```

通常情况下，我们见到的 < img > 标签并不是上面这段代码呈现的样子，而是 < img src＝"img/cmower.jpg" >。这段代码可以让我们在页面中插入一幅任意格式的图像，例如 JPG、PNG，甚至动图 GIF。从技术上讲，< img > 标签并不会在网页中插入图像，而是从网页上链接图像，< img > 标签创建的是被引用图像的占位空间，如图 4－1－1 所示。

图 4－1－1

图 4－1－1 展示的图像大小只有 13KB 左右，相对于那些高清大图来说，实在是九牛一毛。如果一个网页上展示了很多很多的图像，并且还都是高清大图，想要把它们顺利呈现在用户面前，还是需要下一番苦功夫的。为了不至于让用户等得很着急，很多网站采用了延迟加载的策略，那些在视窗之外的图像并不会被加载，而是等到用户要看见它们的时候才加载。这和图片预加载是不同的。

< img class＝"lazyload" data-original＝"img/cmower.jpg" > 正是采用了图片延迟加载的策略。它为 < img > 标签的 class 属性赋值 lazyload，并为 data-original 属性赋值图像链接路径，在页面加载时执行 $("img.lazyload").lazyload()；从而实现对 < img > 标签的 HTML 扩展，扩展之后的 < img > 标签将会绑定 Lazy Load 插件提供的延迟加载策略。在 4.2 节，我将会对该插件的特性进行详细的介绍。

4.1.2　为什么要进行 HTML 扩展

作为程序员来说，你一定希望编程工作能够简单一点，再简单一点。例如，在 Java 程序中输出"Hello，World"，尽管在 Eclipse 这款经典的 IDE（集成开发环境）中键入 System. out. println("Hello，World")；并不算麻烦，不过是区区三十多下按键而已，但我们仍然想要更简洁、更快速、更直接，Eclipse 能懂我们的心思吗？当然！

在 Eclipse 的代码编辑器中键入"sysout"，然后按快捷键「ΛLT ＋．」，Eclipse 会自动关联 System. out. println("")；代码，并且光标已经指定在双引号之间。这个功能够简单吧，它真的特别实用。敲了将近十年的 Java 代码，System. out. println("")；这行代码不知道敲过多少次。Eclipse 这个功能在无形当中不仅帮我省去了多敲几个字母的麻烦，还延长了这几个字母按键的使用寿命。

这也正是 Eclipse 的伟大之处，让编程工作更简单一点！这也正是为什么我们要选择 IDE 而不是记事本来进行编程的原因。这也正是 HTML 扩展的初衷，它致力于让我们把关注点集中在能轻而易举掌握的 HTML 代码而不是 JavaScript 代码。

在实际的项目应用当中，往往有成百上千的图片需要延迟加载，甚至更多。如果缺少了 Lazy Load 的 HTML 扩展帮助，那我们就不得不为每一个 < img > 标签执行一次 $("img.lazyload").lazyload();，这会让人感到无比沮丧。在写作的时候，我就十分讨厌重复性的文字。推己及人，作为程序员，重复大量的代码同样会让人感到沮丧。而好的解决办法就是对 < img > 标签进行 HTML 扩展，使其进化为超级 < img > 标签。这样的话，我们就只需关注 HTML 层面的代码 < img class = "lazyload" data-original = "img/cmower.jpg" >，而无需再关注 JavaScript 代码 $("img.lazyload").lazyload();。总而言之，HTML 扩展的好处就是减少重复性的代码编写，使编码变得更加简洁，从而提升工作的效率。

4.1.3　编写 HTML 扩展的 jQuery 插件

编写 HTML 扩展的 jQuery 插件一般应满足以下几个要点：

（1）jQuery 插件的文件名推荐格式为 jquery.[插件名].js，以免和其他 JavaScript 插件混淆；

（2）在插件内部，this 关键字指向的是当前通过选择器获取的 jQuery 对象。它与一般的方法有所不同，例如在 click() 方法中，this 指向的是 DOM 元素；

（3）可以通过 this.each() 来遍历所有元素；

（4）插件文件的结尾应当以英文的分号为结尾，否则在文件压缩的过程中可能会出现问题；

（5）插件应当以闭包的形式来避免 jQuery 关键字和 $ 关键字的冲突。绝大部分的插件都是这样做的，本书提供的插件也不例外。常见的 jQuery 插件都是以下面这种形式定义的。

```
(function(){// 关键代码
})();
```

在匿名函数 function(){} 的外部，用小括号()括住，然后在括号后再紧跟一个括号()来立即执行该函数。这样可以将 jQuery 作为实参函数传递给匿名函数，所以插件的最终形式为：

```
(function($){// 关键代码
})(jQuery);
```

以上代码是一种常见的 jQuery 插件结构，也可以称之为立即调用函数。

经过对以上内容的了解，我想你不会再对我们的第一个自定义插件感到陌生了，完

第4章 便捷的 HTML 扩展

整的代码如下所示：

```
var QINGE = {
    regPlugins : [],
};

(function($) {
    $.fn.extend({
        initUI : function() {
            return this.each(function() {
                var $this = $(this);
                $.each(QINGE.regPlugins,function(index, fn) {
                    fn($this);
                });
            });
        },
    });
})(jQuery);
```

qinge.core.js 文件目前只有两部分内容，第一部分定义了一个全局变量 QINGE，内部只有一个空的数组 regPlugins；第二部分相对复杂一些，但作用只有一个，为所有 jQuery 对象增加了一个叫 initUI 的方法，用来初始化页面组件。

在介绍第二部分内容之前，我们先来了解一下 jQuery 插件的扩展机制。jQuery 提供了两个用于扩展 jQuery 功能的方法，即 jQuery.fn.extend()方法和 jQuery.extend()方法。前者用于扩展 jQuery 元素集来提供新的方法(通常用来制作插件)，后者用来扩展 jQuery 对象本身(通常用来在 jQuery 命名空间上增加新函数)。这两个方法都接受一个 Object 类型的参数。

例如，我们可以通过 jQuery.extend()来为 String 扩展一个 trim 方法。

```
$.extend(String.prototype, {
    trim : function() {
        return this.replace(/(^\s*)|(\s*$)|\r|\n/g, "");
    },
});
```

trim 方法的使用方式如下：

```
alert($("#id").text().trim()); // 获取 id 的 text 文本并去除两侧的空格
```

我们接着来分析 qinge.core.js 文件的第二部分，利用 jQuery 插件扩展方法 jQuery.fn.extend()。我们添加了一个名为 initUI 的方法，该方法通过 this.each()进行了遍历，从而获取到每一个调用 initUI()方法的 jQuery 对象 $this，然后再对 QINGE.regPlugins 数组进行遍历，获取所有添加到该数组对象中的插件方法，然后将

$this作为参数传递给插件方法并执行。

注意：如非特殊情况,插件应当返回jQuery对象,以便进行链式调用。为此,initUI()扩展方法使用return this.each();来返回调用它的对象。

initUI()方法的调用方式如下：

```
$(document).initUI(); // 对HTML文档的根节点与所有其他节点(元素节点,文本节点,属性节点,注释节点)执行initUI()扩展方法
```

除了qinge.core.js文件之外,我们还需要另外一个文件qinge.ui.js(DOM加载完毕后绑定HTML扩展效果),对图片绑定Lazy Load的延迟加载策略,代码如下所示：

```
function initUI($p){
    // --------------------
    // - lazy load 图片延迟加载
    // --------------------
    $("img.lazyload", $p).lazyload();
}

$(function(){
    QINGE.regPlugins.push(initUI);
    $(document).initUI();
});
```

qinge.ui.js文件目前也只有两部分内容,第一部分定义了一个同样名为initUI的方法,不过此initUI非彼initUI,它与qinge.core.js文件中扩展的initUI方法作用完全不同。名字相同主要是因为它们的目的是相同的。此外initUI()方法因有一个参数"$p",因此用来限制jQuery选择器的检索范围。

第二部分是$(function(){})函数,2.2节中我们已经详细介绍过它,这里不再赘述。QINGE.regPlugins.push(initUI);将会把qinge.ui.js中定义的initUI方法放到QINGE.regPlugins数组中,以便qinge.core.js中的initUI方法进行遍历。$(document).initUI();即可对整个document对象执行HTML扩展。

4.2 Lazy Load——图像延迟加载

"春风吹,阳光照,花儿草儿对我笑……",这是我记忆里孩提时代的第一本语文课本的开篇,这段文字就像着了魔似的在我脑海中绕了二十五年,恐怕还要绕更多的岁月。我依然清晰地记得,文字的旁边是一张彩色的插图：几个小朋友背着沉甸甸的书包,纯真的小脸上挂着欢快的笑容,小朋友们就好像刚舔过一口蜂蜜时的样子,兴高采烈地奔向学校。

那时候,我记得无论是语文课本还是数学课本,每篇课文或者每道题目都会有插图。至于没有插图的课文或者题目,我都记不起来了。这恰好证明"图文并茂"的重要

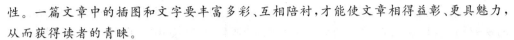

性。一篇文章中的插图和文字要丰富多彩、互相陪衬,才能使文章相得益彰、更具魅力,从而获得读者的青睐。

转眼到了现在,二十五年过去了,有些事情发生了翻天覆地的变化。但有一些事情却没有随着时间的推移而发生变化,比如图文并茂。一篇博文如果不配一张或者几张精美的插图,那么读者就很难有耐心将其读完;一本书如果"懒"得只剩封面有一张图画,而其余内容全部是白纸黑字,那么它将有90%的概率被人们"小心翼翼"地束之高阁;一个网站,包括每一个网页如果粗制滥造,配图质量糟糕,难道读者还会耐着性子继续伤害自己的眼睛?不骂上一句"这网站真垃圾"就已经算是对网站最大的褒奖了。

我想我已经不需要再列举更多的例子来证明图文并茂的重要性了。高质量的图片能够取悦用户,也能够为网站带来更多的流量;但与此同时,高质量的图片会消耗掉更多的流量,如果这种情况不能得到有效改善的话,事情就会变得非常糟糕。因为浏览器在加载高质量的图片时需要耗费很多流量,如果图片数量较多,用户就不得不停下来,等待图片缓缓展开。这样的等待对于用户来说简直就是灾难,页面卡顿的现象会令人无比沮丧。我相信你也曾在浏览网页时遇到这种困扰。那么作为开发者来说,有什么好的解决办法吗?

4.2.1 图像延迟加载

图像延迟加载有什么好处呢,我想答案应该不会少了这三点:
(1)提高网页下载速度;
(2)及时响应用户需求;
(3)减轻服务器负载压力。

我们先来了解一下图像延迟加载的原理:页面加载完毕后只让文档可视区域内的图片显示,其他不显示,随着页面的滚动,那些将要出现在可视区域的图片再加载出来。同时如果图片质量很高,会先呈现给用户一个简单的虚拟图像,等到图片加载完成后再完整展现出来。

了解了图像延迟加载的原理,我相信你一定明白为什么延迟加载会减轻服务器的压力。因为页面只会加载用户当前视窗区域内看到的图片,而不会去加载那些还不需要呈现给用户的图片。换句话说,如果没有图像延迟加载的帮助,那些还不需要呈现给用户的图片也会默默地请求服务器、要求把自己也"造"出来,并显示在页面当中。但其实这个过程是没有必要的,因为用户此时还不需要看到它。经过图像延迟加载,这就大大减轻了当前网页的流量需求。

Lazy Load 是一款用 JavaScript 编写的 jQuery 插件,它正是我们想要的一种图像延迟加载的实现方案。

Lazy Load 有两个版本,最新的为 2.x 版,另外一个为 1.x 版。这两个版本的区别是实现方案不同。1.x 版的实现原理是将页面上图像的 src 属性使用 data-original 属性替换,也就是说将图像真实路径设置在 data-original 属性中,而不再是 src 属性中。当页面滚动的时候,Lazy load 会计算图像的位置与滚动的位置,当图像出现在浏览器视窗时,则将图像的 src 属性设置为 data-original 的值,这时候图像就能出现在浏览器的视窗内,呈现在用户的眼前。2.x 版则完全不同,它使用了 Intersection Observer API 来观察图像何时进入浏览器视窗,这是一种前卫并且简洁的方案,Chrome 浏览器已经支持,但其他浏览器的支持程度尚未可知。我也作了一番验证,证明最新版的 Chrome 浏览器和 Firefox 浏览器都已支持。但我还是采取了保守的做法,选择使用 1.x 版,至于为什么? 我随后会作出合理的解释。

4.2.2　Lazy Load 的 HTML 扩展

在 4.1 节中,我们已经完成 HTML 扩展的准备工作,并且包含了 Lazy Load 的扩展应用,简单到只有一行代码 $("img.lazyload", $p).lazyload();。现在,我们需要做的就是通过实例来验证图像延迟加载的 HTML 扩展是否生效,代码如下所示:

```
<%@ page language="java"
  contentType="text/html; charset=UTF-8" pageEncoding="UTF-8" %>
<!DOCTYPE html>
<html lang="zh-CN">
<%@ include file="/resources/common/taglib.jsp" %>
<head>
<%@ include file="/resources/common/meta.jsp" %>
<title>Lazyload1 的实现方案</title>
<%@ include file="/resources/common/csslib.jsp" %>
</head>
<body>
    <div class="bs-example">
        <c:forEach begin="1" end="100">
            <div class="row">
                <img class="lazyload" data-original="https://avatars1.githubusercontent.com/u/6011374?s=460&v=4&<%=Math.random()%>"
                style="width: 140px; height: 140px;">
            </div>
        </c:forEach>
    </div>
    <%@ include file="/resources/common/jslib.jsp" %>
</body>
</html>
```

注意:jquery.lazyload.js 文件已包含在 jslib.jsp 文件中。

通过 JSTL 的 c:forEach 标签,我们在页面上插入了 100 张图像,也就是 100 个 <img> 标签,class 属性赋值为"lazyload",data-original 属性赋值为图像的真实地址。由于 100 张图像的真实地址是相同的,都加载的是 GitHub 上沉默王二的头像(https://avatars1.githubusercontent.com/u/6011374?s=460&v=4),为了防止头像被缓存(一旦被缓存,就无法证明图像延迟加载的策略),我们特意使用 JSP 表达式 <％＝Math.random()％>(Math.random()会产生介于 0～1 之间的不重复的随机小数)附在图像的请求 URL 地址后面,这样,虽然 100 张图像是相同的,但每次的请求却是唯一的。测试页面已经完成,接下来要做的就是运行实例后验证我们期望的结果,效果如图 4-2-1 所示。

图 4-2-1

出现在 Chrome 浏览器视窗内的图像有三张(准确地说是两张半),那么按照延迟加载的策略可以推断出,浏览器将会发起三次请求,依次来获取这三张图片,从 Chrome 的 Network 面板上可以证实这个结论。

当我们通过鼠标滚轮往下展开页面时,新的图像将会被加载,但也仅限于出现在浏览器视窗内的图像,如图 4-2-2 所示(第四张图像出现时发起了新的请求)。

图 4-2-2

4.2.3　Lazy Load 的更多参数

在讨论 Lazy Load 插件更多参数之前,我想推荐一种"直捣黄龙"的方法,从而快速、直接、有效地让大家搞清楚插件都有哪些参数,这些参数都有哪些可选的值。这要比我们去网上搜索并查看插件的 API 容易得多。方法是什么呢?查看插件源码。

以 Lazy Load 为例,其参数就在源码文件(Version：1.10.0－dev)的开头处：22 行至 34 行。

```
var settings = {
    threshold       : 0,
    event           : "scroll.lazyload",
    effect          : "show",
    placeholder
    "data:image/gif;base64,
    R0lGODdhAQABAPAAAMPDwwAAACwAAAAAAQABAAACAkQBADs = "
};
```

我对以上四个关键的参数作出如下的解释。

(1) threshold(阈值),触发目标图像加载所需要的最低值,默认值为 0,表明目标图像只有出现在浏览器视窗时才开始加载。也就是说用户看见它时,它才开始加载,使用示例如下：

```
$("img").lazyload({
threshold : 200
});
```

这段代码表明目标图像距离浏览器视窗底部还有 200 像素的时候开始加载,这样给用户的感觉就是看到目标图像时,图像已经加载好了。

(2) event(触发方式),默认通过鼠标滚动页面到目标图像出现时开始加载,使用示例如下：

```
$("img").lazyload({
event : "click"
});
```

如果你想让用户在单击目标图像的时候才加载图像,那么就可以指定 event 的值为 click;如果你想让用户在目标图像上使用鼠标滑过的时候再加载图像,那么就可以指定 event 的值为 mouseover。

注意:click 和 mouseover 只针对那些需要鼠标滚动页面后才出现在视窗内的图像,而不是首次打开页面时就出现在视窗内的图像。我建议你亲自动手去体验一下。

(3) effect(显示效果),默认情况下插件会等待图像完全加载后,再调用 jQuery 的基本显示效果方法 show(),使用示例如下：

```
$("img").lazyload({
effect : "fadeIn"
});
```

effect : "fadeIn"表明插件会等待图像完全加载后,再调用 jQuery 的淡入方法 fadeIn()。effect 的可选参数还有 slideDown(向下滑动)。

第 4 章　便捷的 HTML 扩展

（4）placeholder（占位符），Lazy Load 默认的占位符代表了一张灰色的空白的内联图片，如图 4-2-3 所示。

内联图片的格式为：data:[< mediatype >][;base64],< data >。也就是说，Lazy Load 默认占位符的 mediatype 为 image/png。

data:URL 模式在 1995 年被首次提出，对其规范的描述为："允许将一小块数据内联为'立即(immediate)'数"，数据就在其 URL 自身当中。通过使用 data:URL 模式，可以在 Web 页面中包含图片但无需任何额外的 HTTP 请求。通过 HTTP 请求头，即可观察到这一点，from memory cache 即表明该资源已经在内存中进行缓存，如图 4-2-4 所示。

图 4-2-3

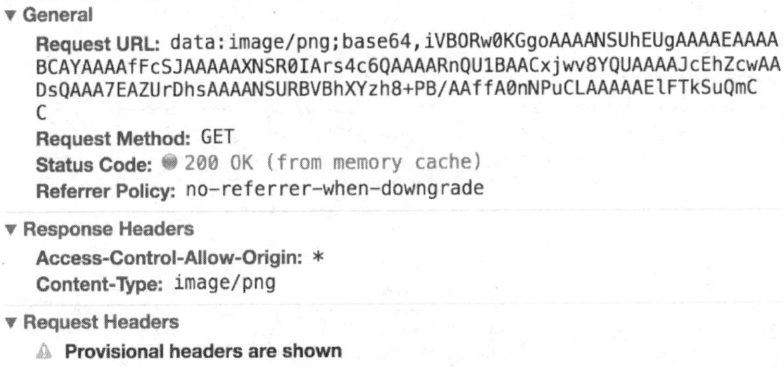

```
▼ General
    Request URL: data:image/png;base64,iVBORw0KGgoAAAANSUhEUgAAAAEAAAA
    BCAYAAAAfFcSJAAAAAXNSR0IArs4c6QAAAARnQU1BAACxjwv8YQUAAAAJcEhZcwAA
    DsQAAA7EAZUrDhsAAAANSURBVBhXYzh8+PB/AAffA0nNPuCLAAAAAElFTkSuQmC
    C
    Request Method: GET
    Status Code: ● 200 OK (from memory cache)
    Referrer Policy: no-referrer-when-downgrade
▼ Response Headers
    Access-Control-Allow-Origin: *
    Content-Type: image/png
▼ Request Headers
    ⚠ Provisional headers are shown
```

图 4-2-4

以下代码可以将 Lazy Load 的占位符设置为我们自定义的内联图片，如图 4-2-5 所示。

```
$("img").lazyload({
placeholder:"http://via.placeholder.com/350x230?text=cmower"
});
```

图 4-2-5

注意：Placehold.it 是一个可以快速生成图像占位符的网站，可以定义图片的大小、格式（GIF，JPG，PNG）以及显示的文本，网址为 http://placehold.it/。

4.2.4　为什么不选择 2.x 版的 Lazy Load

选择 2.x 版的 Lazy Load 意味着走在技术的前沿，这很酷，因为 2.x 版的 Lazy Load 是最新的版本，而 1.x 版已经不再是 Lazy Load 官网的首选推荐方案。富有探索精神的程序员总是令人钦佩，他们敢于做第一个吃螃蟹的人，他们敢于在新技术出现时第一时间去尝鲜，然后在征服之后满怀胜利的喜悦。

起初我也打算采用 2.x 版的 Lazy Load，因为我希望自己能够成为走在技术前沿的程序员，成为那个很酷的人。理想总是丰满，而现实相对残酷，请看图 4-2-6。

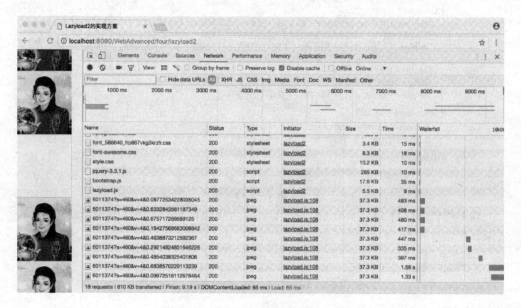

图 4-2-6

看到图 4-2-6 之后，我想你已经明白了我为什么放弃了成为那个很酷的人的原因，2.x 版还有许多问题待解决。在程序员的这条路上摸爬滚打了些许岁月，我对自己的技术能力有着非凡的自信，但同时我也有自知之明，知道凭借一己之力一时半会儿还不能解决 2.x 版的 Lazy Load 中某一张图像不能显示的问题。

问题的原因，我很想去深究一番。但我还有很多重要的事情要去做，比如准备写下一节的内容。

4.3 iCheck——超级复选框和单选按钮

4.3.1 复选框和单选按钮

通过代码 < input type="checkbox" /> 即可在网页上创建一个复选框，复选框允许用户在一定数目的选择集中选取一个或多个选项；并且通过 < input type="radio" /> 即可在网页上创建一个单选按钮，单选按钮允许用户选取给定数目的选择集中的一个选项。

4.3.2 iCheck 的自我介绍

Hello，大家好，我是 iCheck，我是一款超级定制版的复选框和单选按钮，能够让不同浏览器下的复选框（checkbox）和单选按钮（radio button）更美观、更精致、更赏心悦目。当然了，我的作用可不止是做一些表面工作，我还有着更强大的功能。我的创造者，那个伟大的作者，他告诉我，我有着以下诸多特性：

（1）在不同浏览器上都有相同的表现，所以不必担心兼容性问题；

（2）支持触摸设备，例如 iPhone、iPad、Android 手机等；

（3）支持键盘导航，当你按下 Tab 键或者上下左右箭头键，光标可以移动到指定的 iCheck 组件上；

（4）方便定制，用 HTML 和 CSS 即可设置样式（稍后试试我那 6 套针对 Retina 屏幕的皮肤吧，它们一定会惊艳到让你吃惊）；

（5）支持 jQuery 和 Zepto（Zepto 是一个轻量级的针对现代高级浏览器的 JavaScript 库，它与 jQuery 有着类似的 API）等 JavaScript 程序库；

（6）体积小巧，gzip 压缩后小到只有 1 KB；

（7）25 种参数用来定制不同需求的复选框和单选按钮；

（8）8 个监听事件用来监听状态和值的改变；

（9）7 个方法用来通过编程方式控制输入状态；

（10）能够将选中状态和值的状态变化同步回原生的复选框和单选按钮中。

如果你还想了解更多，请到官网（http://icheck.fronteed.com/）来踩一踩，那里不仅有我的 Demo 实例，还有皮肤样例，当然还包含了一手的 API。

我的 GitHub 地址是：https://github.com/fronteed/iCheck/，你在那里可以下载到我的最新源码以及其他版本和分支。

4.3.3 iCheck 的基本应用步骤

第一步，在页面中引入 iCheck 的皮肤式样和核心脚本，推荐使用 CDN 的方式，代码如下所示。

```html
<link href="https://cdn.bootcss.com/iCheck/1.0.2/skins/all.css" rel="stylesheet">
<script src="https://cdn.bootcss.com/iCheck/1.0.2/icheck.js"></script>
```

注意：iCheck需要依赖于jQuery，所以在引入icheck.js之前需要先引入jQuery。

第二步，在页面中构造几个复选框和单选按钮（和一般的复选框和单选按钮没什么差别）以供iCheck使用，代码如下所示：

```html
<input type="checkbox">
<input type="checkbox" checked>
<input type="radio" name="iCheck">
<input type="radio" name="iCheck" checked>
```

第三步，添加JavaScript代码，从而初始化iCheck插件，代码如下所示：

```html
<script>
    $(function() {
        $('input').iCheck({
            checkboxClass: 'icheckbox_square-blue',
            radioClass: 'iradio_square-blue',
            increaseArea: '20%'
        });
    });
</script>
```

注意：iCheck支持所有的jQuery选择器，并且只针对复选框和单选按钮起作用。同时，iCheck的初始化方法多种多样，非常人性化，代码如下：

```javascript
// 对所有input进行iCheck初始化。
// 尽管包含了所有input，但iCheck也只会对type="checkbox"或者type="radio"的input起效。
$('input').iCheck();

// 仅处理$('.block')内部的input
$('.block input').iCheck();

// 仅处理$('.block')内部的复选框
$('.block input').iCheck({
    handle: 'checkbox'
});

// 对类名为vote的元素进行iCheck初始化
// 如果该元素不是一个input，那么将会在该元素内部进行搜索，搜索类名为vote的子元素
$('.vote').iCheck();
```

```
// 还可以在初始化 iCheck 时更改默认的属性值
$('input.some').iCheck({
    // 只初始化复选框或者只初始化单选按钮,默认两种类型都初始化
    handle:'',
    // 为复选框添加 CSS 样式
    checkboxClass:'icheckbox',
    // 为单选按钮添加 CSS 样式
    radioClass:'iradio',
    // 按照指定百分比来增加可单击区域的大小,负数为减少
    increaseArea:'',
    // 在 input 中插入 HTML 代码或者文本
    insert:''
});
```

完成以上步骤后,我们来看一下运行效果,如图 4-3-1 所示。

图 4-3-1

看起来是不是挺漂亮的,就好像变了一个神奇的魔术,老态的原生复选框和单选按钮焕然一新,令人眼前一亮,实例的整体代码如下所示:

```
<%@ page language="java"
    contentType="text/html; charset=UTF-8" pageEncoding="UTF-8"%>
<!DOCTYPE html>
<html lang="zh-CN">
<%@ include file="/resources/common/taglib.jsp"%>
<head>
<%@ include file="/resources/common/meta.jsp"%>
<title> icheck1 的基本应用 </title>
<link
    href=" ${ctx}/resources/components/bootstrap/css/bootstrap.css" rel="stylesheet">
<link href="https://cdn.bootcss.com/iCheck/1.0.2/skins/all.css" rel="stylesheet">
<link href=" ${ctx}/resources/css/style.css" rel="stylesheet">
```

```html
</head>
<body>
    <div class="container">
        <h2 class="demo-title">案例</h2>
        <div class="demo-list clearfix">
            <ul>
                <li>
                    <input tabindex="1" type="checkbox" id="input-1">
                    <label for="input-1">Checkbox, <span>#input-1</span></label>
                </li>
                <li>
                    <input tabindex="2" type="checkbox" id="input-2" checked>
                    <label for="input-2">Checkbox, <span>#input-2</span></label>
                </li>
            </ul>
            <ul>
                <li>
                    <input tabindex="3" type="radio" id="input-3" name="iCheck">
                    <label for="input-3">Radio button, <span>#input-3</span></label>
                </li>
                <li>
                    <input tabindex="4" type="radio" id="input-4" name="iCheck" checked>
                    <label for="input-4">Radio button, <span>#input-4</span></label>
                </li>
            </ul>
        </div>
    </div>
    <script src="${ctx}/resources/components/jquery/jquery-3.3.1.js"></script>
    <script src="https://cdn.bootcss.com/bootstrap/3.3.7/js/bootstrap.js"></script>
    <script src="https://cdn.bootcss.com/iCheck/1.0.2/icheck.js"></script>

    <script>
        $(function() {
            $('input').iCheck({
                checkboxClass: 'icheckbox_square-blue',
                radioClass: 'iradio_square-blue',
```

```
            increaseArea : '20%'
        });
    });
</script>
</body>
</html>
```

4.3.4 iCheck 的皮肤式样

iCheck 插件就像是复选框和单选按钮的构造器,它用一个 div 将每个复选框或者单选按钮包裹起来,这样,就可以为这些复选框和单选按钮定制我们喜欢的样式,或者使用 iCheck 提供的皮肤式样。

1. 最简皮肤(见图4-3-2)

图4-3-2

最简皮肤中提供了多达10种色系的配色方案,使用方法非常简单,代码如下所示:

```
$('input').iCheck({
    checkboxClass : 'icheckbox_minimal-red',
    radioClass : 'iradio_minimal-red',
    increaseArea : '20%'
});
```

(1) checkboxClass 属性表示要为复选框添加皮肤式样。属性值 'icheckbox_minimal-red' 是一个约定俗成的命名规则:icheckbox 为复选框式样的前缀,minimal 表示使用最简皮肤,red 表示使用红色的配色方案。红色(red)、绿色(green)、蓝色(blue)、淡蓝色(aero)、灰色(grey)、橘黄色(orange)、黄色(yellow)、粉色(pink)、紫色(purple)均符合这样的规则。只有黑色除外,黑色为默认缺省颜色,所以属性值为 'icheckbox_minimal' 即可。

(2) radioClass : 'iradio_minimal-red' 与 checkboxClass : 'icheckbox_minimal-red' 唯一的不同就在于前者负责的是单选按钮。

(3) increaseArea 表示按照指定百分比来增加可单击区域的大小,负数为减少,

20%为推荐值。

2. Square 皮肤(见图 4-3-3)

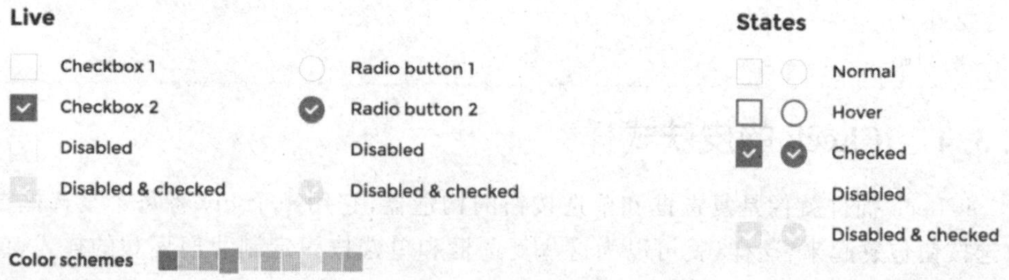

图 4-3-3

Square 皮肤也提供 10 种配色方案,使用方法如下代码所示。

```
$('input').iCheck({
    checkboxClass: 'icheckbox_square-red',
    radioClass: 'iradio_square-red',
    increaseArea: '20%'
});
```

3. Flat 皮肤(见图 4-3-4)

图 4-3-4

Flat 皮肤是我最喜欢的皮肤式样。Flat 皮肤在我眼里,就如同我心中的牡丹花一样美丽,代码如下所示:

```
$('input').iCheck({
    checkboxClass: 'icheckbox_flat-pink',
    radioClass: 'iradio_flat-pink',
    increaseArea: '20%'
});
```

4. Line 皮肤

Line 皮肤在视觉体验上与众不同,它与前几种皮肤有着较大的差别,如图 4-3-5 所示。Line 皮肤看起来就像是一个 List 列表,但其可以用来被选择。作者在设计该皮肤时可谓别出心裁,这为我们在呈现复选框或者单选按钮时提供了新的创意和灵感。它的使用方法也和其他皮肤的使用方法有所差别,代码如下所示:

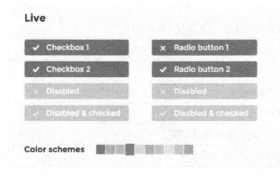

图 4-3-5

```
< script >
    $(function(){
        // 使用 Line 皮肤时,需要通过 '.each()' 方法对 input 元素进行遍历,取出单独的复
           选框或者单选按钮
        $('input').each(function(){
            // 取出 input 元素后的 label 元素,并取出其文本
            // 如 < input type = "checkbox" >  < label > Checkbox 1 </label >
            var self = $(this), label = self.next(), label_text = label.text();
            // 移除 label 元素
            label.remove();

            // 对 input 进行 iCheck 初始化
            self.iCheck({
                checkboxClass : 'icheckbox_line-blue',
                radioClass : 'iradio_line-blue',
                // ' < div class = "icheck_line-icon" > </div > ' 为 Line 皮肤呈现出来
                   时的 x 号或者√号
                insert : ' < div class = "icheck_line-icon" > </div > ' + label_text
            });
        });
    });
</script >
```

4.3.5　iCheck 的监听事件

iCheck 提供了很多有用的监听事件,用来对状态或者值的改变做出回应,具体如表 4-3-1 所示。

表 4-3-1

事件名称	使用时机
ifClicked	用户单击了复选框或者单选按钮,或与其相关联的 label
ifChanged	复选框或者单选按钮的 checked 或 disabled 状态改变了
ifChecked	复选框或者单选按钮的状态变为 checked
ifUnchecked	复选框或者单选按钮的 checked 状态被移除
ifDisabled	复选框或者单选按钮的状态变为 disabled
ifEnabled	复选框或者单选按钮的 disabled 状态被移除
ifCreated	复选框或者单选按钮进行 iCheck 初始化时
ifDestroyed	复选框或者单选按钮移除 iCheck 应用时

使用方法如下代码所示:

```
$('input').on('ifChecked', function(event){
    console.log(event.type + ' callback');
});
```

不过,ifCreated 事件应该在 iCheck 初始化之前被绑定,如下所示:

```
$('input').on('ifCreated', function(event) {
    console.log(event.type + ' callback');
}).iCheck({
    checkboxClass: 'icheckbox_square-blue',
    radioClass: 'iradio_square-blue'
});
```

4.3.6　iCheck 改变复选框/单选按钮状态

下面这些方法可以用来改变复选框或者单选按钮的状态:

$('input').iCheck('check');— 改变 input 的状态为 checked(选中);

$('input').iCheck('uncheck');— 移除 checked 状态;

$('input').iCheck('toggle');— 切换 checked 状态;

$('input').iCheck('disable');— 改变 input 的状态为 disabled(不可用);

$('input').iCheck('enable');— 移除 disabled 状态;

$('input').iCheck('destroy');— 移除复选框或者单选按钮对 iCheck 的应用。

另外,在使用这些方法时还可以指定一些自定义函数,它们将在方法执行后被调

第4章 便捷的 HTML 扩展

用。下例展示了在改变 input 的状态为 checked 之后,输出"干得漂亮,亲"的 log 信息。

```
$('input').iCheck('check', function(){
    console.log('干得漂亮,亲');
});
```

4.3.7　iCheck 的 HTML 扩展

当我们掌握了 iCheck 的基本应用、关键参数、皮肤式样、监听事件,以及它提供的其他有效方法之后,iCheck 的 HTML 扩展就变成了水到渠成的工作。接下来,我们按照详细的步骤来梳理一遍。

(1) 把 iCheck 的皮肤式样文件加入到 csslib.jsp 文件中。

```
<link href="https://cdn.bootcss.com/iCheck/1.0.2/skins/all.css" rel="stylesheet">
```

(2) 把 icheck.js 加入到 jslib.jsp 文件中。

```
<script src="https://cdn.bootcss.com/iCheck/1.0.2/icheck.js"></script>
```

(3) 在 qinge.ui.js 文件中添加 iCheck 的 HTML 扩展支持。

```
function initUI($p)
    // --------------------
    // - iCheck 超级复选框和单选按钮
    // --------------------
    // 我们在需要进行 iCheck 扩展的 input 外层包裹了一层类名为 icheck 的 div,所以需要
    //     先对外层的 div 进行遍历
    $("div.icheck", $p).each(function() {
        // $(this)为外层 div,在其上面增加两个属性 data-skin 和 data-color,分别用来定
        //     义皮肤和颜色
        // skin 的默认值为 flat,可选值有 minimal、square、flat、line
        // color 的可选值有红色(red)、绿色(green)、蓝色(blue)、淡蓝色(aero)、灰色
        //     (grey)、橘黄色(orange)、黄色(yellow)、粉色(pink)、紫色(purple)
        // 黑色除外
        var icheck = $(this), skin = icheck.data("skin") || 'flat',
        color = icheck.data("color") || 'blue';

        // 当皮肤为 line 时按照 line 的方式进行 iCheck 初始化
        if (skin == "line") {
            $('input', icheck).each(function() {
                var self = $(this), label = self.next(), label_text = label.text();

                // 移除 label 元素
                label.remove();
```

```
                // 对 input 进行 iCheck 初始化
                self.iCheck({
                    // 增加动态颜色值
                    checkboxClass : 'icheckbox_line-' + color,
                    radioClass : 'iradio_line-' + color,
                    // '<div class = "icheck_line-icon"></div>' 为 Line 皮肤呈现
                        出 x 号或者 √ 号
                    insert : '<div class = "icheck_line-icon"></div>' + label_text
                });
            });
        } else {
            // 非 line 皮肤
            $('input', icheck).on('ifCreated', function(event) {
                console.log(event.type + 'callback');
            }).iCheck({
                // 设置动态皮肤和颜色值
                checkboxClass : 'icheckbox_' + skin + '-' + color,
                radioClass : 'iradio_' + skin + '-' + color,
                increaseArea : '20%'
            }).on('ifChecked', function(event) {
                console.log(event.type + 'callback');
            });
        }
    });
}
```

iCheck 的皮肤可以分为 Line 皮肤和其他皮肤（最简皮肤、Square 皮肤、Flat 皮肤）。它们在进行 iCheck 初始化时的方法也不尽相同，所以我们在对 iCheck 进行 HTML 扩展时也对此加以区分。

另外，iCheck 支持所有的 jQuery 选择器，并且只针对复选框和单选按钮起作用，但为了更准确地找到需要进行 iCheck 扩展的 input，我们需要在 input 的外层包裹一层类名为 "icheck" 的 div，这样，我们就可以只处理 $('.icheck') 内部的 input。

（4）通过实例来验证超级复选框和单选按钮（iCheck）的 HTML 扩展是否生效。实例完整代码如下：

```
<%@ page language = "java"
    contentType = "text/html; charset = UTF-8" pageEncoding = "UTF-8" %>
<!DOCTYPE html>
<html lang = "zh-CN">
<%@ include file = "/resources/common/taglib.jsp" %>
<head>
<%@ include file = "/resources/common/meta.jsp" %>
```

第4章 便捷的 HTML 扩展

```jsp
<title>iCheck 的 HTML 扩展</title>
<%@ include file="/resources/common/csslib.jsp" %>
</head>
<body>
    <div class="container">
        <h2 class="demo-title">案例</h2>
        <div class="demo-list clearfix icheck" data-color="pink">
            <ul>
                <li>
                    <input tabindex="1" type="checkbox" id="input-1">
                    <label for="input-1">Checkbox,
                    <span>Flat-pink-1</span></label>
                </li>
            </ul>
        </div>
        <div class="demo-list clearfix icheck" data-skin="square">
            <ul>
                <li>
                    <input tabindex="1" type="checkbox" id="input-1">
                    <label for="input-1">Checkbox,
                    <span>Square-blue-1</span></label>
                </li>
            </ul>
        </div>

        <div class="demo-list clearfix
            icheck" icheck-skin="line" icheck-color="orange">
            <ul class="list">
                <li>
                    <input tabindex="17" type="checkbox" id="line-checkbox-1">
                    <label for="line-checkbox-1">Line Checkbox 1</label>
                </li>
            </ul>
        </div>
    </div>
    <%@ include file="/resources/common/jslib.jsp" %>
</body>
</html>
```

注意：外层 div 的格式为 `<div class="icheck" data-skin="line" data-color="orange">`。当皮肤选择 Flat 时，data-skin 可以缺省；当颜色选择 blue 时，data-color 可以缺省。

现在，我们来运行实例查看一下 iCheck 的 HTML 扩展效果图，如图 4-3-6 所示。

图 4-3-6

嗯,感觉还不错,可以怀着愉快的心情去吃早餐喽。"一日之计在于晨",如果早晨能够完成这节书稿,对于我来说,就是美好一天的最佳开局方式。

4.4 Switch——Bootstrap 的开关组件

4.4.1 Switch 的自我介绍

Hello,大家好,我的名字叫 Switch。更准确的说法应该是 Bootstrap Switch,因为我是对 Bootstrap 组件的一个扩充,顾名思义,我的名字"Switch"就体现了我所存在的意义——开关。我是基于原生的 HTML 组件复选框和单选按钮实现的,一种只有开和关两种状态的单选按钮。尽管我为"单选按钮",但事实上我的功能并不仅限于此,我也可以成为复选框的一种表现形式。因为从严格意义上来讲,复选框的选中和不选中的两种状态其实也是一种开和关。

如果你还想了解更多我的情况,就像了解我的哥哥 iCheck 那样的话,那么请到我的 GitHub 来,地址为 https://github.com/Bttstrp/bootstrap-switch。在那里你不仅可以下载我的源码,还可以查看 docs 目录下的帮助文档和 Demo。

4.4.2 Switch 的基本应用步骤

第一步,在页面中引入 Switch 的皮肤式样和核心脚本,推荐使用 CDN 的方式。另外，Switch 需要依赖于 jQuery 和 Bootstrap，代码如下所示：

```
< link href = " https://cdn. bootcss. com/bootstrap/3. 3. 7/css/bootstrap. css" rel = "
   stylesheet" >
< link
   href = " https://cdn. bootcss. com/bootstrap-switch/3. 3. 4/css/bootstrap3/bootstrap-
   switch. css" rel = "stylesheet" >
< script src = "https://cdn. bootcss. com/jquery/3.2.1/jquery. js" > < /script >
< script src = "https://cdn. bootcss. com/bootstrap-switch/3.3.4/js/bootstrap-switch. js"
     < /script > >
```

第二步，在页面中构造复选框和单选按钮（和一般的复选框和单选按钮没什么差别），以供 Switch 使用，代码如下所示：

```
< inputclass = "switch" type = "checkbox" >
< inputclass = "switch" type = "checkbox" checked >
< inputclass = "switch" type = "radio" name = "Switch" >
< inputclass = "switch" type = "radio" name = "Switch" checked >
```

第三步，添加 JavaScript 代码，从而初始化 Switch 插件，代码如下所示：

```
< script >
    $(function() {
        $('input.switch'). bootstrapSwitch();
    });
</script >
```

完成以上步骤后，我们来看一看运行效果，如图 4-4-1 所示。

图 4-4-1

在没有额外参数的情况下，无论是复选框 < input type＝"checkbox" > ,还是单选

按钮 <input type="radio">，它们在进行 Switch 初始化后的样子是相同的，选中为蓝色"ON"，没选中为灰色"OFF"。说句题外话，自从我深入了解 Switch 之后，每当在家里触摸到"开关"的时候，我的脑海中全都是 Switch 的样子，实例的整体代码如下所示。

```jsp
<%@ page language="java"
  contentType="text/html; charset=UTF-8" pageEncoding="UTF-8"%>
<!DOCTYPE html>
<html lang="zh-CN">
<%@ include file="/resources/common/taglib.jsp"%>
<head>
<%@ include file="/resources/common/meta.jsp"%>
<title>switch的基本应用</title>
<link href="https://cdn.bootcss.com/bootstrap/3.3.7/css/bootstrap.css" rel="stylesheet">
<link href="https://cdn.bootcss.com/bootstrap-switch/3.3.4/css/bootstrap3/bootstrap-switch.css" rel="stylesheet">
<link href="${ctx}/resources/css/style.css" rel="stylesheet">
</head>
<body>
    <div class="container">
        <h2 class="demo-title">案例</h2>
        <div class="demo-list clearfix">
            <div class="row">
                <input class="switch" type="checkbox">
                <input class="switch" type="checkbox" checked>
                <input class="switch" type="radio" name="Switch">
                <input class="switch" type="radio" name="Switch" checked>
            </div>
            <div class="blank10"></div>
            <div class="row">
                <!-- null,即默认情况 -->
                <input class="switch" type="checkbox">
                <!-- mini -->
                <input class="switch" type="checkbox" data-size="mini">
                <!-- mini -->
                <input class="switch" type="checkbox" data-size="small">
                <!-- mini -->
                <input class="switch" type="checkbox" data-size="normal">
                <!-- mini -->
                <input class="switch" type="checkbox" data-size="large">
            </div>
            <div class="blank10"></div>
```

```html
            <div class = "row">
                <input class = "switch" type = "checkbox" data-on-color = "primary" checked>
                <input class = "switch" type = "checkbox" data-on-color = "info" checked>
                <input class = "switch" type = "checkbox" data-on-color = "success" checked>
                <input class = "switch" type = "checkbox" data-on-color = "warning" checked>
                <input class = "switch" type = "checkbox" data-on-color = "danger" checked>
            </div>
            <div class = "blank10"></div>
            <div class = "row">
                <input class = "switch" type = "checkbox" data-off-color = "primary">
                <input class = "switch" type = "checkbox" data-off-color = "info">
                <input class = "switch" type = "checkbox" data-off-color = "success">
                <input class = "switch" type = "checkbox" data-off-color = "warning">
                <input class = "switch" type = "checkbox" data-off-color = "danger">
            </div>

            <div class = "blank10"></div>
            <div class = "row">
                <input class = "switch" type = "checkbox" checked>
                <input class = "switch" type = "checkbox" data-on-text = "开" checked>
                <input class = "switch" type = "checkbox" data-on-text = "<i class = 'glyphicon glyphicon-ok'></i>" checked>
                <input class = "switch" type = "checkbox">
                <input class = "switch" type = "checkbox" data-off-text = "关">
                <input class = "switch" type = "checkbox" data-off-text = "<i class = 'glyphicon glyphicon-remove'></I>">
            </div>
        </div>
    </div>
    <script src = "https://cdn.bootcss.com/jquery/3.2.1/jquery.js"></script>
    <script src = "https://cdn.bootcss.com/bootstrap-switch/3.3.4/js/bootstrap-switch.js"></script>

    <script>
        $(function() {
            $('input.switch').bootstrapSwitch();
        });
    </script>
</body>
</html>
```

4.4.3 Switch 的常用属性

要想尽快了解 Switch 的常用属性,最直接的方法依然是我之前提到的查看插件源码的方法。以 Switch 为例,其参数就在源码文件(Version:v3.3.4)的 86 行至 106 行,代码如下所示:

```
function prvgetElementOptions() {
    return {
        state: this.$element.is(':checked'),
        size: this.$element.data('size'),
        onColor: this.$element.data('on-color'),
        offColor: this.$element.data('off-color'),
        onText: this.$element.data('on-text'),
        offText: this.$element.data('off-text'),
    };
}
```

我对其中几个关键的参数做出如下的解释。

(1) state(状态),Switch 是开还是关,根据 input 的 checked 属性值来进行判断,示例如下:

```
<!-- 关 -->
<input type="checkbox">
<!-- 开 -->
<input type="checkbox" checked>
```

(2) size(尺寸),可选的值有 null、'mini'、'small'、'normal'、'large',根据 input 的 data-size 属性值设定,示例如下:

```
<!-- null,即默认情况 -->
<input type="checkbox">
<!-- mini,迷你小 -->
<input type="checkbox" data-size="mini">
<!-- small,较小 -->
<input type="checkbox" data-size="small">
<!-- normal,正常大小,和 null 时大小一致 -->
<input type="checkbox" data-size="normal">
<!-- large,较大 -->
<input type="checkbox" data-size="large">
```

(3) onColor(开关左侧的颜色,也就是 Switch 处于开状态下的颜色值),可选的值有 'primary'、'info'、'success'、'warning'、'danger'(具体的颜色如图 4-4-1 所示),根据 input 的 data-on-color 属性值设定,示例如下:

```
< inputtype = "checkbox" data-on-color = "primary" checked >
< inputtype = "checkbox" data-on-color = "info" checked >
< inputtype = "checkbox" data-on-color = "success" checked >
< inputtype = "checkbox" data-on-color = "warning" checked >
< inputtype = "checkbox" data-on-color = "danger" checked >
```

(4) offColor(开关右侧的颜色,也就是 Switch 处于关状态下的颜色值),可选值与 onColor 一致,根据 input 的 data-off-color 属性值设定,示例如下:

```
< inputtype = "checkbox" data-off-color = "primary" >
< inputtype = "checkbox" data-off-color = "info" >
< inputtype = "checkbox" data-off-color = "success" >
< inputtype = "checkbox" data-off-color = "warning" >
< inputtype = "checkbox" data-off-color = "danger" >
```

(5) onText(开关左侧的文本,也就是 Switch 处于开状态下的文本值),默认值为 "ON",根据 input 的 data-on-text 属性值设定,示例如下:

```
<!-- 默认为 ON -->
< input type = "checkbox" checked >
<!-- 设置为开 -->
< input type = "checkbox" data-on-text = "开" checked >
<!-- 还可以设置为 HTML 文本 -->
< input type = "checkbox" data-on-text = "< i class = 'glyphicon glyphicon-ok' > </i >" checked >
```

(6) offText(开关右侧的文本,也就是 Switch 处于关状态下的文本值),默认值为 "OFF",根据 input 的 data-off-text 属性值设定,示例如下:

```
<!-- 默认为 OFF -->
< input type = "checkbox" >
<!-- 设置为关 -->
< input type = "checkbox" data-off-text = "关" >
<!-- 还可以设置为 HTML 文本 -->
< input type = "checkbox" data-off-text = "< i class = 'glyphicon glyphicon-remove' ></I >" >
```

(7) 全局默认值覆盖,在一个项目当中,Switch 开关的式样要尽量统一规整,为此,可以通过 jQuery 约定来覆盖 Switch 的默认选项值。例如:

```
$.fn.bootstrapSwitch.defaults.onText = '开';
$.fn.bootstrapSwitch.defaults.offText = '关';
```

4.4.4 Switch 的监听事件

Switch 的监听事件主要有两个,如表 4-4-1 所示。Switch 的监听事件需要添加命名空间.bootstrapSwitch，我们可以通过以下方式来使用监听事件。

```
$('input.switch').on('switchChange.bootstrapSwitch', function(event, state) {
    console.log(state); // true | false
});
```

表 4-4-1　Switch 监听事件

事件名称	描述
init	初始化时触发
switchChange	Switch 开发状态切换时触发

4.4.5　Switch 其他功能

对于 Switch 来说，它的每一个选项（参照 4.4.3 中提到的 Switch 的常用属性）都可以作为方法来使用，如下代码所示：

```
// 切换 Switch 为开的状态
$('input[name="state"]').bootstrapSwitch('state', true, true);
// 使 Switch 变成迷你小
$('input[name="state"]').bootstrapSwitch('size', 'mini');
// 获取 onText 的值
console.log( $('input[name="state"]').bootstrapSwitch('onText'));
```

（1）state 方法可以接收第三个参数 skip(true|false)。如果 skip 为 true，SwitchChange 事件将不会被触发，默认为 false。

（2）如果省略掉第二个参数，Switch 提供的这些方法将作为 getter 来使用，即返回当前值。

4.4.6　Switch 的 HTML 扩展

当我们掌握了 Switch 的基本应用、关键参数、监听事件以及它的功能之后，Switch 的 HTML 扩展也就变得轻而易举了。

（1）把 Switch 的皮肤式样文件加入到 csslib.jsp 文件中。

```
< link href = "https://cdn.bootcss.com/bootstrap-switch/3.3.4/css/bootstrap3/bootstrap-switch.css" rel = "stylesheet" >
```

（2）把 bootstrap-switch.js 加入到 jslib.jsp 文件中。

```
< script src = "https://cdn.bootcss.com/bootstrap-switch/3.3.4/js/bootstrap-switch.js" > </script >
```

（3）在 qinge.ui.js 文件中添加 Switch 的 HTML 扩展支持。

```
2function initUI( $ p) {
    // --------------------
    // - Switch——Bootstrap 的开关组件
    // --------------------
    $('input.switch', $ p).bootstrapSwitch().on('switchChange.bootstrapSwitch', func-
        tion(event, state) {
        console.log(state); // true | false
    });
}
```

(4) 通过实例来验证 Bootstrap 的开关组件(Switch)的 HTML 扩展是否生效,程序如下代码所示:

```
<%@ page language="java"
    contentType="text/html; charset=UTF-8" pageEncoding="UTF-8"%>
<!DOCTYPE html>
<html lang="zh-CN">
<%@ include file="/resources/common/taglib.jsp"%>
<head>
<%@ include file="/resources/common/meta.jsp"%>
<title>switch 的 HTML 扩展</title>
<%@ include file="/resources/common/csslib.jsp"%>
</head>
<body>
    <div class="container">
        <h2 class="demo-title">案例</h2>
        <div class="demo-list clearfix">
            <div class="row">
                <input class="switch" type="checkbox" checked>
                <input class="switch" type="checkbox" data-on-text="开" checked>
                <input class="switch" type="checkbox" data-on-text="<i class=
                    'glyphicon glyphicon-ok'></i>" checked>
                <input class="switch" type="checkbox">
                <input class="switch" type="checkbox" data-off-text="关">
                <input class="switch" type="checkbox" data-off-text="<i class=
                    'glyphicon glyphicon-remove'></I>">
            </div>
        </div>
    </div>
    <%@ include file="/resources/common/jslib.jsp"%>
</body>
</html>
```

我们来运行实例查看一下 Switch 的 HTML 扩展效果图,如图 4-4-2 所示。

图 4-4-2

4.5 Datetime Picker——Bootstrap 日期时间选择器

4.5.1 Datetime Picker 的自我介绍

Hello,大家好!我是 Datetime Picker。我是一款基于 Bootstrap 的日期时间选择器,能够简化页面上日期、时间的输入。请注意我的用词"日期、时间",也就是说我不仅可以切换成单日期模式,还可以切换成单时间模式,当然日期和时间一起出现的模式也是支持的,就看你的使用场景是什么。

日期时间选择器的组件众多,但我相信自己就是芸芸众生中最优秀的那一个,我有这个自信。我的自信可不是盲目的,口说无凭,在 GitHub 上,我已经有 6174 个 Star 和 4052 个 Fork。据我所知,这本书的作者就是我的忠实粉丝。他不遗余力地宣传和表扬我,使我感到非常开心。这在无形当中促使着我成为一个更有价值的人,哦,不对,是组件不是人。

我的 GitHub 地址是 https://github.com/Eonasdan/bootstrap-datetimepicker。你可以在 docs 目录下的文件中找到我的参数、方法、事件等使用说明。

4.5.2 Datetime Picker 的基本应用步骤

第一步,在页面中引入 Datetime Picker 的皮肤式样和核心脚本,推荐使用 CDN 的方式。另外,Datetime Picker 需要依赖于 jQuery 和 Bootstrap,并且需要 Moment.js 的支持,代码如下所示:

```
< link href = " https://cdn. bootcss. com/bootstrap/3. 3. 7/css/bootstrap. css" rel = "
    stylesheet" >
< link href = "https://cdn. bootcss. com/eonasdan - bootstrap-datetimepicker/4.17.47/css/
    bootstrap-datetimepicker. css" rel = "stylesheet" >
< script src = "https://cdn. bootcss. com/jquery/3.2.1/jquery. js" > < /script >
< script src = "https://cdn. bootcss. com/bootstrap/3.3.7/js/bootstrap. js" > < /script >
```

第 4 章　便捷的 HTML 扩展

```
< script src = "https://cdn.bootcss.com/moment.js/2.22.1/moment - with - locales.js" >
  </script >
< script src = "https://cdn.bootcss.com/eonasdan - bootstrap-datetimepicker/4.17.47/js/
bootstrap-datetimepicker.min.js" > </script >
```

注意：Moment.js 是一个 JavaScript 日期处理类库，用于解析、检验、操作以及显示日期。官网地址为 http://momentjs.com。moment - with - locales.js 文件中包含了各种国际化语言，其中就包含有简体中文(zh-cn)、繁体中文(zh-tw)。在学习的时候我建议选择该文件，这样就可以避免引入单独语言文件的麻烦。

第二步，利用 Bootstrap 的输入框组(input - group)在页面中构造 3 个带有日历图标的日期时间的组件。第一个没有 data-format 属性，可以显示日期和时间；第二个的 data-format 属性值为"LT"，表示仅显示时间；第三个的 data-format 属性值为"L"，表示仅显示日期，代码如下所示：

```
< divclass = 'col-sm-4' >
    < div class = "form-group" >
        < div class = 'input - group datetime' >
            < input type = 'text' class = "form-control" / >
            < span class = "input-group-addon" >
                < span class = "glyphicon glyphicon - calendar" > </span >
            </span >
        </div >
    </div >
</div >
< divclass = 'col-sm-4' >
    < div class = "form-group" >
        < div class = 'input - group datetime' data-format = "LT" >
            < input type = 'text' class = "form-control" / >
            < span class = "input-group-addon" >
                < span class = "glyphicon glyphicon - calendar" > </span >
            </span >
        </div >
    </div >
</div >
< divclass = 'col-sm-4' >
    < div class = "form-group" >
        < div class = 'input - group datetime' data-format = "L" >
            < input type = 'text' class = "form-control" / >
            < span class = "input-group-addon" >
                < span class = "glyphicon glyphicon - calendar" > </span >
            </span >
        </div >
```

```
        </div>
    </div>
```

第三步，添加 JavaScript 代码，从而初始化 Datetime Picker 插件，代码如下所示：

```
<script>
    $(function(){
        $('.datetime').each(function(){
            var $this = $(this), format = $this.data("format");
            $this.datetimepicker({
                locale:'zh-cn',// 简体中文
                format:format,
            });
        })
    });
</script>
```

完成以上步骤后，我们来看一下运行效果，如图 4-5-1 所示。

图 4-5-1

4.5.3 Datetime Picker 的常用属性

（1）format（格式化），这是一个最强有力的选项，它用来指定一串占位符，Datetime Picker 会将相应的日期时间替换占位符，从而满足固定的显示格式，如表 4-5-1 所示。我个人最喜欢的格式是"YYYY-MM-DD HH:mm:ss"，相应的具体值如"2018-04-21 07:16:35"。

第 4 章　便捷的 HTML 扩展

表 4-5-1　固定化格式

令　牌	输　出
YYYY	1970 1971 … 2029 2030
MM	01 02 … 11 12
DD	01 02 … 30 31
HH	00 01 … 22 23
mm	00 01 … 58 59
ss	00 01 … 58 59

我们再来看看几个为数不多的"本地格式"（本例只提供简体中文环境下的输出结果），如表 4-5-2 所示。

表 4-5-2　本地化格式

令　牌	输　出
LLLL	2018 年 4 月 27 日星期五早上 7 点 48 分
LLL	2018 年 4 月 27 日早上 7 点 48 分
LL	2018 年 4 月 27 日
L	2018/04/27
LT	07:48
LTS	07:48:59

（2）useCurrent（默认为 true），Datetime Picker 组件大体上包含三个部分，一为文本输入框＋日历小图标，二为日期选择面板，三为时间选择面板。useCurrent 所做的工作就是在后两者打开时，按照年月日时分秒的顺序，显示当前时间。

这是正确的做法，但我立刻就想到了一个问题，当在 Datetime Picker 的第一部分文本输入框中赋值一个固定日期时间（非当前日期时间）后，选择面板在打开时是否会选择指定的日期时间？

这个顾虑并非杞人忧天，就看 Datetime Picker 组件是否做过这方面的考虑。话不多说，验证一下就是了。示例如下：

```
< divclass = 'input‑group datetime' data-format = "YYYY-MM-DD HH:mm:ss" >
    < input type = 'text' class = "form-control" value = "2018‑10‑1 13:59:59" />
    < span class = "input-group-addon" >
    < span class = "glyphicon glyphicon‑calendar" > </span>
    </span>
</div>
```

（3）showTodayButton（默认为 false），指定为 true 时，Datetime Picker 的工具栏中将会显示一个"选择当前日期时间"的图标按钮。单击该按钮时，Datetime Picker 组件的三个部分将会显示当前的日期时间。使用方法如下。

```
$ picker.datetimepicker({
    showTodayButton:true,
});
```

（4）showClear（默认为 false），指定为 true 时，Datetime Picker 的工具栏中将会显示一个"清除选择"的图标按钮。单击该按钮时，Datetime Picker 组件将会清除当前显示的日期时间。使用方法如下。

```
$ picker.datetimepicker({
    showClear:true,
});
```

好了，Datetime Picker 的常用属性介绍完毕。尽管 Datetime Picker 的属性远不止这四个，但是，掌握了这四个属性，Datetime Picker 就已经可以领命前往战场发挥自己的价值了。

4.5.4　Datetime Picker 的 HTML 扩展

（1）把 Datetime Picker 的皮肤式样文件加入到 csslib.jsp 文件中，代码如下所示：

```
<link href="https://cdn.bootcss.com/eonasdan-bootstrap-datetimepicker/4.17.47/css/bootstrap-datetimepicker.css" rel="stylesheet">
```

（2）把 moment-with-locales.js 和 bootstrap-datetimepicker.min.js 加入到 jslib.jsp 文件中，代码如下所示：

```
<script src="https://cdn.bootcss.com/moment.js/2.22.1/moment-with-locales.js"></script>
<script src="https://cdn.bootcss.com/eonasdan-bootstrap-datetimepicker/4.17.47/js/bootstrap-datetimepicker.min.js"></script>
```

（3）在 qinge.ui.js 文件中添加 Datetime Picker 的 HTML 扩展支持，代码如下所示：

```
function initUI($p) {
    // --------------------
    // - Datetime Picker——Bootstrap 日期时间选择器
    // --------------------
    $('.datetime').each(function() {
        var $this = $(this), format = $this.data("format");
        $this.datetimepicker({
            locale: 'zh-cn',
            format: format,
            showTodayButton: true,
            showClear: true,
        });
    });
}
```

4.5.5　请求参数注解@RequestParam

按照往常的习惯,我们在完成以上三个步骤后,接下来要做的事情就是通过实例来验证 Bootstrap 日期时间选择器(Datetime Picker)的 HTML 扩展是否生效。不过,这一次,我打算缓一缓,因为我要隆重地向大家介绍一个新的朋友。这位朋友在我平常的编码中使用频率非常高,我对它有着一种特别的钟爱,那就是——请求参数注解@RequestParam。

假如有这样一个 URL:http://localhost:8080/WebAdvanced/four? p = datetimepicker2,这串 URL 就附带了一个名为"p",值为"datetimepicker2"的请求参数。在传统的 Servlet 编程中,要想获取请求参数的值,就需要使用 HttpServletRequest 的 getParameter 方法。

```
public String index(HttpServletRequest request) {
    String p = request.getParameter("p");
}
```

Spring MVC 提供了另外一种我认为非常简单、直接、明了的解决方案来获取请求参数的值。

```
public String index(@RequestParam String p) {
}
```

不好意思,没有对比就没有伤害。传统的方法在获取请求参数的值时并不太麻烦,但在@RequestParam 注解的映衬下,就显得不那么简单了。

@Request Param 注解是一个崭新的请求 URL,尽管它并未有多少改变,仅仅几个字符的差别而已。但这对于我来说,是迈出去的重要一步。

来运行实例查看一下 Datetime Picker 的 HTML 扩展效果图,如图 4-5-2 所示(请注意 URL)。

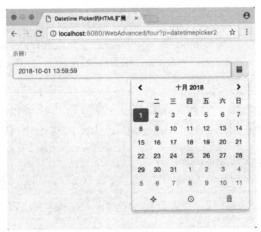

图 4-5-2

4.6 DateRange Picker——Bootstrap 日期范围选择器

4.6.1 DateRange Picker 的自我介绍

Hello，大家好！我是 DateRange Picker（DateTime Picker 是我兄弟）。我是一款基于 Bootstrap 的日期范围选择器，可以附加到任何网页元素上，会弹出两个日历用来选择一段范围内的日期。

我见过有人使用两个 DateTime Picker 来构建一个日期范围选择器，这无可厚非，但我总觉得那有点"闰土"。本书作者就曾这么干过。为此，当我第一次见到他那欣喜若狂的眼神时，我情不自禁地笑出了声。我相信他当时的心情就好像一个人——发现美洲新大陆时的哥伦布。从某种意义上讲，我就是两个 DateTime Picker，但我更像是它们两个的合成体。

好了，下面是我的联系方式，你可以在那里与我取得联系。

GitHub 地址：https://github.com/dangrossman/daterangepicker；
官网地址：http://www.daterangepicker.com。

4.6.2 DateRange Picker 的基本应用步骤

第一步，在页面中引入 DateRange Picker 的皮肤式样和核心脚本，推荐使用 CDN 的方式。另外，DateRange Picker 和 DateTime Picker 一样，需要依赖于 jQuery 和 Bootstrap，并且需要 Moment.js 的支持，代码如下：

```
<link href="https://cdn.bootcss.com/bootstrap/3.3.7/css/bootstrap.css" rel="stylesheet"><link href="https://cdn.bootcss.com/bootstrap-daterangepicker/2.1.27/daterangepicker.css" rel="stylesheet">
<script src="https://cdn.bootcss.com/jquery/3.2.1/jquery.js"></script><script src="https://cdn.bootcss.com/bootstrap/3.3.7/js/bootstrap.js"></script><script src="https://cdn.bootcss.com/moment.js/2.22.1/momen.js"></script><script src="https://cdn.bootcss.com/bootstrap-daterangepicker/2.1.27/daterangepicker.js"></script>
```

第二步，在页面上构建一个简单的输入框，然后在其外层包裹一层类名为"daterange"的 div，表示此元素用来进行 DateRange Picker 的初始化，代码如下：

```
<div class="form-group daterange">
    <input class="form-control" type="text"></div>
```

第三步，添加 JavaScript 代码，从而初始化 DateRange Picker 插件，代码如下：

```
<script>
    $(function(){
```

第 4 章　便捷的 HTML 扩展

```
    $('.daterange input').each(function() {
        var $this = $(this);
        $this.daterangepicker({});
    })
});</script>
```

完成以上步骤后,我们来看一下运行效果,如图 4-6-1 所示。

图 4-6-1

4.6.3　DateRange Picker 的常用属性

(1) locale,可以通过该属性为按钮和标签提供本地化的字符串,自定义日期格式,甚至还可以改变一周的第一天是星期几,示例如下:

```
$this.daterangepicker({
    locale : {
        // 显示的日期格式为 年-月-日
        "format" : "YYYY-MM-DD",
        // 两个日期之间的分隔符为"/"
        "separator" : " / ",
        // 单击"确定"按钮把选择的日期范围带回到文本输入框
        "applyLabel" : "确定",
        //星期日,星期一……一直到星期六
        "daysOfWeek" : [ "日", "一", "二", "三", "四", "五", "六" ],
        // 从一月到十二月
        "monthNames" : [ "一月", "二月", "三月", "四月", "五月", "六月", "七月", "八月", "九月", "十月", "十一月", "十二月" ],
        // 取值范围为 0-6,即从周日到周六
        // 我们中国人的习惯是从周一开始
```

·165·

```
    "firstDay" : 1
  },
});
```

现在,DateRange Picker 是这样的,如图 4-6-2 所示。看起来顺眼多了,是不是?

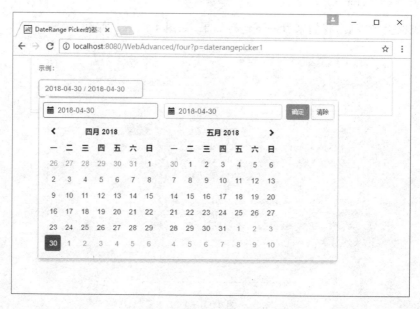

图 4-6-2

(2) ranges,可以通过该属性配置预定义的日期范围,其中对应的值是一个由开始日期和结束日期组成的数组,例如最后 30 天的值为[moment(). subtract('days', 29), moment()],最后 7 天的值为[moment(). subtract('days', 6), moment()]。其中 moment() 表示的是今天,而 moment(). subtract('days', 29) 表示的是从今天起,往前推 29 天的那一天,也就是 30 天的范围,示例如下:

```
$ this.daterangepicker({
    "ranges" : {
        '今日' : [ moment().startOf('day'), moment() ],
        '昨日' : [ moment().subtract('days', 1).startOf('day'),
moment().subtract('days', 1).endOf('day') ],
        '最近 7 日' : [ moment().subtract('days', 6), moment() ],
        '最近 30 日' : [ moment().subtract('days', 29), moment() ],
        '上个月' : [ moment().subtract(1, "month").startOf("month"),
moment().subtract(1, "month").endOf("month") ]
    },
});
```

现在,DateRange Picker 是这样的,如图 4-6-3 所示。
① 单击今日,输入框中的值为"2018-04-30 / 2018-04-30";

图 4 - 6 - 3

② 单击昨日,输入框中的值为"2018 - 04 - 29 / 2018 - 04 - 29";

③ 单击最近 7 日,输入框中的值为"2018 - 04 - 24 / 2018 - 04 - 30";

④ 单击最近 30 日,输入框中的值为"2018 - 04 - 01 / 2018 - 04 - 30";

⑤ 单击上个月,输入框中的值为"2018 - 03 - 01 / 2018 - 03 - 31";

⑥ 单击自定义时,弹出两个日历选择器,可以自由选择日期范围。

注意:DateRange Picker 在预定范围列表的末尾会默认显示"Custom Range",可在 locale 中添加 customRangeLabel : '自定义',将其显示文字更改为"自定义"。

(3) singleDatePicker(默认为 false),指定为 true 时,DateRange Picker 仅显示一个日历来选择一个日期,而不是具有两个日历的范围选择器。也就是说,此时它将变身为日期选择器。

(4) autoApply(默认为 false),指定为 true 时,DateRange Picker 将会隐藏"Apply"和"Cancel"按钮,并在单击两个日期后自动应用新的日期范围。

4.6.4　DateRange Picker 的 HTML 扩展

(1) 把 DateRange Picker 的皮肤式样文件加入到 csslib.jsp 文件中。

< link href = "https://cdn. bootcss. com/bootstrap-daterangepicker/2.1.27/daterangepicker.css" rel = "stylesheet" >

(2) 把 daterangepicker.js 加入到 jslib.jsp 文件中。

< script src = " https://cdn. bootcss. com/bootstrap-daterangepicker/2. 1. 27/daterangepicker.js" > < /script >

(3) 在 qinge. ui. js 文件中添加 DateRange Picker 的 HTML 扩展支持代码如下

所示。

```
function initUI( $ p) {
    // --------------------
    // - DateRange Picker——Bootstrap 日期范围选择器
    // --------------------
    $('.daterange input').each(function() {
        var $this = $(this);
        $this.daterangepicker({
            locale : {
                customRangeLabel : '自定义',
                // 显示的日期格式为 年-月-日
                "format" : "YYYY-MM-DD",
                // 两个日期之间的分隔符为"/"
                "separator" : " / ",
                // 单击"确定"按钮把选择的日期范围带回到文本输入框
                "applyLabel" : "确定",
                "cancelLabel" : "清除",
                //星期日,星期一……一直到星期六
                "daysOfWeek" : [ "日", "一", "二", "三", "四", "五", "六" ],
                // 从一月到十二月
                "monthNames" : [ "一月", "二月", "三月", "四月", "五月", "六月", "七月", "八月", "九月", "十月", "十一月", "十二月" ],
                // 取值范围为 0-6,即从周日到周六
                // 我们中国人的习惯是从周一开始
                "firstDay" : 1
            },
            "ranges" : {
                '今日' : [ moment().startOf('day'), moment() ],
                '昨日' : [ moment().subtract('days', 1).startOf('day'), moment().subtract('days', 1).endOf('day') ],
                '最近7日' : [ moment().subtract('days', 6), moment() ],
                '最近30日' : [ moment().subtract('days', 29), moment() ],
                '上个月' : [ moment().subtract(1, "month").startOf("month"), moment().subtract(1, "month").endOf("month") ]
            },
        });
    });
```

4.6.5 更完善的 DateRange Picker

如果我此时非要下结论说,DateRange Picker 并不完善,你可能会觉得我是在吹毛求疵。但事实上,DateRange Picker 的确有几点不尽人意。

(1) DateRange Picker 可以附加到任何网页元素上,例如 < input class = "form-control" type = "text" > ,但在其后不能加日历的小图标。

(2) DateRange Picker 在默认初始化完成时,输入框中会显示今天开始到今天结束的日期范围,这种设计并不是不合理,但我们总希望当 DateRange Picker 作查询的筛选条件时,能够默认为空,这样就可以查询全部日期范围内的数据。

(3) DateRange Picker 提供的属性远不止我们提到的那四个,但缺少一个属性,就是 Datetime Picker 中出现的 showClear——单击清除按钮可以将输入框中已显示的日期范围字符串清除掉。

第(1)点的改善很简单,缺少一个小图标,增加一个就行,代码如下所示:

```
< divclass = 'input - group daterange' >
    < input type = 'text' class = "form-control" />
    < span class = "input-group-addon" >  < span class = "glyphicon glyphicon - calendar" > </span >  </span >  </div >
```

第(2)点和第(3)点的改善就需要在为 DateRange Picker 进行 HTML 扩展时做出几点改变,代码如下所示:

```
$('.daterange input').each(function() {
    var $this = $(this);
    $this.daterangepicker({
        autoUpdateInput: false,
        locale: {},//暂时省略
        ranges:{},//省略
    }).on('apply.daterangepicker', function(ev, picker) {
        $(this).val(picker.startDate.format('YYYY-MM-DD') + ' / ' + picker.endDate.format('YYYY-MM-DD'));
    }).on('cancel.daterangepicker', function(ev, picker) {
        $(this).val('');
    }).css("min-width", "210px").next("span").click(function() {
        $(this).parent().find('input').click();
    });
});
```

(1) 设置 autoUpdateInput 属性值为 false(默认为 true),指示日期范围选择器不自动更新其 < input > 在初始化时提供的值。

(2) 添加 apply.daterangepicker 事件监听。也就是当单击确定按钮时,把选择的日期范围进行组合后,赋值给 < input >。

(3) 添加 cancel.daterangepicker 事件监听。也就是当单击清除按钮时,把 < input > 中已显示的日期范围值清除。

(4) 对 < input > 增加最小宽度的限制,以确保"2018 - 04 - 30 / 2018 - 04 - 30"这样的日期范围完全能够显示。

（5）对 < input > 后的日历小图标添加 click 事件。也就是当单击日历小图标时，触发 < input > 的单击事件，从而弹出日期范围选择器。

完成以上改善后，我们来看完整的代码示例：

```
<%@ page language="java" contentType="text/html; charset=UTF-8"
pageEncoding="UTF-8"%><!DOCTYPE html><html lang="zh-CN"><%@ include
file="/resources/common/taglib.jsp"%><head><%@ include
file="/resources/common/meta.jsp"%><title>DateRange Picker 的 HTML 扩展</title><%@
include file="/resources/common/csslib.jsp"%></head><body>
    <div class="container">
        <div class="bs-example">
            <div class="row">
                <div class='col-sm-4'>
                    <div class="form-group daterange">
                        <input class="form-control" type="text">
                    </div>
                </div>
            </div>
        </div>
    </div>
<%@ include file="/resources/common/jslib.jsp"%></body></html>
```

运行后的实例效果如图 4-6-4 所示。

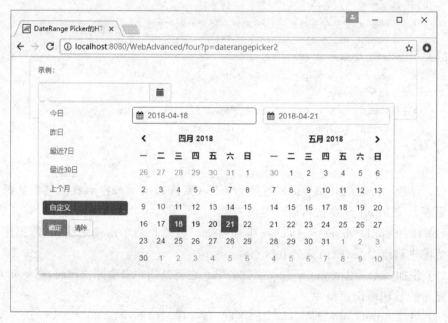

图 4-6-4

4.7 Tags Input——Bootstrap 风格的标签输入组件

4.7.1 Tags Input 的自我介绍

Hello,大家好！我是 Tags Input。起先,我生活在一个叫 jQuery 的城市,我在那里学有所成,并且获得了自己应得的所有荣誉,但是我并不感到满足。后来,听说组织要在一个叫 Bootstrap 的地方搞经济特区,我就准备前去一展身手。我的亲朋好友都劝我不要冲动,因为留下来的生活更加舒适安逸,况且我在这里早已功成名就。但我的血液里包含着一股很特别的能量——冒险,于是我向着新的目标,不顾一切阻挠出发了。

现在看来,我的决定是明智的,Bootstrap 俨然已经从一个小渔村发展成为了一座国际大都市。我在这里发展得并非一帆风顺,但终究我没有辜负自己。我为这座城市的建设贡献出了自己不可磨灭的力量。

不知道你是否曾写过博客,如果写过的话,我想你应该不会对我的工作内容感到陌生。当你写完博客准备发表的时候,博客会提醒你添加文章标签,也就是文章主要内容的关键词。通过为文章定制标签,不仅可以使你的文章被更多的人更方便准确地找到,还可以使读者通过文章标签更快地找到自己感兴趣的文章,可谓一举两得。当然了,我还可以做曾更多事情,为文章添加标签只是我工作的一部分。好了,下面是我的联系方式,你可以在那里与我取得联系。

GitHub 地址:https://github.com/bootstrap-tagsinput/bootstrap-tagsinput

4.7.2 Tags Input 的基本应用

第一步,在页面中引入 Tags Input 的皮肤式样和核心脚本,推荐使用 CDN 的方式。另外,Tags Input 需要依赖于 jQuery 和 Bootstrap,代码如下:

```
< link href = "https://cdn.bootcss.com/bootstrap/3.3.7/css/bootstrap.css" rel = "stylesheet" >
< link href = "https://cdn.bootcss.com/bootstrap-tagsinput/0.8.0/bootstrap-tagsinput.css" rel = "stylesheet" >
< script src = "https://cdn.bootcss.com/jquery/3.2.1/jquery.js" > </script >
< script src = "https://cdn.bootcss.com/bootstrap/3.3.7/js/bootstrap.js" > </script >
< script src = "https://cdn.bootcss.com/bootstrap-tagsinput/0.8.0/bootstrap-tagsinput.js" > </script >
```

第二步,在 < input > 上添加 data-role="tagsinput",将其自动初始化为标签输入框。

```
< inputtype="text" value="朱元璋,朱允炆,朱棣,朱高炽,朱瞻基"
```

data-role="tagsinput" />

第三步，按照以往的习惯，此时我们需要对 < input > 进行 Tags Input 的 HTML 初始化，但这一次例外，因为 Tags Input 组件在背后默默地替我们做了这件事。查看源码文件 bootstrap-tagsinput.js（v0.8.0）的 674 行至 676 行代码（如下所示）即可明了。

```
$(function(){
    $("input[data-role=tagsinput], select[multiple][data-role=tagsinput]").tagsinput();
});
```

完成以上步骤后，我们来看一下运行效果，如图 4-7-1 所示。

图 4-7-1

注意：既然 Tags Input 是在 < input >（暂不考虑 < select > 的情况）的基础上实现的，那么当其作为 Form 表单域提交时的参数形式就和 < input > 保持一致，如 tags=朱元璋,朱允炆,朱棣,朱高炽,朱瞻基。

另外，如果你想通过 JavaScript 的方式获取 < input > 值，可以按照以下方式获取。

```
$("input[data-role= tagsinput]").val(); // 朱元璋,朱允炆,朱棣,朱高炽,朱瞻基
$("input[data-role= tagsinput]").tagsinput("items"); //["朱元璋","朱允炆","朱棣","朱高炽","朱瞻基"]
```

.tagsinput("items") 获取的是一个数组，而 .val() 获取的是一个字符串（通过英文的","分割选项）。

4.7.3 Tags Select

< select multiple > 也可以用来进行 Tags Input 的初始化，虽然初始化后的表现形式和 < input > 保持完全相同的风格，但构造形式、值完全不同。

(1) 构造形式上的不同。

使用 < select multiple > 作为标签输入的元素可以获得真正的多值支持，因为这些值将在数组中设置，而不再是以英文逗号","分隔的字符串。现在，< option > 选项元素将会自动设置为每一个标签，这也使得创建包含逗号的标签成为可能。

(2) 值上的不同。

< select multiple > 版的标签输入框在作为 Form 表单域提交时的参数是一个数

组而不再是一个字符串,这使得 Tags Input 在实际的应用中又多了一种至关重要的选择。

4.7.4 Tags Input 的常用属性

(1) maxTags:当设置该属性时,Tags Input 不允许添加超过该属性值指定数量的标签,默认值为 undefined,即不限定标签数量,示例如下:

```
$this.tagsinput({
    maxTags:3, // 最多输入 3 个标签
});
```

(2) maxChars:定义每一个单独标签的最大字符数,默认值为 undefined,即不限定,示例如下:

```
$this.tagsinput({
    maxChars:3, // 标签最大字符数为 3
});
```

注意:中文"一二三"、英文"abc"、中英混合"一二 3"都是 3 个字符。

(3) trimValue:设置为 true,则自动过滤标签字符串前后的所有空格,默认值为 false,示例如下:

```
$this.tagsinput({
    trimValue:true
});
```

4.7.5 Tags Input 的 HTML 扩展

(1) 把 Tags Input 的皮肤式样文件加入到 csslib.jsp 文件中。

```
<link href="https://cdn.bootcss.com/bootstrap-tagsinput/0.8.0/bootstrap-tagsinput.css" rel="stylesheet">
```

(2) 把 bootstrap-tagsinput.js 加入到 jslib.jsp 文件中。

```
<script src="https://cdn.bootcss.com/bootstrap-tagsinput/0.8.0/bootstrap-tagsinput.js"></script>
```

(3) 在 qinge.ui.js 文件中添加 Tags Input 的 HTML 扩展支持,代码如下。

```
function initUI($p) {
    // --------------------
    // - Tags Input——Bootstrap 风格的标签输入组件
    // --------------------
    $("input.tagsinput", $p).each(function() {
```

```
        var $this = $(this), maxTags = $this.attr("maxTags"), maxChars = $this.
        attr("maxChars");
        $this.tagsinput({
            maxTags : maxTags,
            maxChars : maxChars,
            trimValue : true
        });
    });
}
```

(4) 通过实例来验证 Bootstrap 风格的标签输入组件(Tags Input)的 HTML 扩展是否生效,代码如下:

```
<%@ page language = "java" contentType = "text/html; charset = UTF-8" pageEncoding = "UTF-8"%>
<!DOCTYPE html>
<html lang = "zh-CN">
<%@ include file = "/resources/common/taglib.jsp"%>
<head>
<%@ include file = "/resources/common/meta.jsp"%>
<title>Tags Input 的 HTML 扩展</title>
<%@ include file = "/resources/common/csslib.jsp"%>
</head>
<body>
    <div class = "container">
        <div class = "bs-example">
            <input class = "tagsinput" type = "text" maxTags = "3" maxChars = "3" value = "朱元璋,朱允炆"/>
        </div>
    </div>
    <%@ include file = "/resources/common/jslib.jsp"%>
</body>
</html>
```

我们来运行实例查看一下 Tags Input 的 HTML 扩展效果图,如图 4-7-2 所示。

图 4-7-2

4.8　Star Rating——简单而强大的星级评分插件

4.8.1　Star Rating 的自我介绍

　　Hello,大家好！我是 Star Rating,一款简单而又强大的星级评分插件。

　　关于星级评分,我相信你再熟悉不过了。例如在京东商城上完成一笔订单后,系统总是拿评论商品送京豆的活动来诱惑你去打分,打分的高低全凭你对商品印象的好坏,最高五星,最低一星。当然,大多数情况下,你为了得到京豆,可能会打五分,但假如你想打一分,甚至觉得打一分都嫌多,但系统设置没办法打零分。如果把那个星级评分插件换成我的话,情况就大不一样了。如果你特别不满意,甚至可以选择零分,或者看在我的面子上选择 0.1 分,这都是可行的,这是你选择的权利。

　　我一向很低调,但这一次,我选择突破自我,因为这一小节的主角就是我,我必须昂首挺胸地站出来,发表一段铿锵有力的演讲,让你们对我进行更深刻的了解,从而在更多的场合中使用我。注意,请聚精会神地听我侃一侃我的优秀特征:

　　(a) 我可以将任意的 HTML < input > 转换成一个星级控件。

　　(b) 如果你在一个 < input > 上设置 class＝"rating",那么我会将其转换为星级控件。另外,我提供的所有属性都可以通过 HTML5 的 data 属性传递。

　　(c) 如果你选择 < input type＝"number" > 来构造星级控件,我将自动识别这些属性,并将其作为初始化时的参数使用,例如 min、max 和 step。

　　(d) 我专注于使用纯正的 CSS3 样式来渲染五角星☆,从而使你和那些使用 Image Sprites 或者图片背景的方案说再见。我使用干净的可缩放的矢量图标,以便跨设备进行显示的时候保持一致。

　　(e) 你也可以选择任何你喜欢的字体图标来渲染属于你自己的星型符号,例如 FontAwesome 库中的图标。

　　(f) 我还可以将你选择星级的数目显示出来,例如两颗星、三颗半星等。你可以指定星星的个数、最小值、最大值、步长等。

　　(g) 我默认使用 Bootstrap 3.x 的样式和字形,但是你可以通过我提供的参数和自己的 CSS 来进行覆盖。

　　(h) 我支持 RTL。

　　(i) 表单重置时,星级评分重置为初识值。

　　(j) 能够控制和显示选定星级对应的标题,每颗星星都可以有自己的标题。

　　好了,就先说这么多吧。下面是我的联系方式,你可以在那里与我取得联系。
GitHub 地址:https://github.com/bootstrap-tagsinput/bootstrap-tagsinput;
文档地址:http://plugins.krajee.com/star-rating;
示例地址:http://plugins.krajee.com/star-rating/demo。

4.8.2　Star Rating 的基本应用

第一步,在页面中引入 Star Rating 的皮肤式样和核心脚本,推荐使用 CDN 的方式。另外,Star Rating 需要依赖于 jQuery 和 Bootstrap,代码如下所示:

```
< link href = "https://cdn.bootcss.com/bootstrap/3.3.7/css/bootstrap.css" rel = "stylesheet" >
< link href = "https://cdn.bootcss.com/bootstrap-star-rating/4.0.3/css/star-rating.css" rel = "stylesheet" >
< script src = "https://cdn.bootcss.com/jquery/3.2.1/jquery.js" > </script >
< script src = "https://cdn.bootcss.com/bootstrap-star-rating/4.0.3/js/star-rating.js" > </script >
```

第二步,在 < input > 上添加 class = "rating",将其自动初始化为星级评分插件。

```
< input class = "rating" value = "5" >
```

完成以上步骤后,我们来看一下运行效果,如图 4-8-1 所示。

图 4-8-1

4.8.3　Star Rating 的常用属性

(1) language:该属性用来指定插件的字符串语言,示例如下:

```
$('input.star-rating').rating({
language: "zh"
});
```

注意:

① 当我们通过 JavaScript 单独初始化 Star Rating 插件时,就不要再指定 class = "rating"了,因为 Star Rating 插件会自动转换 < input class = "rating" > 为星级控件(4.8.2 节就曾体验过)。此时,我们最好指定 input 的 class 为 star-rating。

② 当我们需要变更插件的语言为中文时,需要在 star-rating.js 文件之后引入 star-rating_locale_zh.js 文件,其中 zh 就是中文的语言代码。

(2) step：每颗星星被单击或者滑动时评分变化的步长的默认值是 0.5，示例如下：

```
< inputclass = "star-rating" data-step = "0.5" >
```

(3) displayOnly：设置为 true，表明 Star Rating 只起到显示的作用。换句话说，该属性实际上提供了一种快捷方式，只在视图中显示星号用来表示评分，并隐藏标题和清除按钮。同时，它也防止用户对控件进行任何编辑。默认值为 false，示例如下：

```
$('input.star-rating').rating({
displayOnly : true
});
```

运行效果（input 的 value 值为 1）如图 4-8-2 所示。

图 4-8-2

(4) showClear：是否显示清除按钮，默认为 true，示例如下：

```
$('input.star-rating').rating({    showClear : false // 不显示清除按钮
});
```

或者可以通过 HTML5 data 的方式指定，示例如下：

```
< inputclass = "star-rating" data-show-clear = "false" >
```

(5) showCaption：是否显示评级标题，默认为 true，示例如下：

```
$('input.star-rating').rating({
    showCaption : false // 不显示标题
});
```

或者可以通过 HTML5 data 的方式指定，示例如下：

```
< inputclass = "star-rating" data-show-caption = "false" >
```

(6) size：控制星星的大小，可选值有 xs、sm、md、lg、xl，xs 为最小，xl 为最大，默认为 md 示例如下：

```
$('input.star-rating').rating({
    showCaption : false // 不显示标题
});
```

(7) stars：要显示的星星数量，默认为 5 个，示例如下：

```
<input class="star-rating" value="2" data-min="0" data-max="8" data-step="2" data-stars="8">
```

注意：使用 stars 属性时，最好配合 min、max、step 属性来使用。以上代码表示初始值为 2，即默认选中两个星星；最少可选择 0 个星星；最多可选择 8 个星星；每次的步长为 2 个星星。

4.8.4 Star Rating 的 HTML 扩展

（1）把 Star Rating 的皮肤式样文件加入到 csslib.jsp 文件中。

```
<link href="https://cdn.bootcss.com/bootstrap-star-rating/4.0.3/css/star-rating.css" rel="stylesheet">
```

（2）把 star-rating.js 和 zh.js 加入到 jslib.jsp 文件中。

```
<script src="https://cdn.bootcss.com/bootstrap-star-rating/4.0.3/js/star-rating.js"></script>
<script src="https://cdn.bootcss.com/bootstrap-star-rating/4.0.3/js/locales/zh.js"></script>
```

（3）在 qinge.ui.js 文件中添加 Star Rating 的 HTML 扩展支持。

```
function initUI($p) {
    // ---------------------
    // - Star Rating——简单而又强大的星级评分插件
    // ---------------------
    $('input.star-rating', $p).each(function() {
        var $this = $(this), displayOnly = $this.is("[displayOnly]");
        $this.rating({
            language: "zh",
            displayOnly: displayOnly,
        });
    });
}
```

（4）通过实例来验证星级评分插件（Star Rating）的 HTML 扩展是否生效。

```
<%@ page language="java" contentType="text/html; charset=UTF-8" pageEncoding="UTF-8" %>
<!DOCTYPE html>
<html lang="zh-CN">
<%@ include file="/resources/common/taglib.jsp" %>
<head>
<%@ include file="/resources/common/meta.jsp" %>
```

```
   < title > Star Rating 的 HTML 扩展 </title >
   < %@ include file = "/resources/common/csslib.jsp" % >
   </head >
   < body >
       < div class = "container" >
           < div class = "bs - example" >
               < input class = "star-rating" value = "5" >
           </div >
       </div >
       < %@ include file = "/resources/common/jslib.jsp" % >
   </body >
   </html >
```

我们来运行实例查看一下 Star Rating 的 HTML 扩展效果图,如图 4 - 8 - 3 所示。

图 4 - 8 - 3

4.9　Layer——更友好的 Web 弹层组件

4.9.1　Layer 的自我介绍

　　Hello,大家好,我是 Layer,一款近年来备受青睐的 Web 弹层组件,我拥有全方位的解决方案,致力于服务各水平段的开发人员,使其开发页面拥有丰富友好的操作体验。

　　在与同类组件的比较中,我总是能轻易获胜,因为我尽可能以更少的代码展现更强大的功能,且格外注重性能、易用和实用性。正因如此,越来越多的开发者将媚眼抛给了我。我甚至兼容了包括 IE6 在内的所有主流浏览器。数量可观的接口,使得你可以自定义太多自己需要的风格,每一种弹层模式各具特色,广受欢迎。当然,这种"王婆卖瓜"的陈述听起来或许会让你感到些许不适,但事实的确如此。

　　我采用的是 MIT 开源许可证,将会永久性提供无偿服务。因着数年的坚持维护,截止到目前,GitHub 自然 Stars6000＋,官网累计下载量达 50w＋,已运用在超过 30 万家 Web 平台,其中不乏众多知名大型网站。目前,我已经成为国内最多人使用的 Web 弹层解决方案(相信这是真的),并且我仍在继续努力。我深知,近些年来我的受众广泛并非偶然，而是长年累月的坚持。为了赢得更多人的喜爱，我不断地完善和升级，不断地建设和提升社区服务，才走到了今天。

好了，就这么多吧。下面是我的联系方式，你可以在那里与我取得联系：

GitHub 地址：https://github.com/sentsin/layer；

文档地址：http://www.layui.com/doc/modules/layer.html；

示例地址：http://www.layui.com/demo/layer.html。

4.9.2 Layer 的基本应用步骤

第一步，在页面中引入 Layer 的核心脚本，推荐使用 CDN 的方式。

```
<script src="https://cdn.bootcss.com/layer/3.1.0/layer.js"></script>
```

第二步，使用 Layer 打开一个公告层。

```
<body>
    <script src="https://cdn.bootcss.com/jquery/3.2.1/jquery.js"></script>
    <script src="https://cdn.bootcss.com/layer/3.1.0/layer.js"></script>
    <script>
        $(function(){
            //示范一个公告层
            layer.open({
                type: 1,
                title: false,//不显示标题栏
                closeBtn: false,
                area: '300px;',
                shade: 0.8,
                id: 'LAY_layuipro',//设定一个 id，防止重复弹出
                resize: false,
                btn: ['支持火箭','支持勇士'],
                btnAlign: 'c',
                moveType: 1,//拖拽模式，0 或者 1
                content: '<div style="padding: 50px; line-height: 22px; background-color: #393D49; color: #fff; font-weight: 300;">哈登 VS 杜兰特</div>',
                success: function(layero){
                    var btn = layero.find('.layui-layer-btn');
                    btn.find('.layui-layer-btn0').attr({
                        href: 'https://blog.csdn.net/qing_gee',
                        target: '_blank'
                    });
                }
            });
        });
    </script>
```

```
  });
 </script>
</body>
```

完成以上步骤后,我们来看一下运行效果,如图4-9-1所示。

图4-9-1

4.9.3　Layer的基础参数

(1) type:指定Layer弹出层的类型,默认值为0。可选值有:0(信息框)、1(页面层)、2(iframe层)、3(加载层)、4(tips层)。

(2) title:指定Layer弹出层的标题,其使用方法有三种。

① title : false,不显示标题栏。

② title : '我是标题',显示标题栏,且标题文本为"我是标题"。

③ title:['我是标题', 'font-size:18px;'],显示标题栏,标题文本为"我是标题",字体大小为18像素。数组的第二项可以写任意的CSS样式。

(3) content:指定Layer弹出层的内容。content可传入的值是灵活多变的,不仅可以传入普通的HTML内容,还可以传入指定DOM,更可以随着type类型的不同而变化,示例如下:

```
// 页面层
layer.open({
  type: 1,
  content: '传入任意的文本或HTML' // 这里content是一个普通的String
});

layer.open({
```

```
    type: 1,
    content: $('#id') // 这里 content 是一个 DOM,注意:该元素最好要存放在 body 的最外层,
    否则可能会被其他的相对元素所影响
});

// Ajax 获取,返回的内容为 str
$.post('url', {}, function(str){
    layer.open({
        type: 1,
        content: str
    });
});

// iframe 层
layer.open({
    type: 2,
    content: 'https://blog.csdn.net/qing_gee' // 这里 content 是一个 URL;如果让 iframe 出
    现滚动条,可以传入数组:'content: ['http://sentsin.com', 'no']'
});

// tips 层
layer.open({
    type: 4,
    content: ['内容', '#id'] // 数组第二项为吸附元素的选择器
});
```

(4) area:指定 Layer 弹出层的宽和高,默认情况下,Layer 的宽和高都是自适应的。如果你只需要定义宽度,可以指定 area:'300px',此时高度仍然是自适应的;如果你需要同时定义宽度和高度时,可以指定 area:['300px', '300px']。

(5) btn:指定 Layer 弹出层的按钮,需要根据 Layer 的类型(type)来设定。

① type:1(信息框)时,btn 默认是一个确认按钮。

② type:1│2(页面层或 iframe 层)时,btn 默认不显示。

③ type:3│4(加载层或 tips 层)时,btn 是无效的。

如果你只想定义一个按钮,可以指定 btn:'确定';如果你想定义两个按钮,可以指定 btn:['确定', '取消'];当然,你还可以定义更多的按钮,例如 btn:['按钮1', '按钮2', '按钮3', ……],按钮1的回调函数是 yes,而从按钮2开始,回调函数是 btn2:function(){},以此类推,示例如下:

```
layer.open({
    content: '火箭又一次跌倒在西决,来年再战',
    btn: ['保罗', '哈登', '戈登'],
    yes: function(index, layero)
```

```
    // 我是保罗的回调函数
},
btn2: function(index, layero){
    // 我是哈登的回调函数

    // return false; 启用该代码可禁止单击该按钮关闭弹出层
},
btn3: function(index, layero){
    // 我是戈登的回调函数

    // return false; 启用该代码可禁止单击该按钮关闭弹出层
},
cancel: function(){
    // 右上角关闭按钮的回调函数

    // return false; 启用该代码可禁止单击该按钮关闭弹出层
}
});
```

(6) btnAlign:指定 Layer 弹出层按钮的对齐方式,功能如表 4-9-1 所示。

表 4-9-1　对齐功能

值	备注
btnAlign: 'l'	按钮左对齐
btnAlign: 'c'	按钮居中对齐
btnAlign: 'r'	按钮右对齐。默认值,可缺省

(7) closeBtn:指定 Layer 弹出层右上角的关闭按钮,功能如表 4-9-2 所示。

表 4-9-2　关闭按钮功能

值	备注
closeBtn: 0	不显示
closeBtn: false	不显示
closeBtn: 1	显示,会根据弹出层的类型而变动。默认值,可缺省

(8) shade:指定 Layer 弹出层的遮罩层,默认透明度为 0.3,遮罩层颜色为黑色(#000)。如果你想定义透明度为 0.8,颜色为 #393D49,可以指定 shade:[0.8, '#393D49'];如果你不想要遮罩层,可以指定 shade : 0。

(9) shadeClose:是否单击遮罩层关闭 Layer 弹出层,默认为 false,即单击遮罩层不关闭 Layer 弹出层。

(10) time:指定 Layer 弹出层自动关闭所需的毫秒数,默认为 0,即不会自动关闭。当需要自动关闭时,可以指定 time : 5000,即 5 秒后自动关闭。

(11) id：指定 Layer 弹出层的唯一标识，设置该值后，不管是什么类型的层，都只允许同时弹出一个。一般用于页面层和 iframe 层模式。

(12) anim：指定 Layer 弹出层的弹出动画，功能如表 4-9-3 所示。

表 4-9-3 动画功能

值	备 注
anim：-1	不显示动画
anim：0	平滑放大。默认
anim：1	从上掉落
anim：2	从最底部往上滑入
anim：3	从左滑入
anim：4	从左翻滚
anim：5	渐显
anim：6	抖动

(13) maxmin：指定 Layer 弹出层是否可以最大/最小化，默认为 false，即不显示最大/最小化按钮。该参数值只能用于页面层和 iframe 层模式。

(14) resize：指定 Layer 弹出层是否可以缩放，默认为 true，即可以缩放。你可以拖动弹出层右下角来缩放弹出层的尺寸。如果需要屏蔽该功能，可以指定 resize：false。该参数对加载层和 tips 层无效。

4.9.4 Layer 常用的回调函数

(1) success：Layer 弹出层创建完毕后的回调函数。当需要在层创建完毕后，并执行相关语句时，可以通过该回调函数来完成。该函数会携带两个参数，分别是当前层的 DOM 对象，以及当前层的索引值，使用示例如下：

```
layer.open({
    content: 'success 回调函数',
    success: function(layero, index){
        console.log(layero, index);
    }
});
```

(2) yes：单击 Layer 弹出层的确定按钮后触发的回调函数。该回调函数也携带两个参数，分别为当前层索引(index)和当前层 DOM 对象(layero)，使用示例如下：

```
layer.open({
    content: 'yes 回调函数',
    yes: function(index, layero){
        // 做你想做
        layer.close(index); // 如果设定了 yes 回调，需进行手工关闭
```

}
});
```

(3) cancel：单击 Layer 弹出层右上角关闭按钮后触发的回调函数。该回调函数携带的参数和 yes 回调函数一样，默认会自动触发。如果不想关闭，return false 即可，使用示例如下：

```
cancel: function(index, layero){
    if (confirm('确定要关闭吗？')) { // 只有当单击 confirm 框的确定按钮时,该层才会关闭
        layer.close(index)
    }
    return false;
}
```

4.9.5 Layer 的常用方法

(1) layer.open(options)：Layer 弹出层的核心方法。该方法会返回一个当前层的索引值 index。index 是一个重要的参数，它是 layer.close(index) 等方法的必传参数。该方法基本上是使用频率最高的方法，也是 Layer 弹出层的底层方法，无论使用哪种方式创建层，底层都使用该方法。

(2) layer.alert(content, options, yes)：弹出普通信息框，一般用于为用户提供比较强烈的提示，类似系统 alert，但却比 alert 更灵便。通过第二个参数 options，可以设定各种你需要的基础参数，但如果不需要的话，直接写回调函数 yes 即可，使用示例如下：

```
// 例子1
layer.alert('该下班了,醒醒！');
// 例子2
layer.alert('加了个图标', {icon: 1}); // 如果你还想执行 yes 回调,可以放在第三个参数中。
// 例子3
layer.alert('有了回调函数', function(index){
    // 做你想做
    layer.close(index);
});
```

注意：icon 图标的值为 0~6,对应的图标如图 4-9-2 所示。

图 4-9-2

(3) layer.confirm(content, options, yes, cancel)：弹出询问框,示例如下：
```

```
// 例子1
layer.confirm('你收到我转给你的250块了吗？',{icon: 3, title:'提示'}, function(index){
    // 做你想做
    layer.close(index);
});
// 例子2
layer.confirm('你确定没有收到我转给你的250块？', function(index){
    // 做你想做
    layer.close(index);
});
```

(4) layer.msg(content，options，end)：弹出提示框。提示框非常的简洁，体积很小，并且默认还会在3秒后自动消失，示例如下：

```
// 例子1
layer.msg('火箭输了,心情低落');
// 例子2
layer.msg('不失礼貌的微笑一下',{icon: 6});
// 例子3
layer.msg('我被击败了,剩下的交给你', function(){
    // 做你想做
});
// 例子4
layer.msg('我们已经努力了',{
    icon: 1,
    time: 2000 //2秒关闭(如果不配置,默认是3秒)
}, function(){
    // 做你想做
});
```

(5) layer.prompt(options，yes)：弹出输入层。对于options参数来说，Layer为prompt定制了三个专用属性，示例如下：

```
{
    formType: 1, // 输入框类型,支持0(文本输入框,默认)、1(密码输入框)、2(多行文本域)
    value: '', // 初始时的值,默认空字符
    maxlength: 140, // 可输入文本的最大长度,默认500
}
```

使用以下方式可以弹出一个带有密码输入框的弹出层,示例如下:

```
layer.prompt({
    formType: 1,
```

```
    value:'123456',
    title:'请输入密码',
},function(value,index,elem){
    console.log(value);//得到value
    layer.close(index);
});
```

(6) layer.close(index):关闭指定的弹出层,示例如下:

```
// 当你想关闭当前页的某个层时,先得到索引
var index = layer.open();
var index = layer.alert();
var index = layer.load();
var index = layer.tips();
// 正如你看到的,每一种弹出层调用方式,都会返回一个index
layer.close(index); // 此时你只需要把获得的index,轻轻地赋予layer.close即可
// 如果你想关闭最新弹出的层,可直接通过layer.index获得即可
layer.close(layer.index); // layer.index是由layer内部动态递增计算的
// 当你在iframe页面关闭自身时
var index = parent.layer.getFrameIndex(window.name); // 先得到当前iframe层的索引
parent.layer.close(index); // 再执行关闭
```

(7) layer.closeAll(type):关闭所有Layer弹出层。如果你觉得先获取弹出层索引index,再关闭弹出层很麻烦的话,可以偷懒一下,使用closeAll直接关闭掉当前页面所有的Layer弹出层,也可以关闭指定类型的弹出层,示例如下:

```
layer.closeAll(); // 疯狂的戴夫模式,关闭所有弹出层
layer.closeAll('dialog'); // 关闭信息框
layer.closeAll('page'); // 关闭所有页面层
layer.closeAll('iframe'); // 关闭所有的iframe层
layer.closeAll('loading'); // 关闭加载层
layer.closeAll('tips'); // 关闭所有的tips层
```

4.9.6 为Layer定制常用的全局函数

第一步,把layer.js加入到jslib.jsp文件中。

```
<script src="https://cdn.bootcss.com/layer/3.1.0/layer.js"></script>
```

第二步,新建qinge.util.js文件,并添加以下代码:

```
// 操作失败后的警告消息
$.error = function(content, yes) {
    var type = typeof yes === 'function', options = {
        icon:2,
```

```
            title:'错误'
        };

        if (type) {
            layer.alert(content, options, function(index) {
                yes.call();
                layer.close(index);
            });
        } else {
            layer.alert(content, options);
        }
    };
    // 确认对话框
    $.confirm = function(content, yes) {
        var type = typeof yes === 'function', options = {
            icon:3,
            title:'确认',
        };

        if (type) {
            layer.confirm(content, options, function(index) {
                yes.call();
                layer.close(index);
            });
        } else {
            layer.confirm(content);
        }
    };
    // 操作成功后的提示消息
    $.msg = function(content, end) {
        var type = typeof end === 'function';
        if (type) {
            layer.msg(content, end);
        } else {
            layer.msg(content);
        }
    };
```

第三步，把 qinge.util.js 加入到 jslib.jsp 文件中。

```
<script src="${ctx}/resources/components/qinge/qinge.util.js"></script>
```

第四步，通过实例来查看三个全局函数 $.error()、$.confirm() 和 $.msg() 的效果。

```
$(function(){
//          $.error("我错了,你打我好不好");
//          $.error("我错了,你打我好不好",function(){
//              console.log("error 回调");
//          });
//          $.confirm("你确定要打我吗?");
//          $.confirm("你确定要打我吗?",function(){
//              console.log("confirm 回调");
//          });
//          $.msg("我已成功挨揍一次");
    $.msg("我已成功挨揍一次",function(){
        console.log("msg 回调");
    });
});
```

我们来运行实例,瞧一瞧效果图,如图 4-9-3 所示。

图 4-9-3

4.10 Magnific Popup——一款真正的响应式灯箱插件

4.10.1 Magnific Popup 的自我介绍

Hello,大家好,我是 Magnific Popup。我是一款能立即显示内容、真正的响应式灯箱插件。我不仅响应性强,还注性能,能够为用户提供最佳的体验。那么,我到底有些什么样的不同之处,才能令我在众多的灯箱插件中脱颖而出呢?

1. 轻巧和模块化

你可以选择仅包含你需要的功能,然后使用在线工具构建或使用 Grunt.js 自行编译。核心 JS 文件的大小只 3KB 左右,每个模块的大小约为 0.5KB(Gzip 压缩后)。

2. 可直接使用 CSS 调整大小

大多数的灯箱插件都需要通过 JS 选项的方式来定义它的大小,而我不是这样的,你可以随意使用 EM 或者 REM 这样的相对单位,或者在 CSS 媒体查询的帮助下,调整灯箱大小。这样你就不必在更新了灯箱的内容之后,担心它将如何调整大小和居中的问题了。

3. 快　速

我可能无法加快图像的加载时间，但我可以创建更快的时间感知。大多数灯箱插件会在显示之前完全预加载图像，它们这样做的目的是为了找出图像的原始大小，并使用 JavaScript 将其居中。而我却不是这样的，因为我是通过 CSS 的方式弹出灯箱并使其居中，因此我完全不需要预加载就能立即显示图像，以便充分的利用渐进式的加载原理。

你可以通过逐步渲染（Progressive）JPEG 的方式来加快图像的加载速度。因为它采用的不是从上到下的方式，而是从低质量到高质量的方式。因此，用户可以更快地辨别图像，如图 4-10-1 所示。

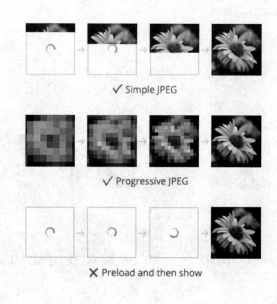

图 4-10-1

4. 高分辨率的显示支持

对于要显示的图像，我有一个内置的方式可为不同的像素密度显示要求提供适当的来源。

5. 多浏览器支持

支持绝大多数的桌面浏览器，例如 Chrome、Safari、Firefox 以及 IE8＋。当然我还支持绝对大多数的移动设备浏览器。

6. 开　源

我采用的是 MIT 开源代码，并且将会永久性地提供无偿服务。

好了，就先介绍这么多吧。下面是我的联系方式，你可以在那里与我取得联系：

第 4 章　便捷的 HTML 扩展

GitHub 地址：https://github.com/dimsemenov/Magnific-Popup；

文档地址：http://dimsemenov.com/plugins/magnific-popup/documentation.html；

示例地址：http://dimsemenov.com/plugins/magnific-popup/。

4.10.2　Magnific Popup 的基本应用步骤

第一步，在页面中引入 Magnific Popup 的核心样式文件和脚本文件，推荐使用 CDN 的方式。

```
<link href="https://cdn.bootcss.com/magnific-popup.js/1.1.0/magnific-popup.css" rel="stylesheet">
<script src="https://cdn.bootcss.com/magnific-popup.js/1.1.0/jquery.magnific-popup.js"></script>
```

第二步，在页面中构造三个 <a> 标签，并放入对应的图像。

```
<a class="image-popup-vertical-fit" href="${ctx}/resources/images/studio10_b.jpg" title="标题，可以包含任何 HTML，可以对齐到任何方向">
    <img src="${ctx}/resources/images/studio10_s.jpg">
</a>
<a class="image-popup-fit-width" href="${ctx}/resources/images/studio3_b.jpg" title="水平方向的图像.">
    <img src="${ctx}/resources/images/studio3_s.jpg">
</a>
<a class="image-popup-no-margins" href="${ctx}/resources/images/studio26_b.jpg">
    <img src="${ctx}/resources/images/studio26_s.jpg">
</a>
```

第三步，对三个 <a> 标签进行 Magnific Popup 的初始化。

```
$(function() {
    $('.image-popup-vertical-fit').magnificPopup({
        type: 'image',
        closeOnContentClick: true,
        mainClass: 'mfp-img-mobile',
        image: {
            verticalFit: true
        }
    });

    $('.image-popup-fit-width').magnificPopup({
        type: 'image',
        closeOnContentClick: true,
```

· 191 ·

```
            image: {
                verticalFit: false
            }
        });

        $('.image-popup-no-margins').magnificPopup({
            type: 'image',
            closeOnContentClick: true,
            closeBtnInside: false,
            fixedContentPos: true,
            mainClass: 'mfp-no-margins mfp-with-zoom', // 去掉左右两侧的外边距
            image: {
                verticalFit: true
            },
            zoom: {
                enabled: true,
                duration: 300 // 不要忘记在 CSS 中改变持续时间
            }
        });

    });
```

完成以上步骤后,我们可以单击一张小图来预览一下 Magnific Popup 初始化后的灯箱效果,如图 4-10-2 所示。

图 4-10-2

4.10.3 Magnific Popup 的初始化方式

Magnific Popup 的初始化代码必须要放在 DOM 元素加载完毕后执行,代码如下所示。

```
$(function() {
  $('.image-link').magnificPopup({type:'image'});
});
```

Magnific Popup 的初始化方式有三种。

(1) 从一个 HTML 元素开始,例如说一个 a 标签,指定其 class 和 href 属性,代码如下所示:

```
<a class="test-popup-link" href="path-to-image.jpg">打开弹窗</a>
$('.test-popup-link').magnificPopup({
  type:'image'
  // 其他参数
});
```

(2) 从一组具有一个父容器的元素列表开始。

如果要从一个父容器中的元素列表创建弹窗,那么就需要这种方式进行 Magnific Popup 初始化。不过需要注意的是,默认情况下,此方式并不会启用"图库"模式,只是减少了单击事件处理程序的数量;每个项目将作为单独的弹窗被打开。如果想要启用图库模式,则需要在初始化时添加 gallery:{enabled:true}参数,示例如下:

```
<div class="parent-container">
  <a href="path-to-image-1.jpg">Open popup 1</a>
  <a href="path-to-image-2.jpg">Open popup 2</a>
  <a href="path-to-image-3.jpg">Open popup 3</a>
</div>
$('.parent-container').magnificPopup({
  delegate:'a', // 子项选择器,单击它将打开弹窗
  type:'image'
  // 其他参数
});
```

(3) 从"items"选项开始初始化。

该 items 选项可以定义弹出项的数据,并使 Magnific Popup 忽略目标 DOM 元素上的所有属性。items 的值可以是单个对象或一个对象数组。

```
// 单个对象
$('#some-button').magnificPopup({
  items:{
    src:'path-to-image-1.jpg'
  },
```

```
    type: 'image' // 图像类型
});
// 对象数组
$('#some-button').magnificPopup({
    items: [
        {
            src: 'path-to-image-1.jpg'
        },
        {
            src: 'https://blog.csdn.net/qing_gee',
            type: 'iframe' // iframe 类型,覆盖图像类型
        },
        {
            src: $('<div>动态创建元素</div>'),
            type: 'inline'
        },
        {
            src: '<div>HTML 字符创</div>',
            type: 'inline'
        },
        {
            src: '#my-popup', // 页面上一个将作为弹窗的 CSS 选择器
            type: 'inline'
        }
    ],
    gallery: {
        enabled: true
    },
    type: 'image' // 整体为图像类型
});
```

4.10.4 Magnific Popup 的弹窗类型

默认情况下,Magnific Popup 有四种弹窗类型:image、iframe、inline 和 ajax。Magnific Popup 无法从指定的 URL 中自动识别弹窗类型,需要手动指定。弹窗类型可以通过两种方式进行指定:

(1) 使用 type 选项指定,如:$('.image-link').magnificPopup({type:'image'})。
(2) 使用 mfp-TYPE 的 CSS 类指定,例如图像类型可以使用 mfp-image,示例如下:

```
<a class="mfp-image image-link">打开图像</a>
$('.image-link').magnificPopup();
```

弹窗内容的来源(例如,图像的路径、HTML 文件的路径、视频页面的路径)可以通

过以下几种方式定义：

方法一：使用 href 属性定义，示例如下：

```
< a href = "image – for-popup.jpg" > 打开图像 </a>
```

方法二：使用 data-mfp-src 属性定义（将覆盖方法一），示例如下：

```
< a href = "some – image.jpg" data-mfp-src = "image – for-popup.jpg" > 打开图像 </a>
```

方法三：使用 items 选项，示例如下：

```
$.magnificPopup.open({
  items: {
    src: 'some – image.jpg'
  },
  type: 'image'
});
```

如果需要指定源的解析方式，可以使用 elementParse 回调函数，示例如下：

```
$('.image-link').magnificPopup({
  type:'image',
  callbacks:{
    elementParse: function(item) {
      // 回调函数将会遍历所有的目标元素
      // "item.el" 返回 DOM 对象
      // "item.src" 是需要修改的源数据

      console.log(item); // 利用 item,做你想做
    }
  }
});
```

1. 图像（Image）类型

如果弹窗选择此类型，则必须将图像路径设置为源数据。如果弹窗中没有图像源，或者没有可以被预加载的图像，那么就应该使用 inline 类型。以下代码是 Magnific Popup 中 image 类型的内部构造，可以大致了解一下其原理：

```
$.magnificPopup.registerModule('image', {
  options: {
    markup: '< div class = "mfp-figure" > '+
            '< div class = "mfp-close" > </div> '+
            '< figure > '+
              '< div class = "mfp-img" > </div> '+
```

```
                            '<figcaption>'+
                        '<div class="mfp-bottom-bar">'+
                            '<div class="mfp-title"></div>'+
                            '<div class="mfp-counter"></div>'+
                        '</div>'+
                    '</figcaption>'+
                '</figure>'+
            '</div>',// 弹窗的 HTML 标记,'.mfp-img' 将会被 <img> 标签替换,'.
            mfp-close' 为关闭按钮
        titleSrc:'title',// 包含了幻灯片标题的目标元素属性
        tError:'<a href="%url%">The image</a> could not be loaded.'// 错误提示信息
    },
});
```

注意：Magnific Popup 不会为图像实现任何基于 JavaScript 的客户端缓存。因此，最好在服务器端对图像添加 Expires 的缓存标记，以避免图像每次都重新加载。

2. Iframe 类型

默认情况下，Magnific Popup 只支持 YouTube、Vimeo 和 Google Maps 的 URL；很显然，这不符合我们的实际情况。但不用担心，我们可以对 Magnific Popup 进行扩展，以使其支持优酷视频播放等我们需要的 URL 类型。

现在，我们想要通过 Magnific Popup 使用 iframe 的方式播放一集《小猪佩奇》，该怎么做呢？

第一步，复制一集《小猪佩奇》的 URL 地址，放在 <a> 标签的 href 属性当中。

```
<a class="popup-youku" href="https://v.youku.com/v_show/id_XMzAwNzM5NDY4MA==.html?spm=a2hww.11359951.m_26681.5~5!2~5~5~5!6~5~5~A">小猪佩奇——土豆城市</a>
```

第二步，对以上 <a> 标签进行 Magnific Popup 的初始化，示例如下：

```
$('.popup-youku').magnificPopup({
    type:'iframe',
    iframe:{
        patterns:{
            youku:{ // 在 iframe 选项中追加 "youku" 模式(patterns)
                index:'youku.com/',
                id:function(url){
                    var m = url.match(/id_(\S*)==\./)[1];
```

```
                return m;
            },
            src : 'http://player.youku.com/embed/%id%'
        }
    }
}
});
```

我们来详细分析一下"youku"模式的选项：

（1）index，用来指定检测视频类型的字符串，这里是简单的"youku.com/"。如果<a>标签的href属性值中没有包含"youku.com/"，则无法视频无法播放。

（2）id，用来对地址URL进行拆分。该选项值有三种类型：

① 字符串，假如地址URL为http://www.youtube.com/watch?v=71KoqNJtMTQ，id为字符串"v="，那么地址URL将会被拆分为http://www.youtube.com/watch?和71KoqNJtMTQ，其中71KoqNJtMTQ将用来替换src选项中的%id%。

② null，不指定id时，地址URL将不会被拆分，整个URL将用来替换src选项中的%id%。

③ 回调函数，例如指定ID为以下函数：

```
function(url) {
    var m = url.match(/id_(\S*)==./)[1];
    return m;
}
```

在解析优酷的视频地址时，我们就采用了回调函数这种方式。《小猪佩奇》的URL地址为：https://v.youku.cm/v_show/id_XMzAwNzM5NDY4MA==.html?spm=a2hww.11359951.m_26681.5_5!2_5_5!6_5~A。经过url.match(/id_(\S*)==./)[1]拆分后的字符串为"XMzAwNzM5NDY4MA"，它正是我们所需要的视频地址。

（3）src，指定在iframe中显示的内容URL。例如优酷视频的通用播放地址为：http://player.youku.com/embed/XMzAwNzM5NDY4MA。

最后，我们来看一下iframe打开优酷视频的效果，如图4-10-3所示。

3. 内联（inline）类型

要从一个内联元素创建弹窗，我们需要：

① 创建一个要在弹窗中显示的HTML元素，并将其添加到某个位置；然后添加.mfp-hide类使其在弹窗页面中隐藏起来。

```
<div id="test-popup" class="white-popup mfp-hide">我为什么而活着——对知识的向往，对爱情的追求，对人类苦难不可制的同情心。</div>
```

图 4-10-3

② 对这个元素添加必要的式样。默认情况下，Magnific Popup 不会对其应用任何样式，但垂直居中和关闭按钮除外。

③ 添加打开弹窗的按钮（源必须匹配内容元素的 CSS 选择器 ID，例如 test-popup）。

```
< a href = "#test-popup" class = "open-popup-link" > 打开内联弹窗 </a>
```

④ 初始化，代码如下所示：

```
$('.open-popup-link').magnificPopup({
    type: 'inline',
});
```

除此之外，还有以下一些内联类型弹窗的初始化方法，代码如下所示：

```
// HTML 字符串
$('button').magnificPopup({
  items: {
      src: '< div class = "white-popup" > 动态创建弹窗内容 </div >',
      type: 'inline'
  }
});

// 指定弹窗内容的元素 ID
```

```javascript
$('button').magnificPopup({
    items: {
        src: '#popup',
        type: 'inline'
    }
});

// jQuery 对象
$('button').magnificPopup({
    items: {
        src: $('<div class="white-popup">推荐一首歌《I Am you》</div>'),
        type: 'inline'
    }
});

// 使用 open 方法打开
$.magnificPopup.open({
    items: {
        src: '<div class="white-popup">真正喜欢一首歌,是非常想单曲循环。但每一个单曲循环,就会磨灭掉一点对它的喜爱,尽管你并不直觉。</div>', // 可以是 HTML 字符串、jQuery 对象,或者 CSS 选择器
        type: 'inline'
    }
});
```

我们来看一下内联类型的弹窗效果,如图 4-10-4 所示。

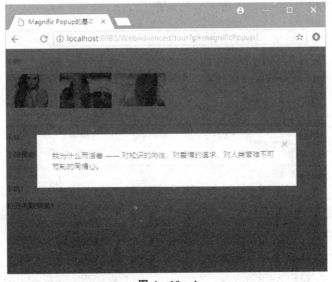

图 4-10-4

4. Ajax 类型

要创建此类弹窗,首先定义要显示的页面请求 URL,然后在 Magnific Popup 初始化时选择 Ajax 类型。

```html
<a href="${ctx}/four?p=magnificPopup-ajax" class="ajax-popup-link">Ajax 类型弹窗</a>
```

上面这段代码中,href 指向了一个请求 URL,该 URL 将会返回一个名为 magnificPopup-ajax.jsp 的页面,其内容如下:

```jsp
<%@ page language="java" contentType="text/html; charset=UTF-8" pageEncoding="UTF-8"%>
<%@ include file="/resources/common/taglib.jsp"%>
<style>
#custom-content img {
    max-width: 100%;
    margin-bottom: 10px;
}
</style>

<div id="custom-content" class="white-popup-block" style="max-width: 600px; margin: 20px auto;">
    <h1>Lil Mama</h1>
    <img src="${ctx}/resources/images/Lil Mama.jpg" />
</div>
```

接下来,依然是对打开弹窗按钮的初始化。

```js
$('.ajax-popup-link').magnificPopup({
    type: 'ajax'
});
```

我们来看一下 Ajax 类型的弹窗效果,如图 4-10-5 所示。

注意:要在 Ajax 加载后修改内容,或者从加载的文件中选择并显示特定元素,可以使用 parseAjax 回调函数。

```js
callbacks: {
  parseAjax: function(mfpResponse) {
    // mfpResponse.data 将返回 Ajax 请求成功后的数据对象
    // 对于简单的 HTML 文件来说,它只是一段字符串
    // 我们可以修改它以更改弹窗的内容
    // 例如,我们只想要显示 ID 为 #some-element 的元素
```

```
        // mfpResponse.data = $(mfpResponse.data).find('#some-element');

        // mfpResponse.data 必须是字符串或者DOM(jQuery)对象
        console.log('Ajax 加载后的内容:', mfpResponse);
    },
}
```

图 4-10-5

4.10.5　Magnific Popup 的公用选项

Magnific Popup 的公用选项有很多个,我们挑出其中比较重要的九个来进行说明;
Magnific Popup 的初始化方法如下:

```
$('.some-link').magnificPopup({
    disableOn: 400,
    gallery: {
        // 开启图库模式
        enabled: true
    },
    image: {
        // 图像类型的特有选项
        titleSrc: 'title'
    }
});
```

（1）disableOn,默认值为 null。一般情况下,如果视窗宽度小于 disableOn 选项指定的值,则灯箱不会被打开,并且将触发元素的默认行为(<a>标签将跳转到 href 属性值对应的 URL 地址)。disableOn 选项仅在 DOM 加载完毕后,进行 Magnific Popup 初始化时有效。

disableOn 也可以接受函数作为参数值,返回 true 则可以打开灯箱,返回 false 则执行默认动作,例如:

```
disableOn: function() {
  if( $(window).width() < 600 ) {// 视窗宽度小于 600 则执行默认动作
    return false;
  }
  return true;
}
```

(2) mainClass,默认值为空字符串。如果设置了该参数值,则参数值对应的 CSS 类将会被添加到弹出包装器的根元素和弹窗背景中。这可以是单个 CSS 类 myClass,也可以是多个 CSS 类 myClassOne、myClassTwo。

(3) focus,默认值为空字符串。可以被指定为弹出窗口内的某个元素的 CSS 选择器,例如 input 或者 #login-input,这样,指定的元素将会在灯箱打开时被聚焦。理想情况下,它应该是可以聚焦的弹出窗口的第一个元素。

(4) closeOnContentClick,默认值为 false。如果弹窗中只有图像,建议设置该选项为 true。

(5) closeOnBgClick,默认值为 true。当用户单击弹窗背景时关闭当前弹窗。

(6) closeBtnInside,默认值为 true。如果启用该选项,则 Magnific Popup 会在弹窗内放置关闭按钮,并且包装器将添加 CSS 类 mfp-close-btn-in(在默认的 CSS 文件中,它会使颜色发生变化)。如果弹窗内的某个元素被标记为 mfp-close,则该元素将替代关闭按钮。

(7) showCloseBtn,默认值为 true。控制关闭按钮是否显示。

(8) enableEscapeKey,默认值为 true。按下"ESC"键将关闭当前弹窗。

(9) modal,默认值为 false。如果该参数值为 true,则弹窗具有类似模态框的行为:无法通过常规方式(关闭按钮、ESC 键、单击弹窗内容或背景)将弹窗关闭。此时,该参数值就好像一种快捷行为,会直接将 closeOnContentClick、closeOnBgClick、showCloseBtn 和 enableEscapeKey 设置为 false。示例如下:

```
<a class="popup-modal" href="#test-modal">打开模态框</a>
<div id="test-modal" class="white-popup-block mfp-hide">
    <h1>模态框</h1>
    <p>你无法通过常规的方式关闭我,意味着 ESC 和单击事件均无效,但是你可以通过编程的方式来选择某个动作关闭我</p>
    <p>
        <a class="popup-modal-dismiss" href="#">关闭</a>
```

```
    </p>
</div>
$('.popup-modal').magnificPopup({
    type: 'inline',
    preloader: false,
    modal: true
});

$(document).on('click', '.popup-modal-dismiss', function(e) {
    e.preventDefault();
    $.magnificPopup.close();
});
```

效果如图 4-10-6 所示。

图 4-10-6

(10) fixedContentPos,默认值为 auto。定义弹窗内容的位置。可选项有 auto、true 和 false。设置为 true,则使用 fixed 定位;设置为 false,则使用基于当前滚动的 absolute 定位;设置为 auto,则当浏览器不能正确支持 fixed 定位时,弹窗将自动禁用此选项。

(11) overflowY,默认值为 auto。定义弹窗在垂直方向上的滚动条。可选值有 auto、scroll 和 hidden。该参数只有在 fixedContentPos 为 fixed 定位时才起效。

(12) removalDelay,默认值为 0。从 DOM 中移除弹窗前的延迟时间,用于动画

(Animation)配置。

4.10.6　Magnific Popup 的 Gallery 选项

除了 4.10.5 中列举出的那些常用的公用选项外，Magnific Popup 还为图库(Gallerg)模块提供了一些专属选项。图库模块允许用户切换弹窗内容并添加导航箭头。它可以切换和混合任何类型的内容，不仅仅只有图像。图库模块的选项如下：

```
gallery：{
  enabled：false，// 设置为 true 时开启图库模式
  preload：[0,2]，// 稍后我们会详细介绍
  navigateByImgClick：true，// 单击图像时也进行导航
  tPrev：'上一个'，// 左侧箭头标题
  tNext：'下一个'，// 右侧箭头标题
  tCounter：'<span class="mfp-counter">%curr% / %total%</span>'// 计数器标记
}
```

使用方法如下：

```
// 对"gallery-item"类的所有元素开启单个图库模式 $('.gallery-item').magnificPopup({
  type：'image'，
  gallery：{
    enabled：true
  }
});
```

如果需要在页面上开启多个图库，我们还可以为每个单独的库创建一个新的 Magnific Popup 实例。示例如下：

```
<div class="gallery">
  <a href="path-to-image.jpg">打开图像 1（图库 #1）</a>
  <a href="path-to-image.jpg">打开图像 2（图库 #1）</a>
</div>
<div class="gallery">
  <a href="path-to-image.jpg">打开图像 1（图库 #2）</a>
  <a href="path-to-image.jpg">打开图像 2（图库 #2）</a>
  <a href="${ctx}/four?p=magnificPopup-ajax" class="mfp-ajax">打开远程页面（图库 #2)。"mfp-ajax"类会强制当前项目为"ajax"类型。</a>
</div>
$('.gallery').each(function() { // 对所有图库容器进行遍历
  $(this).magnificPopup({
    delegate：'a'，// 子项选择器，单击它将打开弹窗
    type：'image'，
    gallery：{
```

```
        enabled:true
    }
});
});
```

效果如图 4-10-7 所示。

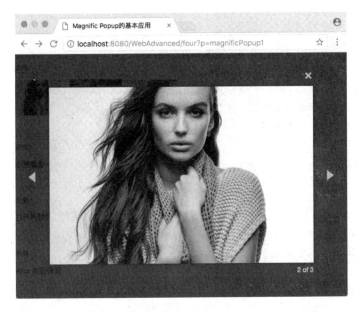

图 4-10-7

在图库模式下，我们还可以使用 preload 选项预加载附近的项目。preload 选项接受一个包含两个整数的数组。第一个数组为当前项目之前要预加载的项目数，第二个数组为当前项目之后要预加载的项目数。例如，preload：[0,2]将预加载 0 个之前的项目和 2 个接下来的项目。需要注意的是，具体要预加载的项目数会根据移动方向自动切换。

默认情况下，Magnific Popup 的预加载只是找到 < img > 标记并使用 JavaScript 预加载它。但是我们也可以在 lazyLoad 事件的帮助下扩展它，并执行自定义的预加载逻辑，如下所示：

```
callbacks:{
  lazyLoad:function(item){
    console.log(item); // 应该被加载的数据对象
  }
}
```

4.10.7　Magnific Popup 常用的回调函数

在之前的例子中，我们已经接触过了 Magnific Popup 的几个回调函数，例如 lazy-

Load、parseAjax 和 elementParse。除此之外,还有其他一些常用的回调函数,如下所示:

```
beforeOpen: function() {
    console.log('开始初始化弹窗');
},
function() {
    console.log('内容发生了变化');
    console.log(this.content); // 弹窗的内容元素
},
function() {
    console.log('弹窗调整了尺寸');
    // 仅在高度改变后触发
},
function() {
    console.log('弹窗准备打开');
},
function() {
    console.log('弹窗准备关闭');
},
function() {
    console.log('弹窗关闭之后');
},
function(data) {
    console.log('状态发生改变', data);
    // "data" 包含了两个属性:
    // "data.status" —— 当前状态类型,可选值有 "loading"、"error"、"ready"
    // "data.text" —— 表示状态的文字(例如说"加载中")
    // 可以修改此属性以动态更改当前状态或其文本。
},
function() {
    // 当前弹窗中的图像加载完毕后触发
    console.log('图像加载完毕');
},
}
```

4.10.8　Magnific Popup 常用的公共方法

(1) Magnific Popup 的全局方法有两个,分别是 open 和 close,代码如下所示:

```
// 立即打开弹窗
// 第一个参数:Magnific Popup 的初始化选项
// 第二个参数:打开项目的索引值
```

```javascript
$.magnificPopup.open({
  items: {
    src: 'someimage.jpg'
  },
  type: 'image',
}, 0);
$.magnificPopup.close(); // 关闭当前打开的弹窗
```

(2) 除了"open"和"close"方法，以下这些方法在使用之前必须要先获取"实例"（instance）。在使用实例之前，必须要保证至少有一个弹窗已经打开，示例如下：

```javascript
// 保存实例到 magnificPopup 变量中
var magnificPopup = $.magnificPopup.instance;

// 启用图库模式时可以切换项目
magnificPopup.next(); // 转到下一项
magnificPopup.prev(); // 转到上一项
magnificPopup.goTo(4); // 转到第四个项目
magnificPopup.updateItemHTML(); // 更新弹出内容。

// 更新弹窗状态
// 第一个参数:状态类型,可选值有 "loading"、"error"、"ready"
// 第二个参数:表示状态的文字
magnificPopup.updateStatus('loading', '加载中...');
```

4.10.9　Magnific Popup 常用的公共属性

Magnific Popup 的公共属性仅在弹窗打开后有效，这里只列出常用的一些属性，示例如下：

```javascript
var magnificPopup = $.magnificPopup.instance;

magnificPopup.items // 弹窗内的所有项目
magnificPopup.currItem // 当前展示的项目
magnificPopup.index // 当前展示项目的索引

magnificPopup.content // 弹窗内容的 jQuery 对象
magnificPopup.bgOverlay // 弹窗背景
magnificPopup.wrap // 包含了内容以及控件的包裹器
```

4.10.10　Magnific Popup 的 HTML 扩展

(1) 把 Magnific Popup 的皮肤式样文件加入到 csslib.jsp 文件中。

```html
<link href="https://cdn.bootcss.com/magnific-popup.js/1.1.0/magnific-popup.css" rel="stylesheet">
```

（2）把 jquery.magnific-popup.js 加入到 jslib.jsp 文件中。

```html
<script src="https://cdn.bootcss.com/magnific-popup.js/1.1.0/jquery.magnific-popup.js"></script>
```

（3）在 qinge.ui.js 文件中添加 Magnific Popup 的 HTML 扩展支持。

```javascript
function initUI($p) {
    // --------------------
    // - Magnific Popup——一款真正的响应式灯箱插件
    // --------------------
    $('.popup-youku').magnificPopup({
        type: 'iframe',
        iframe: {
            patterns: {
                youku: {
                    index: 'youku.com/',
                    id: function(url) {
                        var m = url.match(/id_(\S*)==\./)[1];
                        return m;
                    },
                    src: 'http://player.youku.com/embed/%id%'
                }
            }
        }
    });

    $('.open-popup-link').magnificPopup({
        type: 'inline',
    });

    $('.ajax-popup-link').magnificPopup({
        type: 'ajax',
    });

    $('.popup-gallery').magnificPopup({
        delegate: 'a',
        type: 'image',
        tLoading: '图像 #%curr% 加载中',
        mainClass: 'mfp-img-mobile',
        gallery: {
```

```
            enabled: true,
            navigateByImgClick: true,
            tPrev: '上一个', // 左侧箭头标题
            tNext: '下一个', // 右侧箭头标题
            tCounter: '<span class="mfp-counter">%curr% / %total%</span>',
            // 计数器标记
            preload: [0, 1]
        },
        image: {
            tError: '<a href="%url%">当前图像 #%curr%</a> 加载失败.',
        },
    });
}
```

（4）通过实例来验证 Magnific Popup 的 HTML 扩展是否有效，验证的方式就是单击页面上的缩略图链接，然后就能通过 Magnific Popup 提供的灯箱模式来浏览缩略图对应的原图。完整的代码示例如下：

```
<title>Magnific Popup 的 HTML 扩展</title>
<%@ include file="/resources/common/csslib.jsp" %>
</head>
<body>

    <div class="bs-example">
        <div class="popup-gallery">
            <a href="${ctx}/resources/images/studio10_b.jpg" title="Light A Fire">
                <img src="${ctx}/resources/images/studio10_s.jpg">
            </a>
            <a src="${ctx}/resources/images/studio3_b.jpg" title="Part of a Fool">
                <img src="${ctx}/resources/images/studio3_s.jpg">
            </a>
            <a href="${ctx}/resources/images/studio26_b.jpg" title="All Out Of Love">
                <img src="${ctx}/resources/images/studio26_s.jpg">
            </a>
        </div>
    </div>

    <%@ include file="/resources/common/jslib.jsp" %>
</body>
```

我们来运行实例查看一下 Magnific Popup 的 HTML 扩展效果图，如图 4-10-8 所示。

图 4-10-8

4.11 小　结

　　小二哥:亲爱的读者,你们好,我是你们的老朋友小二哥。

　　小王老师:亲爱的读者,你们好,我是你们的老朋友小王老师。

　　小二哥:小王老师,最近读的什么书啊?

　　小王老师:《明朝的那些事儿》。

　　小二哥:这套书读起来感觉怎么样?

　　小王老师:有一种废寝忘食的感觉,好久不曾有这样的感觉了。上一次还是在初中时期读金庸的小说。

　　小二哥:读这本书对你写本章的内容有帮助吗?

　　小王老师:受益匪浅!

　　小二哥:我从本章的内容中就能感受出来那么一二,我看你时不时会穿插一些明朝的那些人,这也勾起了我对历史的兴趣。

　　小王老师:那等我读完了,把这套书借给你读,完了之后我们交流一下读书心得,怎么样?

　　小二哥:好极了。不过,现在还是让我们言归正传吧。

　　小王老师:本章主要介绍了如何去扩展 HTML 插件,把那些优秀的插件融入到实际的项目当中,从而减少重复性代码的编写,使编码变得更加的简洁,提升工作的效率。这些优秀的插件包括 Lazy Load(图像延迟加载)、iCheck(超级复选框和单选按钮)、

第 4 章 便捷的 HTML 扩展

Switch(Bootstrap 的开关组件)、Datetime Picker(Bootstrap 日期时间选择器)、DateRange Picker(Bootstrap 日期范围选择器)、Tags Input(Bootstrap 风格的标签输入组件)、Star Rating(简单而强大的星级评分插件),这几个插件的使用频率非常高,在 Web 系统中几乎随处可以看见它们的身影。我借助 HTML 扩展的机会,把它们推荐给大家,希望对大家的编程工作有所帮助。小二哥,你怎么看?

　　小二哥:嗯,大人,你说得非常的对。此处请有掌声……。

　　(小王老师一副得意洋洋的样子,发福的脸上布满了笑容……)

第 5 章
不可或缺的数据库

我们都知道,查理芒格是巴菲特的黄金搭档,甚至有人断言:如果没有查理芒格,巴菲特绝对不会取得现在这样瞩目的成绩;甚至巴菲特的大儿子都宣称:"我父亲是我见过的第二智慧的人,第一是查理芒格。"不管怎么样,查理芒格对于巴菲特,不仅仅是生意上的合作伙伴,更是亲密无间的朋友。每次伯克哈撒韦开股东大会的时候,查理芒格都不会缺席,无论是他本人,还是那张和查理芒格本人一样高的照片。照片的由来,还有一个有趣的故事:一次股东大会,查理芒格由于一些不可抗拒的因素缺席,巴菲特就按照查理芒格本人定制了一张差不多大小的照片放在查理芒格的座位上,会议结束的时候还一本正经地对着照片问:"查理芒格先生,你还有什么问题要补充吗?"这样的举动太有趣了,逗得在场的股东们笑得合不拢嘴。

这个故事告诉我们什么呢?查理芒格是不可或缺的。就好像我们今天的主角数据库,它对于 Web 项目来说,同样不可或缺。如果缺少了数据库的支持,整个 Web 项目就是不完整的,Web 开发的进阶之路就少了一级可以更上一层楼的台阶。

数据库是一个非常庞大的体系,如果要完整讲解的话,用一整本书来讲都显得少了些。所以本书我只挑选了其中关键的三个部分来讲:

- MySQL——关系型数据库;
- MyBatis——数据库持久层框架;
- Druid——数据库连接池。

5.1 MySQL——关系型数据库

5.1.1 MySQL 简介

MySQL 由瑞典 MySQL AB 公司开发,目前属于 Oracle 公司(MySQL 和 Oracle 从竞争对手变成了上山打老虎的亲兄弟)。MySQL 是一种关系型数据库管理系统,关系型数据库将数据保存在不同的表中,而不是将所有数据放在一个大仓库内,这样就增加了访问速度并提高了灵活性。MySQL 具有如下特征：
- MySQL 是开源系统；
- MySQL 可以处理拥有上千万条记录的大型数据；
- MySQL 使用标准的 SQL 数据语言；
- MySQL 支持多种编程语言，这些编程语言包括 C、C++、Python、JavaPerl、PHP、Eiffel、Ruby 等；
- MySQL 可以定制，因其采用了 GPL 协议，你可以修改源码来开发自己的 MySQL 系统。

5.1.2 安装 MySQL

事实证明，MySQL 的安装并非一件"挥一挥衣袖"那么简单的事情，在安装的过程中会遇到许多问题，例如：

（1）找不到 MySQL 在 Windows 平台上的安装包；

（2）Linux 平台上已经安装了低版本的 MySQL，高版本的 MySQL 安装不上；

（3）数据库管理工具 Navicat 连接不上远程 MySQL 服务。

1. Windows 操作系统

对于 Windows 操作系统来说，安装 MySQL 的关键一步就在于从哪里下载安装包。我相信只要找到了正确的安装文件，MySQL 的安装工作就完成了一半。那么，安装包从哪里下载呢？

https://dev.mysql.com/downloads/windows/installer/（搜索 MySQL → 进入 MySQL 的「DOWNLOADS」页→选择「Community」→选择「MySQL on Windows」→选择「MySQL Installer」），下载界面如图 5-1-1 所示。

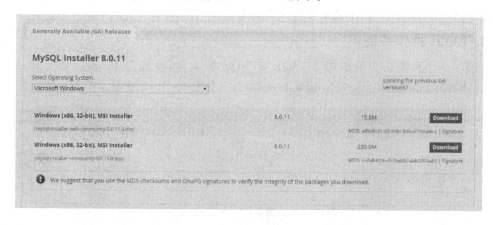

图 5-1-1

MySQL 提供了两个 32 位的安装文件，但可以在 64 位的 Windows 系统上安装。

（1）如果你的电脑是联网的，下载 mysql-installer-web-community.msi（注意 web）安装文件。

(2) 当然，也有例外情况，如果我们想要在服务器上（只有内网的 Windows Server）安装 MySQL，那就下载包含有 MySQL 原始安装文件的 mysql-installer-community.msi（注意没有 web）。

运行下载好的安装引导文件，如图 5-1-2 所示。

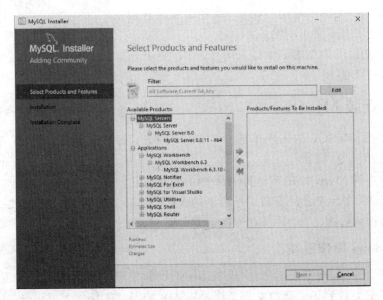

图 5-1-2

MySQL Server 8.0 是最新的 MySQL，但是 8.0 的版本要求高版本的数据库管理工具，因此建议使用低版本。

剩余的工作，我想还是交给你来完成吧！如果我再把后续的步骤写出来的话，一是会造成纸张的浪费，二是不尊重你的动手能力。

2. Linux 操作系统

第一步，下载 5.7 版本的 MySQL RPM 安装文件，地址为 https://dev.mysql.com/downloads/mysql/5.7.html#downloads。如图 5-1-3 所示。

图 5-1-3

（1）mysql-community-server：MySQL 服务器。

（2）mysql-community-client：MySQL 客户端程序，用于连接并操作 MySQL 服务器。

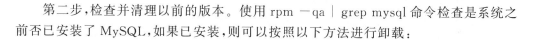

第二步，检查并清理以前的版本。使用 rpm －qa | grep mysql 命令检查是系统之前否已安装了 MySQL，如果已安装，则可以按照以下方法进行卸载：

```
rpm －e mysql// 普通删除模式
rpm －e --nodeps mysql// 强力删除模式,如果使用普通删除模式删除安装文件时,系统提示
有依赖的其他文件,则可用该命令对其进行强力删除
```

注意：确保你是第一次安装 MySQL，否则最好对以前的数据做好备份，备份的命令是 mysqldump －uxxx －pxx dbname > dbname.sql。

第三步，安装 MySQL Server 和 MySQL Client。

```
rpm －ivh mysql-community-server-5.7.22-1.el7.x86_64.rpm
rpm －ivh mysql-community-client-5.7.22-1.el7.x86_64.rpm
```

安装 MySql Server 的时候，请注意以下提示信息：

```
A RANDOM PASSWORD HAS BEEN SET FOR THE MySQL root USER !
You will find that passwordin '/root/.mysql_secret'.

You must change that password on your first connect,
no other statement but 'SET PASSWORD' will be accepted.
```

提示信息大意为：

（1）root 用户的初始密码可以在 /root/.mysql_secret 文件中找到（第一次连接 MySQL 服务器的时候会用到）。

（2）第一次连接 MySQL 服务器后，需要先执行 set password=password("cmower")命令对密码进行修改，否则其他命令都将无法执行。

第四步，启动 MySQL 服务。

```
service mysql start
```

如果提示信息为 Starting MySQL. SUCCESS!，则表明 MySQL 安装成功。

第五步，开启 MySQL 远程访问权限。一般情况下，安装在 Linux 上的 MySQL 基本都是用来作为数据服务器使用的。那么此时，我们就需要开启 MySQL 的远程访问权限。

首先，通过 mysql －uroot －pxxx（xxx 在 /root/.mysql_secret 文件中）命令连接上 MySQL 服务器。

然后，依次执行如下命令：

```
grant all privileges on *.* to root@'IP' identified by "password";
flush privileges;
```

注意:

(1) IP 可以是指定的 IP 地址如"192.168.44.11",也可以是域名如"cmower.com",也可以用"％"表示从任何地址连接。

(2) password 是 root 用户对应的密码。

第六步,释放 3306 端口。

首先,使用 service iptables stop 关闭防火墙。

其次,使用 vim /etc/sysconfig/iptables 命令打开防火墙配置文件,增加以下内容,释放 3306 端口。

```
-A INPUT -p tcp -m state --stateNEW -m tcp --dport 3306 -j ACCEPT
```

然后,通过:wq 保存该文件,并通过以下命令重新启动防火墙。

```
service iptables save
service iptables start
```

经过以上六步操作,我相信你一定能够搞得定 Linux 上的 MySQL 安装。如果还有问题,你当然可以再来找我。

5.1.3 数据库管理工具

任何 Web 应用程序都需要强大的数据库管理工具支持,因此选择一款合适的数据库管理工具对开发者来说尤为重要。

1. Navicat

Navicat 是一款数据库管理工具,其界面如图 5-1-4 所示,其优点有:

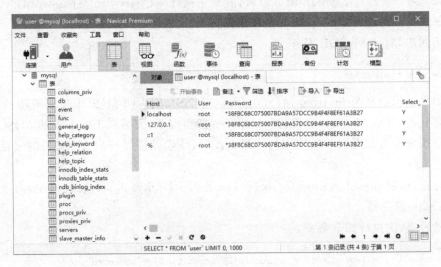

图 5-1-4

(1) Navicat 非常易用而且可靠;

（2）Navicat 能够显著的提高工作效率。

2. MySQL Workbench

MySQL Workbench 是为 MySQL 设计的 ER/数据库建模工具，是著名的数据库设计工具 DBDesigner4 的继任者，其可以用来创建、管理数据库，以及进行复杂的 MySQL 数据迁移。

MySQL 的 Installer 中包含了 MySQL Workbench 的应用程序（回头再看一下图 5-1-2），安装完成后如图 5-1-5 所示。MySQL Workbench 虽然免费，但其使用起来比较繁琐，不如 Navicat 简便。

图 5-1-5

5.1.4 创建数据库表

我们已经安装好了 MySQL 并成功启动了 MySQL 服务。现在准备使用 Navicat 登录到 MySQL 并创建一张数据库表 user（用户数据表），因为我们接下来准备完成一个完整的用户登录示例。

首先，我们要先登录到 MySQL。步骤依次是：打开 Navicat → 新建 MySQL 连接 → 输入 MySQL 服务器的 IP 地址、端口、用户名和密码 → 单击「好」（在此之前最好单击一下「连接测试」，确认连接是否成功），步骤如图 5-1-6 所示。

接着，我们创建一个名为 cmower 的数据库（通常情况下，一个 Web 应用程序只需要一个数据库）。其步骤依次是：在打开的连接上单击右键→选择「新建数据库」→ 填写数据库名、选择字符集为 utf8 → 单击「好」，步骤如图 5-1-7 所示。

然后，我们创建一个名为 user 的数据表。步骤省略，表的详情如图 5-1-8 所示。

我们来简单了解一下 user 表的 5 个字段。

图 5-1-6

图 5-1-7

图 5-1-8

(1) 每一列都不是 null(除了 del_flag)，即每一列都必须填充数据。

(2) id 列为主键("□"符号，表明本列的值必须唯一，且为自动递增。自动递增是一个特殊的 MySQL 特性，只能在整数列(例如 int 类型)中使用它。它的意思是在表中插入行的时候，该字段可以缺省，此时 MySQL 将自动产生一个唯一的值，该值比本列中现存的最大值更大。每个表中只允许有一个这样的列。

(3) username(用户名，长度为 4，例如 1000)和 password(密码，长度为 32，使用 MD5 加密，加密后的字符串长度恰好为 32 位)都是 varchar 类型。

(4) create_date(创建时间)和 update_date(更新时间)为 bigint 类型，长度为 13，例如 1501477805028(精确到秒的时间戳)。

(5) del_flag(是否删除)为 tinyint 类型，可选值为 0(未删除)或者 1(已删除)，该列的默认值为 0，插入数据的时候可以选择忽略。

注意：其中 create_date、update_date 和 del_flag 为固定的列，往后用到的每一张表都有这三列。

最后，我们插入一条数据。在后面使用 MySQL 完成许多操作之前，必须在其中保存一些数据。完成此操作的方法通常是使用 SQL 的 insert 语句，如下所示。

insert into user ('username', 'password', 'create_date', 'update_date') values ('wang', 'e10adc3949ba59abbe56e057f20f883e', '1501477805028', '1501477805028');

我们来看这条 insert 语句中的 5 个值都代表了什么意思：

(1) 用户名为 wang；

(2) 密码为 123456(明明是 'e10adc3949ba59abbe56e057f20f883e'，怎么可能是 123456 呢？这是 123456 使用 MD5 加密后的形式)；

(3) 插入时间和更新时间均为 2017-07-31 13:10:05(1501477805028 是其时间戳)；

(4) id 和 del_flag 不需要插入，因为 id 列为自动递增，del_flag 的默认值为 0；

(5) 注意列名上的反引号"'"，通常情况下反引号是不需要的。但当你不能确定该列名是不是 MySQL 的关键字时，最好加上反引号，或者确保该列名确实不是 MySQL 的关键字。至于哪一些是 MySQL 的关键字，有很多，我只列两个曾经困扰过我的关键字 key 和 pool(由于没有加反引号，插入数据时程序就一直报错，但错误提示得很笼统，导致我完全不知道是因为用到了 MySQL 的关键字，就一直把问题归咎于其他方面的 SQL 错误，于是问题就无法立即被解决掉)。

好了，MySQL 的准备工作到此已经可以告一段落了。

5.2 MyBatis——数据库持久层框架

5.2.1 MyBatis 简介

MyBatis 是一款优秀的数据库持久层框架，它支持定制化的 SQL 语句、存储过程以及高级映射。

MyBati,大大减化了对数据库进行增删改查的操作。例如,向数据库插入一条数据,只需要两行代码。

```
@Insert("insert into user ( 'username', 'password') values (#{username}, #{password})")
int insert(@Param("username") String username, @Param("password") String password);
```

就这么简单不过,在这之前确实也需要做一些预备工作。

5.2.2 基于 XML 映射的 MyBatis

我们先来看这样一个文件:UserMapper.xml(Mybatis 的 xml 文件声明)。

```xml
<?xml version="1.0" encoding="UTF-8"?>
<!DOCTYPE mapper PUBLIC "-//mybatis.org//DTD Mapper 3.0//EN" "http://mybatis.org/dtd/mybatis-3-mapper.dtd">
<mapper namespace="com.cmower.database.mapper.UserMapper">
    <!-- CONFIG -->
    <resultMap id="BaseResultMap" type="Users">
        <result column="id" property="id" />
        <result column="username" property="username" />
        <result column="password" property="password" />
        <result column="create_date" property="create_date" />
        <result column="update_date" property="update_date" />
        <result column="del_flag" property="del_flag" />
    </resultMap>

    <!-- 列 -->
    <sql id="Base_Column_List">
        id, username, password,
        create_date,update_date,del_flag
    </sql>

    <!-- 增 -->
    <insert id="insert" useGeneratedKeys="true" keyProperty="id">
        insert into user (username, password, create_date, update_date)
        values (#{username}, #{password}, #{create_date}, #{update_date})
    </insert>

    <!-- 逻辑删除 -->
    <update id="delete" parameterType="Long">
        update user set del_flag = 1 where id = #{id}
    </update>
```

```xml
<!-- 更新用户信息 -->
<update id="updateSelective">
    update user
    <set>
        <if test="username != null">
            username = #{username},
        </if>
        <if test="password != null">
            password = #{password},
        </if>
        <if test="del_flag != null">
            del_flag = #{del_flag},
        </if>
        <if test="update_date != null">
            update_date = #{update_date},
        </if>
    </set>
    where id = #{id}
</update>

<!-- 查 -->
<select id="load" resultMap="BaseResultMap" parameterType="Long">
    select
    <include refid="Base_Column_List" />
    from user as u
    where u.id = #{id} and u.del_flag = 0
</select>

</mapper>
```

大致浏览一遍这个文件，你会发现，UserMapper.xml 文件中有一个"增删改查"的内容。事实上，MyBatis 提供的全部特性都可以利用基于 XML 的映射语言来实现，这也是 MyBatis 在过去数年内得以流行的原因。在这个 XML 映射文件中，除了"增删改查"，你还可以定义更多的映射语句。

1. 关于命名空间

为这个 mapper 指定一个唯一的命名空间（namespace），命名空间的值习惯上设置成"包名 + sql 映射文件名"，这样就能够保证命名空间的值是唯一的。例如 namespace="com.cmower.database.mapper.UserMapper"就是 com.cmower.database.mapper（包名）+ userMapper（userMapper.xml 映射文件的文件名）。

2. 关于 resultMap

resultMap 元素是 MyBatis 中最重要的元素。它可以让你从 90% 的 JDBC ResultSets 数据提取代码的工作中解放出来,并在一些情形下允许你做一些 JDBC 不支持的事情。实际上,在对复杂语句进行联合映射的时候,它可以代替数千行的同等功能的代码。ResultMap 的设计思想是,简单的语句不需要明确的结果映射,而复杂一点的语句只需要描述语句之间的关系就行了。

在以后的时间里,你可能会见到这样简单的映射语句,它不需要指定明确的 resultMap。例如:

```
<select id = "loadUser" resultType = "hashmap">
    select u.id, u.username, u.update_date
    from user u
    where u.del_flag = 0
</select>
```

上述语句只是简单地将所有的列映射到 HashMap ,这由 resultType 属性指定。这样的映射在大部分情况下都是够用的,但部分程序可能更需要使用 JavaBean 作为领域模型,来看一下这个 JavaBean。

```java
package com.cmower.database.entity;
import com.cmower.dal.DataEntity;
@SuppressWarnings("serial")
public class Users extends DataEntity < Users > {
    private String username;
    private String password;

    public String getUsername() {
        return this.username;
    }

    public void setUsername(String username) {
        this.username = username;
    }

    public String getPassword() {
        return this.password;
    }

    public void setPassword(String password) {
        this.password = password;
    }
}
```

Users.java 中只定义了两个属性:username 和 password,但它还有另外四个属性:

id、create_date、update_date 和 del_flag，它们在哪里呢？这四个属性作为固定的属性，会存在于我们在今后遇到的每一个 JavaBean 中，所以我把它们提取出来放在了父类 DataEntity 中。

```java
package com.cmower.dal;

import java.io.Serializable;
import java.util.HashMap;
import java.util.Map;

public abstract class DataEntity < T > implements Serializable {
    private static final long serialVersionUID = 2210598609745930327L;

    private Long id;
    protected Long create_date;
    protected Long update_date;
    protected Integer del_flag;

    public DataEntity() {
    }

    public void preInsert() {
        setUpdate_date(System.currentTimeMillis());
        setCreate_date(getUpdate_date());
    }

    public void preUpdate() {
        setUpdate_date(System.currentTimeMillis());
    }

    public Long getCreate_date() {
        return create_date;
    }

    public void setCreate_date(Long create_date) {
        this.create_date = create_date;
    }

    public Long getUpdate_date() {
        return update_date;
    }

    public void setUpdate_date(Long update_date) {
```

```java
        this.update_date = update_date;
    }

    public Integer getDel_flag() {
        return del_flag;
    }

    public void setDel_flag(Integer del_flag) {
        this.del_flag = del_flag;
    }

    /**
     * Attributes of this model
     */
    private Map < String, Object > attrs = getAttrsMap();

    private Map < String, Object > getAttrsMap() {
        return new HashMap < String, Object > ();
    }

    @SuppressWarnings("unchecked")
    public T put(String key, Object value) {
        attrs.put(key, value);
        return (T) this;
    }

    @SuppressWarnings("unchecked")
    public < M > M get(String attr) {
        return (M) (attrs.get(attr));
    }

    public Map < String, Object > getAttrs() {
        return attrs;
    }

    public void setAttrs(Map < String, Object > attrs) {
        this.attrs = attrs;
    }

    public Long getId() {
        return id;
    }
```

```
    public void setId(Long id) {
        this.id = id;
    }
}
```

以上列举出的这些属性都将会对应到 select 语句中的列名。Users.java 这个 JavaBean 可以被映射到 ResultSet，代码如下：

```
< select id = "loadUser" resultType = "User" >
    select u.id, u.username, u.password, u.create_date, u.update_date, u.del_flag
    from user u
    where u.del_flag = 0
</select >
```

这些情况下，MyBatis 会在幕后自动创建一个 ResultMap，然后再基于属性名来映射列到 JavaBean 的属性上。如果列名和属性名没有精确匹配，可以在 SELECT 语句中对列使用别名（这是一个基本的 SQL 特性）来匹配标签，例如：

```
< select id = "loadUser" resultType = "User" >
    select
        u.id,
        <!-- 这需要 JavaBean 中的属性为 updateDate 而不再是 update_date -- >
        u.update_date as updateDate
    from users u
</select >
```

不过，为了使数据库列名与 JavaBean 的属性更好的分离，我们倾向于使用外部的 resultMap，这也是解决列名不匹配的另外一种方式。在 UserMapper.xml 文件中，我们就采用了这种方式，代码如下：

```
<!-- CONFIG -- >
< resultMap id = "BaseResultMap" type = "Users" >
    < result column = "id" property = "id" />
    < result column = "username" property = "username" />
    < result column = "password" property = "password" />
    < result column = "create_date" property = "create_date" />
    < result column = "update_date" property = "update_date" />
    < result column = "del_flag" property = "del_flag" />
</resultMap >
```

先定义了一个 id 为 BaseResultMap 的 resultMap，然后在映射语句中通过 resultMap 属性（去掉了 resultType 属性）来关联上该 resultMap，代码如下：

```
<!-- 列 -- >
< sql id = "Base_Column_List" >
```

```xml
    id, username, password,
    create_date,update_date,del_flag
</sql>

<!-- 查 -->
<select id="load" resultMap="BaseResultMap" parameterType="Long">
    select
     <include refid="Base_Column_List" />
    from user as u
    where u.id = #{id} and u.del_flag = 0
</select>
```

因为列名使用的频率非常高,所以我习惯于把列名使用 SQL 元素(见 id="Base_Column_List")的方式提取出来,然后在用到它们的时候使用 <include refid="Base_Column_List" /> 引用。SQL 元素可以被用来定义可重用的 SQL 代码段,并可以包含在其他语句中。

3. 关于自动生成主键

在 5.2.1 节中,我们介绍了 MySQL,知道 MySQL 数据库是支持自动生成主键的,那么此时我们就可以在插入语句中设置 useGeneratedKeys="true",然后再把 keyProperty 设置到目标属性上,这样就可以完成主键的自动递增,代码如下:

```xml
<insert id="insert" useGeneratedKeys="true" keyProperty="id">
    insert into user (username, password, create_date, update_date)
    values (#{username}, #{password}, #{create_date}, #{update_date})
</insert>
```

4. 关于参数

先看下面这个逻辑删除语句(在正式的 Web 应用程序中的,很少会使用物理删除语句,例如 delete from users where id=#{id}。因为物理删除语句具有很大的风险性,如果数据被误删的话就很难再找回,而逻辑删除则规避了这个风险):

```xml
<update id="delete" parameterType="Long">
    update user set del_flag = 1 where id = #{id}
</update>
```

这个语句被称作为 delete(id="delete"),其接受一个 Long 型的参数。在这里,请注意这个符号"#{}",这个符号会告知 MyBatis 要创建一个预处理语句的参数。在 JDBC 中,这样的一个参数在 SQL 中会由一个"?"来标识,并被传递到一个新的预处理语句中,如下所示:

```
String sql = "insert into user ('id', 'username', 'password') values(?, ?, ?)";
PreparedStatement pstmt = (PreparedStatement) conn.prepareStatement(sql);
```

```
pstmt.setLong(1, 10L);
pstmt.setString(2, "wang");
pstmt.setString(3, "e10adc3949ba59abbe56e057f20f883e");
```

在 JDBC 中,你需要主动调用 setLong 来设置 Long 型的参数,调用 setString 来设置 String 型的参数。而在 MyBatis 中,则不需要,MyBatis 在处理 #{} 时会自动判别参数的类型,并决定使用 setLong 还是 setString。这也就是说,使用 #{} 格式的语法会导致 MyBatis 创建 PreparedStatement 并设置参数,这是一种更安全的做法,通常也是首选做法。不过,有时你就是想直接在 SQL 语句中插入一个不转义的字符串,也就是不想让 MyBatis 创建 PreparedStatement,此时该怎么做呢?使用 ${}。${} 就好像是字符串替换,仅仅只是把 ${} 替换成对应的字符串,例如:

```
ORDER BY ${orderField}
```

假如你想按照用户名(username 列)进行排序,那么 MyBatis 就只是把以上语句替换成 ORDER BY username,并不会因为 username 是字符串而在转义成 ORDER BY "username"。请用心体会其中双引号的差别。

5. 关于动态 SQL

MyBatis 的强大特性之一便是它的动态 SQL。现在,先来看一下这段 SQL 语句:

```
<update id="updateSelective">
    update user
    <set>
        <if test="username != null">
            username = #{username},
        </if>
        <if test="password != null">
            password = #{password},
        </if>
        <if test="del_flag != null">
            del_flag = #{del_flag},
        </if>
        <if test="update_date != null">
            update_date = #{update_date},
        </if>
    </set>
    where id = #{id}
</update>
```

这是一段动态更新的 SQL 语句,其中用到了 if 元素和 set 元素:

(1) if 元素的用处就是当我们传递了 username(username 不为 null),那么本条 SQL 语句就会更新 username,否则不更新;

(2) set 元素会动态前置 SET 关键字,同时也会删掉无关的逗号(用了 if 条件语句之后很可能就会在生成的 SQL 语句的后面留下无关的逗号)。

除了 if 元素和 set 元素,MyBatis 的动态 SQL 还包含这几个元素:choose(when,otherwise)、trim(where)、foreach。这些元素将会在以后的学习和工作当中伴随你左右,你将会时不时的召见它们并使用它们来排忧解难。

5.2.3 Mapper 接口

在实际的开发应用当中,我们常需要通过定义 Mapper 接口的方式来加载映射文件。Mapper 接口需要遵循以下规范:

(1) Mapper.xml 文件中的命名空间与 mapper 接口的类路径相同;
(2) Mapper 接口方法名和 Mapper.xml 中定义的每个映射语句的 id 相同;
(3) Mapper 接口方法的输入参数类型和 mapper.xml 中定义的每个映射语句的 parameterType 的类型相同;
(4) Mapper 接口方法的输出参数类型和 mapper.xml 中定义的每个映射语句的 resultType 的类型相同。

根据以上规范,我们为 UserMapper.xml 定义的 Mapper 接口如下:

```java
package com.cmower.database.mapper;

import com.cmower.dal.BaseMapper;
import com.cmower.database.entity.Users;

public interface UserMapper {

    Long insert(Users model);

    Long delete(Long modelPK);

    Long updateSelective(Users model);

    Users load(Long modelPK);

}
```

代码中 insert、delete、updateSelective 和 load 是最为常用的"增、删、改、查"方法,为此,我把这四个方法抽取出来放在了一个名为 BaseMapper 的基础接口当中,代码如下:

```java
package com.cmower.dal;
public interface BaseMapper < T extends DataEntity < T >, PK extends java.io.Serializable > {

    PK insert(T model);
```

```
    PK delete(PK modelPK);
    PK updateSelective(T model);
    T load(PK modelPK);
}
```

其中 T 代表了数据模型，例如 Users，PK 作为其主键，例如 Users 中的 id。然后，我们就可以把 UserMapper 接口改造成下面的样子：

```
package com.cmower.database.mapper;

import com.cmower.dal.BaseMapper;
import com.cmower.database.entity.Users;

public interface UserMapper extends BaseMapper<Users, Long>{

}
```

好了，现在我们要把 MyBatis 集成到 Spring MVC 中，这样的话，项目的整个数据库通道就打通了。不过，在此之前，我打算隆重的向大家介绍一位新的朋友，它的名字叫 Druid——Java 语言中最好的数据库连接池，其可以帮助我们创建一个数据源以便我们能够顺利地访问 MySQL 数据库。

5.3 Druid——数据库连接池

5.3.1 Druid 简介

Druid 是阿里巴巴公司开源平台上的一个项目，整个项目由数据库连接池、插件框架和 SQL 解析器组成。该项目主要是为了扩展 JDBC 的一些限制，可以让我们开发者实现一些特殊的需求，例如向密钥服务请求凭证、统计 SQL 信息、SQL 性能收集、SQL 注入检查、SQL 翻译等。

就目前来说，Druid 确实是最好的数据库连接池，这主要得益于 Druid 在监控、可扩展性、稳定性和性能方面都有明显的优势。此外，阿里巴巴是一个重度使用关系数据库的公司，它们在生产环境中大量的使用 Druid，并通过长期在极高负载的生产环境中使用、修改和完善，也让 Druid 得到了更多的信任和认可。

5.3.2 使用 Druid

第一步，在 pom.xml 文件中添加 Maven 的依赖。

```
<dependency>
    <groupId>com.alibaba</groupId>
    <artifactId>druid</artifactId>
```

```xml
    <version>1.1.5</version>
</dependency>
```

不过,只添加 Druid 的依赖并不能使整个项目正常运行,我们还需要添加另外 4 个依赖。

```xml
<dependency>
    <groupId>org.springframework</groupId>
    <artifactId>spring-jdbc</artifactId>
    <version>${spring.version}</version>
</dependency>

<dependency>
    <groupId>mysql</groupId>
    <artifactId>mysql-connector-java</artifactId>
    <version>5.1.30</version>
</dependency>

<dependency>
    <groupId>org.mybatis</groupId>
    <artifactId>mybatis</artifactId>
    <version>3.4.1</version>
</dependency>

<dependency>
    <groupId>org.mybatis</groupId>
    <artifactId>mybatis-spring</artifactId>
    <version>1.3.0</version>
</dependency>
```

为什么要添加这 4 个依赖?

(1) 做事要追求尽善尽美,所以我们在初期搭建项目环境的时候就选择了 Spring。Spring 提供了一组数据访问框架,集成了多种数据库访问技术,能够帮助我们消除持久化代码中单调枯燥的数据访问逻辑,所以我们首先要添加 spring-jdbc 的依赖。

(2) 我们使用 Druid 的目的就是为 MySQL 配置数据源,所以 MySQL 的 jdbc 连接驱动器(mysql-connector-java)是必须的。

(3) 我们打算使用 MyBatis 作为项目的持久层框架,所以还需要把 MyBatis 的 jar 包添加进来。

(4) 为了便于 MyBatis 的用户在 Spring 中整合 MyBatis,使用 mybatis-spring 来完成这项工作。

第二步,在 web.xml 文件中添加 ContextLoaderListener。

```xml
<context-param>
    <param-name>contextConfigLocation</param-name>
    <param-value>classpath:application-context.xml</param-value>
</context-param>

<listener>
    <listener-class>org.springframework.web.context.ContextLoaderListener</listener-class>
</listener>
```

ContextLoaderListener 是一个 Servlet 监听器,除了 DispatcherServlet 创建的应用上下文之外,并能够加载其他的配置文件到 Spring 的应用上下文中,例如 application-context.xml 文件(contextConfigLocation 参数指定了配置文件的路径,classpath:前缀使得配置文件能够以资源的方式在应用程序中以类路径的方式被加载)。

第三步,在 application-context.xml 文件中配置 Druid 的 DataSource。

```xml
<?xml version="1.0" encoding="UTF-8"?>
<beans xmlns="http://www.springframework.org/schema/beans"
    xmlns:xsi="http://www.w3.org/2001/XMLSchema-instance" xmlns:p="http://www.springframework.org/schema/p"
    xmlns:context="http://www.springframework.org/schema/context" xmlns:tx="http://www.springframework.org/schema/tx"
    xsi:schemaLocation="
    http://www.springframework.org/schema/beans
    http://www.springframework.org/schema/beans/spring-beans-3.2.xsd
    http://www.springframework.org/schema/tx
    http://www.springframework.org/schema/tx/spring-tx-3.2.xsd
    http://www.springframework.org/schema/context
    http://www.springframework.org/schema/context/spring-context-3.2.xsd">

    <bean class="org.springframework.beans.factory.config.PropertyPlaceholderConfigurer">
        <property name="ignoreResourceNotFound" value="true" />
        <property name="locations" value="classpath:config.properties" />
    </bean>

    <bean id="dataSource" class="com.alibaba.druid.pool.DruidDataSource"
        init-method="init" destroy-method="close">
        <!-- Connection Info -->
        <property name="url" value="${jdbc.url}" />
        <property name="username" value="${jdbc.username}" />
        <property name="password" value="${jdbc.password}" />
```

```xml
<!-- 配置初始化大小、最小、最大 -->
<property name="initialSize" value="1" />
<property name="minIdle" value="1" />
<property name="maxActive" value="20" />

<!-- 配置获取连接等待超时的时间 -->
<property name="maxWait" value="60000" />

<!-- 配置间隔多久才进行一次检测,检测需要关闭的空闲连接,单位是毫秒 -->
<property name="timeBetweenEvictionRunsMillis" value="60000" />

<!-- 配置一个连接在池中最小生存的时间,单位是毫秒 -->
<property name="minEvictableIdleTimeMillis" value="300000" />

<property name="validationQuery" value="SELECT 'x'" />
<property name="testWhileIdle" value="true" />
<property name="testOnBorrow" value="false" />
<property name="testOnReturn" value="false" />

<!-- 配置监控统计拦截的filters -->
<property name="filters" value="stat" />
    </bean>

</beans>
```

application-context.xml 都配置了以下内容。

(1) PropertyPlaceholderConfigurer 是 BeanFactoryPostProcessor 的子类,它能够在 Servlet 容器初始化时,读取指定的 config.properties 文件以便获取键值对;当 dataSource 初始化时,它会对其进行拦截,并将其中出现的 ${xxx} 进行替换,替换之后的内容是之前从 config.properties 文件中读取到的值。

先来看 classpath 下的 config.properties。

```
jdbc.url = jdbc:mysql://localhost:3306/cmower? useUnicode = true&characterEncoding =
          utf-8&autoReconnect = true
jdbc.username = root
jdbc.password = 123456
```

① jdbc.url 为 MySQL 数据库的连接地址(useUnicode＝true 表明使用 Unicode 字符集,characterEncoding＝utf-8 表明字符编码为 utf-8,autoReconnect＝true 表明当数据库连接异常中断时自动重新连接);

② jdbc.username 为登录 MySQL 的用户名;

③ jdbc.password 为登录 MySQL 的密码。

当 dataSource 初始化完成后,其中连接信息部分的实际内容如下所示:

```
< property name = "url" value = "jdbc:mysql://localhost:3306/cmower? useUnicode = true&characterEncoding = utf-8&autoReconnect = true" />
< property name = "username" value = "root" />
< property name = "password" value = "123456" />
```

(2) dataSource 中的内容是 Druid 官网提供的连接池配置模板,如果没有特别的要求,可以不改动。

(3) 我们知道,Mybatis 的所有操作都是基于一个 SqlSession 进行的,而 SqlSession 是由 SqlSessionFactory 产生的,SqlSessionFactory 又是由 SqlSessionFactoryBuilder 生成。

SqlSessionFactory 的实例可以通过 SqlSessionFactoryBuilder 获得,而 SqlSessionFactoryBuilder 则可以从 XML 配置文件中构建出 SqlSessionFactory 的实例。从 XML 文件中构建 SqlSessionFactory 的实例非常简单,代码如下所示:

```
< bean id = "sqlSessionFactory" class = "org.mybatis.spring.SqlSessionFactoryBean" >
    < property name = "typeAliasesPackage" value = "com.cmower.database.entity" />
    < property name = "dataSource" ref = "dataSource" />
</bean >
```

在定义 SqlSessionFactoryBean 的时候,dataSource 属性是必须指定的,它表示用于连接数据库的数据源。除此之外,我们还指定了一个名为 typeAliasesPackage 的属性,它一般对应实体类所在的包,这样设置的好处是我们可以在 mapper.xml 中使用 Users 代替 com.cmower.database.entity.Users。

(4) 为了简化配置,MyBatis-Spring 中提供了一个转换器 MapperScannerConfig,它可以将接口转换为 Spring 容器中的 Bean,在 Service 中直接使用 @Autowired 的方法就可以直接注入接口实例。MapperScannerConfigurer 将扫描 basePackage 所指定包下的所有接口类(包括子类),如果它们在 SQL 映射文件中定义过,则将它们动态定义为一个 Spring Bean,这样,我们在 Service 中就可以通过接口实例访问其定义的数据库操作方法,代码如下所示:

```
package com.cmower.spring.service;

import org.springframework.beans.factory.annotation.Autowired;
import org.springframework.stereotype.Service;

import com.cmower.database.entity.Users;
import com.cmower.database.mapper.UserMapper;

@Service
public class UserService {
```

```
    @Autowired
    private UserMapper userMapper;

    public void insert(Users users) {
        users.preInsert();
        this.userMapper.insert(users);
    }

    public long updateSelective(Users param) {
        if (param.getId() == null) {
            throw new RuntimeException("更新数据时 ID 未赋值");
        }

        param.preUpdate();
        return this.userMapper.updateSelective(param);
    }

    public Users load(long userid) {
        return this.userMapper.load(userid);
    }
}
```

在 UserService 类中，我们通过@Service 注解将其标注为一个业务层的组件，这样我们就可以在@Controller 标注的控制层组件中对其进行访问。当然，我们也必须将 Service 类转换为 Spring 容器中的 Bean，为此，我们需要在 application-context.xml 文件中添加以下内容：

```
< context:component - scan base - package = "com.cmower.spring" >
    < context:exclude - filter type = "annotation" expression = "org.springframework.stereotype.Controller" />
< /context:component - scan >
```

注意：使用 < context:exclude—filter type ="annotation" expression ="org.springframework.stereotype.Controller" /> 过滤掉@Controller 标注的控制器类，是为了解决事务失效的问题，即在主容器 application-context.xml 中不扫描@Controller 注解，而子容器 context-dispatcher.xml 只扫描@Controller 注解（只扫描 controller 包下的注解），如下所示。

```
< context:component - scan base - package = "com.cmower.spring.controller" />
```

5.3.3 配置 LogFilter

Druid 内置提供了四种 LogFilter（Log4jFilter、Log4j2Filter、CommonsLogFilter、

Slf4jLogFilter)用于输出JDBC执行的日志。可以在druid.jar!/META-INF/druid-filter.properties文件中找到这四种Filter,如下所示。

```
druid.filters.log4j=com.alibaba.druid.filter.logging.Log4jFilter
druid.filters.log4j2=com.alibaba.druid.filter.logging.Log4j2Filter
druid.filters.slf4j=com.alibaba.druid.filter.logging.Slf4jLogFilter
druid.filters.commonlogging=com.alibaba.druid.filter.logging.CommonsLogFilter
druid.filters.commonLogging=com.alibaba.druid.filter.logging.CommonsLogFilter
```

作为日志界的四大金刚,它们各有千秋。我个人推荐使用slf4j。与其他日志记录库相比,slf4j(Simple logging Facade for Java)不是一个真正的日志实现,而是一个抽象层(abstraction layer),它允许你在后台使用任意一个日志类库(例如说log4j)。简短的说,slf4j能够让你的代码独立于任何特定的日志记录API。

例如在使用log4j时,要输出一条带有参数的日志,你必须这么做:

```
logger.debug("用户名为:" + name + ",性别为:" + sex);
```

这样的代码写起来相当的痛苦,因为双引号和加号要写很多。而如果使用slf4j,会是什么样子呢?

```
logger.debug("用户名为:{},性别为:{}", name, sex);
```

怎么样,是不是感觉简洁多了。slf4j提供了占位符功能,在代码中使用{}来表示。占位符功能与String的format()方法中的%s非常相似,因为它在运行时才提取所提供的真正的字符串。这不仅缩减了代码中的许多字符串连接,而且减少了创建String对象所需要的资源。

既然我们决定选择使用slf4j,那么该怎么配置它呢?具体步骤如下。

第一步,在pom.xml文件中添加Maven的依赖。

```
<dependency>
    <groupId>org.slf4j</groupId>
    <artifactId>slf4j-api</artifactId>
    <version>1.7.25</version>
</dependency>
<dependency>
    <groupId>org.slf4j</groupId>
    <artifactId>slf4j-log4j12</artifactId>
    <version>1.7.25</version>
</dependency>
```

第二步,在classpath下新建log4j.properties,并添加以下内容。

```
# Rules reminder:
# DEBUG < INFO < WARN < ERROR

log4j.rootLogger = DEBUG,consolelog

log4j.appender.consolelog = org.apache.log4j.ConsoleAppender
log4j.appender.consolelog.Threshold = DEBUG
log4j.appender.consolelog.ImmediateFlush = true
log4j.appender.consolelog.Target = System.out
log4j.appender.consolelog.layout = org.apache.log4j.PatternLayout
log4j.appender.consolelog.layout.ConversionPattern = %5p %d %C: %m%n
```

（1）日志输出级别
- ERROR 为严重错误 主要是程序的错误；
- WARN 为一般警告，例如 session 丢失；
- INFO 为一般要显示的信息，例如登录登出；
- DEBUG 为程序的调试信息。

选择 DEBUG 级别也就意味着这四种级别的信息都会输出。

（2）日志输出目的地

org.apache.log4j.ConsoleAppender 指定日志输出的目的地为控制台，Threshold＝DEBUG 指定日志的输出级别为最低层次，ImmediateFlush＝true 指定所有日志都会被立即输出。

第三步，为 Druid 开启 slf4j：

```
<bean id="dataSource" class="com.alibaba.druid.pool.DruidDataSource"
    init-method="init" destroy-method="close">
    ......
    <property name="filters" value="stat,slf4j" />
</bean>
```

5.3.4 为数据库密码提供加密功能

数据库密码直接写在配置文件中，这对运维安全来说是一个很大的挑战。尽管本例中我们的数据库密码非常简单，只是 123456，但我们还是希望它能够安全一点。就好像你的银行卡里只有一百块，但你也不希望上面写上一行大字，说"本卡里面有一百元，密码是 123456"，你肯定希望一百块存款的银行卡也能够像一百万存款的银行卡一样安全。

第5章 不可或缺的数据库

那么,有什么好的手段来保护数据库密码吗?有,Druid 为此提供一种数据库密码加密的手段,步骤如下。

第一步,使用 druid.jar 生成数据库密码的密文。在命令行中执行如下命令,操作界面如图 5-3-1 所示。

```
java -cp druid-1.1.5.jar com.alibaba.druid.filter.config.ConfigTools 123456
```

图 5-3-1

第二步,把输出结果添加到 config.properties 文件中,注意删除原来的明文数据库密码。

第三步,重新配置数据源,提示 Druid 数据源需要对数据库密码进行解密,代码如下所示:

```
<bean id="dataSource" class="com.alibaba.druid.pool.DruidDataSource"
    init-method="init" destroy-method="close">
    <property name="url" value="${jdbc.url}"/>
    <property name="username" value="${jdbc.username}"/>
    <property name="password" value="${password}"/>
    <property name="filters" value="stat,slf4j,config"/>
    <property name="connectionProperties" value="config.decrypt=true;config.decrypt.key=${publicKey}"/>
</bean>
```

注意: 在 filters 属性值中需要加入"config",告知 Druid 需要使用 ConfigFilter 对数据库密码进行拦截配置;同时在 connectionProperties 属性值中指定 config.decrypt=true,告知 ConfigFilter 对数据库密码进行解密,解密的公钥为 publicKey。

新添加了这么多个文件后,有必要把项目此时的目录结构图展示一下,如图 5-3-2 所示(有了此图之后,文件所处的位置便一目了然了):

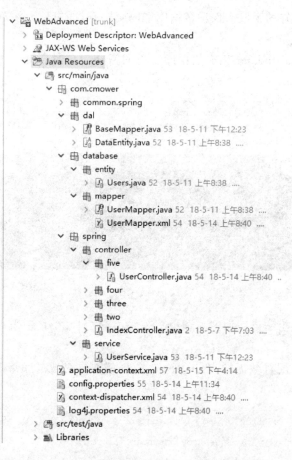

图 5-3-2

5.4 小　结

小二哥：亲爱的读者，你们好，我是你们的老朋友小二哥。

小王老师：亲爱的读者，你们好，我是你们的老朋友小王老师。

小二哥：小王老师，又到了和读者敞开心扉的时刻，你激动不？

小王老师：激动，非常激动。

小二哥：那小王老师准备表达一些什么感慨呢？

小王老师：刚刚听了樊登读书会的一本书《谢谢你迟到》，里面表达了一个我非常喜欢的观点，在这里推荐给大家。那就是，在当今这个加速发展的社会，你不能只是有"一技之长"的人，你需要全方面的发展，才能跟得上时代的脚步。例如说，以前我们程序员习惯称呼自己为 Java 工程师、UI 工程师、运维工程师、测试工程师，总喜欢把自己的角色固定下来，来证明自己在某一方面是个专家，然后就可以衣食无忧，到哪个公司都能吃得开。但时代真的变了，就连季节都变了，以前是春夏秋冬四季，现在只剩下夏冬两

第 5 章 不可或缺的数据库

季,所以我们程序员也需要与时俱进,不能固步自封。我相信未来的趋势不只是人工智能,也是全栈。当然了,在加速前进的道路上,你也需要在某个时刻静下来、停下来。例如说某一天上班你迟到了,那么就不要再着急忙慌地赶了,既然迟到了,不妨静下心来,打开奇妙清单,规划一下今天的工作内容,或者想一个绝妙的托词,向领导证明自己今天迟到确实事出有因。小二哥,醒醒,醒醒,你怎么能睡着了呢?

小二哥:没有,小王老师,我在闭目,同时也在用心地思考你说的话呢。你说得非常的有道理,我需要反复咀嚼一下才能消化掉。

小王老师:小二哥,打住打住。今天交给你一个特别重要的任务,你有没有信心完成?

小二哥:有!请小王老师放心。那任务是什么呢?

小王老师:这一章,我主要讲的是数据库的相关内容,包括 MySQL、MyBatis、Druid 等,准备工作已经完成,但还没有通过实例来验证那些配置是否有效,也就是验证从前端到后端,再到数据库的通道是否打通,我看这个任务就你来完成吧。好,下面就交给你了,小二哥,努力,我撤了啊。

小二哥:小王老师,等等……(溜这么快,好吧,不就做个实例验证一下嘛,还能难倒玉树临风的小二哥我不成!)

小二哥完成任务的情况,请扫描《致读者的一封信》中的二维码查看。

第 6 章

多彩的 AdminLTE

上一章，我们简单了解了数据库。现在有了数据库的基础，我们就可以做一些更重要的事情了，因为真实的项目，数据绝大多数都来自于按照数据结构组织、存储和管理的数据库，而不是在 Web 客户端进行模拟。

AdminLTE 中囊括了众多的 JavaScript 组件，这些组件恰好都可以和数据库完美的结合起来，帮助我们实现一些复杂的功能，例如：

(1) 统计数据的图表类组件 Chart.js；

(2) 支持搜索、标记、远程数据和无限滚动的下拉框 Select2；

(3) 非常酷的分层树结构插件 Bootstrap-Treeview。

是不是迫不及待地想见 AdminLTE 一面了？现在，就让我们开始一段新的进阶之路吧！

6.1 初识 AdminLTE

6.1.1 AdminLTE 简介

AdminLTE 是一款优秀的前端开源框架，它依赖于 jQuery 和 Bootstrap 运行，但是 AdminLTE 重新设计了 Bootstrap 常用的一些组件，使它们看起来更美观、更多彩。AdminLTE 提供了一系列响应式（responsive）、可重复使用（reusable）、使用率非常高（commonly used）的模板组件。

图 6-1-1 是 AdminLTE 的在线预览截图。AdminLTE 的风格趋于模块化：顶部是消息导航区，左侧是层级导航条，右侧是内容区域，每一层都放了不同模块的内容，整体的排版整齐自然，界面颜色搭配合理。

截止到目前，AdminLTE 官网统计的下载次数已有 1,579,161 次。假如，我真的是假如，假如《Web 全栈开发进阶之路》这本书能卖上 1,579,161 册，至于出版社会不

第 6 章　多彩的 AdminLTE

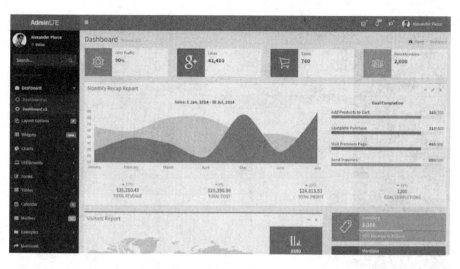

图 6-1-1

会乐坏我不知道,反正我肯定会乐坏!要衡量一款开源框架是否得到了开发者的信赖,下载次数显然是一个不可忽略的指标。

6.1.2　AdminLTE 的优点

1. 完善的帮助文档

一款好的框架必须要有一套完善的帮助文档,否则使用者就要花费大量的时间去做调查研究,这样的话,就会拖后开发进度和降低开发效率。AdminLTE 提供的帮助文档中,不仅有语法高亮的 JSFiddle(Web 开发人员的练习场,可以在线编辑和测试 HTML、CSS、JavaScript)代码片段,还有代码运行后的实例效果。文档地址 https://adminlte.io/docs/2.4/installation/。

2. 在线预览

一个框架如果开源,还提供在线预览,那么这样可以快速地帮助我们厘清框架都有哪些 CSS 和 JavaScript 组件,这些组件长什么样,该怎么用?AdminLTE 在线预览会尝试从 fonts.googleapis.com 网站加载字体,通常情况下,对于国内用户,因涉及到 Google,所以会导致 AdminLTE 加载得非常慢。AdminLTE 在线演示地址:https://adminlte.io/themes/AdminLTE/index2.html。

3. 更优质的模板

AdminLTE 不仅提供了免费的模板,还收费提供了更优质的 INSPINIA＋ Admin 和 Ample Admin 模板。作为普通的使用者,AdminLTE 提供的模板已经足够用了,但是,INSPINIA＋ Admin 和 Ample Admin 提供的在线预览还是可以帮助我们获得更多灵感的。INSPINIA＋ Admin 的预览地址是 http://webapplayers.com/inspinia_admin-v2.7.1/,如图 6-1-2 所示。

图 6-1-2

Ample Admin 的在线预览地址是 https://wrappixel.com/ampleadmin/ampleadmin-html/ampleadmin/index.html，如图 6-1-3 所示。

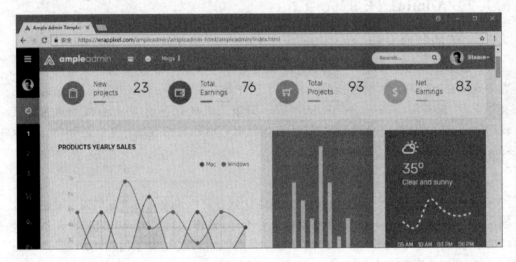

图 6-1-3

6.1.3　AdminLTE 初次探索

1. 获取 AdminLTE

在 AdminLTE 主页 https://adminlte.io/ 单击「DOWNLOAD」按钮，页面会跳转到 GitHub，选择下载最新版的 AdminLTE 2.4.2 源码包。

前面曾提到过，AdminLTE 在线访问通常会比较慢，更好的做法就是把 Admin-

第6章 多彩的 AdminLTE

LTE 的源码包下载到本地，然后直接通过浏览器访问 AdminLTE 目录下的 index.html 或者 index2.html 文件。

2. 使用 AdminLTE

第一步，把 AdminLTE 核心文件加入到项目路径下，结构如图 6-1-4：

我们来看一下图 6-1-4 中的重要文件：

（1）AdminLTE.css 为 AdminLTE 的核心样式文件；

（2）_all—skins.css 为 AdminLTE 的皮肤文件；

图 6-1-4

（3）adminlte.js 为 AdminLTE 的核心 JavaScript 文件；

（4）righter.js 为 AdminLTE 右侧边栏文件，负责对 AdminLTE 的皮肤和布局进行切换（原文件中的关键词是英文的，我对其进行了中文化，以便你在学习的过程中参考）。

第二步，将 AdminLTE.css 和_all—skins.css 加入到 csslib.jsp 文件中。

```
<link rel="stylesheet" href="${ctx}/resources/components/adminlte/css/AdminLTE.css">
<link rel="stylesheet" href="${ctx}/resources/components/adminlte/css/skins/_all-skins.css">
```

第三步，把 adminlte.js 和 righter.js 加入到 jslib.jsp 文件中。

```
<script src="${ctx}/resources/components/adminlte/js/adminlte.js"></script>
<script src="${ctx}/resources/components/adminlte/js/righter.js"></script>
```

第四步，使用 AdminLTE 提供的模板页。

```
<%@ page language="java" contentType="text/html; charset=UTF-8" pageEncoding="UTF-8"%>
<!DOCTYPE html>
<html lang="zh-CN">
<%@ include file="/resources/common/taglib.jsp"%>
<head>
<%@ include file="/resources/common/meta.jsp"%>
<title>Web全栈开发进阶之路 | 登录</title>
<%@ include file="/resources/common/csslib.jsp"%>
</head>
```

```html
<body class="hold-transition login-page">
    <div class="login-box">
        <div class="login-logo">
            <a href="#">
                <b>Web</b>全栈开发进阶之路
            </a>
        </div>
        <div class="login-box-body">
            <p class="login-box-msg">登录系统,开启崭新旅程</p>

            <form action="#" method="post">
                <div class="form-group has-feedback">
                    <input type="email" class="form-control" placeholder="账号">
                    <span class="glyphicon glyphicon-envelope form-control-feedback"></span>
                </div>
                <div class="form-group has-feedback">
                    <input type="password" class="form-control" placeholder="密码">
                    <span class="glyphicon glyphicon-lock form-control-feedback">
                    </span>
                </div>
                <div class="row">
                    <div class="col-xs-8">
                        <div class="checkbox icheck" data-skin="square">
                            <label>
                                <input type="checkbox">
                                记住我
                            </label>
                        </div>
                    </div>
                    <div class="col-xs-4">
                        <button type="submit" class="btn btn-primary btn-block btn-flat">登录</button>
                    </div>
                </div>
            </form>

            <div class="social-auth-links text-center">
                <p>- OR -</p>
```

```
            < a href = " # " class = "btn btn-block btn-social btn-microsoft btn-flat" >
                < i class = "fa fa - qq" > < /i >  使用 QQ 登录
            < /a >
        < /div >

        < a href = " # " > 找回密码 < /a > < a href = " # " class = "pull-right" > 注册
        账号 < /a >
    < /div >
< /div >

    < % @ include file = "/resources/common/jslib.jsp" % >
< /body >
< /html >
```

登录页的代码非常简单，我就不做过多说明了。页面运行的效果如图 6-1-5 所示。

图 6-1-5

6.2 SiteMesh——网页布局和装饰的集成框架

6.2.1 SiteMesh 简介

SiteMesh 是一个用于网页布局和装饰的集成框架，它能够帮助我们在由大量页面构成的 Web 应用程序中创建一致的外观和页面布局。

在一个复杂的页面当中,通常包含有:头部导航区、左侧菜单区、右侧内容区、底部页脚区。除了右侧内容区变化比较大之外,其余区域相对来说变化就小得多,甚至一成不变。作为开发者,我们希望有这么一个框架能够提供一个装饰器页面,该页面被头部导航区、左侧菜单区、右侧内容区、底部页脚区以固定的格式占据相对应的位置,然后我们只需要把那些发生变化的页面(被装饰页面)提供给该框架,该框架就能够把被装饰页面按照装饰器页面的布局进行装饰,最终呈现给用户一个完整的页面。

SiteMesh 就是我们希望的那个框架。在 Web 应用程序中,SiteMesh 充当一个 Servler 过滤器,它允许请求由 Servlet 引擎正常处理,但生成的 HTML 页面(通常具有某些可提取的属性,如 < title >、< head > 和 < body > 等)在返回浏览器之前被拦截。SiteMesh 拦截到这些页面之后,会发起第二个请求,该请求会返回网站的固定外观页面,该过程被称为装饰者,装饰者会包含之前提到的那些可提取属性的占位符,用于插入从之前页面中提取的属性。在底层,SiteMesh 架构的一个关键组件就是内容处理器,这是 HTML 页面转换和提取内容的高效引擎,它的处理速度很快。SiteMesh 并不关心使用什么技术来生成页面或装饰器,它们可能是静态文件、Servlet 或者 JSP,只要这些技术由 Servlet 引擎提供服务,SiteMesh 就可以使用它。

6.2.2 SiteMesh 的基本应用

第一步,在 pom.xml 文件中添加 SiteMesh 的依赖。

```xml
< dependency >
    < groupId > org.sitemesh </groupId >
    < artifactId > sitemesh </artifactId >
    < version > 3.0.1 </version >
</dependency >
```

第二步,在 web.xml 文件中添加 SiteMesh 的过滤器。

```xml
< filter >
    < filter-name > sitemesh </filter-name >
    < filter-class > org.sitemesh.config.ConfigurableSiteMeshFilter </filter-class >
</filter >

< filter-mapping >
    < filter-name > sitemesh </filter-name >
    < url-pattern > /* </url-pattern >
</filter-mapping >
```

第三步,创建一个装饰器页面。

本章我们介绍的 AdminLTE 的主页布局恰好就由四部分组成:顶部导航区、左侧菜单区、右侧内容区和底部页脚区,这四部分中只有右侧内容区的变动幅度最大,所以本节我们依然拿 AdminLTE 的部分页面来完成 SiteMesh 的基本应用,示例如下:

```jsp
<%@ page language="java" contentType="text/html; charset=UTF-8" pageEncoding="UTF-8"%>
<!DOCTYPE html>
<html lang="zh-CN">
<%@ include file="/resources/common/taglib.jsp"%>
<head>
<%@ include file="/resources/common/meta.jsp"%>
<title><sitemesh:write property='title' /></title>
<%@ include file="/resources/common/csslib.jsp"%>
</head>

<body class="hold-transition skin-blue sidebar-mini">
    <div class="wrapper">
        <header class="main-header"></header>
        <aside class="main-sidebar"></aside>

        <div class="content-wrapper">
            <sitemesh:write property='body' />
        </div>

        <footer class="main-footer"></footer>
        <aside class="control-sidebar control-sidebar-dark"></aside>
    </div>
    <%@ include file="/resources/common/jslib.jsp"%>
</body>
</html>
```

`<sitemesh:write property='title' />` 和 `<sitemesh:write property='body' />` 标记将被 SiteMesh 重写，以包含从被装饰页面中提取的属性（`<title>` 和 `<body>` 中的内容）。

第四步，创建被装饰页面。

```jsp
<%@ page language="java" contentType="text/html; charset=UTF-8" pageEncoding="UTF-8"%>
<!DOCTYPE html>
<html>
<head>
<title>6.6 SiteMesh——一个用于网页布局和装饰的集成框架</title>
</head>
<body>
    <div class="text-center">
        <img alt="SiteMesh 3 Overview" src="http://wiki.sitemesh.org/wiki/download/attachments/1081351/overview.gif?version=1&modificationDate=1339154657350&api=v2">
```

```
        </div>
    </body>
</html>
```

被装饰页面很简单，只提供了<title>标题和<body>内容，它们将会被 SiteMesh 提取出来附加到装饰页面，最终的页面将会包含装饰器页面的顶部导航区、左侧菜单区、右侧内容区和底部页脚区。

第五步，配置 sitemesh3.xml。

SiteMesh 需要一个配置文件，该配置文件的路径为/WEB-INF/sitemesh3.xml)，该文件用来指定 SiteMesh 具体的装饰器路径，以及其他更多的配置项，代码如下：

```xml
<?xml version="1.0" encoding="UTF-8"?>
<sitemesh>
    <!-- 告诉 SiteMesh,匹配路径/*的请求应该被 decorator.jsp 进行装饰 -->
    <mapping path="/*" decorator="/WEB-INF/pages/decorator.jsp"/>
    <!-- 排除不需要装饰的路径 -->
    <mapping path="/one*" exclue="true"/>
</sitemesh>
```

现在，我们将浏览器指向 http://localhost:8080/WebAdvanced/，看一下 index.jsp 页面被装饰后的样子，如图 6-2-1 所示。

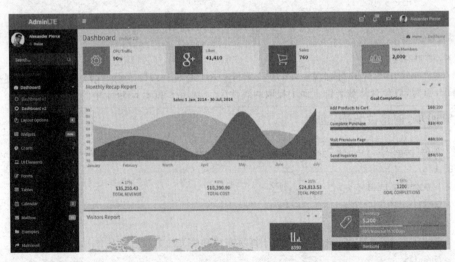

图 6-2-1

如果你通过浏览器查看页面源代码可以发现，原来很简单的 index.jsp 页面已经被 decorator.jsp 装饰成为一个内容更丰富的页面。

6.2.3 SiteMesh 详细配置

1. 基础配置

配置装饰器映射,这也是 SiteMesh 最基础的配置,指出哪些路径应该映射哪些装饰器。

```xml
<sitemesh>

<!-- 可以为不同的路径指定不同的装饰器,当你需要配置两个以上的装饰器时就可以使用这种方式 -->
<mapping path="/admin/*" decorator="/admin-decorator.html"/>
<mapping path="/seller/*" decorator="/seller-decorator.html"/>

<!-- 排除某些路径不被装饰,可以指定具体的路径,也可以使用 * 进行模糊匹配 -->
<mapping path="/admin/login" exclue="true"/>
<mapping path="/admin/special*" exclue="true"/>

</sitemesh>
```

2. MIME 类型配置

默认情况下,SiteMesh 只对 HTTP 响应头中 Content-Type 为 text/html 的页面进行拦截和装饰。我们可以按照以下配置来允许 SiteMesh 拦截其他类型的响应。

```xml
<sitemesh>
<mime-type>application/vnd.wap.xhtml+xml</mime-type>
<mime-type>application/xhtml+xml</mime-type>
</sitemesh>
```

3. 自定义标记

SiteMesh 默认只提供了 `<head>`、`<title>` 和 `<body>` 等标记,这在某些情况下可能满足不了我们的需求,所以我们需要扩展 org.sitemesh.content.tagrules.TagRuleBundle 类来实现自定义标记。

```java
public class SidekeyTagRuleBundle implements TagRuleBundle {
    @Override
    public void install(State defaultState, ContentProperty contentProperty,
            SiteMeshContext siteMeshContext) {
        defaultState.addRule("sidekey", new ExportTagToContentRule(siteMeshContext,
            contentProperty.getChild("sidekey"), false));

    }
```

```
    @Override
    public void cleanUp(State defaultState, ContentProperty contentProperty,
            SiteMeshContext siteMeshContext) {
    }
}
```

有了自定义扩展标记 sidekey 之后,我们就可以通过 sitemesh3.xml 告知 SiteMesh 可以使用该自定义标记了。

```
<sitemesh>
   ...
   <content-processor>
      <tag-rule-bundle class="com.cmower.common.tagrules.SidekeyTagRuleBundle" />
   </content-processor>
</sitemesh>
```

于是,我们在 SiteMesh 的装饰器中这样使用 sidekey 标记。

```
<ul class="sidebar-menu" data-widget="tree" data-sidekey="<sitemesh:write property='sidekey' />">
</ul>
```

`<sitemesh:write property='sidekey' />` 的用法等同于之前使用的 `<sitemesh:write property='title' />` 和 `<sitemesh:write property='body' />` 标记。

在被装饰器页面中,可以这样使用 sidekey 自定义标记。

```
<sidekey>six-sitemesh</sidekey>
```

再次将浏览器指向 http://localhost:8080/WebAdvanced/,并查看页面源代码,可以发现 `<sidekey>` 标记已被解析成功:

```
<ul class="sidebar-menu tree" data-widget="tree" data-sidekey="six-sitemesh">
...
</ul>
```

6.2.4 小　结

(1) 通过 Maven 引入 sitemesh.jar,并在 web.xml 中创建过滤器来启用 SiteMesh。

(2) 通过创建 /WEB-INF/sitemesh3.xml 文件来配置 SiteMesh。

(3) SiteMesh 对需要装饰的路径进行拦截,并通过内容处理器将返回的被装饰页面与装饰器合并,然后返回完整页面。

(4) 被装饰页面也是一个 HTML 页面,包含有 SiteMesh 默认的 `<head>`、`<title>` 和 `<body>` 标记。

(5) 装饰器页面也是一个 HTML 页面,包含了页面的整体布局,以及 SiteMesh 提供的默认占位符:`<sitemesh:write property='title' />`、`<sitemesh:write property=`

'body' /> 等，该占位符可由第 4 点中的 < head >、< title >、< body > 进行填充。

（6）SiteMesh 的内容处理器不仅可以提取和填充默认的规则，还可以处理自定义的规则。

6.3 Chart.js——简单而灵活的图表库

6.3.1 关于 Chart.js

Chart.js 是一套基于 HTML5 技术的，简单、干净并且有吸引力的 JavaScript 图表工具，它提供了完整、易于集成到网站、生动的交互式图表。Chart.js 有以下四个显著的优秀特征。

1. 开源

Chart.js 的源码是开放的，GitHub 地址为 https://github.com/chartjs/Chart.js，任何人都可以参与维护。

2. 图表类型丰富

Chart.js 提供了多达 8 种的可视化展现方式，每种方式都具有动态效果，并且可定制。

3. 基于 HTML5 Canvas

HTML5 添加的最受欢迎的功能就是 < canvas > 元素，这个元素负责在页面中设定一个区域，然后就可以通过 JavaScript 动态在这个区域绘制图形。主流的浏览器大都已经支持 HTML5 Canvas，例如 IE9＋、FireFox1.5＋、Safari2＋、Opera9＋、Chrome、iOS 版 Safari，及安卓版 Webkit 等等。我们可通过以下代码向页面添加一个 id 为"chartJS"，宽度为 200px，高度为 100px 的 HTML5 Canvas：

```
< canvas id = "chartJS" width = "200" height = "100" > </canvas >
```

然后可通过以下 JavaScript 代码绘制一个红色的矩形：

```
< script type = "text/javascript" >
var chartJS = document.getElementById("chartJS");
var cxt = chartJS.getContext("2d");
cxt.fillStyle = "#FF0000";
cxt.fillRect(0, 0, 200, 100);
</script >
```

我们来简单分析一下这段代码：

（1）document.getElementById("chartJS")用来找到 canvas 这个 DOM 对象；

（2）getContext("2d")用来获取内置的 HTML5 对象，可绘制线条、矩形、圆形以及图像；

（3）cxt.fillStyle="#FF0000"设置填充色为红色；

（4）cxt.fillRect(0,0,200,100)规定了形状为矩形,起始位置为左上角(0,0)坐标,宽度为200px,高度为100px。

代码运行后的效果如图6-3-1所示。

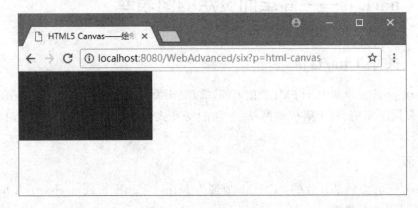

图6-3-1

不是要介绍Chart.js吗？怎么介绍这么多HTML5 Canvas？哦,这么说吧,Chart.js的绘制步骤和红色矩形的绘制步骤并没有太大的差别,至少前两个步骤是完全一样的。所以,当你理解了红色矩形的绘制,Chart.js的各种图表绘制方式也就略知一二了。

4. 响应式

Chart.js可以根据窗口尺寸的变化重新绘制图表,并且展现的画面特别细腻。

以下是Chart.js的联系方式：
- 官网：http://www.chartjs.org/。
- GitHub：https://github.com/chartjs/Chart.js。
- 示例：http://www.chartjs.org/samples/latest/。
- 文档：http://www.chartjs.org/docs/latest/。

6.3.2 Chart.js的基本应用

第一步,把Chart.js加入到jslib.jsp文件。

```
<script src="https://cdn.bootcss.com/Chart.js/2.7.2/Chart.js"></script>
```

注意：Chart.js提供了两种不同的构建方式可供选择。

① 独立构建。独立构建时,可选择的文件为Chart.js(开发版)和Chart.min.js(生产版)。如果选择使用这两个文件,并且需要在运用图表的时候使用时间轴,那么就需要在构建之前将Moment.js文件引入到项目。

本书在之前介绍日期时间选择器的时候已经加入了Moment.js文件,所以此时选择独立构建的方式引入Chart.js。

② 完整构建。完整构建时，可选择的文件为 Chart.bundle.js 和 Chart.bundle.min.js。bundle 版本的 Chart.js 集成了 Moment.js 文件。如果项目之前没有引入 Moment.js 文件，但又希望使用时间轴，应当选择该版本。但又如果之前已经在项目中引用了 Moment.js，则不应当选择此构建方式，否则项目中就会包含两个 Moment.js，这样会导致页面加载时间增加，或者版本引用冲突问题。

第二步，在页面中创建一个 canvas。

```
<canvas id="barChart" style="height:250px"></canvas>
```

第三步，对 canvas 进行 Chart.js 的实例化。

要创建图表，就需要对 canvas 实例化。为此，我们需要先获得 canvas 画布，其可以是 jQuery 对象或者 2d 的 context。

```
//以下方式任选一
var ctx = document.getElementById("myChart");
var ctx = document.getElementById("myChart").getContext("2d");
var ctx = $("#myChart");
var ctx = "myChart";
```

一旦获得 canvas 或者上下文 context，我们就可以创建自己的 Chart.js 图表了。以下示例实例化了一个柱状图，显示不同颜色的投票数。

```
var ctx = $("#barChart");
if (ctx.length > 0) {
    var barChart = new Chart(ctx, {
        type: 'bar',
        data: {
            labels: ["红色", "蓝色", "黄色", "绿色", "紫色", "橙色"],
            datasets: [{
                label: '得票数',
                data: [12, 19, 3, 5, 2, 3],
                backgroundColor: [
                    'rgba(255, 99, 132, 0.2)',
                    'rgba(54, 162, 235, 0.2)',
                    'rgba(255, 206, 86, 0.2)',
                    'rgba(75, 192, 192, 0.2)',
                    'rgba(153, 102, 255, 0.2)',
                    'rgba(255, 159, 64, 0.2)'
                ],
                borderColor: [
                    'rgba(255,99,132,1)',
                    'rgba(54, 162, 235, 1)',
                    'rgba(255, 206, 86, 1)',
```

```
                'rgba(75, 192, 192, 1)',
                'rgba(153, 102, 255, 1)',
                'rgba(255, 159, 64, 1)'
            ],
            borderWidth: 1
        }]
    },
});
}
```

该实例运行后的效果如图 6-3-2 所示。

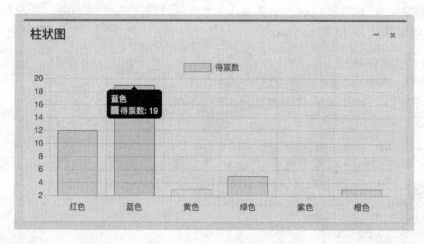

图 6-3-2

实例化 Chart 对象需要传递两个参数，为了方便介绍，我们就称第一个参数为 canvas 上下文，第二个参数是 Object 对象，包含了图表的类型、数据源、配置项等，代码如下：

```
var chart = new Chart(ctx, {type:'', data:{}, options:{}});
```

① type，除了柱状图（type : 'bar'）之外，Chart.js 还内置其他几种常用的图表类型：

- 折线图（type : 'line'）
- 雷达图（type : 'radar'）
- 饼状图（type: 'pie'）
- 环形图（type: 'doughnut'）
- 极地图（type: 'polarArea'）
- 混合型（例如说在一个画布上既显示折线图又显示柱状图）

② data，data.labels 通常用来指定 x 轴上对应的标签；data.datasets 通常用来指定 Chart 图表的数据源。data.datasets 是一个对象数组，如果图表上只需要显示一个

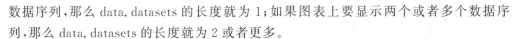

数据序列,那么 data.datasets 的长度就为 1;如果图表上要显示两个或者多个数据序列,那么 data.datasets 的长度就为 2 或者更多。

③ options,data.options 可用来更改图表的外观以及行为方式。例如,options 的子选项 animation 可以用来控制动画的展现形式,layout 可以用来控制图表的内边距,legend 可以用来控制图例,title 可以用来控制图表的标题等。由于 data.options 的子选项众多并且非常重要,所以我专门把它作为一个完整的小节来讲解,下面就让我们来重点学习一下吧。

6.3.3 Chart.js 的常用配置项(options)

1. 动画(animation)

Chart.js 图表在展示的时候是以动画的形式展示,它提供了 4 个选项来配置动画需要的时间、外观,以及动画在执行过程中的监听事件,如表 6-3-1 所示。

表 6-3-1 动画的配置项

名称	类型	默认	描述
duration	Number	1000	动画从开始到结束需要的毫秒数。
easing	String	'easeOutQuart'	要使用的动画效果的名称。
onProgress	Function	null	动画展示的过程中触发的回调函数。
onComplete	Function	null	动画结束时触发的回调函数。

动画配置不仅可以应用于当前的单个图表,还可以应用于全局范围内的所有图表。当需要在全局范围内应用于所有图表时,动画的配置需要在 Chart.defaults.global.animation 路径下设置。当启用了全局配置时,还可以通过对单个图表进行配置来覆盖全局配置,代码如下:

```
Chart.defaults.global.animation.easing = 'easeOutQuart';
var chart = new Chart(ctx, {
    type:'bar',
    data: data,
    options: {
        animation: {
            easing:'easeInOutBounce'
        }
    }
});
```

Chart.js 图表默认的动画效果是 easeOutQuart。除此之外,Chart.js 还提供了很多其他的选择,例如 'linear' 'easeInQuad' 等 31 种。

好吧,足足 31 种,多到我都不确定每一种具体的动画效果是什么。嗯,遇到这种情况该怎么办呢？动手试一试呗。我建议你也来试一试,使用的方法很简单,代码如下：

```
var chart = new Chart(ctx, {
    type: 'line',
    data: data,
    options: {
        animation: {
            easing : 'easeOutBounce'
        }
    }
});
```

另外,我们还可以利用 onProgress 和 onComplete 回调函数为图表的动画绘制一个同步的进度条,步骤如下。

第一步,在页面中创建一个 progress。

```
< progress id = "barChartProgress" max = "1" value = "0" style = "width: 100 %" > </progress >
```

第二步,图表动画期间对进度条赋值,动画结束后对进度条赋值为 0。

```
var barChartCtx = $("#barChart"), barChartProgress = $("#barChartProgress");
var barChart = new Chart(barChartCtx, {
    type: 'bar',
    data: data,
    options: {
        animation: {
            duration : 2000,
            easing : 'easeOutBounce',
            onProgress: function(animation) {
                barChartProgress.val(animation.currentStep / animation.numSteps);
            }
            onComplete:function() {
                window.setTimeout(function() {
                    barChartProgress.val(0);
                },2000);
            }
        }
    }
});
```

进度条的效果如图 6-3-3 所示(图片底部为进度条完成时的状态)：

对于 onProgress 和 onComplete 回调函数来说,它会传递一个 animation 实例作为参数,示例如下：

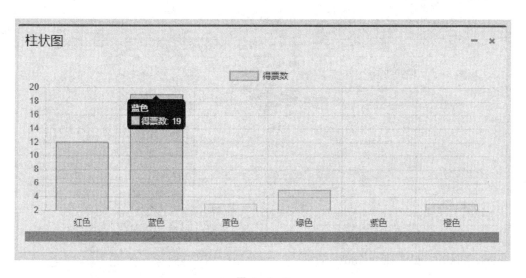

图 6-3-3

```
{
// 图表对象
    chart: Chart,
// 当前动画的步长
    currentStep: Number,
// 动画的总步长
    numSteps: Number,
// 动画效果的类型
    easing: String,
// 动画进行中的回调函数
    onAnimationProgress: Function,
// 动画完成时的回调函数
    onAnimationComplete: Function
}
```

利用 animation 实例的 currentStep 和 numSteps，就可以计算出进度条当前的实时值，公式为：barChartProgress.val(animation.currentStep / animation.numSteps)。

2. 布局(layout)

layout 只有一个 padding 属性，它用来为图表增加内边距，默认值为 0。padding 的值可以是一个数字，此时它表示将对图表的所有内边距(左上右下)进行填充；padding 的值也可以是一个对象，假如你想对图表的左右内边距填充 10 像素，上下内边距填充 20 像素，可以这么做：

```
var chart = new Chart(ctx, {
    type: 'bar',
```

```
            data: data,
            options: {
                layout: {
                    padding: {
                        left: 10,
                        right: 10,
                        top: 20,
                        bottom: 20
                    }
                }
            }
        });
```

和 Animations 一样，layout 也可以进行全局配置，只不过路径有所不同，layout 为 Chart.defaults.global.layout。

3. 图例(legend)

legend 用来代表出现在图表上数据集的含义。单个图表的图例配置可以在 options.legend 路径下设置。全局的图例配置可以在 Chart.defaults.global.legend 路径下设置。legend 的常用选项如表 6-3-2 所示，Legend.lasbls 的选项如表 6-3-3 所示。

表 6-3-2　legend 的常用选项

名称	类型	默认值	描述
display	Boolean	true	是否显示图例。
position	String	'top'	定义图例显示的位置，可选项有 'top'、'left'、'bottom'、'right'。
labels	Object		可以通过此选项对图例进行自定义。
onClick	Function		单击图例所触发的回调函数。
onHover	Function		鼠标在图例上经过时触发的回调函数。

表 6-3-3　legend.labels 的选项

名称	类型	默认值	描述
boxWidth	Number	40	彩色框的宽度。
fontSize	Number	12	文字的字体大小。
fontStyle	String	'normal'	文本字体风格。
fontColor	Color	'#666'	文本的颜色。
usePointStyle	Boolean	false	标签样式将匹配相应的点样式(后面还会结合其他选项进行介绍，这里先 Mark 一下)。

可通过以下代码将图例中所有文本的颜色变为红色。

```
var chart = new Chart(ctx, {
    type: 'bar',
    data: data,
    options: {
        legend: {
            display: true,
            labels: {
                fontColor: 'rgb(255, 99, 132)'
            }
        }
    }
});
```

4. 标题(title)

title 定义了要在图表顶部绘制的文本。单个图表的标题配置需要在 options.title 路径下设置,全局的标题配置可以在 Chart.defaults.global.title 路径下设置。Title 选项如表 6-3-4 所示。

表 6-3-4 title 的选项

名称	类型	默认	描述
display	Boolean	false	是否显示标题。
position	String	'top'	标题的位置。可选项有 'top'、'left'、'bottom'、'right'。
fontSize	Number	12	字体大小。
fontColor	Color	'#666'	字体颜色。
fontStyle	String	'bold'	字体样式。
padding	Number	10	在标题文本上方和下方添加的像素。
lineHeight	Number/String	1.2	单行文本的高度。
text	String/String[]	''	标题显示的文字。如果指定为数组,则文本将在多行上呈现。

以下示例将在柱状图上启用自定义标题。

```
var chart = new Chart(ctx, {
    type: 'bar',
    data: data,
    options: {
        title: {
            display: true,
            text: '柱状图'
```

```
            }
        }
    })
```

效果如图6-3-4所示。

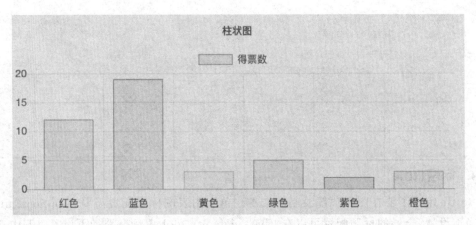

图6-3-4

5．提示(tooltips)

tooltips对于图表来说，实在是太重要了。单个图表的tooltips配置可以在options.tooltips路径下设置，全局的tooltips配置可以在Chart.defaults.global.tooltips路径下设置。tooltips的常用选项如表6-3-5所示。

表6-3-5 tooltips的常用选项

名称	类型	默认	描述
enabled	Boolean	true	是否在画布上启用工具提示。
position	String	'average'	定义工具提示的位置模式。
mode	String	'nearest'	当鼠标在图表上悬停时，Chart.js提供了多种不同的模式用来呈现工具提示，以达到更好的交互效果。
intersect	Boolean	true	如果为true，则只有当鼠标位置与元素相交时才显示工具提示。
callbacks	Object		定义工具提示的回调函数。
xPadding	Number	6	在工具提示的左侧和右侧添加内边距。
yPadding	Number	6	在工具提示的顶部和底部添加内边距。
displayColors	Boolean	true	如果为true，则在工具提示中显示颜色框。
borderColor	Color	'rgba(0,0,0,0)'	工具提示边框的颜色。
borderWidth	Number	0	工具提示边框的宽度。

接下来，我们挑选几个相对重要的tooltips选项进行详细的说明。

① position(位置模式)，position 可选的值有两个。
- average(平均)，工具提示将出现在多个项目的中间位置，如图 6-3-5 所示，工具提示的开口位置恰好是红色线条和蓝色线条的中间位置。
- nearest(最近)，工具提示将出现在离鼠标最近项目的元素上。我们还以图 6-3-5 为例。在 nearest 模式下，如果鼠标所处位置离红色线条比较近，那么工具提示的开口位置将出现在红色线条的某一个点上；如果鼠标所处位置离蓝色线条比较近，那么工具提示的开口位置将出现在蓝色线条的某一个点上。

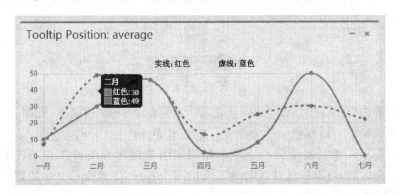

图 6-3-5

如果从文字的释义上感受不出来两者的差别，不妨按照以下方式做出实例自己亲身体会以下。

```
var chart = new Chart(ctx, {
    type: 'line',
    data: data,
    options: {
        tooltips: {
            position: 'average',
        }
    }
})
```

② mode(交互模式)，mode 常用的可选值有四个：point、nearest、index、dataset。

point 模式下，如果多个项目在某一个节点相交，那么此时的工具提示就会显示所有项目在此点上的数据，否则只显示某一个项目在某一个点上的数据。也就是说，在图 6-3-6 中，红色线条和蓝色线条的交汇点只有一个，既 X 轴为三月，轴为 46 时，此时工具提示中显示的内容就是「三月|红色 46|蓝色 46」(竖线代表换行)；除此之外，工具提示要么显示「二月|红色 30」，要么显示「二月|蓝色 49」。

nearest 模式下，工具提示只显示离鼠标最近的某一个项目在某一个点上的数据。即便多个项目在某一个点相交，也只会显示其中一个项目中一个点的数据。以图 6-3-6 为例，在 point 模式下，当鼠标经过 X 轴为三月，Y 轴为 46 的点的时候，工

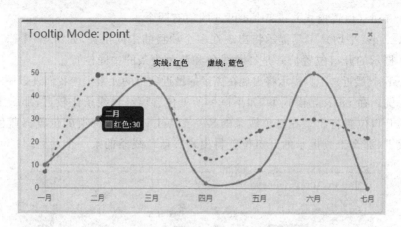

图 6-3-6

具提示显示的内容是「三月｜红色 46｜蓝色 46」。但在 nearest 模式下，此时工具提示显示的内容要么是「三月｜红色 46」，要么是「三月｜蓝色 46」。

index 模式下，工具提示会一直显示相同索引处的所有项目在某一点上的数据。以图 6-3-5 为例，当鼠标经过 X 轴为二月的两个点时，工具提示显示的数据就是「二月｜红色 30｜蓝色 49」。

dataset 模式下，无论鼠标处于该项目的哪一个点上，工具提示会显示同一个项目上所有点的数据。看图 6-3-7，虽然鼠标停留的位置是在 X 轴为一月的蓝色节点处，但工具提示显示的数据是「一月｜蓝色 7｜蓝色 49｜蓝色 46｜蓝色 13｜蓝色 25｜蓝色 30｜蓝色 22」。

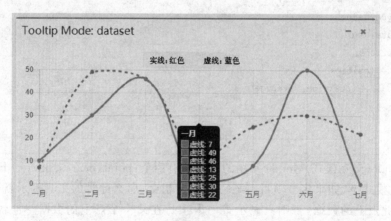

图 6-3-7

你可以通过以下方式来实践一下，感受在不同模式下工具提示呈现的方式。

```
var chart = new Chart(ctx, {
    type: 'line',
    data: data,
```

```
    options: {
        tooltips: {
            mode: 'dataset',
        }
    }
})
```

③ callbacks(工具提示的回调函数集)

如果需要在工具提示中显示一些定制化的数据,就可以使用 callbacks 来完成任务。这些定制化的内容包括表 6-3-6 展示的 3 个常用的选项。

表 6-3-6 工具提示的定制项目

名称	参数	描述
title	Array[tooltipItem], data	返回要渲染为工具提示标题的文本。
label	tooltipItem, data	返回要渲染工具提示中单个项目的文本。
footer	Array[tooltipItem], data	返回要渲染为工具提示页脚的文本。

以下示例使用页脚回调在工具提示中显示项目的总和。

```
var chart = new Chart(ctx, {
    type: 'line',
    data: data,
    options: {
        tooltips: {
            callbacks: {
                footer: function(tooltipItems, data) {
                    var sum = 0;

                    $(tooltipItems).each(function(i, tooltipItem) {
                        sum += data.datasets[tooltipItem.datasetIndex].data[toolt-
                        ipItem.index];
                    });
                    return '总和:' + sum;
                }
            }
        }
    }
});
```

效果如图 6-3-8 所示。

6. elements(元素)

elements 选项可以在每个图表中指定,也可以在全局范围内指定。elements 的全

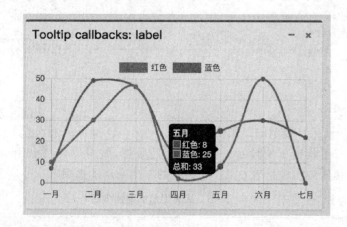

图 6-3-8

局选项在 Chart.defaults.global.elements 中定义。

① rectangle。rectangle 元素用于对柱状图中的矩形条进行设置。rectangle 元素的全局选项在 Chart.defaults.global.elements.rectangle 中定义,如表 6-3-7 所示。

表 6-3-7　rectangle 元素的全局选项

名称	类型	默认	描述
backgroundColor	Color	rgba(0,0,0,0.1)	指定柱状图的填充颜色。
borderWidth	Number	0	指定柱状图的边框宽度。
borderColor	Color	rgba(0,0,0,0.1)	指定柱状图的描边颜色。
borderSkipped	String	'bottom'	指定某个边界不绘制边框,可选值有 'bottom','left','top' 或 'right'。

例如,在全局范围内设置所有柱状图的边框宽度。

```
Chart.defaults.global.elements.rectangle.borderWidth = 2;
```

想要在某个图表中覆盖全局选项该怎么办?代码如下:

```
Chart.defaults.global.elements.rectangle.borderWidth = 2;
var chart = new Chart(ctx, {
    type:'line',
    data: data,
    options: {
        elements: {
            rectangle: {
                borderWidth :1
            }
        }
    }
```

});
```

② line，line 元素用于对折线图中的线条进行设置。line 元素的全局选项在 Chart.defaults.global.elements.line 中定义，如表 6-3-8 所示。

表 6-3-8　line 元素的全局选项

| 名称 | 类型 | 默认 | 描述 |
| --- | --- | --- | --- |
| tension | Number | 0.4 | 贝塞尔曲线张力（0 表示无贝塞尔曲线）。 |
| backgroundColor | Color | 'rgba(0,0,0,0.1)' | 线的填充颜色。 |
| borderWidth | Number | 3 | 线的轮廓宽度。 |
| borderColor | Color | 'rgba(0,0,0,0.1)' | 线的描边颜色。 |
| stepped | Boolean | false | 如果为 true，线条将显示为阶梯线（tension 将被忽略）。 |

例如，在全局范围内设置所有折线图以阶梯线的形式展示。

```
Chart.defaults.global.elements.line.stepped = true;
```

③ point，point 元素用于对折线图中的线条节点进行设置。point 元素的全局选项在 Chart.defaults.global.elements.point 中定义，如表 6-3-9 所示。

表 6-3-9　point 元素的全局选项

名称	类型	默认	描述
radius	Number	3	点的半径。
pointStyle	String	circle	点的样式。
backgroundColor	Color	'rgba(0,0,0,0.1)'	点的填充颜色。
borderWidth	Number	1	点的笔划宽度。
borderColor	Color	'rgba(0,0,0,0.1)'	点的笔划颜色。
hoverRadius	Number	4	鼠标经过时的点的半径。

pointStyle 可选的值有 'circle'（圆点）、'cross'（十字架）、'crossRot'（X 形）、'line'（线形）、'rect'（正方形）、'rectRounded'（圆角方形）、'rectRot'（菱形）、'star'（米形）、'triangle'（三角形）。

以下示例使用 pointStyle 设置点的样式为三角形：

```
var chart = new Chart(ctx, {
    type: 'line',
    data: data,
    options: {
        legend: {
```
```

```
                display: false
            },
            title: {
                display: true,
                text: 'Point Style: triangle'
            },
            elements: {
                point: {
                    pointStyle: 'triangle',
                    radius : 10,
                    hoverRadius : 15
                }
            }
        }
});
```

效果如图 6-3-9 所示。

图 6-3-9

④ arc，arc 元素用于饼状图。arc 元素的全局选项在 Chart.defaults.global.elements.arc 中定义，如表 6-3-10 所示。

表 6-3-10 arc 元素的全局选项

名称	类型	默认	描述
backgroundColor	Color	'rgba(0,0,0,0.1)'	弧的填充颜色。
borderColor	Color	'#fff'	弧线颜色。
borderWidth	Number	2	弧线宽度。

6.3.4 Chart.js 的不同类型图表

1. line(折线图)

折线图是在一条线上绘制数据点的一种图表。通常,它用于显示趋势数据,或两个数据集的比较。使用示例如下:

```
var myLineChart = new Chart(ctx, {
    type: 'line',
    data: {
        datasets: [{
        }]
    },
    options: options
});
```

折线图允许为每个数据集指定多个属性,它们用于设置特定数据集的显示属性。具体属性如表 6-3-11 所示。

表 6-3-11 折线图的数据集属性

名称	类型	描述
label	String	出现在图例和工具提示中的数据集标签。
backgroundColor	Color	线条下方的填充颜色。
borderColor	Color	线条的颜色。
borderWidth	Number	线条的宽度(以像素为单位)。
borderDash	Number[]	折线图默认的线条是实线的,当我们需要以虚线的形式呈现线条的话,可以通过该选项指定。数组的第一个值为虚线单元的长度,第二个为每个单元的间距。
lineTension	Number	线条的贝塞尔曲线张力。设置为 0 以绘制直线。
pointBackgroundColor	Color/Color[]	线条节点的填充颜色。
pointBorderColor	Color/Color[]	线条节点的边框颜色。
pointBorderWidth	Number/Number[]	线条节点边界的宽度(以像素为单位)。
pointRadius	Number/Number[]	线条节点形状的半径。如果设置为 0,则不呈现该点。
pointStyle	String/String[]/Image/Image[]	线条节点的样式。
pointHoverBackgroundColor	Color/Color[]	鼠标经过时线条节点的背景颜色。
pointHoverBorderColor	Color/Color[]	鼠标经过时线条节点的边框颜色。
pointHoverBorderWidth	Number/Number[]	鼠标经过时线条节点的边框宽度。
pointHoverRadius	Number/Number[]	鼠标经过时线条节点的半径。

续表 6-3-11

名称	类型	描述
showLine	Boolean	如果为 false，则此数据集不会绘制线条。
spanGaps	Boolean	如果为 true，线条在遇到空数据的点时仍然会绘制线条。如果为 false，线条则会在 NaN 数据的点处中断。
steppedLine	Boolean/String	如果为 true，线条将显示为阶梯线。

注意：当在绘制大量数据时，图表渲染的时间可能会变长。在这种情况下，可以使用以下策略来提高性能。

① 禁用贝塞尔曲线，贝塞尔曲线（Bézier curve），又称贝兹曲线或贝济埃曲线，是应用于二维图形程序的数学曲线。一般的矢量图形软件通过它来精确画出曲线。贝塞尔曲线由线段与节点组成。贝塞尔曲线是计算机图形学中相当重要的参数曲线。禁用贝塞尔曲线将会减少线条的渲染时间，因为绘制直线比贝塞尔曲线更高效。要为整个图表禁用贝塞尔曲线，可执行以下操作：

```
new Chart(ctx, {
    type: 'line',
    data: data,
    options: {
        elements: {
            line: {
                tension: 0,
            }
        }
    }
});
```

② 禁用线条绘制，在图 6-3-9 中，我们就禁用了线条绘制，即便没有线条的辅助参考，我们依然可以只通过数据点的分布，发现数据的变换趋势。禁用线条绘制在一定程度上意味着画布上减少了图表项目的绘制，也就减少了渲染时间。禁用线条绘制的做法如下：

```
new Chart(ctx, {
    type: 'line',
    data: {
        datasets: [{
            showLine: false, // 为单个数据集禁用线条绘制
        }]
    },
    options: {
        showLines: false, // 所有数据集都禁用线条绘制
```

③ 禁用动画，如果图表的渲染时间特别长，那么禁用动画是个好办法。这样意味着图表只需要在更新期间渲染一次。这将会有效地减少CPU的使用和页面的渲染时间。禁用动画的做法如下：

```
new Chart(ctx, {
    type:'line',
    data: data,
    options: {
        animation: {
            duration:0, // 初次渲染时不再产生动画
        },
        hover: {
            animationDuration:0, // 鼠标在某个项目上悬停时不产生动画
        },
        responsiveAnimationDuration:0, // 图表大小调整后不产生动画
    }
});
```

2. bar(柱状图)

柱状图提供了一种以柱状条表示数据的显示方法。它有的时候用于显示趋势数据，或者将多个数据集进行并排比较。使用示例如下：

```
var myBarChart = new Chart(ctx, {
    type: 'bar',
    data: data,
    options: options
});
```

柱状图和折线图一样，同样允许为每个数据集指定许多属性，如表6-3-12所示。

表6-3-12 柱状图的数据集属性

名称	类型	描述
label	String	出现在图例和工具提示中的数据集标签。
backgroundColor	Color/Color[]	柱状条的填充颜色。
borderColor	Color/Color[]	柱状条边框的颜色。
borderWidth	Number/Number[]	柱状条的轮廓宽度(以像素为单位)。
borderSkipped	String	指定某个边界不绘制边框，可选值有'bottom'、'left'、'top'或'right'。此选项用于避免在柱状条底部绘制边框。

续表 6-3-12

名称	类型	描述
hoverBackgroundColor	Color/Color[]	鼠标在柱状条上悬停时的填充颜色。
hoverBorderColor	Color/Color[]	鼠标在柱状条上悬停时柱状条的边框颜色。
hoverBorderWidth	Number/Number[]	鼠标在柱状条上悬停时的轮廓宽度。

另外,柱状图可以由垂直方向变为水平方向显示,只要把 type 由"bar"改为"horizontalBar"即可,代码如下:

```
var myBarChart = new Chart(ctx, {
    type: 'horizontalBar',
    data: data,
    options: options
});
```

效果如图 6-3-10 所示。

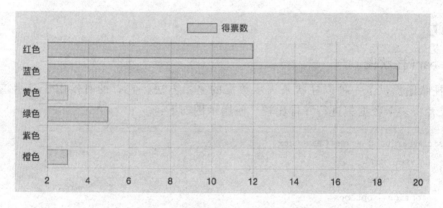

图 6-3-10

3. radar(雷达图)

雷达图提供了一种显示多个数据点及其之间变化的方法,它通常用于比较两个或多个数据集之间多个属性之间的差异。

2018 年俄罗斯世界杯正在热火朝天地进行,即便我只是一名伪球迷,也会随着比赛的跌宕起伏而心跳加速。假如我喜欢的球星拯救了球队,那么我就会振臂高呼,大声喊出它的名字;如果他错失了一次良机,那么我会为他感到遗憾,然后默默为他在心底加油打气。

那么现在问题来了,我要做一个 C 罗和梅西在本届世界杯上的各项技术统计对比图,例如进球、助攻、射门、传球、犯规、抢断、解围。我敢肯定雷达图就是一个最直观的办法。

雷达图的使用示例如下：

```javascript
var radarChart = new Chart(radarChartCtx, {
    type : 'radar',
    data : {
        labels :['场次','进球','助攻','犯规','抢断','解围'],
        datasets : [{
            label :'C罗',
            borderColor : QINGE.chartjsColors.red,
            backgroundColor : color(QINGE.chartjsColors.red).alpha(0.2).rgbString(),
            pointBackgroundColor:QINGE.chartjsColors.red,
            data : [ 2, 3, 2,1, 0, 1 ],
        },{
            label :'梅西',
            borderColor : QINGE.chartjsColors.blue,
            backgroundColor : color(QINGE.chartjsColors.blue).alpha(0.2).rgbString(),
            pointBackgroundColor:QINGE.chartjsColors.blue,
            data : [ 2, 0, 0, 1, 1, 0 ],
        }]
    },
    options : {
        scale:{
            ticks:{
                beginAtZero: true
            }
        },
        tooltips : {
            mode : 'index',
        },
    }
});
```

雷达图的效果如图6-3-11所示。

从图6-3-11中可以明显的对比出，梅西的2018年世界杯并不顺利。两场小组赛过后，阿根廷只能排在D组的第三位，梅西在第二场小组赛中依然颗粒无收，赛后桑保利称："没找到配合梅西的最佳团队，C罗有球队在帮助他"，听到这话后我觉得阿根廷国家队在个人与团队的选择上出现了一些问题。虽然球星是一个球队赢球的重要保障，但他们他们忽略了团队的配合。

好了，言归正传。我们再回来看雷达图的数据集属性，如表6-3-13所示。

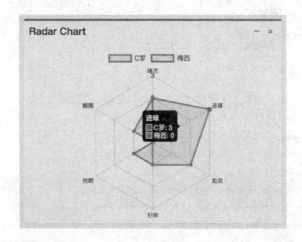

图 6 - 3 - 11

表 6 - 3 - 13　雷达图的数据集属性

名称	类型	描述
label	String	出现在图例和工具提示中的数据集标签。
backgroundColor	Color	线条内的填充颜色。
borderColor	Color	线条的颜色。
borderWidth	Number	线条的宽度（以像素为单位）。
borderDash	Number[]	雷达图默认的线条是实线的，当我们需要以虚线的形式呈现线条的话，可以通过该选项指定。数组的第一个值为虚线单元的长度，第二个为每个单元的间距。
lineTension	Number	线条的贝塞尔曲线张力。设置为 0 以绘制直线。
pointBackgroundColor	Color/Color[]	线条节点的填充颜色。
pointBorderColor	Color/Color[]	线条节点的边框颜色。
pointBorderWidth	Number/Number[]	线条节点边界的宽度（以像素为单位）。
pointRadius	Number/Number[]	线条节点形状的半径。如果设置为 0，则不呈现该点。
pointStyle	String/String[]/Image/Image[]	线条节点的样式。
pointHoverBackgroundColor	Color/Color[]	鼠标经过时线条节点的背景颜色。
pointHoverBorderColor	Color/Color[]	鼠标经过时线条节点的边框颜色。
pointHoverBorderWidth	Number/Number[]	鼠标经过时线条节点的边框宽度。
pointHoverRadius	Number/Number[]	鼠标经过时线条节点的半径。

4. pie(饼状图)和 doughnut(环形图)

饼状图和环形图是很常见的图表,它们被分为不同的部分,每个部分代表着不同的数据。它们非常擅长展示数据之间的比例关系。饼状图和环形图在外形上很相似,只不过,环形图是在饼状图的基础上挖空了中心的一片区域。

饼状图和环形图是 Chart.js 中相同的类,但有一个不同的 cutoutPercentage 默认值,该值表明应该切掉多少百分比的中心区。由此可见,饼状图的 cutoutPercentage 一定为 0,因为它是实心的;环形图的 cutoutPercentage 默认为 50。

饼状图和环形图在 Chart.js 的核心中以两个别名注册,分别是 pie 和 doughnut。除了不同的默认值和不同的别名,它们完全相同。既然如此,我们不妨选出一个环形图来试一下吧。

我们现在来做个投票,你认为阿根廷在 2018 年俄罗斯世界杯上还能小组赛出现吗?

```
var radarChart = new Chart(doughnutChartCtx, {
    type : 'doughnut',
    data : {
        labels : [ '几乎不可能', '看别人脸色', '天佑梅西' ],
        datasets : [ {
            label : '投票人数:',
            backgroundColor : [ QINGE.chartjsColors.red, QINGE.chartjsColors.orange,
            QINGE.chartjsColors.green ],
            data : [ 20, 50, 30 ],
        } ]
    },
    options : {
        title: {
            display : true,
            text: '阿根廷能否出现?'
        },
        animation: {
            animateScale: true,
            animateRotate: true
        }
    }
});
```

① 数据结构,对于饼状图和环形图来说,数据集需要包含一组数据点。数据点必须是一个可计算的数字,Chart.js 将统计所有数字,并计算出每个数字的相对比例。与此同时,还需要指定一组标签,以便工具提示在显示的时候能够展示出完整的意义,代码如下:

```
data = {
    datasets:[{
        data:[20,50,30]
    }],
    labels:['几乎不可能','看别人脸色','天佑梅西'],
};
```

② 动画配置,animation.animateRotate 和 animation.animateScale 为饼状图和环形图的特有动画配置,如下表 6-3-14 所示。

表 6-3-14　动画的配置项

名称	类型	默认	描述
animation.animateRotate	Boolean	true	如果为 true,则图表使用旋转动画的形式进行渲染。
animation.animateScale	Boolean	false	如果为 true,则图表将从中心向外缩放

③ 数据集属性,饼状图和环形图的数据集属性(属性值的类型均为数组,数组的下标与数据 data 的下标一一对应)如表 6-3-15 所示。

表 6-3-15　饼状图和环形图的数据集属性

名称	类型	描述
backgroundColor	Color[]	数据集中扇形区域的填充颜色。
borderColor	Color[]	数据集中扇形的边框颜色。
borderWidth	Number[]	数据集中扇形的边框宽度。
hoverBackgroundColor	Color[]	鼠标经过时扇形的填充颜色。
hoverBorderColor	Color[]	鼠标经过时扇形的边框颜色。
hoverBorderWidth	Number[]	鼠标经过时扇形的边框宽度。

我们假设有一百个人投票,那么结果如图 6-3-12 所示。

5. polarArea(极地图)

极地图和饼状图类似,只不过每片扇形区域还有属于自己的刻度:因半径不同而形成的差异。当我们想要以饼状图的形式展示数据同时进行比较时,极地图就派上用场了。使用方法如下:

```
new Chart(ctx,{
    data:data,
    type:'polarArea',
    options:options
});
```

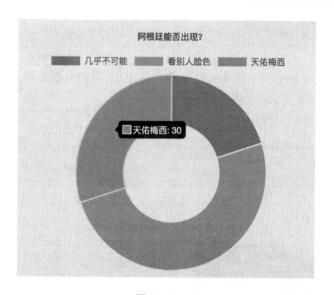

图 6-3-12

其他配置参数和饼状图一样,就不再赘述了,效果如图 6-3-13 所示。

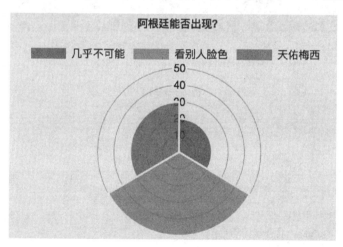

图 6-3-13

6. 混合型图表

借助 Chart.js,我们可以创建混合型图表,这些图表是两种或更多种不同类型图表的组合。一个常见的例子是一个包含折线图的柱状图。

创建一个混合型图表要先从一个基本的单个图表开始。例如,我们先创建一个柱状图。

```
var myChart = new Chart(ctx, {
    type: 'bar',
```

```
        data: data,
        options: options
});
```

现在,我们已经有了一个标准的柱状图。接下来,我们只需要将其中一个数据集转换为折线图的数据类型,即可创建混合型图表了。

效果如图 6-3-14 所示。

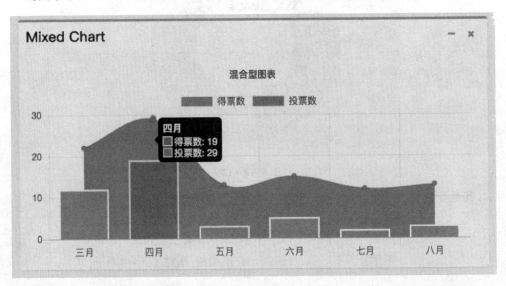

图 6-3-14

```
var mixedChartChart = new Chart(mixedChartCtx, {
    type : 'bar',
    options : {
        title : {
            display :true,
            text :'混合型图表'
        },
        tooltips : {
            mode:'index',
            intersect:true
        }
    },
    data : {
        labels:['三月','四月','五月','六月','七月','八月'],
        datasets : [ {
            label :'得票数',
```

```
            data：[ 12，19，3，5，2，3 ]，
            backgroundColor：QINGE.chartjsColors.red,
            borderColor:'white',
            borderWidth：2
        },{
            type：'line',
            label :'投票数',
            data：[ 22，29，13，15，12，13 ]，
            backgroundColor：QINGE.chartjsColors.blue,
            borderWidth：2
        } ]
    },
});
```

6.3.5　Chart.js 重要的组成部分

1. 笛卡尔轴

在柱状图和折线图中，有一个或多个 X 轴和一个或多个 Y 轴将数据点映射到二维画布上，这些轴就被称为"笛卡尔轴"。

在以往的实例中，我们通常是这样定义笛卡尔轴的。

```
var chart = new Chart(ctx, {
    type：...
    data：{
        labels：['三月','四月','五月','六月','七月','八月'],
        datasets：...
    },
});
```

这样的笛卡尔轴被称为"类别笛卡尔轴"。这是一种全局的定义方式，从 data.labels 中直接取出数据应用于 X 轴。还有另外三种定义方式：

（1）如果 data.xLabels 被定义，则其数据应用于 X 轴；

（2）如果 data.yLabels 被定义，则其数据应用于 Y 轴；

（3）如果两者都被定义，则其数据分别应用于 X 轴和 Y 轴。

使用方法如下：

```
let chart = new Chart(ctx, {
    type：...
    data：...
    options：{
```

```
        scales: {
            xAxes: [{
                type: 'category',
                labels: ['三月', '四月', '五月', '六月', '七月', '八月'],
            }]
        }
    }
});
```

另外,类别轴还提供了 min(最小值)和 max(最大值)属性,用来指定轴上显示的最小值和最大值。当然,min 和 max 的属性值必须在 labels 数组当中。在下面的示例中,X 轴显示的区间范围为五月到七月。

```
var chart = new Chart(ctx, {
    type: 'line',
    data: {
        datasets: [{
            data: [10, 20, 30, 40, 50, 60]
        }],
        labels: ['三月', '四月', '五月', '六月', '七月', '八月'],
    },
    options: {
        scales: {
            xAxes: [{
                ticks: {
                    min: '五月',
                    max: '七月'
                }
            }]
        }
    }
});
```

示例效果如图 6-3-15 所示(虽然 X 轴的实际范围是三月到八月,但 min 和 max 覆盖了 X 轴的起始和结束位置)。

除了类别轴(type: 'category'),常用的笛卡尔轴还有线性轴(type: 'linear')和时间轴(type: 'time')。线性轴用于绘制数值型数据,常用的属性有以下四个(属性路径和类别轴一样),如表 6-3-17 所示。

第 6 章 多彩的 AdminLTE

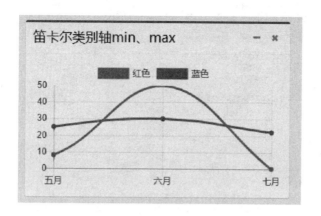

图 6-3-15

表 6-3-17 线性轴的常用属性

名称	类型	描述
beginAtZero	Boolean	如果为 true,刻度将必须从 0 开始。否则的话,Chart.js 将以数据中的最小值作为起始位置。
min	Number	刻度上最小的值,将覆盖数据中的最小值。
max	Number	刻度上最大的值,将覆盖数据中的最大值。
stepSize	Number	刻度的步长。

以下示例将设置图表 Y 轴上的刻度的步长为 4,刻度值依次为 0,4,8,12,16,…,48,50。

```
var stepChart = new Chart(stepChartCtx, {
    type : 'line',
    data : {
        labels : ['一月','二月','三月','四月','五月','六月','七月'],
        datasets : [{
            label : '红色',
            borderColor : QINGE.chartjsColors.red,
            backgroundColor : QINGE.chartjsColors.red,
            data : [10, 30, 46, 2, 8, 50, 0],
            fill : false,
        },]
    },
    options : {
        responsive : true,
        scales : {
```

```
            yAxes : [ {
                ticks : {
                    min : 0,
                    max : 50,
                    stepSize : 4
                }
            } ]
        },
    }
});
```

示例效果如图 6-3-16 所示。

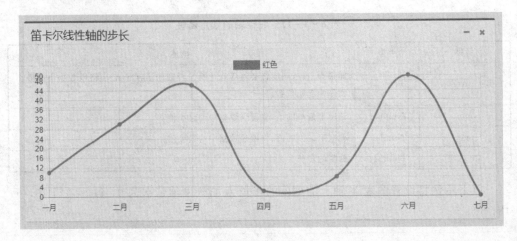

图 6-3-16

注意：如果我们不对刻度的步长进行干涉的话，Chart.js 会自动对 Y 轴上的数据 [10，30，46，2，8，50，0]进行计算，计算后的刻度步长默认为 10，也就是说，此时刻度值依次为 0，10，20，30，40，50。当我们指定刻度的步长为 4，而不指定 max 时，刻度值依次为 0，4，8，12，16，…，48，52，注意此时的最大刻度值为 52。

线性轴简单一些，时间轴相对就复杂一些。顾名思义，时间轴应用于显示时间和日期。当我们对时间轴赋值后，它就会自动计算出最合适的单位。我们来看一下时间轴的常用属性，如表 6-3-18 所示。

表 6-3-18　时间轴的常用属性

名称	类型	默认	描述
ticks.source	String	auto	确定时间轴刻度的数据来源。
time.unit	String	false	强制时间轴的刻度单位为该指定单位。
time.displayFormats	Object		设置时间轴上刻度的时间显示格式

续表 6-3-18

名称	类型	默认	描述
time.isoWeekday	Boolean	false	如果为 true 并且时间单位为"周",则一周中的第一天将为星期一。否则,它将是星期天。
time.max	Time		如果定义该值,将覆盖数据中的最大值
time.min	Time		如果定义该值,将覆盖数据中的最小值
time.tooltipFormat	String		工具提示中显示的时间格式。

① ticks.source,该属性的可选值有以下三种:
- 'auto':根据时间轴的大小和时间选项生成最佳的刻度;
- 'data':从 data.datasets.data.{x|y} 获取生成时间刻度的数据源;
- 'labels':仅从 data.labels 中获取生成时间刻度的数据源。

② time.unit,该属性的可选值有这几种:millisecond(毫秒)、second(秒)、minute(分)、hour(小时)、day(天)、week(周)、month(月)、quarter(季度)、year(年)。

通常情况下,我们并不需要指定该属性值,因为 Chart.js 会为我们自动计算出最合适的单位。

③ time.displayFormats,该属性的值应当设置为一个对象数组,可以包含以下任意多个可选值,如下表 6-3-19 所示。

表 6-3-19 time.displayFormats 的可选值

名称	可设定值	例
millisecond	'HH:mm:ss.SSS'	11:20:01.123
second	'HH:mm:ss'	11:20:01
minute	'HH:mm'	11:20
hour	'HH'	11
day	'YYYY年MM月DD日'	2018年4月5日
quarter	'YYYY年第Q季度'	2018年第4季度

time.displayFormats 用来对时间轴上的刻度标签进行格式化。当单位为 millisecond 时,就采用 'HH:mm:ss.SSS' 的形式进行格式化,当单位为 second 时,就采用 'HH:mm:ss' 的形式格式化,以此类推。

下面示例将设置时间轴的单位为"day",且格式化为"YYYY年MM月DD日"。

```
var timeFormat = 'YYYY年MM月DD日';
function newDate(days) {
    return moment().add(days, 'd').toDate();
}

var timeAxesChart = new Chart(timeAxesChartCtx, {
```

```
        type : 'bar',
        data : {
            labels : [newDate(0), newDate(1), newDate(2), newDate(3), newDate(4), newDate(5), newDate(6),
                newDate(7) ],
            datasets : [ {
                label : '投票人数:',
                backgroundColor : QINGE.chartjsColors.red,
                data : [ 20, 50, 30, 60, 30, 20, 90, 80 ],
            } ]
        },
        options : {
            scales : {
                xAxes : [ {
                    type : 'time',
                    time : {
                        unit : 'day',
                        displayFormats : {
                            day : timeFormat
                        },
                        tooltipFormat : timeFormat
                    },
                } ],
                yAxes : [ {
                    ticks : {
                        beginAtZero : true
                    }
                } ]
            },
        }
    });
```

示例效果如图 6-3-17 所示。

2. 轴标题

当我们创建了一个图表,我们就有必要告诉图表的查看者数据展示的内容是什么,为此,我们需要为轴指定对应的标题,如表 6-3-20 所示。

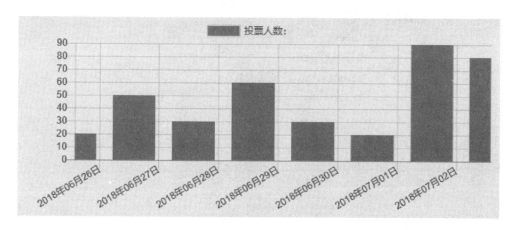

图 6-3-17

表 6-3-20 轴标题的选项

名称	类型	默认	描述
display	Boolean	false	如果为 true，则显示轴标题。
labelString	String	''	轴标题的文字。
lineHeight	Number/String	1.2	轴标题单行文本的高度。
fontColor	Color	'#666'	轴标题的字体颜色。
fontFamily	String	"'Helvetica Neue', 'Helvetica', 'Arial', sans-serif"	轴标题的字体家族。
fontSize	Number	12	轴标题的字体大小。
fontStyle	String	'normal'	轴标题的字体样式。
padding	Number/Object	4	填充轴标题的上下内边距。

以下示例将在 X 轴上显示标题"日期"，在 Y 轴上显示标题"投票人数"：

```
var labelingAxesChart = new Chart(labelingAxesChartCtx, {
    type : 'bar',
    data : data,
    options : {
        scales : {
            xAxes : [{
                scaleLabel : {
                    display : true,
                    labelString : '日期'
                }
            }],
```

```
            yAxes : [ {
                scaleLabel : {
                    display : true,
                    labelString : '投票人数'
                }
            } ]
        },
    }
});
```

示例效果如图 6-3-18 所示。

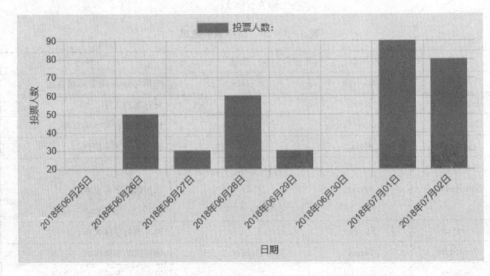

图 6-3-18

3. 轴样式

Chart.js 提供了一些属性来控制轴的网格线和刻度的样式。首先来看网格线的一些关键属性,如表 6-3-21 所示。

表 6-3-21 网格线的关键属性

名称	类型	默认	描述
display	Boolean	true	如果为 false,则不显示该轴的网格线。
color	Color/Color[]	'rgba(0, 0, 0, 0.1)'	网格线的颜色。如果指定为数组,则第一种颜色适用于第一个网格线,第二种适用于第二个网格线,依此类推。

以下示例将不显示 X 轴上的网格线,并将 Y 轴上的网格线设置为蓝色。

```
var gridLineStyle = new Chart(gridLineStyleCtx,{
    type : 'line',
    data : {
        labels : [ '一月', '二月', '三月', '四月', '五月', '六月', '七月' ],
        datasets : [ {
            label : '红色',
            borderColor : QINGE.chartjsColors.red,
            backgroundColor : QINGE.chartjsColors.red,
            data : [ 10, 30, 46, 2, 8, 50, 0 ],
            fill : false,
        }, ]
    },
    options : {
        responsive : true,
        scales : {
            yAxes : [ {
                gridLines : {
                    color : 'blue'
                }
            } ],
            xAxes : [ {
                gridLines : {
                    display: false,
                }
            } ]
        },
    }
});
```

示例效果如图 6-3-19。

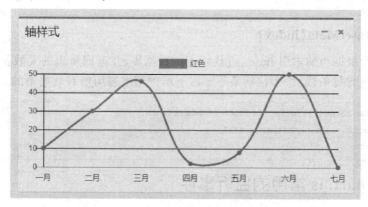

图 6-3-19

6.3.6 Chart.js 的那些重要方法

1. update()

当我们需要在原来的图表上添加、删除一些数据时，update()方法就该派上用场了，代码如下：

```
function addData(chart, label, data) {
    chart.data.labels.push(label);
    chart.data.datasets.forEach((dataset) = > {
        dataset.data.push(data);
    });
    chart.update();
}

function removeData(chart) {
    chart.data.labels.pop();
    chart.data.datasets.forEach((dataset) = > {
        dataset.data.pop();
    });
    chart.update();
}
```

另外，我们还可以传递一个参数 config 给 update()方法，该参数可以拥有以下属性。

- duration（number）：图表重绘时的动画时间。
- easing（string）：动画类型。

例如：

```
myChart.update({
    duration: 800,
    easing:'easeOutBounce'
})
```

2. getDatasetMeta(index)

该方法会根据当前索引 index 查找匹配的数据集，并返回对应的元数据，元数据的 data 属性将包含每条线、每个柱状条等。以下示例用来遍历所有数据集的元数据。

```
chart.data.datasets.forEach(function(dataset, i) {
    var meta = chart.getDatasetMeta(i);
}
```

6.3.7 Chart.js 常用的监听事件

监听方法是自定义或更改图标默认行为的最有效方式，Chart.js 常用的监听方法有：
- beforeInit，初始化前触发事件；
- afterInit，初始化后触发事件；
- beforeUpdate，更新前触发事件；
- afterUpdate，更新后触发事件；
- beforeDatasetsDraw，数据集绘制前触发事件；
- afterDatasetsDraw，数据集绘制后触发事件。

使用方法如下：

```
var chart = new Chart(ctx, {
    plugins: [{
        beforeInit: function(chart, options) {
            //..
        }
    }]
});
```

6.3.8 为 Chart.js 锦上添花

在图 6-3-20 中，我们为每个数据节点增加了一个标签，这样的话，我们就能够在没有工具提示（Tooltip）的帮助下，一目了然的知道每个数据点的真实大小。

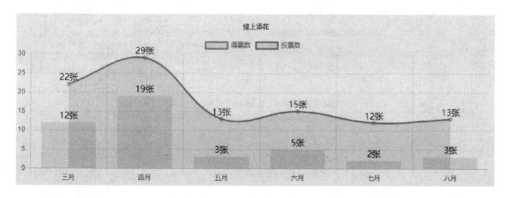

图 6-3-20

首先，我们创建一张混合型图表。

```
var comboChart = new Chart(comboChartCtx, {
    type: 'bar',
    options: {
        title: {
            display: true,
            text: '锦上添花'
        },
```

```
    },
    data: {
        labels: ['三月','四月','五月','六月','七月','八月'],
        datasets: [{
            label:'得票数',
            data: [ 12, 19, 3, 5, 2, 3 ],
        }, {
            type: 'line',
            label:'投票数',
            data: [ 22, 29, 13, 15, 12, 13 ],
        }]
    },
});
```

然后,我们为这张图表注册一个自定义插件。

```
var comboChart = new Chart(comboChartCtx, {
    plugins: [{
        afterDatasetsDraw: function(chart) {
            var ctx = chart.ctx;

            chart.data.datasets.forEach(function(dataset, i) {
                var meta = chart.getDatasetMeta(i);
                if (!meta.hidden) {
                    meta.data.forEach(function(element, index) {
                        // 用指定的字体、黑色绘制文本
                        ctx.fillStyle = 'rgb(0, 0, 0)';

                        var fontSize = 16;
                        var fontStyle = 'normal';
                        var fontFamily = 'Helvetica Neue';
                        ctx.font = Chart.helpers.fontString(fontSize, fontStyle, fontFamily);

                        // 简单的转换一下
                        var dataString = dataset.data[index].toString() + "张";

                        // 确保对其方式
                        ctx.textAlign = 'center';
                        ctx.textBaseline = 'middle';

                        var padding = 5;
                        var position = element.tooltipPosition();
                        ctx.fillText(dataString, position.x, position.y - (fontSize /
```

```
                    2) - padding);
              });
          }
      });
   }
}],
});
```

自定义插件的监听方法为 afterDatasetsDraw，即在数据集绘制结束后添加数据标签。在自定义插件方法中，我们对每个数据集进行遍历，并取出对应的元数据。

```
chart.data.datasets.forEach(function(dataset, i) {
    var meta = chart.getDatasetMeta(i);
}
```

然后，我们为画布指定字体，并通过 context.fillText(text, x, y, maxWidth); 方法在画布上添加数据标签。

```
meta.data.forEach(function(element, index) {
  var fontSize = 16;
  ctx.font = Chart.helpers.fontString(fontSize, fontStyle, fontFamily);
  var padding = 5;
  var position = element.tooltipPosition();
  ctx.fillText(dataString, position.x, position.y - (fontSize /2) - padding);
}
```

6.3.9 通过 Ajax 从服务器端获取数据

之前，Chart.js 图表展示的数据都是在客户端模拟的，并没有从数据库当中获取数据源。这和实际的项目需求并不相符，为此，我特意准备了一张数据表，名为 vote，用来存放投票和得票的数据。其数据结构文件内容如下：

```
DROP TABLE IF EXISTS'vote';
CREATE TABLE'vote' (
'id' int(11) unsigned NOT NULL AUTO_INCREMENT COMMENT '编号',
'vote' int(11) NOT NULL COMMENT '得票数',
'ticket' int(11) NOT NULL COMMENT '投票数',
'create_date' bigint(13) NOT NULL DEFAULT '0' COMMENT '创建时间',
'update_date' bigint(13) NOT NULL DEFAULT '0' COMMENT '更新时间',
'del_flag' tinyint(2) DEFAULT '0' COMMENT '删除标记',
   PRIMARY KEY ('id')
) ENGINE = InnoDB AUTO_INCREMENT = 7 DEFAULT CHARSET = latin1;
```

```sql
-- Records of vote
--------------------
INSERT INTO 'vote' VALUES ('1', '12', '22', '1520697600000', '0', '0');
INSERT INTO 'vote' VALUES ('2', '19', '29', '1523376000000', '0', '0');
INSERT INTO 'vote' VALUES ('3', '3', '13', '1525968000000', '0', '0');
INSERT INTO 'vote' VALUES ('4', '5', '15', '1528646400000', '0', '0');
INSERT INTO 'vote' VALUES ('5', '2', '12', '1531238400000', '0', '0');
INSERT INTO 'vote' VALUES ('6', '3', '13', '1533916800000', '0', '0');
```

在服务器端，我们通过以下方法来获取月份、投票数和得票数的数据集。

```java
@RequestMapping("chartjs/vote")
@ResponseBody
public HashMap chartjsVote() {
    logger.info("为 chartjs 获取投票数据");

    List<String> labels = new ArrayList<>();
    List<Integer> votes = new ArrayList<>();
    List<Integer> tickets = new ArrayList<>();
    List<Votes> list = voteService.selectList(new Votes());
    for (Votes vote : list) {
        // 横轴上的标签
        labels.add(DateFormatUtils.format(vote.getCreate_date(), "MM月"));
        // 得票数
        votes.add(vote.getVote());
        // 投票数
        tickets.add(vote.getTicket());
    }
    HashMap data = new HashMap();
    data.put("labels", labels);
    data.put("votes", votes);
    data.put("tickets", tickets);

    return data;
}
```

然后，我们在客户端通过 Ajax 来请求该 URL，以获取图表的数据源。代码如下：

```javascript
var comboChartCtx = $("#comboChart");
if (comboChartCtx.length > 0) {
    var color = Chart.helpers.color;
    $.ajax({
        type : 'GET',
        url  : '/WebAdvanced/six/chartjs/vote',
```

```
                dataType : "json",
                success : function(json) {
                    var comboChart = new Chart(comboChartCtx, {
                        plugins : [{
                            afterDatasetsDraw : function(chart) {
                                var ctx = chart.ctx;

                                chart.data.datasets.forEach(function(dataset, i) {
                                    var meta = chart.getDatasetMeta(i);
                                    if (!meta.hidden) {
                                        meta.data.forEach(function(element, index) {
                                            // 用指定的字体、黑色绘制文本
                                            ctx.fillStyle = 'rgb(0, 0, 0)';

                                            var fontSize = 16;
                                            var fontStyle = 'normal';
                                            var fontFamily = 'Helvetica Neue';
                                            ctx.font = Chart.helpers.fontString(fontSize,
                                            fontStyle, fontFamily);

                                            // 简单的转换一下
                                            var dataString = dataset.data[index].toString()
                                            + "张";

                                            // 确保对其方式
                                            ctx.textAlign = 'center';
                                            ctx.textBaseline = 'middle';

                                            var padding = 5;
                                            var position = element.tooltipPosition();
                                            ctx.fillText(dataString, position.x, position.y
                                            - (fontSize / 2) - padding);
                                        });
                                    }
                                });
                            }
                        }],
                        type : 'bar',
                        options : {
                            title : {
                                display : true,
                                text : '锦上添花'
                            },
```

```
            },
            data : {
                labels : json.labels,
                datasets : [ {
                    label : '得票数',
                    data : json.votes,
                    backgroundColor : color(QINGE.chartjsColors.red).alpha(0.
                    2).rgbString(),
                    borderColor : QINGE.chartjsColors.red,
                }, {
                    type : 'line',
                    label : '投票数',
                    data : json.tickets,
                    backgroundColor : color(QINGE.chartjsColors.blue).alpha(0.
                    2).rgbString(),
                    borderColor : QINGE.chartjsColors.blue,
                } ]
            },
        });
    }
});
```

这样的话,我们就完成了通过 Ajax 从服务器端获取 Chart.js 图表数据的任务,其运行效果和图 6-3-20 一样。

6.4 Select2——支持搜索、标记、远程数据和无限滚动的下拉框

6.4.1 Select2 简介

在 AdminLTE 这个绚丽多彩的世界里,你会发现很多新鲜、功能非常强大的插件。Select2 就是其中之一,Select2 是原始下拉框(select boxes)的升级版,它具有更加强大的功能,例如拥有搜索、标记、加载远程数据和无限滚动等功能。

不知道我这样的介绍是否已经让 Select2 获得了你的青睐?倘若你觉得还不够的话,那不妨就再多做点介绍吧:

(1) Select2 拥有超过 40 种的内置国际化语言包,包含简体中文。

(2) Select2 支持远程数据,可通过 Ajax 进行获取数据。当我们需要在下拉框中展示大型数据列表时,这个优秀的特征就显得弥足珍贵。既然是大型数据列表,就避免不了分页、检索等工作,Select2 可以轻松胜任这些工作。

(3) Select2 能够和 Bootstrap 3 的主题完美兼容。当然,你也可以使用其他的主题,这都没有问题。

(4) Select2 能够支持绝大多数的浏览器。一个好的插件,必须要支持足够多的浏览器,否则使用的范围就很有限。尽管现在电脑已经很普及了,但电脑更新换代的频率也非常的高,总有一些用户讨厌紧随潮流,他们喜欢待在习惯了的环境当中,于是他们的浏览器可能还停留在 IE8,这没问题,Select2 可以支持。

听我唠叨完 Select2 这四点特征后,你是否已经爱上了 Select2,如果你觉得还不能够,那我就要放大招了,以下是 Select2 的联系方式。

- 官网:https://select2.org/。
- GitHub:https://github.com/select2/select2。

6.4.2 Select2 的基本应用

第一步,把 select2.css 加入到 csslib.jsp 文件。

```
<link href="https://cdn.bootcss.com/select2/4.0.5/css/select2.css" rel="stylesheet">
```

第二步,把 select2.js 和中文语言文件 zh_CN.js 加入到 jslib.jsp 文件。

```
<script src="https://cdn.bootcss.com/select2/4.0.5/js/select2.js"></script>
<script src="https://cdn.bootcss.com/select2/4.0.5/js/i18n/zh-CN.js"></script>
```

第三步,在页面上添加一个原生的下拉框 <select>。

```
<select class="js-example-basic-single form-control">
<optgroup label="北直隶">
    <option value="STF">顺天府</option>
    <option value="BDF">保定府</option>
</optgroup>
<optgroup label="南直隶">
    <option value="YTF">应天府</option>
    <option value="SZF">苏州府</option>
    <option value="FYF">凤阳府</option>
</optgroup>
<optgroup label="河南承宣布政使司">
    <option value="KFF">开封府</option>
    <option value="HNF">河南府</option>
    <option value="NYF">南阳府</option>
</optgroup>
</select>
```

第四步,把原生下拉框变成 Select2。

```
$(function(){
    $('.js-example-basic-single').select2();
});
```

注意:在 DOM 元素未准备好之前进行 Select2 初始化是不安全的。因此,为了确保 DOM 元素已经准备好,我们需要把 Select2 初始化的代码放在 $(function(){});内部。我们来看一下示例效果,如图 6-4-1 所示。

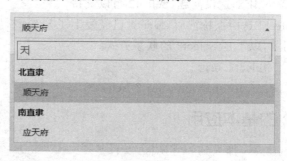

图 6-4-1

很不错吧,Select2 初始化后的单选下拉框会多出来一个检索输入框,在其中输入"天",就可以进行模糊查询,检索结果中就包含了"顺天府"和"应天府"。

不过,Select2 内置的"匹配器"对于习惯于拼音或者汉字检索的我们多有不便。例如,我们希望输入字母"t"或者"T",就能检索出来"顺天府"(XTF)和"应天府"(YTF),该怎么办呢? 代码如下:

```
function matchCustom(params, data) {
    // 如果没有搜索条件,则返回所有数据。
    if ($.trim(params.term) === '') {
        return data;
    }

    // 跳过没有 'children' 的数据(只检索嵌套数据的子项)
    if (typeof data.children === 'undefined') {
        return null;
    }

    // 'data.children' 包含我们正在匹配的实际选项
    var filteredChildren = [];
    $.each(data.children, function(idx, child) {
        // 'params.term' 是用于检索的关键字
        // 'data.text' 是数据对象要显示的文本
        // 'data.id' 是数据对象的唯一索引
        if (child.text.toUpperCase().indexOf(params.term.toUpperCase()) > -1 ||
            child.id.toUpperCase().indexOf(params.term.toUpperCase()) > -1) {
            filteredChildren.push(child);
        }
    });
```

```
        // 如果检索结果中有数据，则返回
        if (filteredChildren.length) {
            var modifiedData = $.extend({}, data, true);
            modifiedData.children = filteredChildren;

            // 返回复制后的数据
            return modifiedData;
        }

        return null;
    }
    $('.js-example-basic-single').select2({
        matcher : matchCustom
    });
```

现在，在检索框中输入"t"就能够检索出来我们想要的数据，如图6-4-2所示。

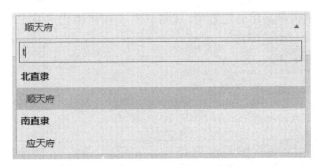

图6-4-2

我们知道，下拉框是支持多选的。那么Select2支持多选吗？当然，只要在<select>上加一个multiple的属性即可。

```
<select class = "js-example-basic-multiple" name = "states[]" multiple = "multiple">
    <option value = "STF">顺天府</option>
    ...
    <option value = "YTF">应天府</option>
</select>
```

初始化方法不变。

```
$(function() {
    $('.js-example-basic-multiple').select2();
});
```

效果图如图6-4-3所示。

怎么样，多选之后的选择框就像是Bootstrap Tagsinput那样，每组词占据一个标签。

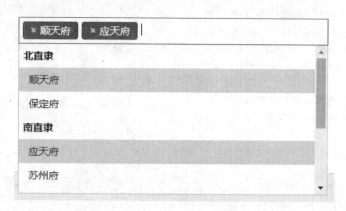

图 6-4-3

6.4.3　Select2 配置项概览

Select2 提供了很多实用的配置项,这些只需要在初始化 Select2 的时候以对象的形式传递给 .select2() 方法即可。

```
$('.js-example-basic-single').select2({
    placeholder: '请选择一个选项'
});
```

有的配置项使用起来非常简单,就像 placeholder 一样。有的则复杂一些,通常需要和其他配置项结合起来使用,例如说 ajax。表 6-4-1 列举了一些 Select2 比较常用的配置项。

表 6-4-1　Select2 常用配置项

选项	类型	默认	描述
ajax	object	null	提供对 Ajax 数据源的支持。
allowClear	boolean	false	设置为 true 时,Select2 会在选择选项后显示一个清除按钮("x"图标)到选择框中。单击清除按钮将清除选中项,并将选择框重置为原始状态(显示对应占位符)。
closeOnSelect	boolean	true	设置为 true 时,Select2 会在选择选项后自动关闭下拉列表。设置为 false 将强制下拉列表在选择选项后保持打开状态。注意:该配置项仅适用于支持多选的 Select2。
data	对象数组	null	允许从指定数组中获取下拉列表的选项。

续表 6-4-1

选项	类型	默认	描述
debug	boolean	false	在浏览器控制台中启用调试消息。
disabled	boolean	false	设置为 true 时将禁用 Select2 控件。
dropdownParent	jQuery 选择器或 DOM 节点	$ (document. body)	指定下拉列表所处的位置。
escapeMarkup	回调函数	Utils. escapeMarkup	指定自定义模板,用来对数据进行转义,从而在下拉列表进行呈现。
language	string 或 object	EnglishTranslation	指定 Select2 的语言环境。
matcher	搜索的回调函数。		处理自定义搜索匹配。
maximumSelectionLength	integer	0	下拉框允许多选时的最大选择项目数。如果此值小于 1,则所选项目的数量不受限制。
maximumInputLength	integer	0	可为搜索项提供的最大字符数。
minimumInputLength	integer	0	触发检索的最小字符数。这在使用远程数据集时非常常见,因为它应该只检索比较重要的关键字。
minimumResultsForSearch	integer	0	确定下拉列表中显示搜索框所需的最小结果数。对于仅支持单选的 Select2 来说,可以设置 minimumResultsForSearch :Infinity 来隐藏搜索框。
multiple	boolean	false	此选项将启用多选模式。
placeholder	string 或 object	null	指定 Select2 的占位符。
selectOnClose	boolean	false	当下拉列表关闭时将自动选择一个项目。
templateResult	回调函数		呈现搜索结果的自定义模板。
TemplateSelection	回调函数		选择选项后在选择框中呈现的自定义模板。

Select2 使用说明建议我们使用 JavaScript 传入对象的方式来初始化,但我们也可以选择使用 HTML5 的 data-* 属性来进行初始化,这将会覆盖任何使用 JavaScript 初始化时的配置项,代码如下:

```
< select data-placeholder = "请选择" >
    < option value = "STF" > 顺天府 < /option >
    ...
    < option value = "BDF" > 保定府 < /option >
< /select >
```

有的顶级选项会有一些子选项,例如 ajax。

```
$(".js-example-data-ajax").select2({
    ajax: {
        url: url,
        cache: false
    }
});
```

如果使用 data-* 的方式来初始化 Select2,该怎么定义那些子选项呢？可以使用两个中划线"—",如下所示。

```
-<select data-ajax--url="url" data-ajax--cache="false">
    ...
</select>
```

6.4.4 Select2 数据源

1. 数据格式

除了可以从 <option> 标记中获取显式的数据源,我们还可以通过 Ajax 从远程服务器上获取数据源。另外,我们也可以从本地 JavaScript 数组中获取数据源。为了能够实现这一目标,Select2 需要一种指定格式的数据,其通常是一个 JSON 对象,包含了很多键值对。

```
{
    "results": [
        {
            "id": 1,
            "text": "选项1"
        },
        {
            "id": 2,
            "text": "选项2"
        }
    ],
}
```

每个对象当中至少要包含一个 id 和一个 text,两者缺一不可。id 用来标识数据的唯一性(id 值不允许为空字符串),而 text 用来存储选项要显示的文本。有时,Ajax 请求返回的 JSON 数据格式并不能满足此要求,而我们又无法直接去改变远程服务器上的数据,此时该怎么办呢？我们需要在数据传递给 Select2 之前对其进行转换。

```
var data = $.map(remoteArrayData, function(obj) {
    obj.id = obj.id || obj.pk;// 如果数据当中有 id 属性,则使用 id 值;如果没有,则使用
```

其他关键数据替代。
```
    return obj;
});
```
和 id 属性一样,我们也可以对 text 进行转换:
```
var data = $.map(remoteArrayData, function(obj) {
    obj.text = obj.text || obj.name;// 可以使用 name 值来替代 text 值

    return obj;
});
```

如果要使用 Select2 的"无限滚动"功能,JSON 数据中还应该包含一些分页选项,它们应该在 pagination 中指定。

有时,我们需要指定某些项目处于不可用或者选中的状态,可以这么做:

```
{
  "results": [
    {
      "id": 1,
      "text": "选项 1"
    },
    {
      "id": 2,
      "text": "选项 2",
      "selected": true
    },
    {
      "id": 3,
      "text": "选项 3",
      "disabled": true
    }
  ]
}
```

这样的话,Select2 在呈现下拉列表的时候,就会预先选择选项 2,并禁用选项 3。

如果我们需要把一组数据嵌套在分组 < optgroup > 下,就需要把这组数据放在 children 关键字下,数据格式如下:

```
{
  "results": [
    {
      "text": "分组 1",
      "children": [
        {
```

```
                "id": 1,
                "text": "选项 1.1"
            },
            {
                "id": 2,
                "text": "选项 1.2"
            }
        ]
    },
    {
        "text": "分组 2",
        "children" : [
            {
                "id": 3,
                "text": "选项 2.1"
            },
            {
                "id": 4,
                "text": "选项 2.2"
            }
        ]
    }
],
}
```

2. Ajax

Select2 支持通过 Ajax 的方式来获取远程数据。接下来,我们就借助于 GitHub 的搜索 API(地址:https://api.github.com/search/repositories)来完成一个实例。

坊间流传着一个这样的笑话,说"程序员交友上哪一个网站?",答曰:"GitHub"。是的,作为程序员来说,我们都爱 GitHub,我们爱它正源于她的开源。我们在 GitHub 上建立一个仓库,然后就提交代码,仿佛它就是我们免费的 SVN 服务器。更重要的是,全世界的人都可以下载这些项目并提交自己的改进,这使得 GitHub 成为了开源软件的开发平台,也成为了程序员们的社交平台。

好了,现在我们先来看一下 GitHub 的搜索 API:GitHub 的搜索 API 可以帮助我们找到所需的特定项目(例如,特定用户的特定存储库)。每次搜索提供最多 1000 个结果,如果需要分页的话,一页最多返回 100 个结果。为了能够让每个人快速的使用搜索 API,GitHub 会限制单个查询的运行时间,所以并不能保证同样的查询条件每次都有结果返回。在本地实践的时候,一定要注意这一点。

GitHub 的搜索 API 有三个参数,如表 6-4-2 所示。

表 6-4-2　API 参数

名称	类型	描述
q	string	必须项。搜索关键字以及任何限定字符。
sort	string	要排序的字段。可选项有 stars、forks 或 updated。默认值:结果按 GitHub 内定的最佳匹配方式排序。
order	string	按照倒序还是正序排列。可选项有 asc、desc。默认:desc。

来看一下实例的运行效果吧,如图 6-4-4 所示。

图 6-4-4

WebAdvanced 是本书的源代码仓库,里面囊括了本书出现的所有实例。尽管它现在还无人为津,但我相信在未来的日子里,它一定会从零到一,直到为成百上千的程序员服务。

使用 Ajax 来获取 Select2 的数据源需要以下几个步骤。

第一步,在页面中添加一个 < select >。

```
< select class = "js-example - data-ajax form-control" > </select >
```

第二步,初始化 Select2。

```
$('.js-example - data-ajax').select2({
  ajax: {
    url: 'https://api.github.com/search/repositories',
```

```
        dataType: 'json'
        // 可以在这个地方添加 Ajax 的其他参数;
    }
});
```

第三步,添加请求参数。

```
$('.js-example-data-ajax').select2({
    ajax: {
        url: 'https://api.github.com/search/repositories',
        data: function (params) {
            var query = {
                q : params.term,
                page : params.page
            }
            return query;
        }
    }
});
```

当用户打开控件的时候,Select2 会向指定的 URL 发出请求(如果初始化的时候设置了 minimumInputLength 选项,请求会在用户输入指定的最小检索字符数后发出)。每当用户在检索输入框中键入了字符,请求就会再次发出。默认情况下,Select2 会添加以下内容作为请求参数。

- term:检索输入框中当前键入的字符。
- q:包含了与 term 完全一致的内容。
- _type:请求的类型。通常情况下值为 query,当进行分页时值变为 query:append。
- page:当前请求的页码。第一次往远程服务器端发起请求时,由于不知道服务器端返回的数据是否需要分页,因此该参数并不会附加到请求当中;如果 Select2 已经确定返回的数据需要分页,那么当获取第二页的数据时,该值就为 2,以此类推,直到最后一页的页码。

例如,Select2 可能会发起这样的请求:https://api.github.com/search/repositories? term=cmower&_type=query:append&q=cmower&page=2,它表明检索关键字为"cmower",并且请求的是第二页的数据。

有些时候,远程服务器端的 API 可能需要其他参数,而不是以上列举出来的四个参数,那么我们可以这样做:

```
$('.js-example-data-ajax').select2({
    ajax: {
        url: 'url',
        data: function (params) {
```

```javascript
var query = {
    name: params.term,// 查询关键字的 key 为 name
    page: params.page,
    rows: 10,// 每页 10 个数据
}

return query;
  }
 }
});
```

第四步，转换响应数据（可选）。

有些时候，远程服务器端返回的数据并非 Select2 预期的格式，该怎么办呢？我们可以通过 ajax.processResults 选项对数据进行对应的转换。以下示例将响应数据中根节点的关键字由 'items' 转成 Select2 需要的 'results'。

```javascript
$('.js-example-data-ajax').select2({
  ajax: {
    url: '/example/api',
    processResults: function (data) {
        return {
            results: data.items
        };
    }
  }
});
```

第五步，分页（可选）。

要使用 Select2 的分页功能，首先要求远程服务器端的 API 能够响应分页请求；其次要求 Select2 在发起请求时将 API 所需的分页参数（要检索的当前页码存储在 params.page 参数中）添加进去。

一旦分页请求发出，Select2 就开始翘首以盼，期待着远程服务器端的响应数据中能够包含 pagination.more 关键字。如果其值为 true，表示远程服务器端有更多的页面结果可用于检索，于是 Select2 就会准备，等待用户滚动鼠标滑轮以便发起下一页数据的请求（俗称"无限滚动"）；如果其值为 false，表示远程服务器端已经没有更多的页面结果了，鼠标滑轮向下滚动时就不会发起新的请求。Select2 期望的分页响应数据格式如下：

```json
{
  "results": [
    {
      "id": 1,
```

```
        "text":"选项 1"
      },
    ],
    "pagination":{
      "more": true
    }
}
```

有时，远程服务器端返回的响应数据中并没有 pagination.more 的选项。例如 GitHub 的搜索 API 的响应数据中就没有，如图 6-4-5 所示。

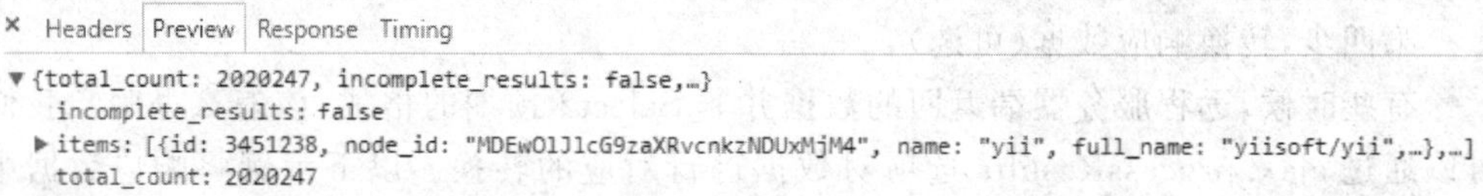

```
× Headers  Preview  Response  Timing
▼ {total_count: 2020247, incomplete_results: false,…}
  incomplete_results: false
  ▶ items: [{id: 3451238, node_id: "MDEwOlJlcG9zaXRvcnkzNDUxMjM4", name: "yii", full_name: "yiisoft/yii",…},…]
    total_count: 2020247
```

图 6-4-5

但我们可以通过其他可用信息进行转换，例如 total_count：2020247 就表明检索结果总共有 2020247 个结果，并且每页默认返回的数据为 30 条，于是 pagination.more 的值就可以通过以下方法进行转换：

```
processResults:function (data, params) {
    params.page = params.page ||1;

    return {
        results: data.results,
        pagination: {
            more: (params.page * 30) < data.total_count
        }
    };
}
```

第六步，设计下拉列表的外观（可选）。

默认情况下，Select2 会将远程服务器端的响应结果中每一条数据的 text 属性值展示到下拉列表当中。但很多时候，响应结果的数据当中没有 text 属性。另外，下拉列表的外观也需要美化一下。于是，此时我们就需要使用 templateResult 选项指定自定义模板。

```
$(".js-example-templating").select2({
    templateResult: formatRepo
});
```

templateResult 回调函数应该返回一个包含要显示文本的字符串，或者一个包含应该显示数据的 jQuery 对象。如果返回 null，将会阻止选项显示在下拉列表当中。

第 6 章 多彩的 AdminLTE

以下示例会将 GitHub 项目仓库的开发者头像（repo.owner.avatar_url）、仓库名称（repo.full_name）、仓库描述（repo.full_name）等信息展示出来。

```javascript
function formatRepo (repo) {
  if (repo.loading) {
    return repo.text;
  }

  var markup = "<div class='select2-result-repository clearfix'>" +
    "<div class='select2-result-repository__avatar'><img src='" + repo.owner.avatar_url + "' /></div>" +
    "<div class='select2-result-repository__meta'>" +
      "<div class='select2-result-repository__title'>" + repo.full_name + "</div>";

  if (repo.description) {
    markup += "<div class='select2-result-repository__description'>" + repo.description + "</div>";
  }

  markup += "<div class='select2-result-repository__statistics'>" +
    "<div class='select2-result-repository__forks'><i class='fa fa-flash'></i> " + repo.forks_count + " Forks</div>" +
    "<div class='select2-result-repository__stargazers'><i class='fa fa-star'></i> " + repo.stargazers_count + " Stars</div>" +
    "<div class='select2-result-repository__watchers'><i class='fa fa-eye'></i> " + repo.watchers_count + " Watchers</div>" +
  "</div>" +
  "</div></div>";

  return markup;
}
```

第七步，设置下拉框中显示的内容（可选）。

默认情况下，当在下拉列表中选中了一个选项后，Select2 会将选项的 text 属性值显示在下拉框中。如果想要使用选项的其他属性值，可以使用 templateSelection 进行配置。以下示例会将 GitHub 搜索 API 返回的仓库名称（repo.full_name）显示在下拉框中：

```javascript
function formatRepoSelection(repo) {
    return repo.full_name || repo.text;
}
```

```
$(".js-example-templating").select2({
    templateSelection: formatRepoSelection
});
```

6.4.5 Select2占位符

Select2支持使用placeholder配置项来显示占位符,占位符会一直显示,直到选择了某一个选项。如果设置了allowClear:true,那么当单击"x"(清除)按钮后,占位符会重新显示。

最常见的占位符是一串文本,使用起来也非常简单。不过需要注意的是,对于仅支持单选的Select2,必须将一个空的<option>元素作为第一选择。否则的话,浏览器会尝试选择第一个选项。如果第一个选项非空,那么占位符可能就无法显示,代码如下:

```
<selectclass = "js-example-placeholder-single js-states form-control">
    <option></option>
</select>

$(".js-example-placeholder-single").select2({
    placeholder:"请选择",
    allowClear:true
});
```

对于支持多选的Select2来说,就不需要放一个空的<option>元素了。

```
<selectclass = "js-example-placeholder-multiple js-states form-control" multiple = "multiple"></select>
$(".js-example-placeholder-multiple").select2({
    placeholder:"请选择"
});
```

6.4.6 Select2的JavaScript编程步骤

1. 在下拉列表中添加一个新的选项

```
// 先创建一条数据:
    var data = {
        id: 1,
        text:'小猪佩奇'
    };
// 然后将数据传递给new Option()构造方法
    var newOption = new Option(data.text, data.id, false, false);
```

```
// 通过 append()方法添加新的选项(option)
$('#mySelect2').select2().append(newOption).trigger('change');
```

Select2 官网显示 new Option(...)中的第三个参数确定该选项是否为"默认选中",当设置为 true 时,Select2 会为 < option > 添加一个 selected 属性。但在我实际的测试当中。第四个参数才真正的决定了选项是否处于选中状态。

2. 选中指定选项

如果是单选模式的 Select2,选中指定选项的方法如下:

```
$('#mySelect2').val('1'); // 选中 value 值为 '1' 的选项
$('#mySelect2').trigger('change'); // 通知组件选中项发生了变化
```

如果是多选模式的 Select2。

```
$('#mySelect2').val(['1', '2']); // 选中 value 值为 '1' 和 '2' 的选项
$('#mySelect2').trigger('change');
```

3. 清除选中项

```
$('#mySelect2').val(null).trigger('change');// 可以将控件的值设置为 'null' 来清除选中
```

4. 获取选中项

```
$('#mySelect2').select2('data'); // 返回当前选择项的所有源数据
$('#mySelect2').find(':selected');// 返回当前选择项的 jQuery 对象,并不会包含源数据
```

5. 监听事件

监听事件如表 6-4-1 所示。

表 6-4-1 Select2 的监听事件

事件	描述
change	选择或移除选项时触发。
select2:selecting	在选择选项之前触发。
select2:select	选择选项后触发。
select2:unselecting	移除选择前触发。
select2:unselect	移除选择后触发。

可通过以下方法绑定监听事件:

```
$('#mySelect2').on('select2:select', function (e) {
    var data = e.params.data;
    console.log(data);
});
```

e. params.data 将返回选中项的所有源数据，例如：

```
{
    "id": 1,
    "text": "小猪佩奇",
    "age": 4,
    "nativePlace": "英国",
    "hobby": "跳泥坑"
}
```

6.4.7　Select2 注意事项

当需要在 Bootstrap 的模态框（modal）中使用 Select2 的时候，需要这么做：

```
<div id="myModal" class="modal fade" tabindex="-1" role="dialog" aria-hidden="true">
    ...
    <select id="mySelect2">
        ...
    </select>
    ...
</div>

...

<script>
    $('#mySelect2').select2({
        dropdownParent: $('#myModal')
    });
</script>
```

通过 dropdownParent 配置项将 Select2 的下拉列表附加到模态框之内，而不再是默认的 body 内。否则 Select2 下拉列表的位置可能会发生错乱。

6.5　Bootstrap-Treeview——一款非常酷的分层树结构插件

6.5.1　Bootstrap-Treeview 简介

Bootstrap-Treeview 是一款用于显示分层树结构的解决方案。它基于 Bootstrap，因此可以和 Bootstrap 无缝对接，放在基于 Bootstrap 的框架（AdminLTE）里是再适合不过了。同时，Bootstrap-Treeview 是开源免费的，遵循 MIT 许可协议，所以可以放心使用。

Bootstrap-Treeview 有以下几个优秀的特征：
- 支持 JSON 数据；
- 支持 Ajax 异步加载节点数据；
- 支持自定义图标（依靠 CSS）；
- 提供多种事件回调函数；
- 可以在一个页面内同时生成多个 Treeview 实例；
- 初始化配置简单灵活。

Bootstrap-Treeview 的 GitHub 地址是：https://github.com/jonmiles/bootstrap-treeview

6.5.2 Bootstrap-Treeview 基本应用

第一步，把 bootstrap-treeview.min.css 加入到 csslib.jsp 文件。

```
<link href="https://cdn.bootcss.com/bootstrap-treeview/1.2.0/bootstrap-treeview.min.css" rel="stylesheet">
```

第二步，把 bootstrap-treeview.min.js 加入到 jslib.jsp 文件。

```
<script src="https://cdn.bootcss.com/bootstrap-treeview/1.2.0/bootstrap-treeview.min.js"></script>
```

第三步，创建 Bootstrap-Treeview 的 DOM 容器。

```
<div id="treeview"></div>
```

第四步，初始化 Bootstrap-Treeview。

```
var treeviewDefaultData = [{
    text :"河南省",
    nodes :[{
        text :"洛阳市",
        nodes :[{
            text :"涧西区"
        },{
            text :"西工区"
        }]
    },{
        text :"郑州市"
    }]
},{
    text :"江苏省"
},{
```

```
    text :"浙江省"
}];

$('#treeview1').treeview({
    data : treeviewDefaultData
});
```

到此为止，第一颗小树苗就种植好了。来看看它可爱的样子吧，如图 6-5-1 所示。

图 6-5-1

6.5.3 Bootstrap-Treeview 数据结构

Bootstrap-Treeview 是树插件，因此要显示的数据结构也可以称作为"树结构"，如下所示。

```
var treeviewDefaultData = [{
    text :"河南省",
    nodes :[{
        text :"洛阳市",
        nodes :[{
            text :"涧西区"
        },{
            text :"西工区"
        }]
    },{
        text :"郑州市"
    }]
},{
    text :"江苏省"
},{
    text :"浙江省"
}];
```

最简单的树结构可以只有一个节点，使用一个带 text 属性（节点显示文字）的

第6章 多彩的AdminLTE

JavaScript 对象来表示,如下所示。

```
{
    text:"仅此一个"
}
```

如果需要自定义更多内容,可以参考以下内容:

```
{
    text:"节点 1",
    icon:"glyphicon glyphicon-stop",
    selectedIcon:"glyphicon glyphicon-stop",
    color:"#000000",
    backColor:"#FFFFFF",
    href:"#node-1",
    selectable:true,
    state:{
        checked:true,
        disabled:true,
        expanded:true,
        selected:true
    },
    tags:['available'],
    nodes:[
        {},
        ...
    ]
}
```

这些节点属性都表示什么意思呢? 如表 6-5-1 所示。

表 6-5-1 Bootstrap-Treeview 的常用属性

参数名称	参数类型	参数描述
text	String(必选项)	树节点上要显示的文本,通常位于节点图标的右侧。
icon	String(可选项)	树节点上要展示的小图标,通常位于文本的左侧。Bootstrap-Treeview 内置使用 Bootstrap 的 Glyphicons 图标,可以按照 icon:"glyphicon glyphicon-stop"这种形式指定需要的图标。如果需要使用 Font Awesome 的图标,可参照 icon:fa fa-square-o。
selectedIcon	String(可选项)	当某个节点被选中后显示的小图标。
href	String(可选项)	通常需要和配置项 enableLinks 结合起来使用,以指定给定节点上的锚标记 URL。
selectable	Boolean,默认值 true	指定树节点是否可选择。设置为 false 将使节点展开,并且不能被选择。

续表 6-5-1

参数名称	参数类型	参数描述
state	Object(可选项)	一个节点的初始状态。
state.checked	Boolean,默认值 false	指示一个节点是否处于 checked(选中)状态,通常需要用一个 checkbox(复选框)图标表示。
state.disabled	Boolean,默认值 false	指示一个节点是否处于 disabled(禁用)状态。禁用状态下,该节点不可选中(checkable),不可展开(expandable),不可选择(selectable)。
state.expanded	Boolean,默认值 false	指示一个节点是否处于展开状态。
state.selected	Boolean,默认值 false	指示一个节点是否可以被选择。
color	String	节点的前景色,覆盖全局的前景色选项。
backColor	String	节点的背景色,覆盖全局的背景色选项。
tags	字符串数组	通过结合 showTags 配置项在树节点的右边添加额外的信息。例如说 Bootstrap 的徽章。

注意：

(1) id。id 属性是 Bootstrap-Treeview 节点中一个特别关键的属性,用来表示节点的唯一性。因此当数据结构中主动包含 id 属性时,必须确保其唯一性。但此属性是可缺省的。如果数据结构中没有指定 id 属性时,Bootstrap-Treeview 在构造节点时会自动生成一个唯一的数值。注意图 6-5-2 中黑框标注的内容：

```
▶<li class="list-group-item node-treeview1" data-nodeid="0" style="color:undefined;background-color:undefined;">…</li>
▶<li class="list-group-item node-treeview1" data-nodeid="1" style="color:undefined;background-color:undefined;">…</li>
▶<li class="list-group-item node-treeview1" data-nodeid="2" style="color:undefined;background-color:undefined;">…</li>
▶<li class="list-group-item node-treeview1" data-nodeid="3" style="color:undefined;background-color:undefined;">…</li>
▶<li class="list-group-item node-treeview1" data-nodeid="4" style="color:undefined;background-color:undefined;">…</li>
▶<li class="list-group-item node-treeview1" data-nodeid="5" style="color:undefined;background-color:undefined;">…</li>
▶<li class="list-group-item node-treeview1" data-nodeid="6" style="color:undefined;background-color:undefined;">…</li>
```

图 6-5-2

(2) nodes。nodes 属性用来指定当前节点的子节点,可以嵌套多层。我们通过一段"绕口令"了解一下父节点与子节点之间的关系吧：

每个节点有零个或多个子节点,

没有父节点的节点称为根节点,

每一个非根节点有且只有一个父节点,

有子节点的节点都可以称作为父节点,

没有子节点的节点都可以称作为叶子节点。

究竟哪一个是父节点,哪一个是子节点,关键就在于这个 nodes 属性上。例如,一个节点上有 nodes 属性,并且 nodes 属性值不为空,那么它就是一个父节点。

6.5.4 Bootstrap-Treeview 常用配置项

配置项允许我们对 Bootstrap-Treeview 的外观和行为进行自定义,它们需要在初始化时,作为对象传递给树实例的 treeview()。如下所示。

```
$('#tree').treeview({
    data: data,
    showCheckbox : true,
    multiSelect : false,
});
```

下表列举了一些常用的配置项,如表 6-5-2 所示。

表 6-5-2　Bootstrap-Treeview 的常用配置项

参数名称	参数类型	默认值	描述
data	对象数组	无	树视图要显示的数据源。
backColor	String	'#FFFFFF'	设置所有树视图节点的背景颜色。
borderColor	String	'#dddddd'	设置树视图容器的边框颜色,如果不想要边框可以设置 showBorder 属性为 false。
checkedIcon	String	Bootstrap Glyphicons 定义的 "glyphicon glyphicon-check"	设置处于 checked(选中)状态的复选框图标。
collapseIcon	String	Bootstrap Glyphicons 定义的 "glyphicon glyphicon-minus"	设置树视图可收缩节点的图标。
color	String	'#000000'	设置树视图所有节点的前景色。
emptyIcon	String	Bootstrap Glyphicons 定义的 "glyphicon"。	设置树视图中没有子节点的节点的图标。
enableLinks	Boolean	false	是否将节点文本显示为超链接。必须在每个节点的数据结构中提供其 href 值。
expandIcon	String	Bootstrap Glyphicons 定义的 "glyphicon glyphicon-plus"	设置树视图可展开节点的图标。
Highlight SearchResults	Boolean	true	是否高亮搜索结果。
Highlight Selected	Boolean	true	当选择节点时是否高亮显示。
onhoverColor	String	'#F5F5F5'	设置树视图的节点在用户鼠标滑过时的背景颜色。
levels	Integer	2	设置树结构中默认展开层级。默认值为 2 表示当树结构中的嵌套层级大于 2 的时候也只默认展开 2 层,2 层以外默认为折叠状态。
multiSelect	Boolean	false	是否可以同时选择多个节点。

续表 6-5-2

参数名称	参数类型	默认值	描述
nodeIcon	String	Bootstrap Glyphicons 定义的 "glyphicon glyphicon-stop"	设置所有树视图节点上的默认图标。
selectedIcon	String	Bootstrap Glyphicons 定义的 "glyphicon glyphicon-stop"	设置所有被选择的节点上的默认图标。
searchResultBackColor	String	'#FFFFFF'	设置搜索结果节点的背景颜色。
searchResultColor	String	'#D9534F'	设置搜索结果节点的前景颜色。
selectedBackColor	String	'#428bca'	设置被选择节点的背景颜色。
selectedColor	String	'#FFFFFF'。	设置树视图上选择节点的背景颜色。
showBorder	Boolean	true	是否在节点上显示边框。
showCheckbox	Boolean	false	是否在节点上显示复选框。
showIcon	Boolean	true	是否显示节点图标。
showTags	Boolean	false	是否在每个节点右边显示 tags 标签。必须在每个节点的数据结构中提供其 tag 值。
uncheckedIcon	String	Bootstrap Glyphicons 定义的 "glyphicon glyphicon-unchecked"	设置图标未选择状态时的 checkbox 图标（通常为未勾选的复选框）。

6.5.5 Bootstrap-Treeview 常用方法

可以通过两种方法来使用 Bootstrap-Treeview 的方法。

第一种，使用插件包装器方法 treeview()。

```
// 第一个参数为要调用的方法名
// 第二个参数为方法所需要的参数
$('#treeview1').treeview('methodName', args)
```

第二种，先获取树视图实例对象，再通过对象调用方法。

```
var treeview = $('#treeview1').data('treeview');
treeview.methodName(args);
```

现在，我们来了解一下 Bootstrap-Treeview 的一些常用功能。

(1) checkAll(options):勾选所有的节点。用法如下：

```
$('#treeview1').treeview('checkAll', { silent: true });
```

注意:

① 在使用勾选或者取消勾选的方法之前，要确保树视图已启用了勾选的配置项。

```
$('#treeview1').treeview({
    showCheckbox: true
});
```

② 使用勾选的方法时，传入 silent: true 可阻止 nodeChecked 事件发生。

(2) checkNode(nodeId, options):勾选指定的节点，参数为指定节点 ID。用法如下：

```
$('#treeview1').treeview('checkNode', [ nodeId, { silent: true } ]);
```

注意: 如果 nodeId 为父节点，此时并不会勾选 nodeId 下的子节点。

(3) getChecked():返回被勾选节点的数组。用法如下：

```
$('#treeview1').treeview('getChecked');
```

注意:

① 如果没有勾选的节点，则返回一个空数组。

② 如果勾选的是父节点，子节点可通过父节点的 nodes 属性值获取，如图 6-5-3 所示。

```
▼ [{…}]
  ▼ 0:
      nodeId: 1
    ▼ nodes: Array(2)
      ▶ 0: {text: "涧西区", nodeId: 2, parentId: 1, selectable: true, state: {…}}
      ▶ 1: {text: "西工区", nodeId: 3, parentId: 1, selectable: true, state: {…}}
        length: 2
      ▶ __proto__: Array(0)
      parentId: 0
      selectable: true
    ▶ state: {checked: true, disabled: false, expanded: true, selected: false}
      text: "洛阳市"
    ▶ __proto__: Object
    length: 1
  ▶ __proto__: Array(0)
```

图 6-5-3

(4) uncheckAll(options):取消勾选所有的节点。用法如下：

```
$('#treeview1').treeview('uncheckAll', { silent: true });
```

注意: 使用取消勾选的方法时，传入 silent: true 可阻止 nodeUnchecked 事件发生。

(5) uncheckNode(nodeId, options):取消否选一个指定的节点,参数为指定节点ID。用法如下:

$('#treeview1').treeview('uncheckNode', [nodeId, { silent: true }]);

(6) getUnchecked():返回未勾选节点的数组。用法如下:

$('#treeview1').treeview('getUnchecked');

(7) toggleNodeChecked(nodeId, options):切换节点的勾选状态。用法如下:

$('#treeview1').treeview('toggleNodeChecked', [nodeId, { silent: true }]);

注意:如果 nodeId 为父节点,此时并不会切换 nodeId 下的子节点的勾选状态。

(8) collapseAll(options):折叠树的所有的节点。用法如下:

$('#treeview1').treeview('collapseAll', { silent: true });

注意:使用折叠节点的方法时,传入 silent: true 可阻止 nodeCollapsed 事件发生。

(9) collapseNode(nodeId, options):折叠指定节点和它的子节点。如果不想折叠子节点,可以设置{ ignoreChildren: true }。用法如下:

$('#treeview1').treeview('collapseNode',[1, { silent: true }]); // 折叠指定节点和它的子节点

$('#treeview1').treeview('collapseNode', [nodeId, { silent: true, ignoreChildren: false }]); // 折叠指定节点并忽略其子节点

(10) getCollapsed():返回折叠节点的数组。用法如下:

$('#treeview1').treeview('getCollapsed');

注意:叶子节点也会默认作为折叠节点返回(可能 getCollapsed 觉得叶子节点比较孤单,毕竟叶子节点没有子节点,也就不存在展开的情况)。

(11) expandAll(options):如果没有指定参数 level 的话,就会展开所有的树节点。否则,就会展开 level 指定级别的树节点。用法如下:

$('#treeview1').treeview('expandAll', {silent: true}); // 展开所有节点
$('#treeview1').treeview('expandAll', { levels: 1, silent: true });
// 只展开一级节点,两级或两级以上的节点并不展开(如果有的话)

注意:使用展开节点的方法时,传入 silent: true 可阻止 nodeExpanded 事件发生。

(12) expandNode(nodeId, options):展开指定的树节点,参数为指定节点 ID。用法如下:

$('#treeview1').treeview('expandNode', [nodeId, {silent: true}]);

注意:如果 nodeId 为父节点,那么它不能是里层的那个父节点,否则会没有效果。

第6章　多彩的AdminLTE

如图6-5-4所示,"河南省"「nodeId 为 0」为外层的父节点,"洛阳市"「nodeId 为 1」为里层的父节点。

图 6-5-4

如果之前的所有节点都是折叠状态的,此时想通过代码 $('#treeview1').treeview('expandNode',[1,{silent: true }]);来展开"洛阳市"这个里层的节点,是不会有效果的。但如果通过代码 $('#treeview1').treeview('expandNode',[0,{silent: true }]);来展开"河南省"这个外层的节点,展开的效果就如图 6-5-4 所示。

(13) getExpanded():返回所有展开节点的数组。用法如下:

$('#treeview1').treeview('getExpanded');

(14) toggleNodeExpanded(nodeId, options):切换一个节点的展开和折叠状态。用法如下:

$('#treeview1').treeview('toggleNodeExpanded',[nodeId,{ silent: true }]);

(15) disableAll(options):禁用所有的节点。用法如下:

$('#treeview1').treeview('disableAll',{ silent: true }); // 传入 'silent: true' 可阻止 'nodeDisabled' 事件发生。

禁用后的状态如图 6-5-5 所示:

图 6-5-5

注意:使用禁用节点的方法时,传入 silent: true 可阻止 nodeDisabled 事件发生。

(16) disableNode(nodeId, options):禁用指定的节点,参数为指定节点 ID。用法如下:

```
$('#treeview1').treeview('disableNode', [ nodeId, { silent: true } ]);
```

注意：如果 nodeId 是父节点，那么其子节点也会被禁用。

(17) getDisabled()：返回被禁用节点的数组。用法如下：

```
$('#treeview1').treeview('getDisabled');
```

(18) enableAll(options)：启用所有的节点。用法如下：

```
$('#treeview1').treeview('enableAll', { silent: true });
```

注意：使用启用节点的方法时，传入 silent: true 可阻止 nodeEnabled 事件发生。

(19) enableNode(nodeId, options)：启用指定的节点，参数为指定节点 ID。用法如下：

```
$('#treeview1').treeview('enableNode', [ nodeId, { silent: true } ]);
```

(20) getEnabled()：返回可用节点的数组。用法如下：

```
$('#treeview1').treeview('getEnabled');
```

(21) toggleNodeDisabled(nodeId, options)：切换一个节点的可用和不可用状态。用法如下：

```
$('#treeview1').treeview('toggleNodeDisabled', [ nodeId, { silent: true } ]);
```

(22) selectNode(nodeId, options)：选择指定的节点，参数为指定节点 ID。用法如下：

```
$('#treeview1').treeview('selectNode', [ nodeId, { silent: true } ]);
```

选择后的效果如图 6-5-6（洛阳市为选择的节点）所示。

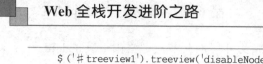

图 6-5-6

注意：使用选择的方法时，传入 silent: true 可阻止 nodeSelected 事件发生。

(23) getSelected()：返回选择节点的数组。用法如下：

$('#treeview1').treeview('getSelected');

(24) unselectNode()：取消选择指定的节点，参数为指定节点 ID。用法如下：

$('#treeview1').treeview('unselectNode', [nodeId, { silent: true }]);

注意：使用取消选择的方法时，传入 silent: true 可阻止 nodeUnselected 事件发生。

(25) getUnselected()：返回未选择节点的数组。用法如下：

$('#treeview1').treeview('getUnselected');

(26) toggleNodeSelected(nodeId, options)：切换一个节点的选择和未选择状态。用法如下：

$('#treeview1').treeview('toggleNodeSelected', [nodeId, { silent: true }]);

(27) getNode(nodeId)：返回指定节点 ID 的单一节点对象。用法如下：

$('#treeview1').treeview('getNode', nodeId);

(28) getParent(nodeId)：返回指定节点的父节点，如果没有则返回 undefined。用法如下：

$('#treeview1').treeview('getParent', nodeId);

(29) getSiblings(nodeId)：返回指定节点的兄弟节点的数组，如果没有则返回 undefined。用法如下：

$('#treeview1').treeview('getSiblings', nodeId);

(30) revealNode(nodeId, options)：显示一个树节点，展开从这个节点开始到根节点的所有节点(有一种逆流而上的感觉)。用法如下：

$('#treeview1').treeview('revealNode', [nodeId, { silent: true }]);

(31) search(pattern, options)：在树视图中搜索与指定字符串匹配的节点，在树中突出显示它们。用法如下：

```
var treeview1 = $('#treeview1').data('treeview');
treeview1.search("洛阳", {
    ignoreCase : true,
    exactMatch : false,
    revealResults : true,
});
```

效果如图 6-5-7 所示。

图 6-5-7

注意：

① 调用 search 方法将会触发 searchComplete 事件。

② search 方法的第一个参数 pattern 为字符串，主要用来和树结构中的 text 值进行匹配。匹配的时候可更改三个参数。

ignoreCase，值为 true 的时候表示忽略大小写。

exactMatch，值 false 的时候采用模糊匹配（就像 MySQL 中的 like 语句），true 的时候采用精确匹配（就像 Java 中的 'equals'）。

revealResults，值为 true 的时候表示，如果搜索的结果中的节点刚开始是未展开的状态，那么显示搜索的结果的时候就展开它。

（32）clearSearch()：清空以前的搜索结果，默认情况下主要是清除搜索结果的高亮状态。用法如下：

```
$('#treeview1').treeview('clearSearch');
```

注意： 调用 clearSearch 方法将会触发 searchCleared 事件。

6.5.6 Bootstrap-Treeview 的常用监听事件

Bootstrap-Treeview 的常用监听事作如下所示。

- nodeChecked（event，node）：一个节点被勾选时触发。
- nodeUnchecked（event，node）：取消勾选一个节点时触发。
- nodeSelected（event，node）：一个节点被选择时触发。
- nodeUnselected（event，node）：取消选择一个节点时触发。
- nodeCollapsed（event，node）：一个节点被折叠时触发。
- nodeExpanded（event，node）：一个节点被展开时触发。
- nodeDisabled（event，node）：一个节点被禁用时触发。
- nodeEnabled（event，node）：一个节点被启用时触发。
- searchComplete（event，results）：搜索完成之后触发。
- searchCleared（event，results）：搜索结果被清除之后触发。

该怎么使用这些监听事件呢？

第一种，可以在初始化 Bootstrap-Treeview 的时候作为参数值带入，示例如下：

```
$('#treeview1').treeview({
  onNodeChecked : function(event, data) {
    // 做你想做
  }
});
```

注意：使用这种方式启用监听事件时，需要把事件名首字母大写并在前面加上 on。

第二种，使用 jQuery 的 on 方法，示例如下：

```
$('#treeview1').on('nodeChecked', function(event, data) {
  // 做你想做
});
```

6.5.7　关于 Bootstrap-Treeview 节点勾选

默认情况下，Bootstrap-Treeview 并不具备以下功能：

① 父节点勾选的时候所有子节点勾选；
② 父节点取消勾选的时候所有子节点取消勾选；
③ 子节点全部勾选的时候父节点勾选；
④ 子节点全部取消勾选的时候父节点取消勾选；
⑤ 选择节点时勾选节点；
⑥ 取消选择节点时取消勾选节点。

但我们可以通过 Bootstrap-Treeview 提供的监听事件和方法来实现以上 6 个功能。我们一个一个来实现，先来实现第一个功能，父节点勾选的时候所有子节点勾选。

```
$('#treeview1').treeview({
    data : treeviewDefaultData,
    showCheckbox : true,
    onNodeChecked : function(event, node) {
        // 获取树视图实例
        var treeview1 = $('#treeview1').data('treeview');

        var _parentCheck = function(children) {
            $.each(children, function(index, child) {
                // child 为子节点，child.nodeId 返回节点的 ID
                treeview1.checkNode(child.nodeId, { silent: true });

                // 如果当前子节点还有子节点，那么继续
                if (child.nodes ! = null) {
                    _parentCheck(child.nodes);
```

```
            }
        });
    }

    // 勾选的是父节点
    if (node.nodes != null) {
        // 遍历子节点,对其进行勾选
        _parentCheck(node.nodes);
    }
    },
});
```

第二个功能,父节点取消勾选的时候所有子节点取消勾选。

```
$('#treeview1').treeview({
    data : treeviewDefaultData,
    showCheckbox : true,
    onNodeUnchecked : function(event, node) {
        // 获取树视图实例
        var treeview1 = $('#treeview1').data('treeview');

        var _parentUncheck = function(children) {
            // 遍历子节点,对其进行取消勾选
            $.each(children, function(index, child) {
                treeview1.uncheckNode(child.nodeId, { silent: true });

                // 如果当前子节点还有子节点,那么继续
                if (child.nodes != null) {
                    _parentUncheck(child.nodes);
                }
            });
        }

        // 取消勾选的是父节点
        if (node.nodes != null) {
            _parentUncheck(node.nodes);
        }
    },
});
```

第三个功能,子节点全部勾选的时候父节点勾选。

```
$('#treeview1').treeview({
    data : treeviewDefaultData,
```

```
showCheckbox : true,
onNodeChecked : function(event, node) {
    // 获取树视图实例
    var treeview1 = $('#treeview1').data('treeview');

    var _childCheck = function (child) {
        // 获取父节点
        var parent = treeview1.getParent(child.nodeId);
        // 父节点存在的话,判断其是否应该选中
        if (parent != undefined) {
            // 是否全部选中
            var isAllchecked = true;

            // 获取兄弟节点
            var siblings = treeview1.getSiblings(child.nodeId);

            // 如果兄弟节点中有一个节点是未勾选的状态,那么父节点就不应该勾选
            for ( var i in siblings) {
                if (! siblings[i].state.checked) {
                    isAllchecked = false;
                    break;
                }
            }

            // 如果子节点全部勾选,那么父节点就应该勾选
            if (isAllchecked) {
                treeview1.checkNode(parent.nodeId, { silent: true });

                // 如果父节点还有父节点,那么继续
                var grand = treeview1.getParent(parent.nodeId);
                if (parent != undefined) {
                    _childCheck(parent);
                }
            }
        }
    }

    // 勾选的是父节点
    if (node.nodes != null) {
    } else {
        // 勾选的是子节点
        _childCheck(node);
    }
```

        },
});

第四个功能,子节点全部取消勾选的时候父节点取消勾选。

```javascript
$('#treeview1').treeview({
    data : treeviewDefaultData,
    showCheckbox : true,
    onNodeUnchecked : function(event, node) {
        // 获取树视图实例
        var treeview1 = $('#treeview1').data('treeview');

        var _childUncheck = function (child) {
            // 获取父节点
            var parent = treeview1.getParent(child.nodeId);
            // 父节点存在的话,判断其是否应该选中
            if (parent != undefined) {
                // 是否全部取消选中
                var isAllUnchecked = true;

                // 获取兄弟节点
                var siblings = treeview1.getSiblings(child.nodeId);

                // 如果兄弟节点中有一个节点是勾选的状态,那么父节点就不应该取消勾选
                for ( var i in siblings) {
                    if (siblings[i].state.checked) {
                        isAllUnchecked = false;
                        break;
                    }
                }

                // 如果子节点全部取消勾选,那么父节点就应该取消勾选
                if (isAllUnchecked) {
                    treeview1.uncheckNode(parent.nodeId, { silent: true });

                    // 如果父节点还有父节点,那么继续
                    var grand = treeview1.getParent(parent.nodeId);
                    if (parent != undefined) {
                        _childUncheck(parent);
                    }
                }
            }
        }
```

```
        // 取消勾选的是父节点
        if (node.nodes ! = null) {
        } else {
            // 取消勾选的是子节点
            _childUncheck(node);
        }
    },
});
```

第五个功能,选择节点时勾选节点。

```
$('#treeview1').treeview({
    data : treeviewDefaultData,
    showCheckbox : true,
    highlightSelected : false, // 此时最好取消高亮
    onNodeSelected :function (event, node) {
        $('#treeview1').treeview('checkNode', [ node.nodeId ]);
    },
});
```

注意:对于Bootstrap-Treeview来说,所有的"选择"都是针对节点的"高亮"状态来操作的,即单击节点进入高亮状态的这种选择,所有与"选择"相关的配置项、方法、监听事件都带有单词"select"。它与"勾选"节点有着鲜明的区别,勾选节点主要是指通过复选框来选择(此选择非彼"选择")节点,,所有与"勾选"相关的配置项、方法、监听事件都带有单词"check"。

第六个功能,取消选择节点时取消勾选节点。

```
$('#treeview1').treeview({
    data : treeviewDefaultData,
    showCheckbox : true,
    highlightSelected : false, // 此时最好取消高亮
    onNodeUnselected  :function (event, node) {
        $('#treeview1').treeview('uncheckNode', [ node.nodeId ]);
    },
});
```

6.5.8　Bootstrap-Treeview 异步加载

使用树视图的时候,肯定会有很多同学直接提问:"我的页面怎么异步加载节点数据?"

关于"异步加载",我就不再赘述了,之前我们介绍Ajax的时候已重点说明过。可以换句话说,Ajax的出现就是为了解决异步加载的问题。为此,我准备了两份SQL文件,分别是city.sql和province.sql(GitHub地址:https://github.com/qinggee/

WebAdvanced/tree/master/src/sql)。

（1）服务器端数据接口，先来完成服务器端为 Ajax 提供的接口，需要满足的要求就是：

① 正确接受 Ajax 请求的参数，以便对数据结果进行筛选；

② 返回正确格式的 JSON 数据，以便 Bootstrap-Treeview 能够正确初始化。

我们可以选择一次性将省会和其城市列表返回，代码如下：

```java
@SuppressWarnings({ "rawtypes", "unchecked" })
@RequestMapping("treeview/procity")
@ResponseBody
public List < HashMap > treeviewProcity() {
    logger.info("treeview 获取省市级数据");

    List < HashMap > data = new ArrayList < >();
    List < Provinces > provinces = procityService.selectProvinces();
    for (Provinces province : provinces) {
        HashMap parent = new HashMap();

        // 树节点上要显示的文本
        parent.put("text", province.getProname());
        // 节点的唯一性
        parent.put("id", province.getId());
        // 省会编码
        parent.put("procode", province.getProcode());

        // 根据省会 ID 获取城市列表
        List < Cities > citys = procityService.getCitiesByProvinceId(province.getId());

        List < HashMap > children = new ArrayList < >();
        for (Cities city : citys) {
            HashMap child = new HashMap();
            child.put("text", city.getCname());
            child.put("id", city.getId());
            // 省会 ID
            child.put("proid", city.getProid());
            // 城市编码
            child.put("code", city.getCode());

            children.add(child);
        }
        parent.put("nodes", children);
```

```
        data.add(parent);
    }

    return data;
}
```

(2) 初始化 Bootstrap-Treeview

通过 Ajax 向服务器端请求省市级数据,响应成功后对 Bootstrap-Treeview 进行初始化,代码如下:

```
var procity_tree = $("#treeview_procity");
if (procity_tree.length > 0) {
    $.ajax({
        type : 'GET',
        url : procity_tree.data("url"),
        dataType : "json",
        success : function(json) {
            procity_tree.treeview({
                data : json,
                showCheckbox : true,
                highlightSelected : false,
                levels : 1,
                onNodeSelected : function(event, node) {
                    procity_tree.treeview('checkNode', [ node.nodeId ]);
                },
                onNodeUnselected : function(event, node) {
                    procity_tree.treeview('uncheckNode', [ node.nodeId ]);
                },
                onNodeChecked : function(event, node) {
                    // 勾选的是父节点
                    if (node.nodes != null) {
                        // 遍历子节点,对其进行勾选
                        _parentCheck(event, node.nodes);
                    } else {
                        // 勾选的是子节点
                        _childCheck(event, node);
                    }
                },
                onNodeUnchecked : function(event, node) {
                    // 取消勾选的是父节点
                    if (node.nodes != null) {
                        _parentUncheck(event, node.nodes);
                    } else {
```

```
                    // 取消勾选的是子节点
                    _childUncheck(event, node);
                }
            },
        });

        }
    });
}
```

注意：异步加载模式一般有两种用法。

① 初次加载节点时直接加载全部节点的数据。这种情况一般用于不在页面上生成数据，并且节点数量不大，数据关系简单的情况。

② 初次加载节点时只加载当前这一级的节点数据，当展开这一级的节点时再加载子节点的数据。这种情况一般适用于数据量比较大的情况，采用逐级加载能够大幅度提升性能。但遗憾的是，Bootstrap-Treeview 并没有提供添加节点的 API，于是这种异步加载并不适合 Bootstrap-Treeview。

6.5.9　Bootstrap-Treeview 节点数据提交

使用树进行操作（选择、筛选、勾选）后，肯定需要把数据传递给服务器端进行保存。那么，如何将节点数据转换成服务器端支持的数据呢？这需要分为以下几个步骤。

第一步，获取需要的节点数据。

① Bootstrap-Treeview 的每个监听事件在触发后都会把对应被操作的节点数据返回，以便进行下一步操作。例如：

```
// 返回勾选的节点
$('#treeview1').on('nodeChecked', function(event, node) {
    console.log(node);
});

// 返回匹配搜索关键字的结果集
$('#treeview1').on('searchComplete', function(event, nodes) {
    console.log(nodes);
});
```

② Bootstrap-Treeview 的 getter 方法（以 get 开头的方法）会返回对应的节点数据。例如：

```
// 返回勾选的节点集
$('#treeview1').treeview('getChecked');

// 返回指定节点 ID 的节点
```

```
$('#treeview1').treeview('getNode', nodeId);
```

第二步,把节点数据转换成需要的数据。

① 假设只需要提交一个节点的 id、text 或者自定义属性值,可以直接按照下面的方法构造数据对象:

```
var data = {
    id : node.id,
    text : node.text,
    code : node.code,// code 为自定义属性,初始化的时候数据源中需要指定
}
```

② 假设需要提交一批节点的 id,尤其针对勾选操作,我们可以这样做:

```
var data = {checkedData : []}, checkedNodes = $('#treeview_procity').treeview('getChecked');

for(var i = 0; i < checkedNodes.length; i++){
    data.checkedData.push(checkedNodes[i].id);// 可以把 id 换成其他需要的属性
}

console.log(data.checkedData.join(','));
// 输出的结果为:1,490,491,492,493
```

第三步,使用 Ajax 提交需要的数据。

得到了需要的数据,就可以使用 Ajax 将数据提交到服务器端了。示例如下:

```
$.ajax({
    type : 'POST',
    url : $("#getData").data("url"),
    data : {
        ids : data.checkedData.join(",")
    },
    success : function(response) {
        console.log(response);
    }
});
```

第四步,服务器端接收请求参数并处理。

```
@RequestMapping("treeview/submit")
@ResponseBody
public String treeviewSubmit() {
    logger.debug(getPara("ids"));
```

```
        return "数据已收到";
    }
```

好了，现在关于 Bootstrap-Treeview 的节点数据提交的整个流程已经完成了，感觉还顺畅吧。

6.6 小　　结

　　小二哥：亲爱的读者，你们好，我是小二哥。

　　小王老师：亲爱的读者，你们好，我是小王老师。

　　小二哥：小王老师，听说最近工作上不是很顺利？

　　小王老师：小二哥，你是怎么知道的呢？

　　小二哥：从你的眉宇之间就能够看得出来。

　　小王老师：没想到小二哥还会读心术啊！

　　小二哥：小王老师想不想把你的心声分享出来，和读者朋友们交流交流，也许大家也会遇到类似的情况。

　　小王老师：嗯，也许说出来我也会好一些。

　　小二哥：没错，分享就是解决痛苦的最好办法。就像你分享的那些技术博客一样，能够帮助很多很多人。

　　小王老师：小二哥，你说得没错。

　　小二哥：准备开始吧，小王老师，我已经做好了倾听的姿势。

　　小王老师：谢谢你，小二哥。我这个人啊，一直不善于和他人沟通。我觉得既然自己是一名程序员，沟通的对象就应当是与程序员息息相关的程序或者代码。所以，我喜欢不断地研究新的技术。例如这一章我们介绍的：绚丽多彩的 AdminLTE、一个用于网页布局和装饰的集成框架 SiteMesh、简单而灵活的图表库 Chart.js、支持搜索|标记|远程数据和无限滚动的下拉框 Select2、非常酷的分层树结构插件 Bootstrap-Treeview 等，我把它们应用于实际的项目当中，从而提升我们公司产品从内至外的价值。然而在这个过程当中，我忽视了与人（包括老板）之间的沟通，导致上级领导或者老板并没有感受到我为了公司所付出的努力，所以我的薪资水平甚至还停留在两年前的水平，这让我感受不到自身的价值。考虑到我们属于一个创业型的团队，我有的时候能够安抚自己的情绪，有的时候却不能，于是这些时候我就会变得很焦虑。我打算着是不是应该跳槽到一家新的公司，换一个新的环境，事情就会有所转机。但同时，我又在担忧，如果换了公司，我可能就没有像现在这么多属于自己的时间去完成我一直以来的梦想——完成《Web 全栈开发进阶之路》的书稿；与此同时，我不甘心就这么放弃，放弃这几年来为公司付出的努力与汗水。小二哥，你说我该怎么办呢？

　　小二哥：额……小王老师，对不起，对于你所处的困境我也感到非常的沮丧。我想你是不是应该去看一本关于沟通方面的书，例如说《关键对话》或者《非暴力沟通》？在《关键对话》一书中，有这么几句特别值得深思的话：

（1）当人们感到失去安全感时，它们往往朝着以下两种错误做法的方向走去。它们要么陷入沉默要么诉诸言语暴力。

（2）要想解决问题就必须对问题进行讨论，而且不能带有任何掩饰、虚伪和欺骗的成分。

（3）当我们发现对话陷入僵局时，我们认为矛盾永远无法调和，是因为我们总是把期望目标和实际目的等同起来。

在《非暴力沟通》这本书里，有这么一句我特别喜欢的话：

如果今天的世界是无情的，那是我们的生活方式造成它的无情。我们的转变与世界的状态息息相关。而改变沟通方式是自我转变的重要开端。

小王老师：哇喔，谢谢，真的非常感谢，小二哥！你挑选的这四句话真的非常的到位。我就是因为陷入沉默而不愿意去做出改变才导致自己陷入了困境，我想我现在就需要去沟通。

第 7 章

大有可为的 Form 表单

在第六章,我们已经能够将服务器端的数据(主要来自于数据库)展示在客户端的 JavaScript 组件当中了,这证明我们在 Web 全栈开发的道路上已经大有所成。但这还不够,我们希望能将客户端的数据提交至服务器端,更进一步的话,就是保存到数据库当中,这就需要用到大有可为的 Form 表单了。Form 表单不只能够向服务器端提交简单的文本数据,还能够提交图片、视频等复杂的文件数据。灵活运用 Form 表单也是 Web 全栈开发进阶之路上最重要的一项技能,同时,还有以下几种技能需要掌握。

- 要学会在客户端通过 BootstrapValidator 或 Validform 等验证插件对用户在表单中填写的数据进行校验,校验未通过时提示用户错误信息;校验通过时再将数据提交至服务器端。
- 为防止恶意破解密码、刷票、论坛灌水等行为,要学会在表单中加入验证码机制,包括传统的图文形式,以及更新颖的拼图形式(Geetest)。
- 要学会通过增强版的 HTML5 文件输入框(Bootstrap FileInput)向服务器端提交文件数据。
- 要学会通过富文本编辑器(Summernote)向服务器端提交富文本(图文并茂的文本,还可以按照一定的格式进行排版)数据。

你是不是已经跃跃欲试了?准备开始新的旅程吧!

7.1 原来你是这样的 Form 表单

Form 表单对于每个 Web 开发人员来说,实在是再熟悉不过了,它是前端页面和服务器端进行数据交互的最常用的工具。

例如,你想提交用户的登录信息给服务端进行校验,那就需要用 Form 表单,这类表单暂且称之为普通文本表单;你想上传图片、视频给服务端进行保存,还是可以用 Form 表单,这类带有文件上传的表单暂且称之为文件上传表单;另外,还有一种表单,

第7章 大有可为的 Form 表单

用来搜集用户的查询条件,并将这些查询条件传递给服务器端进行数据筛选,这类表单可以称之为查询类表单。简而言之,Form 表单就是前端页面与服务器端之间的桥梁,它在 Web 应用中的重要性不言而喻。

让我们先来了解一下最简单的 Form 表单,代码如下:

```
< form action = "action" method = "post" >
    < input type = 'text' name = 'content' / >
    < button type = "submit" > 提交 < /button >
< /form >
```

在这个 Form 表单中,我们定义了一个文本输入框(< input type＝'text' name＝'content' / >),一个提交按钮(< button type＝"submit" > 提交 < /button >),表单将提交到 action 指定的请求路径中进行处理,且以 POST 的方式(method＝"post")处理。

Form 表单常见的元素有:< input > 元素(输入)、< select > 元素(下拉列表)、< textarea > 元素(文本域)、< button > 元素(按钮)。这其中,< input > 元素的种类最多,常见的有:单行文本 < input type＝"text" >、密码字段 < input type＝"password" >、表单提交 < input type＝"submit" >、单选按钮 < input type＝"radio" >、复选框 < input type＝"checkbox" >、按钮 < input type＝"button" >、文件 < input type＝"file" >。

在此基础上,HTML5 又新增了以下类型:
(1) color(允许用户选择颜色);
(2) email(允许用户输入电子邮件地址);
(3) number(包含数字值的输入字段);
(4) search(用于搜索字段);
(5) tel(允许用户输入电话号码);
(6) url(允许用户输入 URL 地址);
(7) range(可显示为滑动控件);
(8) date(允许用户选择日期);
(9) time(允许用户选择时间);
(10) month(允许用户选择月份和年份);
(11) week(允许用户选择周和年);
(12) datetime(允许用户选择日期和时间);
(13) datetime-local(允许用户选择日期和时间(无时区))。

大致了解了 Form 表单的元素之后,我们就可以开始更重要的工作了。首先要做的就是对表单进行数据校验,检查用户是否已填写表单中的必填项目,用户输入的邮件地址是否合法,用户是否已输入合法的日期,用户是否在数据域(numeric field)中输入了文本。这些校验工作非常重要,就好像上火车之前的检票一样,能够有效的提高网站的安全性。

7.2 BootstrapValidator——非常好用的表单验证插件

7.2.1 BootstrapValidator 的前世今生

BootstrapValidator 是一款功能强大、基于 Bootstrap 的表单验证插件。该插件内置了许多种表单验证器。这些表单验证器不仅可以对那些普通文本表单域（例如账号输入框、密码输入框）进行验证，还可以对二代选择框（Select2）等进行验证。

很遗憾，BootstrapValidator 在四年前已经停止更新了，并且将 BootstrapValidator 升级成了 FromValidation。起初，我以为作者只是对 BootstrapValidator 改个名字，并且 FormValidation 这个名气更具有"国际范"，不再把服务的对象仅限于 Bootstrap。这不能说是一件坏事，并且新老交替是历史发展地必然。点开 FormValidation 的官网 http://formvalidation.io，饶有兴致地逛了一圈，感觉新版的官网更加时髦，改头换面后的 BootstrapValidator 在功能上显得更加的强大，不由感慨道："作者好用心啊！"但等我想要下载源码开始探索 FormValidation 时，不由得怅然若失，原来的 BootstrapValidator 是免费的，而新版的 FormValidation 要收费，并且额度还很高（令我望而却步）。

对于这样的结果我能说什么呢，什么也说不出口。因为知识付费已经大势所趋，几乎所有的原创作者都在积极踊跃地参军，知识付费的大军。人们做原创的动力不再只是单纯的荣誉驱动，而是为了变现。这当然无可厚非，我为原创付出了那么多，凭什么要分文不收，凭什么我不能拿它养家糊口。我辛辛苦苦写这本书的目的，难道不就是为了赚点稿费？答案也许是否定的，也许是肯定的。

好了，让我们重新整理思绪，回到这篇的主题：BootstrapValidator。BootstrapValidator 最后的版本是 v0.5.3，GitHub 的下载地址为：

https://github.com/nghuuphuoc/bootstrapvalidator/tree/v0.5.3。

7.2.2 BootstrapValidator 的基本应用

BootstrapValidator 虽然四年前就不更新了，但它对于基于 Bootstrap 构建 Form 表单验证来说，已经足够用了。如果你觉得它过时了，那么我们还有其他的选项——Validform，下一节再讲解。

第一步，把 bootstrapValidator.css 加入到 csslib.jsp 文件。

```
< link href = "https://cdn.bootcss.com/jquery.bootstrapvalidator/0.5.3/css/bootstrapValidator.css" rel = "stylesheet" >
```

第二步，把 bootstrapValidator.js 和中文语言文件 zh_CN.js 加入到 jslib.jsp 文件。

第 7 章　大有可为的 Form 表单

```
<script src = "https://cdn.bootcss.com/jquery.bootstrapvalidator/0.5.3/js/boot-
strapValidator.js"></script>
<script src = "https://cdn.bootcss.com/jquery.bootstrapvalidator/0.5.3/js/language/
zh_CN.js"></script>
```

第三步，构建 Form 表单。

```
<form id = "loginForm" action = "${ctx}/seven/checkLogin" method = "post">
    <div class = "form-group has-feedback">
        <input type = "text" class = "form-control" name = "username" data-bv-notempty
        placeholder = "账号">
        <span class = "glyphicon glyphicon-envelope form-control-feedback"></span>
    </div>
    <div class = "form-group has-feedback">
        <input type = "password" class = "form-control" name = "password" data-bv-no-
        tempty placeholder = "密码">
        <span class = "glyphicon glyphicon-lock form-control-feedback"></span>
    </div>
    <div class = "row">
        <div class = "col-xs-8">
            <div class = "checkbox icheck" data-skin = "square">
                <label>
                    <input type = "checkbox">
                    记住我
                </label>
            </div>
        </div>
        <div class = "col-xs-4">
            <button type = "submit" class = "btn btn-primary btn-block btn-flat">登录
            </button>
        </div>
    </div>
</form>
```

这个 Form 表单很熟悉吧？没错，我相信你肯定没有忘记它，这正是第六章我们使用 AdminLTE 构建的登录表单。只不过，我对它进行了部分改造。

（1）为表单指定 id = "loginForm"，我们将根据此 id 对当前表单进行 BootstrapValidator 的初始化。

（2）对于需要进行验证的表单域，它必须被 <div class="form-group"> 包裹，否则 Form 表单在 BootstrapValidator 初始化时会报错，错误内容为 too much recursion。

（3）为账号输入框和密码输入框添加"data-bv-notempty"属性，表明该字段不允许为空。

看到这，你可能会产生这样的疑惑："我怎么知道 data-bv-notempty 是用来验证字段是否为空呢？""如果我还想验证字段的输入长度在 1 到 6 位之间呢？"

不要担心，我会帮你解决此烦恼，稍后我就会列举几种常见的验证器供你来参考。

第四步，对登录表单进行 BootstrapValidator 初始化。

```
$(function(){
// --------------------
// - 登录表单进行 BootstrapValidator 初始化
// --------------------
    $('#loginForm').bootstrapValidator({
        live : 'enabled'
    }).on('success.form.bv', function(e){
        e.preventDefault();
    });
});
```

（1）live : 'enabled' 表示字段值有变化时就触发 BootstrapValidator 进行验证（默认值，可缺省）。另外还可以设置为 submitted，表示单击提交按钮时进行验证。

（2）success.form.bv 为单击提交按钮时的触发事件。使用 e.preventDefault(); 可以阻止 Form 表单的默认提交行为，否则页面将会在单击提交按钮后跳转到 action 指定的地址，我们就看不到验证效果了。

现在，我们来看一下 BootstrapValidator 对 Form 表单验证后的效果，如图 7-2-1：

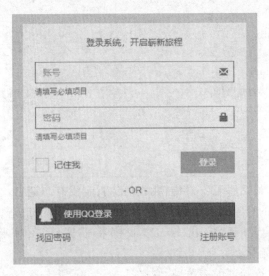

图 7-2-1

7.2.3 BootstrapValidator 常用的验证器

（1）between，检查输入值是否介于两个给定数字之间。该验证器的选项如表 7-2-1 所示。例如，只有输入的数字在 -90 到 90 之间才允许提交表单，就可以通过该验证器来进行判定。

表 7-2-1 between 验证器的选项

JavaScript 选项	HTML 属性	类型	描述
max	data-bv-between-max	Float	范围内的上限值。
min	data-bv-between-min	Float	范围内的下限值。
message	data-bv-between-message	String	提示信息。

JavaScript 选项示例。

```
$(function(){
    $('#latlongForm').bootstrapValidator({
        fields: {
            latitude: {
                validators: {
                    between: {
                        min: -90,
                        max: 90,
                        message: '纬度必须在 -90 到 90 之间'
                    }
                }
            },
        }
    });
});
```

HTML 属性示例（当通过 HTML 属性设置选项时，需要设置 data-bv-between="true" 来启用验证器）。

```
< divclass = "form-group" >
    < input type = "text" name = "latitude" data-bv-between = "true" data-bv-between-max = "90" data-bv-between-min = "-90" data-bv-between-message = "纬度必须在 -90 到 90 之间" / >
< /div >
```

（2）different，如果输入值与给定字段的值不同，则返回 true。该验证器的选项如表 7-2-3 所示。例如，只有密码和用户名不同的时候才允许用户提交表单来进行注册，此时就可以对 password 字段指定该验证器来进行判断。

表 7-2-3 different 验证器的选项

JavaScript 选项	HTML 属性	类型	描述
field	data-fv-different-field	String	将用于与当前字段进行比较的字段名。可以指定多个，使用逗号进行分割。
message	data-fv-different-message	String	提示信息

JavaScript 选项示例。

```
$('#differentForm').bootstrapValidator({
    fields: {
        password: {
            validators: {
                different: {
                    field: 'username',
                    message: '密码和用户名不能相同'
                }
            }
        }
    }
});
```

（3）greaterThan，如果值大于或等于给定的数字，则返回 true。该验证器的选项如表 7-2-3 所示。例如，只允许年满 18 周岁以上的用户提交表单进行注册，此时就可以使用该验证器进行判定。

表 7-2-3 greaterThan 验证器的选项

JavaScript 选项	HTML 属性	类型	描述
value	data-bv-greaterthan-value	Float	与之比较的数字。
message	data-bv-greaterthan-message	String	提示信息。

JavaScript 选项示例。

```
$('#greaterthanForm').bootstrapValidator({
    fields: {
        age: {
            validators: {
                greaterThan: {
                    value: 18,
                    message: '年龄必须已满18岁'
                }
```

```
          }
        }
      }
});
```

HTML 属性示例(当通过 HTML 属性设置选项时,需要设置 data-bv-greater-than="true"来启用验证器)。

```
<divclass="form-group">
    <input type="text" name="age" data-bv-greaterthan="true" data-bv-greaterthan-
    value="18" data-bv-greaterthan-message="年龄必须已满18岁"/>
</div>
```

(4) lessThan,如果值小于或等于给定的数字,则返回 true。它和 greaterThan 的判定刚好相反。该验证器的选项如表 7-2-4 所示。示例请参照 greaterThan。

表 7-2-4 lessThan 验证器的选项

JavaScript 选项	HTML 属性	类型	描述
value	data-bv-lessthan-value	Float	与之比较的数字。
message	data-bv-lessthan-message	String	提示信息。

(5) notEmpty,检查字段否为空。这也是最常用的一个验证器,几乎所有需要验证的字段都需要设定该验证器。示例如下:

```
<divclass="form-group">
    <input type="text" name="issue_count" data-bv-notempty/>
</div>
```

(6) digits,如果输入值是整数,则返回 true。例如,当用户要填写商品的购买数量时,就可以通过该验证器进行判定,因为购买数量只能是整数。HTML 属性示例如下:

```
<divclass="form-group">
    <input type="text" name="issue_count" data-bv-digits/>
</div>
```

(7) numeric,检查是否为数字。注意它和 digits 验证器的区别,numeric 通常用来判定输入的值是否带有小数点。HTML 属性示例如下:

```
<divclass="form-group">
    <input type="text" name="issue_price" data-bv-numeric/>
</div>
```

(8) regexp,检查该值是否与给定的 Javascript 正则表达式匹配,如表 7-2-5 所示。例如,要求用户名只能由字母和空格组成,就可以指定字段的 regexp 为"/^[a-z\s]+$/I"。

表 7-2-5 regexp 验证器的选项

Javascript 选项	HTML 属性	类型	描述
regexp	pattern	String	Javascript 正则表达式。

JavaScript 选项示例。

```
$('#regexpForm').bootstrapValidator({
    fields: {
        fullName: {
            validators: {
                regexp: {
                    regexp: /^[a-z\s]+$/I,
                    message: '全名只能由字母和空格组成'
                }
            }
        }
    }
});
```

HTML 属性示例(当通过 HTML 属性设置选项时,需要设置 data-bv-regexp="true"来启用验证器)。

```
<divclass="form-group">
    <input type="text" name="fullName" data-bv-regexp="true" pattern="^[a-z\s]+$" data-bv-regexp-message="全名只能由字母和空格组成"/>
</div>
```

(9) remote,通过 Ajax 请求执行远程检查,如表 7-2-6 所示。例如,当需要验证用户在表单中填写的用户名是否存在时,就必须要用到该验证器了。但从客户端进行验证是不可能满足要求的。

表 7-2-6 remote 验证器的选项

Javascript 选项	HTML 属性	类型	描述
crossDomain	data-bv-remote-crossdomain	Boolean	它和 jQuery 的 Ajax 的 crossDomain 选项相同,如果需要支持跨域请求,可以设置 crossDomain 为 true。
data	data-bv-remote-data	Object 或者 Function	发送到远程 URL 的数据。如果你只需要将当前字段的有效值(包括输入值和字段名)发送到远程 URL 的话,就不需要使用该选项。如果你使用的是 HTML 属性 data-fv-remote-data,那么它的值必须是一个可识别的 JSON 字符串。

续表 7-2-6

Javascript 选项	HTML 属性	类型	描述
dataType	data-bv-remote-datatype	String	远程服务器端返回的数据类型。它和 jQuery 的 Ajax 的 dataType 选项相同,可选的值有默认值 json 和 jsonp。
delay	data-bv-remote-delay	Number	设置该属性后,remote 验证器创建的 Ajax 请求只能在指定延迟时间内触发一次。
message	data-bv-remote-message	String	错误提示信息。
name	data-bv-remote-name	String	需要执行远程验证的字段名称。
type	data-bv-remote-type	String	使用哪一种方式将数据发送到远程服务器,可以是默认值 GET 或者 POST。
url	data-bv-remote-url	String 或者 Function	远程 URL,即 Ajax 请求的服务器端地址。
validKey	data-bv-remote-validkey	String	有效地钥匙串,默认值是 valid。当需要连接到第三方提供的远程验证 API 时,该属性就变得非常有价值。

注意:

① 当通过 HTML 属性设置选项时,需要设置 data-bv-remote="true"来启用验证器。

② crossDomain、dataType、validKey,这三个选项通常用于连接第三方提供的远程验证 API。

③ 默认情况下,只要当前字段的输入内容发生了变化,remote 验证器就会像服务器端发送一个 Ajax 请求,如果服务器端处理该请求需要花费一些时间的话,它可能会减慢网站的访问速度。为了提高性能,BootstrapValidator 提供了以下三种优化方案。

第一种,使用 delay 选项。通过设置延迟选项,保证 Ajax 请求只在特定的时间内触发一次。代码如下:

```
$('#bvRemoteForm').bootstrapValidator({
    fields: {
        username: {
            validators: {
                remote: {
                    url: '/seven/username/check',
                    delay: 2000    // 每两秒发送一次 Ajax 请求
```

```
            }
          }
        }
      }
});
```

第二种，使用 threshold 选项。通过设置阈值选项，要求 remote 验证器只有在字段值的长度大于阈值时才执行验证，代码如下：

```
$('#bvRemoteForm').bootstrapValidator({
    fields: {
        username: {
            threshold: 5,// 账号的输入字符超过 5 个之后才发起 remote 的 Ajax 请求
            validators: {
                remote: {
                    url: '/seven/username/check',
                }
            }
        }
    }
});
```

第三种，使用 verbose 选项。有这样一个原则，叫"客户端先验证，服务器端再验证"。通常情况下，一个字段会有多种验证器，那么这些验证器就应当先在客户端执行，remote 验证器只有在字段通过客户端其他的验证器之后才能被触发。使用 verbose 选项可以满足这样一个原则，当一个验证器验证失败后，verbose: false 可以阻止下一个验证器被触发，代码如下：

```
$('#bvRemoteForm').bootstrapValidator({
    fields: {
        username: {
            verbose: false,
            validators: {
                notEmpty: {
                    message: '账号是必须的'
                },
                stringLength: {
                    min: 6,
                    max: 30,
                    message: '账号的长度在 6-30 个字符'
                },
                // remote 验证放在最后
                remote: {
                    url: '/seven/username/check',
```

```
                    type: 'POST'
                }
            }
        }
    }
});
```

现在,我们利用 remote 验证器来检测一下输入的账号是否可用。首先,我们先新建一个表单,如下所示:

```
<form id = "bvRemoteForm" action = "${ctx}" method = "post">
    <div class = "form-group has-feedback">
        <input type = "text" class = "form-control" placeholder = "账号" name = "username"> <span
            class = "glyphicon glyphicon-user form-control-feedback"></span>
    </div>
    <div class = "form-group has-feedback">
        <input type = "email" class = "form-control" placeholder = "邮箱" name = "email"> <span
            class = "glyphicon glyphicon-envelope form-control-feedback"></span>
    </div>
    <div class = "row">
        <div class = "col-xs-4">
            <button type = "submit" class = "btn btn-primary btn-block btn-flat">注册
            </button>
        </div>
    </div>
</form>
```

然后,我们使用 BootstrapValidator 对表单进行初始化。

```
$('#bvRemoteForm').bootstrapValidator({
    fields : {
        username : {
            verbose: false,
            validators : {
                notEmpty : {
                    message : '账号是必须的'
                },
                stringLength : {
                    min : 4,
                    max : 8,
                    message : '账号的长度在 4-8 个字符'
                },
```

```
                    remote : {
                        url : '/WebAdvanced/seven/username/check',
                        data : function(validator, $field, value) {
                            return {
                                email : validator.getFieldElements('email').val()
                            };
                        },
                        message : '账号不可用',
                    }
                }
            },
        }
    }).on('success.form.bv', function(e) {
        e.preventDefault();
    });
```

在使用 BootstrapValidator 之前，我曾用过 jQuery 的表单验证插件，负责任地讲，jQuery 的表单验证插件已经做得非常优秀了，但使用 remote 验证器时，有很大的局限性，如果想要传递除该字段以外的参数（例如说本例中的邮箱）到服务器端的话，用起来会非常的费劲；但 BootstrapValidator 则不同，通过以下方法即可传递其他参数到服务器端。

```
data :function(validator, $field, value) {
    return {
        email : validator.getFieldElements('email').val()
    };
}
```

最后，我们在服务器端进行 remote 检查。

```
@RequestMapping("username/check")
@ResponseBody
public HashMap checkUsernameo() {
    HashMap result = new HashMap < >();
    String username = getPara("username");
    String email = getPara("email");
    logger.debug("用户名{},邮箱{}", username, email);

    Users user = this.userService.loadOne(username);
    if (user ! = null) {
        result.put("valid", false);
        return result;
    }
```

```
    result.put("valid", true);
    return result;
}
```

BootstrapValidator 在发送 remote 的 Ajax 请求时，会以键值对(name：value)的形式将参数传递给服务器端，服务器端获取参数的方法也很简单，如下所示：

```
String value = request.getParameter(name);
```

针对本例，当获取到账号 username 之后，可以通过数据库来判断新输入的账号是否可用，如果可用，则返回 valid：true 的 JSON 字符串，否则返回 valid：false。由于我们使用了@ResponseBody 注解，Spring 框架会自动调用 org.springframework.http.converter.json.MappingJackson2HttpMessageConverter，将返回的 HashMap 转成 JSON 数据，客户端接收到数据格式如下：

```
{"valid":false}或{"valid":true}
```

当我们在账号字段中输入 wang 时，remote 的处理结果如图 7-2-2 所示。

图 7-2-2

7.2.4　BootstrapValidator 的常用方法

当使用 $(form).bootstrapValidator(options)对表单进行初始化之后，就可以通过以下步骤来调用 BootstrapValidator 插件提供的方法。

首先，通过以下方法获得插件实例。

```
var bootstrapValidator = $(form).data('bootstrapValidator');
```

然后，通过插件实例调用指定方法。

```
bootstrapValidator.methodName(parameters);
```

不过遗憾的是，BootstrapValidator 的方法不会返回插件实例，这样就不能像 jQuery 那样进行链式调用。但 BootstrapValidator 的升级版 FormValidation 可以进行链式调用，代码如下：

```
$(form)
    .data('formValidation')
    .updateStatus('username', 'NOT_VALIDATED')
    .validateField('username');
```

接下来，我们将 BootstrapValidator 常用的方法列举出来进行详细的讲解。如果你打算在实战当中应用 BootstrapValidator，这些方法将很有帮助。

(1) defaultSubmit

defaultSubmit()：BootstrapValidator，使用表单的默认行为提交表单。在提交表单时，它将不执行任何验证。当你想要在自定义提交处理程序中提交表单时，可以使用它。示例如下：

```
$(form)
        .bootstrapValidator({
        })
        .on('success.form.fv', function(e) {
            // 阻止表单的默认提交事件
            e.preventDefault();
            var $form = $(e.target), bv = $form.data('bootstrapValidator');
            // 做你想做的
            // 然后像往常一样提交表单
            bv.defaultSubmit();
        });
```

(2) disableSubmitButtons

disableSubmitButtons(disabled)：BootstrapValidator，禁用或启用提交按钮，参数值如表 7-2-7 所示。

表 7-2-7 disableSubmitButtons 方法的参数

参数	类型	描述
disabled	Boolean	true 或者 false

第7章 大有可为的Form表单

默认情况下,只要有一个字段验证不通过,提交按钮都将会被禁用。如果你希望始终启用提交按钮,请触发error.field.bv、success.field.bv事件,然后使用disableSubmitButtons()方法来达到目的,代码如下:

```
$(form)
        .bootstrapValidator({
        }).on('error.field.bv', function(e, data) {
            // data.bv        -- > BootstrapValidator 实例
            data.bv.disableSubmitButtons(false);
        })
        .on('success.field.bv', function(e, data) {
            data.bv.disableSubmitButtons(false);
        });
```

(3) getMessages

getMessages(field, validator):String[],获取错误信息,参数值如表7-2-8所示。

表7-2-8 getMessages方法的参数

参数	类型	描述
field	String	字段名。如果该字段未定义,该方法将返回所有字段的错误信息。
validator	String	验证器的名称。如果验证器未定义,该方法将返回所有验证器的错误信息。

同时,我们可以通过使用以下事件配合getMessages(field)方法来满足更多的需求,如表7-2-9所示。

表7-2-9 在自定义区域显示错误信息时用到的监听事件

事件/方法	描述
success.form.bv(事件)	表单验证通过时触发
error.field.bv(事件)	任何字段验证失败时触发
success.field.bv(事件)	任何字段验证通过时触发

示例如下:

```
<! DOCTYPE html >
< html lang = "zh-CN" >
< head >
< title > 在自定义区域中显示错误消息 </title >

< style type = "text/css" >
/* 简单的定制样式 */
#errors {
    border - left: 5px solid #a94442;
```

```css
    padding-left: 15px;
}

#errors li {
    list-style-type: none;
}

#errors li:before {
    content: '\b7\a0';
}
</style>
</head>
<body class="hold-transition login-page">
    <div class="login-box">
        <div class="login-box-body">
            <ul id="errors">
            </ul>

            <form id="messageForm" action="#" method="post">
                <div class="form-group has-feedback">
                    <input type="text" name="username" data-bv-notempty data-bv-notempty-message="账号不允许为空">
                    <span class="glyphicon glyphicon-envelope form-control-feedback"></span>
                </div>
                <div class="form-group has-feedback">
                    <input type="password" name="password" data-bv-notempty data-bv-notempty-message="密码不允许为空">
                    <span class="glyphicon glyphicon-lock form-control-feedback">
                    </span>
                </div>
                <div class="row">
                    <div class="col-xs-4">
                        <button type="submit" class="btn btn-primary btn-block btn-flat">登录</button>
                    </div>
                </div>
            </form>
        </div>
    </div>
<script src="${ctx}/resources/components/jquery/jquery-3.3.1.js"></script>
<script src="https://cdn.bootcss.com/bootstrap/3.3.7/js/bootstrap.js"></
```

```
script>
<script src = "https://cdn.bootcss.com/jquery.bootstrapvalidator/0.5.3/js/boot-
strapValidator.js"></script>
<script src = "https://cdn.bootcss.com/jquery.bootstrapvalidator/0.5.3/js/lan-
guage/zh_CN.js"></script>
<script type = "text/javascript">
    $(function() {
    $('#bvMessageForm').bootstrapValidator()
    .on('success.form.bv', function(e) {
        e.preventDefault();
        // 验证通过时清除提示信息
        $('#errors').html('');
    })
    .on('error.field.bv', function(e, data) {
            // data.bv          --> BootstrapValidator 实例
            // data.field       --> 字段名
            // data.element --> 字段元素

            // 清除该字段原有的提示信息
            $('#errors').find('li[data-field = "' + data.field + '"]').remove();

            // 获取该字段现有的所有提示信息
            var messages = data.bv.getMessages(data.field);

            // 对信息进行遍历
            for ( var i in messages) {
                // 创建一个<li>元素来显示提示信息
                $('<li/>')
                    .attr('data-field', data.field)
                    .wrapInner(
                        $('<a/>')
                            .attr('href', 'javascript: void(0);')
                            .html(messages[I])
                            .on('click', function(e) {
                                // 单击提示信息时,把焦点聚焦到对应的元素上
                                data.element.focus();
                            })
                    )
                    // 提示信息添加到指定的容器中
                    .appendTo('#errors');
            }

            // 隐藏默认的提示信息
```

```
                    // data.element.data('bv.messages') 返回字段默认的提示信息元素
                    data.element
                        .data('bv.messages')
                        .find('.help-block[data-bv-for="' + data.field + '"]')
                        .hide();
                })
                .on('success.field.bv', function(e, data) {
                    // 该字段验证成功时移除对应的提示信息
                    $('#errors').find('li[data-field="' + data.field + '"]').remove();
                });
        </script>
    </body>
</html>
```

运行后的效果如图 7-2-3 所示。

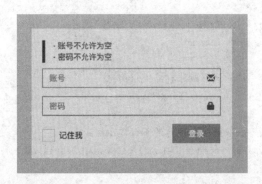

图 7-2-3

如果你只是想要把错误信息显示在自定义区域内的话,BootstrapValidator 提供了一个 container 的选项,该选项用来指示显示错误消息的位置,我们可以将自定义容器 ID 赋给该值。使用方法如下:

```
<formclass="bootstrap-validator" data-bv-container="#errors">
</form>
```

(4) isValid

isValid():Boolean,检查 Form 表单是否验证通过。返回值有以下三种情况:

- true,如果所有的字段验证通过;
- false,如果有一个字段验证失败;
- null,如果至少有一个字段尚未验证或正在验证。

注意:在调用此方法之前,请确保已经调用了 validate()方法。

(5) validate

validate():BootstrapValidator,手动验证表单。当你希望通过单击普通按钮而不是提交按钮来验证表单时,该方法将非常有用。使用方法如下:

```
$(form).bootstrapValidator(options);
$(form).data('bootstrapValidator').validate();
```

(6) resetForm

resetForm(resetFormData)：BootstrapValidator，重置表单。该方法执行后将隐藏所有错误信息，同时所有字段被标记为未验证状态，参数如表7-2-10所示。

表7-2-10 resetForm 方法的参数

参数	类型	描述
resetFormData	Boolean	如果是true，该方法只重置具有验证器规则的字段。

示例如下：

```
$(form).bootstrapValidator(options);
$(form).data('bootstrapValidator').resetForm();
```

(7) updateStatus

updateStatus(field * , status * , validator)：BootstrapValidator，更新给定字段的验证器结果，参数如表7-2-11所示。

表7-2-11 updateStatus 方法的参数

参数	类型	描述
field	String	字段名
status	String	NOT_VALIDATED(未验证)、VALIDATING(验证中)、INVALID(验证失败)、VALID(验证通过)
validator	String	验证器的名字。如果没有指定，则该方法将更新所有验证器的有效性结果。

示例如下：

```
$(form).bootstrapValidator(options);
$(form).data('bootstrapValidator').updateStatus('username', 'INVALID');
```

(8) updateMessage

updateMessage(field * , validator * , message *)：BootstrapValidator，更新错误消息。当服务器端返回错误信息时，通常要用该方法来更新字段的错误信息。参数如表7-2-12所示。

表7-2-12 updateMessage 方法的参数

参数	类型	描述
field	String	字段名
validator	String	验证器的名字
message	String	错误信息

示例如下：

```
$(form).bootstrapValidator(options);
$(form).data('bootstrapValidator').updateMessage('username', 'blank', '账户不存在');
```

7.2.5　普通表单提交时的遗憾

图7-2-1的登录页非常简单，其中最重要的元素就是Form表单，它有四个子元素：

(1) "账号"输入框，< input type = "text" name = "username" placeholder = "账号" >；

(2) "密码"输入框，< input type = "password" name = "password" placeholder = "密码" >；

(3) "记住我"复选框（经过iCheck美化），< input type = "checkbox" >；

(4) "登录"提交按钮，< button type = "submit" >登录</ button >。

由于其没有文件输入框< input type = "file" >，我们便称其为"普通表单"，相对于File表单而言。普通表单一旦单击提交按钮通过校验，表单就会把用户输入的数据提交至action指定的请求URL中，服务器端接收到数据进行处理时，结果不外乎下面三种。

① 表单提交的数据不合法，服务器端很生气，于是警告客户端，说："朋友，输入的用户名为空，你疏漏了检查，请提示用户务必输入用户名"。

② 表单提交的数据合法，但服务器端在进行下一步处理时发生了数据库异常，此时服务器端很不好意思，红着脸告知客户端说："朋友，对不起，服务器端繁忙，请提示用户稍后再试"。

③ 表单提交的数据合法，服务器端的下一步处理动作也非常顺利，于是服务器端雄赳赳气昂昂地对客户端说："朋友，一切顺利，马上要跳转到下一个页面了，请做好准备"。

这三种情况看似简单，但对于前两种来说，服务器端和客户端都疲于应对。因为普通表单在提交完数据后，客户端对接下来发生的一切都只能眼睁睁的看着，失去了控制，要想完成服务器端传回接力棒，就必须对整个页面进行刷新，然后再把错误信息提取出来进行显示。这个责任追究到底，也不能算是客户端的错，因为普通的Form表单就是这样的，谁和无能为力。

如果你觉得这样的描述还是很难在脑海中产生画面感，那么就从代码上感受一下吧。

首先，还是那个登录的Form表单，action指向的地址为checkLogin，然后请注意< p class = "login-box-msg" > ${error}</ p >这段代码，它将会把服务器端传递的错误信息在页面上显示出来。

```html
<!DOCTYPE html>
<html lang="zh-CN">
<head>
<title>登录</title>
</head>
<body>
    <div class="login-box">
        <div class="login-box-body">
            <p class="login-box-msg">${error}</p>
            <form action="checkLogin" method="post">
                <div class="form-group has-feedback">
                    <input type="text" name="username" placeholder="账号">
                </div>
                <div class="form-group has-feedback">
                    <input type="password" name="password" placeholder="密码">
                </div>
                <div class="row">
                    <button type="submit">登录</button>
                </div>
            </form>
        </div>
    </div>
</body>
</html>
```

然后,来看服务器端的请求映射方法 checkLogin。

```java
@RequestMapping("checkLogin")
public String checkLogin(@RequestParam(value = "username", required = false) String username, Model model) {
    if (StringUtils.isEmpty(username)) {
        model.addAttribute("error", "用户名为空");
        return "five/login";
    }
    return "five/index";
}
```

如果用户名为空,那么向客户端传回错误信息"用户名为空";否则,展示 index 主页。这段代码在逻辑上并没有任何问题,但它在验证用户名为空时做的处理非常蹩脚,它为了把错误信息显示在登录页面,不得不重新返回一次登录页面。

对于这种情况,客户端也实属无奈,它只能紧跟服务器端的脚步,再把登录页面向用户展示一次。于是呈现给用户的感觉就是,之前不就是登录页面嘛,干吗非要再跳转一次呢?为什么不能在原来的登录页面上把错误信息提示给我?

对于程序员来说，没有解决不了的问题，原生的表单提交方式让用户失望，那就换一种方式，用 Ajax 来提交 Form 表单，问题就会迎刃而解。而恰好，BootstrapValidator 为我们提供了这方面的便利。现在，让我们着手开始吧。

7.2.6 使用 Ajax 提交表单

BootstrapValidator 提供的验证器已足够的丰富，它将在很大程度上帮助我们规避掉用户在客户端的错误输入。尽管如此，我们还是需要在服务端进行相应的验证，因为某些暴力手段可以轻松地避开客户端的验证。那么问题来了，当某些字段没有通过服务器端的验证时，服务器端给出的错误消息该如何在客户端显示呢？

第一步，在登录表单上为账号和密码输入框增加 data-bv-blank 自定义验证规则。blank 规则在客户端进行验证时，并不会产生任何的影响。当服务器端验证失败并返回错误信息时，它将派上用场，代码如下：

```
< input type = "text" name = "username" data-bv-notempty data-bv-blank placeholder = "账号" >
< input type = "password" name = "password" data-bv-notempty data-bv-blank placeholder = "密码" >
```

第二步，当所有字段满足验证规则时，我们可以触发 success.form.bv 事件，然后通过 Ajax 将表单数据提交到服务器端，代码如下：

```
$('#loginForm').bootstrapValidator({
}).on('success.form.bv', function(e) {
    e.preventDefault();

    var $form = $(e.target),
    bv = $form.data('bootstrapValidator');  // BootstrapValidator 实例

    $.ajax({
        type : $form.attr("method") || 'POST',
        url : $form.attr("action"),
        data : $form.serializeArray(),
        cache :false,
        dataType :"json",
        success :function(json) {
            // 如果服务器端返回的消息可用，进行下一步操作
        },
    });
});
```

第三步，展示服务器端返回的消息。我们假设服务器端返回的 JSON 信息如下：

```
// 状态码为 200，表示 OK
// 跳转路径为第六章的主页
```

```
{
    "statusCode": 200,
    "forwardUrl": "/WebAdvanced/six/index"
}
```

或者

```
// 状态码为300,表示验证失败
// username 字段没有验证通过
// 错误原因是"账户不存在"
{
    "statusCode": 300,
    "field": "username",
    "message": "账户不存在",
}
```

之后,在 Ajax 的 success 回调函数中,我们可以使用 BootstrapValidator 的 updateMessage()和 updateStatus()方法设置空白验证器的错误信息和验证结果,或者跳转到下一个页面,代码如下:

```
$.ajax({
    url : $form.attr("action"),
    data : $form.serializeArray(),
    dataType : "json",
    success : function(json) {
        if (json.statusCode == 200) {
            window.location.href = json.forwardUrl;
        }else {
            bv.updateMessage(json.field,'blank', json.message);
            bv.updateStatus(json.field,'INVALID', 'blank');
        }
    },
});
```

完成这三个步骤之后,客户端的准备工作已经完成,剩下的就是服务器端对客户端的请求做出回应。示例如下:

```
@RequestMapping("checkLogin")
@ResponseBody
public AjaxResponse checkLogin
    (@RequestParam(value = "username", required = false) String username,
     @RequestParam(value = "password", required = false) String password) {
    logger.debug("用户{}准备登录", username);
```

```
        AjaxResponse response = AjaxResponseUtils.getFailureResponse();

        if (StringUtils.isEmpty(username)) {
            response.setField("username");
            response.setMessage("账号为空");
            return response;
        }

        if (StringUtils.isEmpty(password)) {
            response.setField("password");
            response.setMessage("密码为空");
            return response;
        }

        Users user = this.userService.loadOne(username);
        if (user == null) {
            response.setField("username");
            response.setMessage("账号不存在");
            return response;
        }

        if (! CipherUtils.generatePassword(password).equals(user.getPassword())) {
            response.setField("password");
            response.setMessage("密码不正确");
            return response;
        }

        response = AjaxResponseUtils.getSuccessResponse();
        response.setForwardUrl(Variables.ctx + "/six");
        return response;
    }
```

（1）checkLogin 方法上使用了 @ResponseBody 进行注解，同时返回 AjaxResponse 对象，该对象并非客户端要求的 JSON 对象，因此我们需要在 context-dispatcher.xml 文件中为 SpringMVC 追加一个名为 MappingJackson2HttpMessageConverter 的 JSON 转换器。

```
< mvc:annotation-driven >
    <!-- 消息转换器 -->
```

```
        < mvc:message-converters >
                < bean class = " org. springframework. http. converter. json.
            MappingJackson2HttpMessageConverter"/ >
        < /mvc:message-converters >
</mvc:annotation-driven >
```

在 MappingJackson2HttpMessageConverter 的帮助下,checkLogin 方法返回的 AjaxResponse 对象将会自动转换为客户端所需的 JSON 数据,与此同时,我们还需要在 pom.xml 文件中追加 Jackson(Jackson 是一个基于 Java 的 Lib 库,Jackson 可以轻松地将 Java 对象转换成 JSON 对象和 XML 文档,同样也可以将 JSON、XML 转换成 Java 对象。Jackson 所依赖的 jar 包较少,简单易用并且性能也要相对高些,并且 Jackson 社区相对比较活跃,更新速度也比较快)的依赖,代码如下:

```
< dependency >
    < groupId > com.fasterxml.jackson.core < /groupId >
    < artifactId > jackson-core < /artifactId >
    < version > ${jackson.version} < /version >
< /dependency >
< dependency >
    < groupId > com.fasterxml.jackson.core < /groupId >
    < artifactId > jackson-databind < /artifactId >
    < version > ${jackson.version} < /version >
< /dependency >
```

(2) checkLogin 方法使用了@RequestParam 注解来获取用户名和密码。随后,程序对用户名和密码先做了为空的检查(尽管客户端已经验证后,但这一步依然是必须的),然后做了账户不存在和密码不正确的检查,并将对应信息返回给客户端。图 7-2-4 是一张以上所有步骤完成后的效果图:

图 7-2-4

7.3 Validform——一行代码搞定整站的表单验证

7.3.1 Validform，大声喊出你的口号

"一行代码搞定整站的表单验证！"首先，我得承认，这句话非我所说。其次，我得肯定，这句话很有分量。我喜欢这句话中散发出来的自信。假如一个人敢于站出来大喊一声："吾乃常山赵子龙也"，我想他不是英雄就是在口出狂言。一个插件敢于站出来说自己非常优秀的话，我想它多多少少是有底气的。

Validform 就很有底气。它的底气来自哪里呢？请看以下介绍。

Validform 的核心思想就是把所有的验证规则及验证提示信息绑定到每个表单元素，让验证代码在执行时只核对表单下各元素的值是否跟绑定的验证条件相符，这样使用者可以随便添加或者去掉任一表单元素而不必修改验证代码，从而使仅用一行代码去完成整站的表单验证的梦想成为现实，其实这个核心思想和 BootstrapValidator 有异曲同工之妙。

（1）可以在输入框（< input >）上直接绑定正则表达式，例如< input name="password" datatype="*4—16" >，表明密码为 4～16 位的任意字符。

（2）内置了 4 种常见的提示方式，可以自定义提示方式，进而实现你想要的任何提示效果。

（3）可以对表单下的某一块区域或具体的某个表单元素单独进行验证，并可以选择验证后需不需要显示错误信息；还能得到一个值来判断被检测对象是否通过了验证。

（4）可以轻松的取消或恢复对表单下的某一块区域或具体的某个表单元素的验证。

（5）强大的 Ajax 功能，很轻松地可以实现实时验证以及表单的 Ajax 提交；可以灵活地设置 Ajax 提交时的参数。

（6）智能的出错信息提示，Validform 会根据绑定的 datatype 输出相应的出错信息；另外还可以在自定义 datatype 里返回具体的出错信息，错误信息里可以使用 HTML 标签；可以选择在没有输入时不提示和只在提交表单时有信息提示；可以选择一次提示单个错误或一次显示全部出错信息；可以自己设置默认的提示文字。

（7）可以在表单开始检测前和表单检测通过后，提交表单之前绑定事件。

（8）可以实现文件上传检测、密码强度检测。

（9）丰富的 Validform 对象属性和方法，给验证操作带来无限的可能。

你可以通过以下地址来获取最新版的 Validform（包含 Demo 和源码）：http://validform.rjboy.cn/Validform/v5.3.2/Validform_v5.3.2.rar

7.3.2 Validform 的基本应用

由于 BootCDN 上并没有提供 Validform 的 CDN 加速服务（CDNJS 也没有），所以

我们只好采用传统方式(2.2章节时曾详细介绍过)来引入Validform,具体步骤如下。

第一步,下载Validform_v5.3.2.rar文件并解压。

第二步,把demo目录下的css、images、js和plugin文件夹复制到项目指定的目录下。

第三步,打开style.css(css目录下)文件,把Validform必须部分(文件里这个注释 /*==========以下部分是Validform必须的============*/ 之后的部分)以外的部分删除。

第四步,把style.css加入到csslib.jsp文件。

```
<link rel="stylesheet" href="${ctx}/resources/components/validform/css/style.css">
```

第五步,把Validform_v5.3.2.js加入到jslib.jsp文件。

```
<script src="${ctx}/resources/components/validform/Validform_v5.3.2.js"></script>
```

第六步,构建Form表单。

```
<form id="validForm" action="${ctx}/seven/checkLogin" method="post">
    <div class="form-group has-feedback">
        <input type="text" name="username" datatype="*" nullmsg="请输入账号!" placeholder="账号">
    </div>
    <div class="form-group has-feedback">
        <input type="password" name="password" datatype="*" nullmsg="请输入密码!" placeholder="密码">
    </div>
    <div class="row">
        <div class="col-xs-4">
            <button type="submit" class="btn btn-primary btn-block btn-flat">登录</button>
        </div>
    </div>
</form>
```

(1)为表单指定id="validForm",我们将根据此id对登录表单进行Validform的初始化。

(2)为账号输入框指定datatype="*" nullmsg="请输入账号!",表明该字段不允许为空,为空时提示"请输入账号!",密码输入框类似。

其中datatype="*"的"*"表示表单元素值可以是任何字符,不留空即可通过验证,这是一种验证规则。其中nullmsg表示表单元素值为空时的提示信息,默认提示"请填入信息!"。

第七步,对登录表单进行 Validform 初始化。

```
$(function(){
// --------------------
// - 登录表单进行 Validform 初始化
// --------------------
    $('#validForm').Validform({
tiptype : 3,
showAllError : true,
    });
});
```

(1) tiptype:3,表示提示信息在表单元素的侧边显示。

(2) showAllError:true,表示提交表单时所有错误提示信息都会显示。

好了,现在一切准备就绪,我们来看一下 Validform 对 Form 表单验证后的效果,如图 7-3-1 所示。

图 7-3-1

7.3.3　Validform 常用的附加属性

(1) datatype,定义验证器规则。Validform 的常用验证器规则如表 7-3-1 所示。

表 7-3-1　datatype 的属性值

编号	选项	描述
1	*	检测是否有输入,可以输入任何字符,不留空即可验证通过
2	*4-6	检测是否为 4 到 6 位任意字符
3	n	检测输入是否为数字
4	n4-6	检测是否为 4 到 6 位数字
5	m	检测是否为手机号码
6	e	检测是否为邮箱账号

注意：

① 对于形如 *4－6 的验证器，Validform 会自动扩展，可以指定任意的数值范围。datatype＝"*1－5"就表示 1 到 5 位任意字符。

② datatype 可以直接绑定正则表达式。如 datatype＝"\w{3,6}/i"，要求是 3 到 6 位的字母，不区分大小写。

③ datatype 支持规则累加或单选。用英文逗号","分割表示累加；用英文竖线"|"分割表示单选。如 datatype＝"m|e"，表示既可以填写手机号码，也可以填写邮箱地址，只要符合其中之一即可验证通过。

④ 在③的基础上，datatype 还支持一些简单的逻辑运算。如 datatype＝"m | e，*4－18 | /\w{3,6}/i"，表示可以输入手机号码；或者 4 到 18 位的邮箱账号；或者是不区分大小写的 3 到 6 位的字母，也就是"|"的权重大于","。

（2）nullmsg，当输入内容为空时的提示信息，默认提示"请填入信息！"。

（3）errormsg，当输入内容不能通过验证时的提示信息，默认提示"请输入正确信息！"。

（4）ignore，当输入内容为非必填项，但有输入时，要符合绑定的验证类型，则可以给表单元素绑定 ignore＝"ignore" 实现该效果。使用示例：

```
< input type = "text" name = "age" datatype = "n1-3" ignore = "ignore" nullmsg = "请填写您的年龄!" errormsg = "年龄为 1～3 位数字!" >
```

（5）recheck，用来指定需要比较的另外一个表单元素。例如：< input type = "password" name = "repassword" recheck = "password" placeholder = "重复密码" >，它将与指定的 name 为"password"的元素进行比较，相同则通过验证，否则提示"两次输入的内容不一致！"

7.3.4　Validform 常用的初始化参数

（1）tiptype，提示信息的显示方式。值为 1 时使用弹出框的方式提示错误信息。此为默认方式。值为 2（会在当前元素的父级的 next 对象的子级显示提示信息）、3（会在当前元素的 siblings 对象中显示提示信息）、4（会在当前元素的父级的 next 对象下显示提示信息）时使用侧边方式提示错误信息，注意三者之间的不同。

如果这几种方式均不能满足你的要求，你还可以使用自定义的方式来显示错误信息，代码如下：

```
$('#vfMessageForm').Validform({
    tiptype : function(msg, o, cssctl) {
        var objtip = $("#errors");
        cssctl(objtip, o.type);
        objtip.text(msg);
```

```
    },
});
```

① msg 为提示信息。

② o 是一个对象,格式如下：

```
o:{obj:*,type:*,curform:*}
```

(a) 1. obj 指向的是当前验证的表单元素；或表单对象,当验证全部验证通过并且提交表单时 o.obj 为该表单对象。

(b) type 为提示的状态,值为 1、2、3、4。1:正在检测/提交数据；2:通过验证；3:验证失败；4:提示 ignore 状态。

(c) curform 为当前 form 对象。

③ cssctl 为 Validform 内置的提示信息样式控制函数。该函数需传入两个参数,第一个为显示提示信息的 jQuery 对象,第二个为当前提示的状态,即形参 o 中的 type。

(2) ignoreHidden,默认为 false,当为 true 时,type=".hidden"的表单元素将不做验证。

(3) dragonfly,默认 false,当为 true 时,值为空的表单元素不做验证。

(4) tipSweep,默认为 false,当为 true 时,表单只会在单击提交按钮后进行验证,也就是说表单元素在失去焦点时不会触发验证。

(5) showAllError,默认为 false,当为 true 时提交表单后所有错误提示信息都会显示；而为 false 时,只要一碰到验证不通过的就立即停下来,后面元素将不再进行检查,只显示当前元素的错误信息。

(6) ajaxPost,默认为 false,当为 true 时使用 Ajax 的方式提交表单数据。

(7) callback,通常与 ajaxPost : true 配合使用,即 Ajax 提交表单数据后的回调函数。那么,这两个参数该如何使用呢？马上来看。

7.3.5 使用 Ajax 提交表单

有了 ajaxPost 和 callback 两个初始化参数,要使 Validform 通过 Ajax 的方式提交表单就变得易如反掌。只要在 Validform 初始化 Form 表单时指定 ajaxPost 属性值为 true,Validform 就会在单击提交按钮后,并通过所有验证器验证的情况下使用 Ajax 的方式提交表单数据。然后当服务器端响应成功时,调用 callback 回调函数,代码如下：

```
$('#validForm').Validform({
    ajaxPost:true,
    callback:function(json){
        if(json.statusCode == 200){
            window.location.href = json.forwardUrl;
        }else{
            $.Showmsg(json.message);
        }
    }
```

});
```

对于 BootstrapValidator 来说，它提供了 updateMessage() 和 updateStatus() 方法设置指定验证器的错误信息和验证结果。这样做非常人性化，因为一旦客户端验证通过而服务器端验证不通过时，我们还可以通过这两个方法来修改对应字段的错误提示信息。但遗憾的是，Validform 并没有提供这样的方法。这使得我们在 callback 函数中不能针对特定的表单元素进行错误信息的提示和验证结果的状态改变。例如，当我们单击登录，服务器端告知客户端说"账号不存在！"，此时就不能针对账号输入框进行该错误消息的提示。

对于这样的结果，Validform 有自己的解决方案，那就是采用弹出框的方式（Validform 自定义的弹出框或者第三方的弹出框插件）来提示错误信息。$.Showmsg(msg)是 Validform 提供的公共对象方法，可以直接使用，参数 msg 是要显示的提示文字。当然，除了使用 Validform 自定义的弹出框，我们还有其他选择，例如使用 Layer 弹出层。示例如下：

```
$('#validForm').Validform({
    tiptype : function(msg, o, cssctl) {
        $.error(msg);
    },
    tipSweep : true,
    ajaxPost : true,
    callback : function(json) {
        if (json.statusCode == 200) {
            window.location.href = json.forwardUrl;
        }else {
            $.error(msg);
        }
    }
});
```

运行效果如图 7-3-2 所示。

图 7-3-2
```

7.4 验证码——防止恶意捣乱的神器

7.4.1 关于验证码

验证码(CAPTCHA)是"Completely Automated Public Turing test to tell Computers and Humans Apart"(全自动区分计算机和人类的图灵测试)的缩写,是一种区分用户是计算机还是人的公共全自动程序。验证码可以有效防止恶意破解密码、刷票、论坛灌水等。

对于用户,虽然多了一步填写验证码的麻烦,但这对用户的密码安全来说很有必要。对于传统的验证码,通常使用一些线条和一些不规则的字符组成,这样可以在一定程度上避免被机器识别。由于验证码是随机产生的,会有一部分的概率出现无法清楚识别的验证码图片,鉴于此,一般网站都会有相应的提示,例如说"看不清,换一张"等,如果没有提示,则直接单击当前的验证码图片就可以更换另外一张。

验证码实现流程如下:
(1) 客户端请求生成验证码图片;
(2) 服务器端生成随机字符,例如 S6jD,存入 Session 或 Cache;
(3) 服务器端将 S6jD 做模糊处理,并以图片形式返回给客户端;
(4) 客户端提交表单时,将验证码一并带上;
(5) 服务器端将客户端提交的验证码与存在 Session 或 Cache 中的验证码比较。

7.4.2 集成验证码

对于验证码图片的生成,可以自己通过如 Java 提供的图像 API 去生成,也可以借助如 Kaptcha 这种开源 Java 类库生成验证码图片。本节我们打算利用 Kaptcha 来实现验证码功能,步骤如下。

(1) 添加 Kaptcha 依赖,将以下代码添加到 pom.xml 文件中。

```xml
<dependency>
    <groupId>com.github.axet</groupId>
    <artifactId>kaptcha</artifactId>
    <version>0.0.9</version>
</dependency>
```

(2) 添加 Kaptcha 配置,将以下代码添加到 application-context.xml 文件中。

```xml
<bean id="captchaProducer" class="com.google.code.kaptcha.impl.DefaultKaptcha">
    <property name="config">
        <bean class="com.google.code.kaptcha.util.Config">
            <constructor-arg>
                <props>
```

```
            < prop key = "kaptcha.border.color" > 210,214,222 < /prop >
            < prop key = "kaptcha.image.width" > 135 < /prop >
            < prop key = "kaptcha.image.height" > 50 < /prop >
            < prop key = "kaptcha.textproducer.char.length" > 4 < /prop >
         < /props >
      < /constructor - arg >
   < /bean >
< /property >
< /bean >
```

在 Spring 中注入 id 为 captchaProducer 的 bean,注入完成之后我们就可以在控制器中使用该 bean。如果你不熟悉该 bean 中的配置参数,请参照表 7-4-1。

表 7-4-1　captchaProducer 的配置参数

参数名	描写叙述	默认值
kaptcha.border	图片边框,合法值:yes , no	yes
kaptcha.border.color	边框颜色,合法值:r,g,b (and optional alpha) 或者 white,black,blue。	black
kaptcha.border.thickness	边框厚度。合法值:> 0	1
kaptcha.image.width	图片宽	200
kaptcha.image.height	图片高	50
kaptcha.producer.impl	图片实现类	com.google.code.kaptcha.impl.DefaultKaptcha
kaptcha.textproducer.impl	文本实现类	com.google.code.kaptcha.text.impl.DefaultTextCreator
kaptcha.textproducer.char.string	文本集合,验证码值从此集合中获取	abcde2345678gfynmnpwx
kaptcha.textproducer.char.length	验证码长度	5
kaptcha.textproducer.font.names	字体	Arial, Courier
kaptcha.textproducer.font.size	字体大小	40px。
kaptcha.textproducer.font.color	字体颜色,合法值:r,g,b 或者 white,black,blue。	black
kaptcha.textproducer.char.space	文字间隔	2
kaptcha.noise.impl	干扰实现类	com.google.code.kaptcha.impl.DefaultNoise
kaptcha.noise.color	干扰颜色。合法值:r,g,b 或者 white,black,blue。	black

续表 7-4-1

参数名	描写叙述	默认值
kaptcha.obscurificator.impl	图片样式： 水纹 com.google.code.kaptcha.impl.WaterRipple 鱼眼 com.google.code.kaptcha.impl.FishEyeGimpy 阴影 com.google.code.kaptcha.impl.ShadowGimpy	com.google.code.kaptcha.impl.WaterRipple
kaptcha.background.impl	背景实现类	com.google.code.kaptcha.impl.DefaultBackground
kaptcha.background.clear.from	背景颜色渐变，开始颜色	light grey
kaptcha.background.clear.to	背景颜色渐变，结束颜色	white
kaptcha.word.impl	文字渲染器	com.google.code.kaptcha.text.impl.DefaultWordRenderer
kaptcha.session.key	session key	KAPTCHA_SESSION_KEY
kaptcha.session.date	session date	KAPTCHA_SESSION_DATE

（3）使用 Kaptcha 生成验证码，将验证码字符串保存在 Session 中，并以图片形式输出到客户端。示例如下：

```
@Autowired
private Producer captchaProducer;

@RequestMapping("kaptcha")
public void kaptcha(HttpServletResponse response) {
    try {
        response.setContentType("image/png");

        String code = captchaProducer.createText();
        setSessionAttr(Constants.SESSION_KAPTCHA_CODE, code);

        BufferedImage image = captchaProducer.createImage(code);

        ServletOutputStream out = response.getOutputStream();
        ImageIO.write(image, "jpg", out);
        out.flush();
        out.close();
    } catch (Exception e) {
```

```
logger.error(e.getMessage(), e);
logger.error(e.getMessage());
    }
}
```

(4) 在登录页中加入一行 DIV,类名为"kaptcha",左侧为验证码输入框,单击登录时将用户输入的验证码提交到服务器端;右侧为验证码图片,src 地址指向生成 Kaptcha 验证码的请求映射,代码如下:

```
< div class = "row kaptcha" >
    < div class = "col-xs-8" >
        < div class = "form-group has-feedback" >
            < input type = "text" class = "form-control" name = "kaptchaCode" data-bv-
            notempty data-bv-blank placeholder = "验证码" >
            < span class = "glyphicon glyphicon-screenshot form-control-feedback" >
            </span >
        </div >
    </div >
    < div class = "col-xs-4" >
        < img class = "img-responsive" src = " ${ctx}/seven/kaptcha" />
    </div >
</div >
```

然后,为验证码图片绑定单击事件,确保用户能够切换不能完全识别的验证码,代码如下:

```
$('.kaptcha img', $p).click(function(){
    var $this = $(this), $kaptchaCode = $this.closest(".kaptcha").find("input
    [name=kaptchaCode]");
    $this.attr("src", $this.attr("src") + "? r = " + Math.random());
    $kaptchaCode.val("");
});
```

(5) 对用户输入的验证码和 Session 中保存的验证码进行匹配,代码如下:

```
String sesssionKaptchaCode = getSessionAttr(Constants.SESSION_KAPTCHA_CODE);
if (! sesssionKaptchaCode.equalsIgnoreCase(kaptchaCode)) {
    response.setField("kaptchaCode");
    response.setMessage("验证码不正确");
    return response;
}
```

好了,我们来看看效果吧,如图 7-4-1 所示。

图 7-4-1

7.5 Geetest——更可靠的安全验证工具

7.5.1 关于 Geetest

第一次见到极验(Geetest)的时候,真的被它惊艳到了,虽然那时候并不知道它叫极验。只是单纯地觉得一个验证码还能做成这样酷炫的样子,佩服,实在佩服。作为一个用户来说,我对这样的验证码充满热情和喜爱,它与上一节我们使用 Kaptcha 生成的传统方式的验证码有天壤之别,如图 7-5-1 所示。

极验主要有三款产品,分别是行为验证(基于深度学习的人机识别应用)、身份验证(注册场景一站式验证解决方案)和深知(基于业务场景提供深度的安全解决方案)。我们本节只介绍行为验证这款产品。

极验的行为验证是一项可以帮助你的网站识别或者拦截机器程序批量自动化操

图 7-5-1

作的 SaaS 应用。它是由极验开发的新一代人机验证产品,它不基于传统"问题—答案"的检测模式,而是通过利用深度学习对验证过程中产生的行为数据进行高维分析,发现人机行为模式与行为特征的差异,更加精准地区分人机行为。

使用场景包括但注册、登录、短信接口、查询接口、营销活动、发帖评论等等,这些场景都可以使用行为验证来抵御机器批量的攻击行为。

行为验证有以下四个优势。

(1) 高维判别人机。

行为验证不单纯基于"问题-答案"的模式来区别人机,而是基于完成验证过程中的行为模式和行为特征,通过深度学习对行为数据进行高维分析,构建人机边界。

(2) 提升用户体验。

行为验证能够基于实时数据生成智能验证策略,减少正常用户的验证成本。

(3) 智能管理。

行为验证具有智能管理后台,拥有多维度可视化验证数据,并能针对不同场景进行个性化验证定制。

(4) 服务稳定。

行为验证应用云架构,面对突发的性能需求或服务节点故障,也可以提供不间断业务的快速扩容能力以及冗余方案。

7.5.2 注册极验账号

要想在项目中使用行为验证,需要先注册一个极验账号。可访问极验管理后台(地址为:https://account.geetest.com/login),然后按照步骤注册极验账号。注册完极验账号,就可以登录极验管理后台,选择新增验证来增加一个场景的验证码配置项,如图 7-5-2 所示,本节我们还是拿登录表单来完成行为验证的应用。

确认添加以后,极验会为该配置项分配一个唯一的 ID(验证公钥,32 位字符串,验证码的唯一标识,对公众可见,用以区分不同页面的验证模块)和 KEY(验证私钥,32 位字符串,与验证码公钥的唯一对应,服务器端进行极验云验证时需要此私钥来进行数据加密,保障验证安全)。这两个值会在集成服务器端 SDK 时用到。

图 7-5-2

7.5.3 行为验证的服务器端 SDK

服务器端 SDK 的主要目的是为客户端提供两个接口:API1(验证初始化)、API2(二次验证,判断验证结果的真实性)。接下来,我们来完成服务器端 SDK 的集成。

第一步,在 pom.xml 文件中添加 java-json 的依赖。

```xml
<dependency>
    <groupId>org.json</groupId>
    <artifactId>json</artifactId>
    <version>20180130</version>
</dependency>
```

第二步，下载行为验证提供的 Java SDK，地址为 https://github.com/GeeTeam/gt3-java-sdk/archive/master.zip。

第三步，将下载好的 jar 包进行解压，将 src/sdk/GeetestLib.java 文件复制到项目当中。

第四步，从极验管理后台获取之前创建验证时的公钥（ID）和私钥（KEY），并在代码中配置。

```java
public static final String ID = "9fa36260326373f288c95bd4a2ac3bfc";
public static final String KEY = "5a2f49e9c606aebe58c7be61e64ee15c";
public static final boolean NEWFAILBACK = true;
```

第五步，初始化（API1），获取行为验证初始化所需的流水标识并设置状态码。

API1 用于验证开始时获取 challenge（验证事件流水号，唯一标识一次验证事件。用于保证单次验证事件的唯一性，防止重放。此流水号通过部署的 SDK 从极验的服务器上动态注册获得，且每条的有效时间约为 10 分钟，否则无法使用），并在网站主服务器端利用私钥对 challenge 进行加密，防止第三方绕过服务器端获取 challenge；同时，API1 会检查极验云服务器是否能正常连接，将可用状态返回给客户端，并且缓存在 Session 中。

当页面加载完成时，客户端就需要向此请求 URL 发起 Ajax 请求，以便获取客户端初始化时所需要的必要参数，这些参数包含在 gtSdk.getResponseStr() 的返回值中，以 JSON 字符串的形式存在。与此同时，我们还需要对预处理 gtSdk.preProcess(param) 返回的结果标识进行存储，以便在后续二次验证（API2）时进行逻辑判断，代码如下：

```java
@RequestMapping("geetest")
@ResponseBody
publicString geetest() {
    try {
        GeetestLib gtSdk = new GeetestLib(Constants.Geetest.ID, Constants.Geetest.KEY,
                Constants.Geetest.NEWFAILBACK);

        String resStr = "{}";

        // 自定义参数,可选择添加
        HashMap<String, String> param = new HashMap<String, String>();
```

第 7 章 大有可为的 Form 表单

```
        param.put("client_type", "web"); // web:电脑上的浏览器;h5:手机上的浏览器,包
        括移动应用内完全内置的 web_view;native:通过原生 SDK 植入 APP 应用的方式
        param.put("ip_address", "127.0.0.1"); // 传输用户请求验证时所携带的 IP

        // 进行验证预处理,并获得初始化结果标识 gtServerStatus
        int gtServerStatus = gtSdk.preProcess(param);

        // 将 gtServerStatus 设置到 session 中,在后续二次验证时会取出并进行逻辑判断。
        request.getSession().setAttribute(gtSdk.gtServerStatusSessionKey, gtServer-
        Status);

        resStr = gtSdk.getResponseStr();
        return resStr;

    }catch (Exception e) {
        logger.error(e.getMessage(), e);
        logger.error(e.getMessage());
        return null;
    }
}
```

第六步,二次验证(API2),也就是提交登录表单后进行的验证(限于代码篇幅,此处省去账号和密码的检测,完整代码请扫描本书《致读者的一封信》中的二维码查看)。

API2 用于验证完成后,向极验云服务发起二次验证,确保该次验证结果不是伪造的,并且保证本次验证使用的 challenge 只能被二次验证一次。如果 API1 存储的极验云服务器为不可用状态,API2 中的二次验证将会进行 failback 模式验证,该机制用来保证在难以避免或不可抗拒的情况下、极验服务宕机情况下,网站依然正常运作,关键代码如下:

```
@RequestMapping("checkGeetest")
@ResponseBody
public AjaxResponse checkGeetest() {
    logger.debug("用户准备登录");

    GeetestLib gtSdk = new GeetestLib(Constants.Geetest.ID, Constants.Geetest.KEY,
    Constants.Geetest.NEWFAILBACK);

    String challenge = getPara(GeetestLib.fn_geetest_challenge);
    String validate = getPara(GeetestLib.fn_geetest_validate);
    String seccode = getPara(GeetestLib.fn_geetest_seccode);

    int gtResult = 0;
```

```java
// 从 session 中获取 gt-server 状态
int gt_server_status = getSessionAttr(gtSdk.gtServerStatusSessionKey);
if (gt_server_status == 1){
    // gt-server 正常,向 gt-server 进行二次验证

    // 自定义参数,可选择添加
    HashMap<String, String> param = new HashMap<String, String>();
    param.put("client_type", "web"); // web:电脑上的浏览器;h5:手机上的浏览器,包
                                     //   括移动应用内完全内置的 web_view;native:
                                     //   通过原生 SDK 植入 APP 应用的方式
    param.put("ip_address", "127.0.0.1"); // 传输用户请求验证时所携带的 IP

    gtResult = gtSdk.enhencedValidateRequest(challenge, validate, seccode, param);
    logger.debug("gt-server 二次验证结果{}", gtResult);

} else {
    // gt-server 非正常情况下,进行 failback 模式验证

    logger.warn("failback:use your own server captcha validate");
    gtResult = gtSdk.failbackValidateRequest(challenge, validate, seccode);
    logger.debug("failback 模式验证验证结果{}", gtResult);

}

// 1 表示验证成功 0 表示验证失败
if (gtResult == 1){
    // 验证成功

} else {
    response.setMessage("验证失败,请稍后再试");
    return response;
}
}
```

7.5.4 集成行为验证的客户端 SDK

客户端 SDK 是验证码的 UI 交互核心,主要用来完成以下任务。

(1) 成功请求服务器端的 API1,获取到返回的 challenge 参数,完成初始化。
(2) 行为验证验证码正常弹出。
(3) 行为验证验证码可以正常操作,出现验证成功界面。
(4) 成功获取行为验证验证成功后的三个必须的 API2 请求参数:geetest_challenge、geetest_validate、geetest_seccode。

(5) 成功发起 API2 请求。

接下来,我们来完成客户端 SDK 的集成。

第一步,将 WebContent/gt.js 文件(该文件用于加载对应的行为验证 JS 库)复制到项目当中。

第二步,把 gt.js 加入到 csslib.jsp 文件(这是本书一贯的做法)。

```
<script src="${ctx}/resources/js/gt.js"></script>
```

第三步,构建用于行为验证的表单,action 属性值是 API2 的请求地址,data-geetest_url 属性值为 API1 的请求地址。

```
<form id="geetestForm" action="${ctx}/six/checkGeetest" data-geetest_url="${ctx}/six/geetest" method="post">
<!-- 账号和密码 -->
</form>
```

第四步,页面加载完成后对行为验证进行初始化。

```
$(function() {
    $.ajax({
        type : 'GET',
        url : $form.data("geetest_url"),
        dataType : "json",
        cache : false,
        success : function(response) {

            // 把 JSON 字符串转换成 JSON 对象
            var json = $.parseJSON(response);

            // 调用初始化函数进行初始化
            initGeetest({
                gt : json.gt,
                challenge : json.challenge,
                offline : !json.success,
                new_captcha: json.new_captcha,
                product : "bind",
            }, handler);
        },
        error : function() {
            console.log("geetest error");
        }
    });
});
```

① 向 API1 发起 Ajax 请求，获得行为验证初始化时所必须的 4 个参数，如表 7-5-1 所示。

表 7-5-1 行为验证初始化时的必须字段

参数	类型	说明
gt	字符串	极验后台申请得到的验证 ID
challenge	字符串	验证流水号，服务器端 SDK 向极验服务器发起请求后得到
offline	布尔	极验 API 服务器是否宕机（即无法连接到极验服务器的状态）
new_captcha	布尔	宕机情况下使用

② 初始化函数 initGeetest 的第一个参数称为配置参数，除了①中描述的 4 个必须参数外，还包含以下几个可选参数，如表 7-5-2 所示。

表 7-5-2 行为验证初始化时的可选字段

参数	类型	说明	默认值	可选值
product	字符串	设置「行为验证」的展现形式	popup	float（浮动式）、popup（弹出式）、custom（与 popup 类似，但是可以自定义弹出区域）、bind（隐藏按钮类型）
width	字符串	float、popup、custom 时可设置按钮的长度	300px	单位可以是 px，%，em，rem，pt
lang	字符串	设置验证界面中文字的语言	zh-cn	zh-cn（简体中文）、zh-tw（繁体中文）
timeout	数字	设置验证过程中单个请求的超时时间	30000(ms)	

关于 product 的四种展现形式，感兴趣的话可以访问 http://www.geetest.com/demo/。本例，我们采用 bind 的形式，即在登录表单内不显示图 7-5-3 中完成验证区域的按钮（单击该按钮，可展示验证码界面），我们在单击表单提交按钮后，再展示验证码界面。

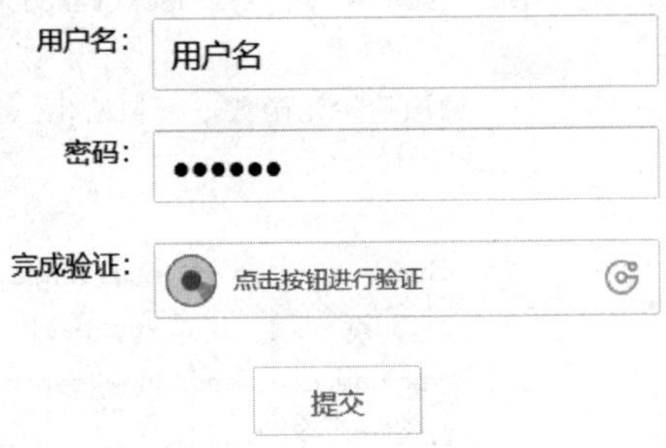

③ 使用初始化函数 initGeetest 初始化后，它的第二个参数是一个回调函数，回调函数的参数就是行为验证的验证码实例 captchaObj，代码如下：

图 7-5-3

```
initGeetest({
    // 省略配置参数
```

```
},function(captchaObj){
    // 现在可以调用验证实例 captchaObj 的方法了
});
```

第五步，弹出行为验证验证码，发起 API2 请求。在本例中，我们使用 BootstrapValidator 来配合行为验证表单来进行验证和使用 Ajax 的方式提交表单数据，代码如下：

```
// 对表单进行 BootstrapValidator 初始化，并取出 BootstrapValidator 对象
var $form = $('#geetestForm').bootstrapValidator(), bv = $form.data('bootstrapValidator');

// Geetest 初始化后的回调函数，captchaObj 为 Geetest 的验证码实例
var handler = function(captchaObj) {

    // 插入验证结果的三个 input 标签到指定的表单中。
    captchaObj.bindForm($form);

    // 表单提交时
    $form.on('success.form.bv', function(e) {
        console.log("success.form.bv 事件");
        e.preventDefault();

        // 当 product 为 bind 类型时，可以调用 verify 接口进行验证，此时将弹出 Geetest
        captchaObj.verify();
    });

    // 监听验证成功事件。
    captchaObj.onSuccess(function() {
        console.log("onSuccess 事件");

        // 获取用户进行成功验证(onSuccess)所得到的结果，该结果用于进行服务端 SDK
            进行二次验证。
        var result = captchaObj.getValidate();

        // 使用 Ajax 的方式提交表单
        $.ajax({
            type : $form.attr("method") || 'POST',
            url : $form.attr("action"),
            data : $form.serializeArray(),
            cache : false,
            dataType : "json",
            success : function(json) {
```

```
                    if (json.statusCode == 200) {
                        window.location.href = json.forwardUrl;
                    } else {
                        if (json.field) {
                            bv.updateMessage(json.field, 'blank', json.message);
                            bv.updateStatus(json.field, 'INVALID', 'blank');
                        } else {
                            $.error(json.message);
                        }

                        captchaObj.reset();  // 调用 reset 接口进行 Geetest 重置
                    }
                },
            });

        });

        // 用户把验证关闭了,启用提交按钮
        captchaObj.onClose(function() {
            bv.disableSubmitButtons(false);
        });

    }
```

我们来详细介绍一下 captchaObj 常用的方法和监听事件。

① bindForm(position),该方法的作用是将验证结果(geetest_challenge、geetest_validate、geetest_seccode)以三个 input 标签的形式插入到指定的表单(position 可以是 jQuery 对象,也可以是 jQuery 的 ID 选择器)中。插入的 HTML 片段如下:

```
<div class="geetest_form">
    <input type="hidden" name="geetest_challenge" value="xxx">
    <input type="hidden" name="geetest_validate" value="xxx">
    <input type="hidden" name="geetest_seccode" value="xxx">
</div>
```

② verify(),当 product 为 bind 类型时,可以调用该方法进行验证。这种形式的好处就是,允许开发者先对用户填写的表单数据(一般在验证码之前)进行检查,没有问题之后再调用该方法对用户行为进行验证。对于 BootstrapValidator 来说,success.form.bv 事件即表明之前的验证均已通过,代码如下:

```
$form.on('success.form.bv', function(e) {
    console.log("success.form.bv 事件");
    e.preventDefault();
```

```
captchaObj.verify();
});
```

③ getValidate()，获取用户进行成功验证（onSuccess）所得到的结果，该结果用于进行服务端 SDK 二次验证。getValidate() 方法返回一个对象，该对象包含 geetest_challenge、geetest_validate 和 geetest_seccode 字段。如果验证失败，则返回 false。

④ reset()，让验证回到初始状态。一般用于服务器端发现其他信息不对的情况（例如账号不存在，密码错误），或者二次验证出现错误的情况。

⑤ onSuccess(callback)，监听验证成功事件。在本例中，当验证成功时，通过 Ajax 发起二次验证，代码如下：

```
captchaObj.onSuccess(function() {
    $.ajax({});
}
```

⑥ onClose(callback)，只针对于 product 为 bind 形式的验证。当用户关闭弹出来的验证时，会触发该回调，代码如下：

```
// 用户把验证关闭了，启用提交按钮
captchaObj.onClose(function() {
    bv.disableSubmitButtons(false);
});
```

7.5.5 运行实例

当完成以上步骤后，我们来运行本实例查看以下极验行为验证的效果图：如图 7-5-4 所示。和本节开篇时展示的图 7-5-1 的方式不一样？是的，由于我们创建的验证实例属于免费版，所以只能滑动行为验证，而点选行为验证需要获得更高版本的许可。

图 7-5-4

7.6 Form——不再令人痛苦的文件上传

随着编程技术的发展,文件上传不再是一件令开发人员痛苦的事情。因为在客户端,涌现出了一批优秀的、开源的 JavaScript 插件,例如 Uploadify、Bootstrap FileInput、WebUploader 等,它们可以帮助我们更轻松地将用户选择的图片、视频、文档等各种类型的文件提交到服务器端。文件到了服务器端之后,我们可以选择 Apache 发布的 Commons FileUpload 的开源 jar 包对文件进行保存,我们不必再花费大量的力气来对原始的 HTTP 请求进行解析,就能够快速地获取到文件请求对象并保存。

现在,假设有这样一个需求:用户希望上传自己喜欢的图片来作为头像,为此,我们需要准备以下 5 个事情:
- 在 Form 表单中添加一个文件上传域;
- 使用 Ajax 提交 Form 表单;
- 在 SpringMVC 中配置文件处理器;
- 在服务器端接收上传文件并做下一步处理;
- 客户端对服务器端返回的响应信息进行处理。

7.6.1 在表单中添加文件上传域

就像我们本章开篇时提到的那样,大多数的表单都只是用来处理文本数据,因此它们被称为普通文本表单。普通文本表单能够很容易地通过 key=value 的格式将数据提交到服务器端,实际上,普通文本表单提交的内容类型为 application/x-www-form-urlencoded。

但文件上传表单与普通文本表单有着很大的不同,这主要是因为前者上传的内容一般都是二进制的文件,并不适合这种 key=value 的格式。因此,如果想要用户上传能体现个人喜好的图片,我们需要以某种特殊的方式对表单数据进行编码。

当提交带有文件的表单时,就必须要显式的配置表单,并以 multipart/form-data 的内容类型来进行提交,因此我们需要这样定义表单:

```
< form enctype = "multipart/form-data" method = "post" >
</form >
```

通过将 enctype 设置为 multipart/form-data,每个输入域都将作为 POST 请求的不同部分进行提交,而不仅仅是 key=value 的格式。这使得在输入域的某一部分包含上传的图片文件数据成为可能。

现在,我们就可以在表单中添加一个文件输入域了:

```
< form id = "headimgForm" action = " ${ctx}/seven/saveHeadimg" enctype = "multipart/form-data" method = "post" role = "form" >
    < div class = "box - body" >
```

```
            < div class = "form-group" >
                < label > 头像 < /label >
                < input name = "headimg" type = "file" accept = "image/ * " >
                < p class = "help-block" > 请选择你喜欢的图片,格式为 PNG 或 JPG,最大 2M < /p >
            < /div >
        < /div >

        < div class = "box - footer" >
            < button type = "submit" class = "btn btn-primary" > 提交 < /button >
        < /div >
    < /form >
```

type="file"的 < input > 标签将会在表单中渲染出一个基本的文件选择域,大多数的浏览器将其展现为一个文本域和一个在其旁边的按钮。图 7-6-1 是 Google Chrome 浏览器的渲染效果:

另外,由于我们上传的是图片文件,而不是其他类型的文件,所以我们在 < input > 标签上设置了 accept="image/ * ",表明该文件选择

图 7-6-1

域只接受图片类型的文件,包括常见的 JPG、JPEG、GIF 等。你可能会觉得 accept 有些陌生,其实不然。我们经常会在不经意间就遇到它,你是不是会经常打开这样一个文件选择对话框,如图 7-6-2 所示,其中右下角有一个图片文件的选择下拉框,它就是 accept="image/ * " 设置后的效果。

图 7-6-2

现在用户已经可以选择自己喜欢的头像照片了。接下来，我们需要做的就是在用户单击提交按钮的时候通过 Ajax 的形式将头像文件提交到服务器端。

7.6.2 使用 Ajax 提交 Form 表单

1. 使用 BootstrapValidator 对表单进行验证

为了保证用户在表单之前选择的文件是图片格式，并且图片大小不超过 2M，我们需要使用 BootstrapValidator 对表单进行验证。示例如下：

```
$('#headimgForm').bootstrapValidator({
    fields:{
        headimg:{
            validators:{
                notEmpty:{
                    message:'请选择一张图片'
                },
                file:{
                    extension:'jpeg,jpg,png',
                    type:'image/jpeg,image/png',
                    maxSize:2097152, // 2048 * 1024
                    message:'请选择 PNG/JPG/JPEG 格式的图片'
                }
            }
        }
    }
}).on('success.form.bv', function(e) {
    e.preventDefault();
    // 准备使用 Ajax 提交
});
```

假如用户选择的图片大小超过了 2M，BootstrapValidator 就会发出警告，并将禁用表单的提交按钮，如图 7-6-3 所示。

2. 验证通过后，使用 Ajax 提交表单

现在，用户选择了一张既符合规格要求，又美丽帅气的头像图片，心情

图 7-6-3

非常愉悦。作为开发者来说，我们的职责就是为用户愉快的心情提供技术保障。如果不采用 Ajax 的方式提交 From 表单，页面必然要发生跳转，这就会令用户感到些许的失望。因此，采用 Ajax 势在必行，因为 Ajax 可以在无须重新加载整个页面的情况下，

第 7 章　大有可为的 Form 表单

更新部分页面；也就是说，用户单击提交按钮，立即就能够在当前页面上看到上传好的头像文件。

在这之前，我们已经了解到了怎么使用 Ajax 提交普通文本表单，但这种方法并不适合文件上传表单，$form.serializeArray()方法无法序列化文件表单域的文件。那该怎么样使用 Ajax 上传文件呢？

使用 FormData API，这也是目前最简单和最快速的解决方案。

FormData 对象用以将数据编译成键值对，然后以便用 XMLHttpRequest 来发送数据。其主要用于发送表单数据，也可用于发送带键数据（keyed data），进而独立于表单使用。如果表单 enctype 属性设为 multipart/form-data（也就是文件上传表单），则会使用表单的 submit()方法来发送数据，从而发送的数据就能够保持原有的形式。

下面来看一个简单的例子吧：

```
var formData = new FormData();
formData.append("username", "cmower");
formData.append("passwrd", 123456); //数字 123456 会被立即转换成字符串 "123456"

$.ajax({
    type : $form.attr("method") || 'POST',
    url : $form.attr("action"),
    data : formData,
    cache : false,
    dataType : "json",
    success : function(json) {
    },
});
```

使用 new FormData()就可以创建一个 FormData 对象，然后调用 append 方法向其添加简单的文本数据，之后就可以将 FormData 对象传递给 Ajax 的 data 配置项，从而服务器端发起请求。此时的 formData 就类似于 $form.serializeArray()的作用。

那么文件呢？可以直接将文件所在 From 表单的 DOM 对象作为参数来构造 FormData()对象，如 var data = new FormData($form[0])。

```
$('#headimgForm').bootstrapValidator({}).on('success.form.bv', function(e) {
    e.preventDefault();
    var $form = $(e.target), bv = $form.data('bootstrapValidator'), data = new FormData($form[0]);
    $.ajax({
        type : $form.attr("method") || 'POST',
        url : $form.attr("action"),
        data : data,
        cache : false,
```

```
            dataType : "json",
            contentType : false,
            processData : false,
            success : function(json) {
            },
        });
    });
```

注意:使用 Ajax 提交文件上传表单时,一定要设置 contentType : false 和 processData : false。其中 contentType 用于设置发送数据到服务器时所使用的内容类型,默认为 true,即表单的内容类型为 application/x-www-form-urlencoded,也就是所谓的文本 URL 类型;设置为 false 表明表单的内容类型为 multipart/form-data,用来上传文件;其中 processData 规定通过请求发送的数据确定是否转换为查询字符串,显然上传文件时不需要转换,所以设置为 false,默认为 true。

3. 在 SpringMVC 中配置文件处理器

通过以下代码将 Commons FileUpload 加入到 pom.xml 文件中:

```
< dependency >
    < groupId > commons-fileupload </ groupId >
    < artifactId > commons-fileupload </ artifactId >
    < version > 1.3.1 </ version >
</ dependency >
```

这之后,我们就可以在 SpringMVC 中配置文件处理器了,打开 context-dispatcher.xml 文件,添加以下内容:

```
< bean id = "multipartResolver" class = "org.springframework.web.multipart.commons.CommonsMultipartResolver" p:defaultEncoding = "UTF-8" >
    < property name = "maxUploadSize" value = "1024000000" > </ property >
</ bean >
```

MultipartResolver 用于处理文件上传过程,当收到请求时,DispatcherServlet 的 checkMultipart() 方法会调用 MultipartResolver 的 isMultipart() 方法判断请求中是否包含文件。如果请求数据中包含文件,则调用 MultipartResolver 的 resolveMultipart() 方法对请求的数据进行解析,然后将文件数据解析成 MultipartFile,并封装在 MultipartHttpServletRequest(继承了 HttpServletRequest)对象中,然后传递给控制器。

在 MultipartResolver 接口中,有如下方法。
- boolean isMultipart(HttpServletRequest request);是否为文件上传请求。
- MultipartHttpServletRequest resolveMultipart(HttpServletRequest request);解析请求。

● void cleanupMultipart(MultipartHttpServletRequest request)；清除请求。

MultipartResolver 是一个接口，它的实现与图 7 - 6 - 4 所示类式，分为 Commons-MultipartResolver 类和 StandardServletMultipartResolver 类。

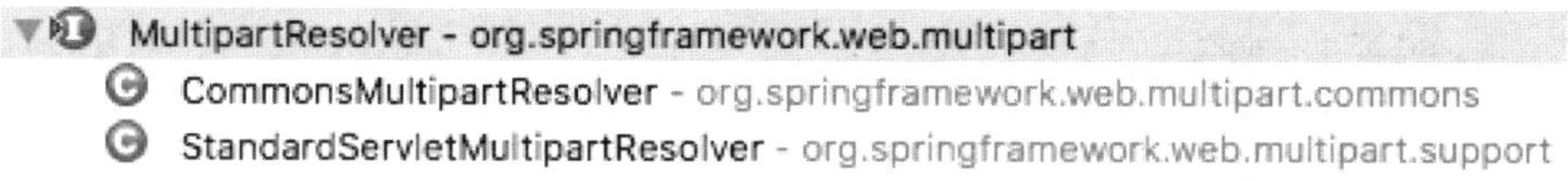

```
▼ MultipartResolver - org.springframework.web.multipart
    CommonsMultipartResolver - org.springframework.web.multipart.commons
    StandardServletMultipartResolver - org.springframework.web.multipart.support
```

图 7 - 6 - 4

其中 CommonsMultipartResolver 使用 Commons Fileupload 来处理 multipart 请求，所以在使用时，必须要引入相应的 jar 包；而 StandardServletMultipartResolver 是基于 Servlet 3.0 来处理 multipart 请求的，所以不需要引用其他 jar 包，但是必须使用支持 Servlet 3.0 的容器。

4. 在服务器端接收上传文件，并做下一步处理

现在，客户端已经把上传文件的请求发送到服务器端了，并且服务器端已经做好了接收的准备。接下来要做的就是从上传文件的请求提取用户上传的头像文件并保存。

所谓"一个好汉三个帮，一个篱笆三个桩"，在保存文件的时候我们需要 3 个公共类，它们将帮助我们轻松地实现文件保存，并返回便于操作的文件对象。这 3 个公共类非常关键，你可以在其他任何项目中使用它们，因此我把这 3 个文件的完整内容展示出来，方便大家使用。

第一个，属于服务器端的自定义文件类：UploadFile.java。

```java
package com.cmower.database.entity;

import java.io.File;
import java.io.IOException;

import org.springframework.web.multipart.MultipartFile;

import com.cmower.common.Constants;
import com.cmower.common.Variables;
import com.cmower.common.exception.OrderException;
import com.cmower.dal.DataEntity;

@SuppressWarnings("serial")
public class UploadFile extends DataEntity < UploadFile > {
    private String uploadPath;
    private String originalFileName;
    private Long fileSize;
    private String fileName;
    private String completeName;
```

```java
    private String parameterName;

    private MultipartFile multipartFile;

    public UploadFile() {
        super();
    }


    public UploadFile(String parameterName, String uploadPath, String originalFileName,
    String fileName,
        MultipartFile multipartFile) {
        this.parameterName = parameterName;
        this.uploadPath = uploadPath;
        this.originalFileName = originalFileName;
        this.fileName = fileName;
        this.multipartFile = multipartFile;
        this.fileSize = multipartFile.getSize();
        this.completeName = Variables.ctx + "/" + Constants.DEFAULT_UPLOAD + "/" +
        fileName;
    }

    /**
     * @return 文件对象
     */
    public File getFile() {
        if (uploadPath == null || fileName == null) {
            return null;
        }
        return new File(uploadPath + File.separator + fileName);
    }

    /**
     * 保存文件
     */
    public void transferTo() {
        try {
            File file = getFile();
            this.multipartFile.transferTo(file);
        } catch (IllegalStateException | IOException e) {
            throw new OrderException(e);
        }
    }
```

```java
public String getUploadPath() {
    return uploadPath;
}

public void setUploadPath(String uploadPath) {
    this.uploadPath = uploadPath;
}

public String getOriginalFileName() {
    return originalFileName;
}

public void setOriginalFileName(String originalFileName) {
    this.originalFileName = originalFileName;
}

public Long getFileSize() {
    return fileSize;
}

public void setFileSize(Long fileSize) {
    this.fileSize = fileSize;
}

public String getFileName() {
    return fileName;
}

public void setFileName(String fileName) {
    this.fileName = fileName;
}

public String getCompleteName() {
    return completeName;
}

public void setCompleteName(String completeName) {
    this.completeName = completeName;
}

public String getParameterName() {
    return parameterName;
```

```java
    }

    public void setParameterName(String parameterName) {
        this.parameterName = parameterName;
    }

    public MultipartFile getMultipartFile() {
        return multipartFile;
    }

    public void setMultipartFile(MultipartFile multipartFile) {
        this.multipartFile = multipartFile;
    }
}
```

UploadFile 类有以下 7 个重要的字段：

① uploadPath：保存客户端提交到服务器端的文件目录。文件上传成功后可在此目录下查看上传的文件。

② originalFileName：上传文件的原始文件名，即在客户端选择上传之前的文件名，例如迈克•尔杰克逊.jpg。

③ fileSize：上传文件的大小，单位为字节。2M 的文件大小为 $2 \times 1024 \times 1024 = 2097152$ 字节。

④ fileName：上传文件保存后的文件名。为防止文件覆盖的现象发生，要为上传文件产生一个唯一的文件名。自定义的规则是：年月日（yyyyMMdd）＋ UUID 字符串，例如：2018072097504c38784c4936a15b990402a7ffb2.jpg。

⑤ completeName：客户端可以访问的完整路径＋文件名，例如：/WebAdvanced/upload/2018072097504c38784c4936a15b990402a7ffb2.jpg。

⑥ parameterName：客户端提交到服务器端的参数名，来自 Form 表单中的文件选择域的 name 属性值。例如 < input type="file" name="headimg" > 中的"headimg"。

⑦ multipartFile：上传到服务器端的文件将会包含在此对象中，此时这个文件存储在内存中或临时的磁盘文件中，我们所要做的就是将其转存到一个合适的位置，因为请求结束后临时存储将被清空。

multipartFile（e 是一对象，其类型为）org.springframework.web.multipart.MultipartFile 有以下几个重要的方法。

- String getName()：获取参数的名称。
- String getOriginalFilename()：获取文件的原始名称。
- String getContentType()：获取文件的内容类型。
- boolean isEmpty()：表示被上传的文件是否为空。

- long getSize():获取文件大小,单位为字节。
- byte[] getBytes():以字节数组的形式返回文件内容。
- InputStream getInputStream():它返回一个 InputStream,从中可以读取到文件的内容。
- void transferTo(File dest):它将上传的文件保存到目标目录下,这个方法正是文件保存的关键。

第二个,上传文件的管理器类:UploadFileManager.java。

```
package com.cmower.common.upload;

import java.util.Date;
import java.util.List;
import java.util.concurrent.CopyOnWriteArrayList;

import org.apache.commons.lang3.time.DateFormatUtils;

import com.cmower.common.base.IdGen;
import com.cmower.database.entity.UploadFile;

/**
 * 上传文件的管理器类
 *
 * @author maweiqing
 */
public class UploadFileManager {
    private CopyOnWriteArrayList < UploadFile > uploadFiles = new CopyOnWriteArrayL-
    ist < UploadFile >();

    public void add(UploadFile uploadFile) {
        uploadFiles.add(uploadFile);
    }

    public int size() {
        return uploadFiles.size();
    }

    public UploadFileManager save() {
        for (UploadFile file : uploadFiles) {
            file.transferTo();
        }
        return this;
    }
```

```java
public boolean isEmpty() {
    return uploadFiles == null || uploadFiles.size() < 1;
}

public List<UploadFile> getFiles() {
    return uploadFiles;
}

public UploadFile getFile() {
    if (isEmpty()) {
        return null;
    }
    return uploadFiles.get(0);
}

public UploadFile get(String parameterName) {
    for (UploadFile uploadFile : uploadFiles) {
        if (uploadFile.getParameterName().equals(parameterName)) {
            return uploadFile;
        }
    }
    return null;
}

/**
 * 为防止文件覆盖的现象发生,要为上传文件产生一个唯一的文件名。
 *
 * @param name
 * @return
 */
public static String renameFile(String name) {
    String ext = null;

    int dot = name.lastIndexOf(".");
    if (dot != -1) {
        ext = name.substring(dot); // includes "."
    } else {
        ext = "";
    }

    String preName = DateFormatUtils.format(new Date(), "yyyyMMdd") + IdGen.uuid();
```

```
        return preName + ext;
    }
}
```

UploadFileManager 类有以下 8 个重要的方法。

① void add(UploadFile uploadFile)：将服务器端处理后的上传文件添加到一个列表当中，便于控制器方法进行下一步处理。

② int size()：获取上传文件列表的大小。客户端上传单个文件的时候大小为 1，上传多个文件的时候大小为 n。

③ UploadFileManager save()：控制器方法对上传文件校验通过后，可以调用此方法进行保存。

④ boolean isEmpty()：判断服务器端是否接收到了上传文件。

⑤ List < UploadFile > getFiles()：获取所有上传的文件。

⑥ UploadFile getFile()：当客户端只上传了一个文件时，可通过该方法直接获取。

⑦ UploadFile get(String parameterName)：根据文件选择域的参数名获取对应的上传文件。

⑧ String renameFile(String name)：为防止文件覆盖的现象发生，通过此方法为上传文件产生一个唯一的文件名。

第三个，文件上传请求的转换器类：MultipartRequest.java。

```java
package com.cmower.common.upload;

import java.io.File;
import java.util.Enumeration;
import java.util.HashMap;
import java.util.Iterator;
import java.util.List;
import java.util.Map;

import javax.servlet.http.HttpServletRequest;
import javax.servlet.http.HttpServletRequestWrapper;

import org.apache.commons.lang3.StringUtils;
import org.springframework.web.multipart.MultipartFile;
import org.springframework.web.multipart.MultipartHttpServletRequest;

import com.cmower.common.Constants;
import com.cmower.common.base.PathKit;
import com.cmower.database.entity.UploadFile;

@SuppressWarnings({ "rawtypes", "unchecked" })
```

```java
public class MultipartRequest extends HttpServletRequestWrapper {

    private UploadFileManager fileManager;
    private MultipartHttpServletRequest multipartRequest;

    public MultipartRequest(HttpServletRequest request) {
        super(request);
        fileManager = new UploadFileManager();
        wrapMultipartRequest(request);
    }

    /**
     * 将上传文件的请求转成预期的文件对象,便于进行下一步操作
     *
     * @param request
     */
    private void wrapMultipartRequest(HttpServletRequest request) {
        String saveDirectory = PathKit.getWebRootPath() + File.separator + Constants.DEFAULT_UPLOAD + File.separator;

        File dir = new File(saveDirectory);
        if (! dir.exists()) {
            if (! dir.mkdirs()) {
                throw new RuntimeException("Directory " + saveDirectory + " not exists and can not create directory.");
            }
        }

        multipartRequest = (MultipartHttpServletRequest) request;

        Iterator < String > fileIterator = multipartRequest.getFileNames();

        while (fileIterator.hasNext()) {
            String fileKey = fileIterator.next();

            // 取得上传文件
            List < MultipartFile > multipartFiles = multipartRequest.getFiles(fileKey);

            for (MultipartFile multipartFile : multipartFiles) {

                String originalFileName = multipartFile.getOriginalFilename();
```

```java
            if (StringUtils.isNotEmpty(originalFileName)) {
                UploadFile uploadFile = new UploadFile(fileKey, saveDirectory,
                    originalFileName,
                        UploadFileManager.renameFile(originalFileName), multi-
                        partFile);
                if (isSafeFile(uploadFile)) {
                    fileManager.add(uploadFile);
                }
            }
        }
    }
}

/**
 * 要限制上传文件的类型,在收到上传文件名时,判断后缀名是否合法。
 *
 * @param uploadFile
 * @return
 */
private boolean isSafeFile(UploadFile uploadFile) {
    if (uploadFile.getFileName().toLowerCase().endsWith(".jsp")) {
        uploadFile.getFile().delete();
        return false;
    }
    return true;
}
public UploadFileManager getFileManager() {
    return fileManager;
}
/**
 * Methods to replace HttpServletRequest methods
 */
public Enumeration getParameterNames() {
    return multipartRequest.getParameterNames();
}

public String getParameter(String name) {
    return multipartRequest.getParameter(name);
}

public String[] getParameterValues(String name) {
    return multipartRequest.getParameterValues(name);
}
```

```
public Map getParameterMap() {
    Map map = new HashMap();
    Enumeration enumm = getParameterNames();
    while (enumm.hasMoreElements()) {
        String name = (String) enumm.nextElement();
        map.put(name, multipartRequest.getParameterValues(name));
    }
    return map;
}
```

MultipartRequest 类有 3 个重要的方法。

① void wrapMultipartRequest(HttpServletRequest request)：获取客户端提交的文件请求，并从中提取客户端上传的文件对象 MultipartFile，然后将其转换成服务器端预期的上传文件对象 UploadFile，然后加入到上传文件的管理器类 UploadFileManager。

② boolean isSafeFile(UploadFile uploadFile)：判断上传的文件是否安全。

③ UploadFileManager getFileManager()：返回上传文件的管理器类。

有了以上 3 个工具类的帮助，服务器端处理上传文件变成了一件轻而易举的事情，代码如下：

```
public UploadFileManager getFiles(HttpServletRequest request) {
    if (request instanceof MultipartRequest == false)
        request = new MultipartRequest(request);
    return ((MultipartRequest) request).getFileManager();
}


@RequestMapping("saveHeadimg")
@ResponseBody
public AjaxResponse saveHeadimg(HttpServletRequest request) {
    logger.debug("用户头像上传");
    
    AjaxResponse response = AjaxResponseUtils.getFailureResponse();
    
    // 获取上上传文件的管理器类
    UploadFileManager fileManager = getFiles(request);
    
    // 获取上传文件
    UploadFile file = fileManager.getFile();
```

```java
// 判断是否为空,如果客户端没有上传文件,则返回错误消息
if (file == null) {
    response.setField("headimg");
    response.setMessage("请上传头像");
    return response;
}

// 验证通过后对上传文件进行保存
fileManager.save();

// 将用户上传的头像路径保存到数据库中
Users user = this.userService.loadOne("wang");
Users update = new Users();
update.setId(user.getId());
update.setHeadimg(file.getCompleteName());
this.userService.updateSelective(update);

response = AjaxResponseUtils.getSuccessResponse();
// 返回客户端可以访问的文件路径 + 文件名
response.put("headimg", file.getCompleteName());
return response;
}
```

5. 客户端对服务器端返回的响应信息进行处理

服务器端保存文件后,会返回一个客户端可以访问的文件路径＋文件名,客户端可以直接将其赋值给 < img > 标签的 src 属性,代码如下:

```javascript
$.ajax({
    success : function(json) {
        if (json.statusCode == 200) {
            $("#headimg").attr("src", json.mo.headimg);
        } else {
            bv.updateMessage(json.field, 'blank', json.message);
            bv.updateStatus(json.field, 'INVALID', 'blank');
        }
    },
});
```

我们来看一下用户新上传的头像吧,如图 7-6-5 所示。
OK,到此为止,文件上传的整个流程就结束了。

图 7-6-5

7.7 Dropify——图片拖拽和预览插件

7.7.1 关于 Dropify

上一节,我们使用文件选择域 <input type="file"> 上传了一张头像照片,整个过程非常流畅。但有一点,不知道你是否感觉到了,原生的文件选择域在浏览器端的渲染效果并不尽如人意,它呈现出来的效果不很美观,这显然是需要去改善的。另外,通过原生的文件选择域选择文件后,无法对选择的文件进行实时预览,这会让用户产生一种错觉:我在哪儿? 我选择了什么?

鉴于这两种原因,我们在实际的项目当中并不会直接使用原生的文件选择域。我们希望有另外更好的解决方案。Dropify 插件就是一个不错的选择,它是一款基于 HTML5 的图片拖拽和预览插件,能够完美的解决上述的两种烦恼。

Dropify 的预览地址:http://jeremyfagis.github.io/dropify/

Dropify 的 GitHub 地址:https://github.com/JeremyFagis/dropify

7.7.2 Dropify 的基本应用

第一步,把 dropify.css 加入到 csslib.jsp 文件。

```
<link href="https://cdn.bootcss.com/Dropify/0.2.2/css/dropify.css" rel="stylesheet">
```

第二步,把 dropify.js 加入到 jslib.jsp 文件。

```
<script src="https://cdn.bootcss.com/Dropify/0.2.2/js/dropify.js"></script>
```

第三步,构建文件选择域。

```
< input class = "dropify" id = "input-file-now" type = "file" / >
```

第四步,对文件选择域进行 Dropify 初始化。

```
$(function() {
    $('input.dropify').dropify();
});
```

我已经迫不及待想要欣赏一下 Dropify 的庐山真面目了,如图 7-7-1 所示。

图 7-7-1

哇,很不错! 但是提示信息(Drag and drop a file here or click)还没有汉化。不过,不要担心,我们现在就来对 Dropify 的提示信息进行中文汉化,代码如下:

```
$('input.dropify').dropify({
    messages : {
        'default' : '可拖放一个文件到这或者单击选择',
        'replace' : '可拖放一个文件或者单击选择进行替换',
        'remove'  : '移除',
        'error'   : '哦,出错了!'
    },
    error: {
        'fileSize': '文件超出了最大限度,最大值为({{ value }}).',
        'minWidth': '图像宽度过小,最小宽度为({{ value }}px).',
        'maxWidth': '图像宽度过大,最大宽度为({{ value }}px).',
        'minHeight': '图像高度过小,最小高度为({{ value }}px).',
        'maxHeight': '图像高度过大,最大高度为({{ value }}px).',
        'imageFormat': '图像格式不符合要求,只允许({{ value }}).',
        'fileExtension': '文件后缀不符合要求,只允许({{ value }}).'
    },
});
```

7.7.3 Dropify 常用的配置项

(1) defaultFile:如果需要在初始化时显示默认文件,可通过该选项来定义。
① JavaScript 选项示例:

```
$('input.dropify').dropify({
    defaultFile : "/WebAdvanced/resources/images/cmower160x160.jpg"
});
```

② HTML 属性示例(需要把 defaultFile 拆分拼接为 data-default-file):

```
< input class = "dropify" type = "file" data-default-file = "${ctx}/resources/images/cmower160x160.jpg" />
```

(2) height:Dropify 元素呈现的高度,单位为像素(px)。
① JavaScript 选项示例:

```
$('input.dropify').dropify({
    height : 300
});
```

② HTML 属性示例:

```
< input class = "dropify" type = "file" data-height = "300" />
```

(3) maxFileSize:设置上传文件的大小,如果超出设置则显示错误信息,单位有 K、M 和 G。
① JavaScript 选项示例:

```
$('input.dropify').dropify({
    maxFileSize : '1M'
});
```

② HTML 属性示例:

```
< input class = "dropify" type = "file" data-max-file-size = "1M" />
```

当选择的文件大小超出了最大限制后,Dropify 的错误提示信息如图 7-7-2 所示。

(4) minWidth:当选择的文件为图像时,可通过此选项设置图像的最小宽度,单位为像素。如果选择的图像宽度小于此选项设置的值,则提示错误信息。
① JavaScript 选项示例:

```
$('input.dropify').dropify({
    minWidth : '100'
});
```

图 7-7-2

② HTML 属性示例：

```
< input class = "dropify" type = "file" data-min-width = "100" />
```

（5）maxWidth：当选择的文件为图像时，可通过此选项设置图像的最大宽度，单位为像素。如果选择的图像宽度超出了此选项设置的值，则提示错误信息。使用方法参照 minWidth 用法。

（6）minHeight：当选择的文件为图像时，可通过此选项设置图像的最小高度，单位为像素。如果选择的图像高度小于此选项设置的值，则提示错误信息。使用方法参照 minWidth 用法。

（7）maxHeight：当选择的文件为图像时，可通过此选项设置图像的最大高度，单位为像素。如果选择的图像高度超出了此选项设置的值，则提示错误信息。使用方法参照 minWidth 用法。

（8）disabled：禁用控件。

（9）showRemove：当鼠标经过控件所在的区域时，显示移除按钮。默认为 true，设置为 false，则不显示移除按钮。

① JavaScript 选项示例：

```
$('input.dropify').dropify({
    showRemove : false,
});
```

② HTML 属性示例：

```
< input class = "dropify" type = "file" data-show-remove = "false" />
```

（10）showErrors：是否显示错误信息。默认为 true，设置为 false，则不显示错误信息。

① JavaScript 选项示例：

```
$('input.dropify').dropify({
    showErrors : false,
});
```

② HTML 属性示例：

```
< input class = "dropify" type = "file" data-show-errors = "false" / >
```

(11) errorsPosition：错误信息显示的位置，可选项有 overlay(默认值，覆盖在控件上面) 和 outside(显示在控件外侧)。

① JavaScript 选项示例：

```
$('input.dropify').dropify({
    errorsPosition : 'outside',
});
```

② HTML 属性示例：

```
< input class = "dropify" type = "file" data-errors-position = "outside" / >
```

"outside"的显示位置如图 7-7-3 所示。

(12) allowedFileExtensions：允许选择的文件扩展名。默认值为"＊"，表示允许所有文件。data-allowed-file-extensions＝"png jpg"表示允许选择扩展名为 png 或 jpg 的文件，多个扩展名之间通过"空格"隔开。

图 7-7-3

① JavaScript 选项示例：

```
$('input.dropify').dropify({
    allowedFileExtensions : 'png jpg',
});
```

② HTML 属性示例：

```
< input class = "dropify" type = "file" data-allowed-file-extensions = "png jpg" / >
```

(13) maxFileSizePreview：设置预览图像的最大文件大小，单位有 K，M 和 G。

① JavaScript 选项示例：

```
$('input.dropify').dropify({
    maxFileSizePreview : '1K',
});
```

② HTML 属性示例:

```
< input class = "dropify" type = "file" data-max-file-size – preview = "1K" / >
```

注意:如果选择的文件是图像,且文件大小超出此值,将只显示文件图标而不显示预览图。如图 7 - 7 - 4 所示。

图 7 - 7 - 4

7.7.4 Dropify 常用的监听事件

(1) dropify.beforeClear:单击"移除"按钮时触发,注意此时还没有清理预览图。使用方法如下:

```
$('input.dropify').dropify({
}).on('dropify.beforeClear', function(event, element) {
    return $.confirm("您确定要删除 \"" + element.file.name + "\" 文件了吗?");
});
```

通过 element 参数可以获取到文件的一些原始信息,如图 7 - 7 - 5 所示。

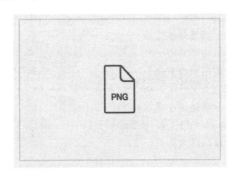

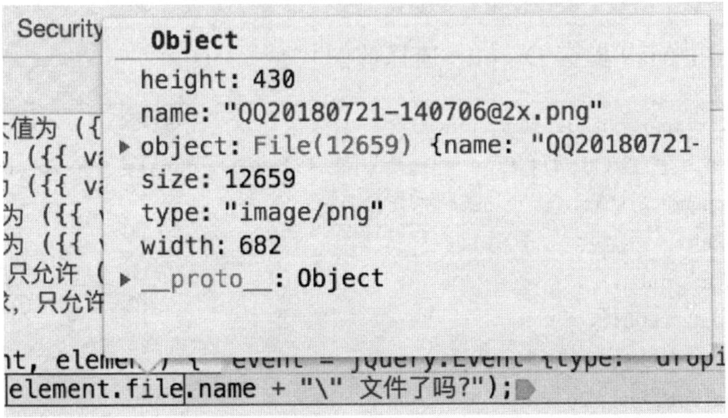

图 7 - 7 - 5

(2) dropify.afterClear:单击"移除"按钮并清理预览图之后触发。

（3）dropify.errors：当一个或多个错误出现时触发该事件。

（4）dropify.error.xxxxx：对应更具体的错误事件，例如：

```
$('input.dropify').dropify({
}).on('dropify.error.fileSize', function(event, element) {
    console.log('文件大小超出！');
}).on('dropify.error.minWidth', function(event, element) {
    console.log('图片不满足最小宽度！');
}).on('dropify.error.maxWidth', function(event, element) {
    console.log('图片超出最大宽度！');
}).on('dropify.error.minHeight', function(event, element) {
    console.log('图片不满足最小高度！');
}).on('dropify.error.maxHeight', function(event, element) {
    console.log('图片超出最大高度！');
});
```

7.7.5 使用 Ajax 提交 Dropify 选择的图片

第一步，我们在文件选择域上添加一些 Dropify 的配置项。

```
<input class="dropify" id="dropifyImg" name="dropifyImg" type="file"
    data-allowed-file-extensions="png jpg"
    data-max-file-size="1M"
    data-default-file="${ctx}/resources/images/cmower160x160.jpg"
    data-show-remove="false"
    data-url="${ctx}/seven/saveDropifyImg" />
```

第二步，初始化 Dropify。

```
$('input.dropify').dropify();
```

第三步，使用 Ajax 提交 Dropify 选择的图片。

```
$('#dropifyImg').change(function(e) {
    var $this = $(this), file = e.target.files[0], data = new FormData();
    data.append($this.attr("name"), file);
    $.ajax({
        data : data,
        type : "POST",
        url : $this.data("url"),
        contentType : false,
        processData : false,
        success : function(json) {
            if (json.statusCode == 200) {
                $.msg(json.mo.imgUrl);
```

```
            } else {
                $.error(json.message);
            }
        },
    });
});
```

当使用拖拽功能或者文件选择器在 Dropify 控件中添加一张图片时,会触发文件选择域的 change 事件。在 change 事件的监听方法中,通过 e.target.files[0] 可以获取选择的文件对象,并通过 append 方法将其添加到 FormData 对象中,然后通过 Ajax 将其提交到服务器端。服务器端的处理方法如下:

```
@RequestMapping("saveDropifyImg")
@ResponseBody
public AjaxResponse saveDropifyImg(HttpServletRequest request) {
    logger.debug("使用 Dropify 上传图片");

    AjaxResponse response = AjaxResponseUtils.getFailureResponse();

    // 获取上上传文件的管理器类
    UploadFileManager fileManager = getFiles(request);

    // 获取上传文件
    UploadFile file = fileManager.getFile();

    // 判断是否为空,如果客户端没有上传文件,则返回错误消息
    if (file == null) {
        response.setMessage("请选择图片");
        return response;
    }

    // 验证通过后对上传文件进行保存
    fileManager.save();

    response = AjaxResponseUtils.getSuccessResponse();
    // 返回客户端可以访问的文件路径 + 文件名
    response.put("imgUrl", file.getCompleteName());
    return response;
}
```

拖拽一张图片试一试吧,图片上传成功后会提示图片保存后的完整路径,效果如

图7-7-6所示。

图7-7-6

7.8 Bootstrap FileInput——增强版的HTML5文件输入框

7.8.1 Bootstrap FileInput 到底有多优秀？

要衡量一款插件到底有多优秀？方法其实也很简单，可以看看它在 GitHub 上的 Watch、Star、Fork 数有多少。这是一种通常的做法，除此之外还有其他更令人激动的办法，在我看来就是写一篇关于它的技术博客，看看会带来多少流量。

在 2016 年 1 月，我在 CSDN 上写了一篇题为《Bootstrap fileinput.js，最好用的文件上传组件》的技术博客，到目前为止浏览量有 18 万多！！！你可能觉得这个浏览量根本就不算啥，都没有达到百万级别。可有一点需要注明的是：我那时候才刚开始在 CSDN 上更新文章，况且那篇文章写得真够烂的。但即便如此，这篇文章也获得了我自认为很可观的浏览量，这说明什么呢？

Bootstrap FileInput 真的非常优秀！

Bootstrap FileInput 的优点主要有：

（1）Bootstrap FileInput 进一步增强了文件输入功能，提供了各种文件的预览支持，例如图像、文本、HTML、视频、音频。要使文件预览生效，浏览器必须支持 HTML5 的 FileReader API，否则 Bootstrap FileInput 控件将自动降级为普通文件输入框。

（2）Bootstrap FileInput 可以一次性选择多个文件，不仅如此，它还可以选择整个目录。

（3）Bootstrap FileInput 可以使用拖拽的方式选择文件，查看文件上传进度，可以基于 Ajax 进行文件上传,可以选择性地预览、添加和删除文件。

(4) Bootstrap FileInput 可以将一个简单的 HTML 文件输入框转换成一个文件选择器控件,甚至能够帮助那些不支持 jQuery 或 JavaScript 的浏览器返回一个 HTML 文件输入框。

(5) Bootstrap FileInput 初始化后文件选择器控件由以下三个部分组成:

① 文件标题部分,显示所选文件的文件名(如果文件名过长,Bootstrap FileInput 会自动调整文件名以适应预览容器的宽度);

② 文件操作按钮部分,显示选择、移除、上传按钮;

③ 文件预览部分,显示所选文件的预览效果;

④ 可以隐藏或显示以上三个部分的任意项。

(6) 如果在 < input type="file" > 的文件输入框上添加 class="file",那么它将自动转成 Bootstrap FileInput 的高级文件选择器控件。

(7) Bootstrap FileInput 支持自定义的模板和 CSS 类,可根据需要更改文件选择器控件的外观。

(8) Bootstrap FileInput 支持开启多文件预览的详细图库模式,在图库模式中可以全屏查看预览效果,并可以随意切换预览项目。

(9) 对于文本文件的预览来说,Bootstrap FileInput 可以将文本自动换行到缩略图的宽度,并通过显示垂直滚动条的形式来显示完整文本内容。

(10) Bootstrap FileInput 既支持以 Form 表单的形式上传文件,也支持通过内置的 Ajax 形式上传文件。内置 Ajax 的上传功能是基于 HTML5 FormData 和 XMLHttpRequest Level 2 标准构建的,最新版本的浏览器都支持 FormData 和 XHR2。

怎么样?当我列举了 Bootstrap FileInput 的这么多优点之后,你是不是已经怦然心动,迫不及待地想要试一试?

GitHub 地址:https://github.com/kartik-v/bootstrap-fileinput。

Demo 实例:http://plugins.krajee.com/file-input/demo。

官方文档:http://plugins.krajee.com/file-input。

7.8.2 Bootstrap FileInput 的基本应用

第一步,把 fileinput.css 加入到 csslib.jsp 文件中。

```
< link href = "https://cdn.bootcss.com/bootstrap-fileinput/4.4.8/css/fileinput.css" rel = "stylesheet" >
<!-- 当你希望开启 RTL(Right-To-Left 模式)时可以引入 fileinput-rtl.css,必须在 fileinput.css 之后引入 -- >
< link href = "https://cdn.bootcss.com/bootstrap-fileinput/4.4.8/css/fileinput-rtl.css" rel = "stylesheet" >
```

第二步,把 fileinput.js 和 zh.js(简体中文语言包)加入到 jslib.jsp 文件。

```html
<!-- 当你希望在上传之前调整图像大小时可以引入 piexif.js -->
<script src="https://cdn.bootcss.com/bootstrap-fileinput/4.4.8/js/plugins/piexif.js"></script>
<!-- 当你希望对预览区域的文件进行排序时可以引入 sortable.js -->
<script src="https://cdn.bootcss.com/bootstrap-fileinput/4.4.8/js/plugins/sortable.js"></script>
<!-- 当你希望在预览 HTML 文件时对其进行净化可以引入 purify.js -->
<script src="https://cdn.bootcss.com/bootstrap-fileinput/4.4.8/js/plugins/purify.js"></script>

<script src="https://cdn.bootcss.com/bootstrap-fileinput/4.4.8/js/fileinput.js"></script>
<script src="https://cdn.bootcss.com/bootstrap-fileinput/4.4.8/js/locales/zh.js"></script>
```

注意:

① piexif.js、sortable.js、purify.js 必须在 fileinput.js 之前引入。

② 语言包文件/js/locales/\<lang\>.js 必须放在核心脚本 fileinput.js 之后加载,其中 \<lang\> 是语言代码,简体中文为 zh。

第三步,构建文件输入框。

```html
<input id="input-b1" name="input-b1" type="file">
```

第四步,对文件输入框进行 Bootstrap FileInput 初始化。

方法 1,通过 JavaScript 初始化。

```javascript
// 默认初始化
$("#input-b1").fileinput();

// 附带参数
$("#input-b1").fileinput({'language':'zh'});
```

注意: 如果使用 JavaScript 初始化的话,文件输入框在构建的时候不能添加 class="file"。

方法 2,通过添加 class="file" 进行默认初始化。

```html
<input class="file" name="input-b1" type="file" data-language="zh">
```

注意: Bootstrap FileInput 的所有选项都可以使用 HTML5 data 属性传递,所以为了启用简体中文包,可以添加 data-language="zh"。

运行后的效果如图 7-8-1 所示。

7.8.3 Bootstrap FileInput 的使用模式

Bootstrap FileInput 可以采用以下两种模式上传文件。但切忌将两种模式交叉在

图 7-8-1

一起使用,这可能会导致文件上传失败或出现其他错误。

1. Form 表单

在这种模式下,无须设置 uploadUrl 选项。Bootstrap FileInput 会使用原生的文件选择域< input type="file" > 来存储文件,然后文件会在表单提交后被读取(必须将 input 包裹在 Form 表单之内)。这对那些需要把文件和其他数据放在同一个 Form 表单中进行提交的方案很有用。需要注意的是,在这种模式下,特别是对于文件多选的情况,Bootstrap FileInput 无法将文件附加到已选择的文件列表中。也就是说,如果尝试在已选择文件的情况下再选择新的文件,Bootstrap FileInput 会覆盖和清除之前的选择。

(1)构建 Form 表单。

```
< form id = "bfForm" action = " ${ctx}/seven/saveFile" enctype = "multipart/form-data"
method = "post" role = "form" >
    < div class = "form-group" >
        < input class = "file" name = "input - b2" type = "file" data-language = "zh" data-
        required = "true" data-msg-file-required = "请至少选择一个文件" >
    </div >
    < div class = "box - footer text-center" >
        < button type = "submit" class = "btn btn-lg btn-success" > < i class = "fa fa-up-
        load" > </i > 上传 </button >
    </div >
</form >
```

(2)表单提交时使用 Ajax 上传文件。

```
$('#bfForm').submit(function(e){
    e.preventDefault();
    var $form = $(this), data = new FormData($form[0]);

    $.ajax({
        data : data,
        type : "POST",
        url : $form.attr("action"),
        contentType : false,
        processData : false,
        success : function(json) {
            if (json.statusCode == 200) {
                $.msg(json.mo.imgUrl);
            } else {
                $.error(json.message);
            }
        },
    });
});
```

2. 内置 Ajax

在这种模式下，必须将 uploadUrl 选项设置为有效的 Ajax 请求 URL。如果设置了 uploadUrl 选项，那么 Bootstrap FileInput 将自动切换为内置 Ajax 上传文件的模式。Bootstrap FileInput 为内置 Ajax 上传文件的模式提供了表单提交模式中没有的高级特性，例如可以添加或者删除预览区域中的文件、显示文件上传的进度条，以及对图像大小进行调整等。为此，客户端浏览器必须支持 HTML5 的 FormData API，同时，处理 Ajax 请求的服务器端必须返回有效的 JSON 响应。

(1) 构建文件选择框。

```
<input id="input-b1" name="input-b1" type="file">
```

(2) 对其进行 Bootstrap FileInput 初始化，并通过内置 Ajax 上传文件。

```
$('#input-b1').fileinput({
    language:'zh',
    uploadUrl : '/WebAdvanced/seven/saveFile',
});
```

表 7-8-1 展示了两种模式的不同之处。

表 7-8-1　两种模式的不同之处

功能/要求	Form 表单	内置 Ajax
支持单个和多个文件上传	√	√
使用 HTML5 的 FileAPI 预览文件	√	√
通过表单提交直接读取文件	√	×
预览区域的每个文件都可以显示删除图标	√	√
预览区域的每个文件都可以显示上传图标	×	√
需要从服务器端返回有效的 JSON 响应	×	√
可以拖放文件	√	√
能够将文件附加到已选择的列表	×	√
能够将文件从已选择的列表删除	×	√
上传进度条	×	√
读取其他表单数据	表单提交后直接读取	需要上传之前附加到 uploadExtraData 选项中
上传前调整图像文件大小	×	√

7.8.4　Bootstrap FileInput 的常用配置项

Bootstrap FileInput 的所有配置项都可以在插件初始化的时候通过 JavaScript 对象传递，也可以通过 HTML5 data 属性的方式在原生的文件选择域 < input type = "file" > 上设置，使用方法可以参照 7.8.2 小节中的 language 选项。为了便于大家的学习，我把配置项分为 8 大类：

（1）信息配置项（以 msg 开头，参数类型均为字符串）。
（2）信息关联配置项（与信息配置项紧密关联，配合使用）。
（3）布尔配置项（选项值要么为 true，要么为 false）。
（4）初始化预览配置项。
（5）外观类配置项（可以更改文本、图标、颜色的配置项）。
（6）内置 Ajax 配置项。
（7）图像缩放配置项（可在上传图像之前按照规则缩放图像的配置项）。
（8）其他配置项（分类的最后，总少不了它）。

1. 信息配置项

（1）msgPlaceholder：当没有选择文件时，将在文件标题框中显示占位符文本。中文默认值为"选择文件…"。初始的文件输入框中是无法自定义占位符文本的。

（2）msgZoomModalHeading：展示预览文件对话框的完整标题，只适用于文本文件。

（3）msgFileRequired：当使用 Form 表单的形式上传文件时，如果用户没有选择文件，那么就会提示该信息。需要注意的是,配置该选项之前需要先配置 required 选项为 true。

(4) msgSizeTooSmall:如果用户选择的文件大小小于或等于 minFileSize 选项值时,提示该信息。中文默认值为文件 "{name}" (< b >{size} KB < /b >) 必须大于限定大小 < b >{minSize} KB < /b >,其中占位符的意思如下:

{name},将其替换为上传的文件名。

{size},将其替换为上传的文件大小。

{minSize},将其替换为 minFileSize 选项值。

(5) msgSizeTooLarge:如果用户选择的文件大小超过 maxFileSize 选项值时提示该信息。中文默认值为文件 "{name}" (< b >{size} KB < /b >) 超过了允许大小 < b >{maxSize} KB < /b >,其中占位符的意思如下:

{name},将其替换为上传的文件名。

{size},将其替换为上传的文件大小。

{maxSize},将其替换为 maxFileSize 选项值。

(6) msgFilesTooLess:当单击 Form 表单的"提交"按钮或内置 Ajax 的"上传"按钮上传文件时,如果选择的文件数量小于 minFileCount 选项值时,提示该信息(建议在允许多选的情况下使用)。中文默认值为必须选择最少 < b >{n}< /b > {files} 来上传,其中占位符的意思如下:

{n},将其替换为 minFileCount 选项值。

{files},允许单个文件选择时为文件,允许多个文件选择时为多个文件。

(7) msgFilesTooMany:当单击 Form 表单的"提交"按钮或内置 Ajax 的"上传"按钮上传文件时,如果选择的文件数量大于 maxFileCount 选项值时,提示该信息。中文默认值为选择的上传文件个数 < b >({n})< /b > 超出最大文件的限制个数 < b >{m}< /b >,其中占位符的意思如下:

{n},将其替换为选择上传的文件数。

{m},将其替换为 maxFileCount 选项值。

(8) msgFileNotFound,默认情况下,Bootstrap FileInput 会在用户选择文件后通过 HTML5 的 FileReader API 查找文件,如果找不到文件,提示该信息。中文默认值为文件 "{name}" 未找到,其中占位符的意思如下:

{name},将其替换为选择上传的文件名。

(9) msgFileSecured:由于浏览器安全策略阻止文件被读取时,提示的异常信息。

(10) msgFileNotReadable:FileReader API 无法读取所选文件时,显示的异常消息。

(11) msgFilePreviewAborted:文件预览被中止时,提示的异常信息。

(12) msgFilePreviewError:文件预览过程中出现任何错误时,提示的异常信息。

(13) msgInvalidFileName:所选文件名中包含非法字符时,提示的异常信息。

(14) msgInvalidFileType:当所选文件类型不在 allowedFileTypes 选项指定的类型集当中时,提示该信息。中文默认值为不正确的类型 "{name}"。只支持 "{types}"

类型的文件,其中占位符的意思如下：

｛name｝,将其替换为选择上传的文件名。

｛types｝,将其替换为逗号分隔的类型列表,列表项来源于 allowedFileTypes 选项值。

（15）msgInvalidFileExtension：当所选文件扩展名不在 allowedFileExtensions 选项指定的类型集当中时,提示该信息。中文默认值为不正确的文件扩展名 "｛name｝". 只支持 "｛extensions｝" 的文件扩展名,其中占位符的意思如下：

｛name｝,将其替换为选择上传的文件名。

｛extensions｝,将其替换为逗号分隔的扩展名列表,列表项来源于 allowedFileExtensions 选项值。

（16）msgUploadAborted：按下"取消"按钮中止正在进行 Ajax 文件上传时,提示的信息。中文默认值为"该文件上传被中止",如果将该选项设置为 null 或空,则显示 Ajax 上传过程中出现的真实错误信息。

（17）msgUploadBegin：进度条进度为 0%,即上传刚开始时进度条上显示的提示信息。中文默认值为"正在初始化..."。

（18）msgUploadEnd：进度条进度为 100%,即上传完成时进度条上显示的提示信息。中文默认值为"完成"。

（19）msgUploadEmpty：当使用内置 Ajax 上传文件,发现文件不存在无法上传时显示的信息。

（20）msgUploadError：当使用内置 Ajax 上传文件,发现服务器端抛出异常错误时显示的信息,如图 7-8-2 所示。

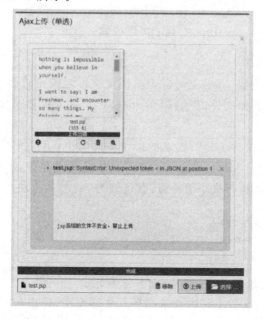

图 7-8-2

(21) msgSelected：当多个文件选择时，在文件标题栏中显示的进度消息。中文默认值为{n}，个文件选中，其中占位符的意思如下：

{n}，将其替换为选择上传的文件数。

(22) msgImageWidthSmall：当选择的文件是图像且宽度小于 minImageWidth 选项指定值的时候，显示的提示信息。中文默认值为图像文件"{name}"的宽度必须大于或等于{size}像素的大小，其中占位符的意思如下：

{name}，将其替换为选择上传的文件名。

{size}，将其替换为 minImageWidth 选项值。

(23) msgImageHeightSmall：当选择的文件是图像且宽度小于 minImageHeight 选项指定值的时候，显示的提示信息。中文默认值为图像文件{name}"的高度必大于或等于{size}像素的大小，其中占位符的意思如下：

{name}，将其替换为选择上传的文件名。

{size}，将其替换为 minImageHeight 选项值。

(24) msgImageWidthLarge：当选择的文件是图像且宽度超过 maxImageWidth 选项指定值的时候，显示的提示信息。中文默认值为图像文件"{name}"的宽度不能超过{size}像素的大小，其中占位符的意思如下：

{name}，将其替换为选择上传的文件名。

{size}，将其替换为 maxImageWidth 选项值。

(25) msgImageHeightLarge：当选择的文件是图像且宽度超过 maxImageHeight 选项指定值的时候，显示的提示信息。中文默认值为图像文件"{name}"的高度不能超过{size}像素的大小，其中占位符的意思如下：

{name}，将其替换为选择上传的文件名。

{size}，将其替换为 maxImageHeight 选项值。

2. 信息关联配置项

(1) required：在内置 Ajax 上传或表单提交文件之前是否必须选择文件。如果设置为 true，并且没有选择文件，则会显示 msgFileRequired 选项值的信息。默认值为 false。

(2) minFileSize：文件上传时要求的最小文件大小，单位为 KB。文件大小必须超过该选项设置的值，否则显示 msgSizeTooSmall 设置的信息。如果将此选项设置为 null，则跳过验证，不再执行最小值检查，默认值为 0。使用方法如下：

```
$('#input-b1').fileinput({
    minFileSize: 1000,
});
```

当文件大小不满足要求时，如图 7-8-3 所示。

(3) maxFileSize：文件上传时要求的最大文件大小，单位为 KB。文件大小必须小于等于该选项设置的值，否则显示 msgSizeTooLarge 设置的信息。如果将此选项设置为 0,则意味着不再对文件的最大值限定,默认值为 0。

（4）minFileCount:多选情况下限制的最小文件数。如果将此选项设置为 0,则意味着不再对文件的最小数量限定,默认值为 0。

（5）maxFileCount:多选情况下允许的最大文件数。如果将此选项设置为 0,则意味着不再对文件的最大数量限定,默认值为 0。

（6）allowedFileTypes:允许选择的文件类型列表。默认情况下,该选项值为 null,意味着所有文件类型均允许选择。如果选择的文件类型在指定的列表之外时,提示 msgInvalidFileType 选项中设置的信息。用法如下:

```
$('#input-b1').fileinput({
    allowedFileTypes : ['image', 'html', 'text', 'video', 'audio', 'flash'],
});
```

当文件类型不满足要求时,如图 7-8-4 所示。

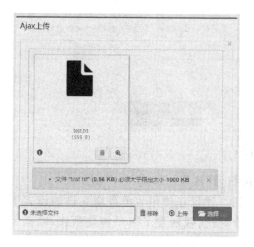

图 7-8-3

图 7-8-4

（7）allowedFileExtensions:允许选择的文件扩展名列表。默认情况下,该选项值为 null,意味着所有文件扩展名均允许选择。如果选择的文件扩展名在指定的列表之外时,提示 msgInvalidFileExtension 选项中设置的信息。用法如下:

```
$('#input-b1').fileinput({
    allowedFileExtensions : ['jpg', 'gif', 'png', 'txt'],
});
```

（8）minImageWidth:如果文件是图像类型,则此选项用于限制图像的最小宽度,单位为 px。如果将此选项设置为 null,则跳过验证,不再执行图像最小宽度检查。

（9）maxImageWidth:如果文件是图像类型,则此选项用于限制图像的最大宽度,单位为 px。如果将此选项设置为 null,则跳过验证,不再执行图像最大宽度检查。

(10) minImageHeight：如果文件是图像类型，则此选项用于限制图像的最小高度，单位为 px。如果将此选项设置为 null，则跳过验证，不再执行图像最小高度检查。

(11) maxImageHeight：如果选的文件是图像类型，则此选项用于限制图像的最大高度，单位为 px。如果将此选项设置为 null，则跳过验证，不再执行图像最大高度检查。

3. 布尔配置项

(1) hideThumbnailContent：是否隐藏预览区域中的缩略图（文件为图像、pdf 式文本类型）。设置为 true 时，仅在预览区域显示文件名、文件大小，默认为 false。

(2) showCaption：是否显示文件标题，默认为 true。

(3) showPreview：是否显示文件预览，默认为 true。

示例如下：

```
< input id = "input-b2" name = "input-b2" type = "file" class = "file" data-show-preview = "false" >
```

效果如图 7-8-5 所示。

图 7-8-5

(4) showRemove：是否显示「移除」文件按钮，默认为 true。

(5) showUpload：是否显示「上传」文件按钮。建议在使用表单提交文件的模式下设置为 false，因为设置为 true 的时候单击「上传」按钮就触发了表单提交动作，默认为 true。

(6) showCancel：是否显示文件「取消」按钮。这只会在使用内置 Ajax 上传文件的模式下启用并显示，默认为 true。

(7) showClose：是否在预览区域的右上角显示关闭（×）图标，默认为 true。

(8) showBrowse：是否显示「选择」按钮，默认为 true。

(9) browseOnZoneClick：是否在单击预览区域时，启用文件浏览或选择功能。默认为 false。

(10) autoReplace：是否在达到 maxFileCount 限制并选择新的文件（组）之后，自动替换预览中的文件。只有在设置了有效的 maxFileCount 时，此选项才起效，默认为 false。

(11) rtl：是否开启 RTL（Right-To-Left，把原来右侧的部件移动到左侧，左侧的移动到右侧）模式，默认为 false。开启 RTL 模式的示例如下：

```
< input id = "input-b8" name = "input-b8[]" multiple type = "file" class = "file"
    data-language = "zh"
    data-rtl = "true"
    data-drop-zone-enabled = "false" >
```

效果如图 7-8-6 所示。

图 7-8-6

（12）dropZoneEnabled：是否启用并显示文件拖拽区域（注意和预览区域的差别）。这既适用于基于表单的上传，也适用于基于 Ajax 的上传。若要禁用或不显示拖拽区域，请将此选项设置为 false，默认为 true。

（13）reversePreviewOrder：是否反转预览中显示的文件顺序。如果此选项设置为 true，那么最新或者最后的文件将显示在页面的第一个或其顶部，其他的文件则依次显示在页面的末尾或底部。该选项适用于 initialPreview 设定的文件，以及通过文件选择器或拖拽选择的文件。默认为 false。

（14）purifyHtml：是否在预览中净化 HTML 文件的内容，需要引入 purify.js（针对 HTML 的快速、高容错的 XSS 过滤器）。默认为 true。

4. 预览初始化配置项

（1）initialPreview：数组或字符串，用于设置要显示的初始预览内容。可以传递用于显示图像、文本或文件的最简化 HTML 标记。如果设置为数组，则数组中每一个文件都会出现在预览区域中；如果设置为字符串，且没有使用分隔符，则作为单个文件出现在预览区域中。需要注意的是，要为每一种类型的文件添加对应的 CSS 类：

- 图像文件，需要添加 kv-preview-data file-preview-image 类；
- 文本文件，需要添加 kv-preview-data file-preview-text 类；
- 其他文件，需要添加 kv-preview-data file-preview-other 类。

示例如下：

```
// 图像文件
initialPreview: [
    " < img src = '/WebAdvanced/resources/images/Light A Fire.jpg' class = 'kv-preview-data
    file-preview-image' alt = 'Light A Fire' title = 'Light A Fire' > ",
    " < img src = '/WebAdvanced/resources/images/Wisdom.jpg' class = 'kv-preview-data file-
    preview-image' alt = 'Wisdom' title = 'Wisdom' > ",
],
```

// 文本文件
initialPreview: "< div class = 'kv-preview-data file-preview-text' title = '勇往直前' >如果你不能飞,那就跑;如果跑不动,那就走;实在走不了,那就爬。无论怎样,你都要勇往直前。</div>"

// 其他文件
initialPreview: "< div class = 'kv-preview-data file-preview-other' >" + "< h3 > < i class = 'glyphicon glyphicon-file' > </i> </h3 >" + "致读者的一封信.docx" + "</div>"

(2) initialPreviewAsData:是否将初始预览内容解析为数据而不是原始标记,默认为 false。例如,初始化内容为:< div class = "file-preview-text" >勇往直前</div>。

如果将 initialPreviewAsData 设置为 true,那么 HTML 标记 < div class = "file-preview-text" ></div>将和文本"勇往直前"融为一体;如果将 initialPreviewAsData 设置为 false,那么实际内容只有文本"勇往直前"。

(3) initialPreviewFileType:用于指定文件以哪一种文件模板类型在预览区域中显示,常见的文件模板类型有:image、html、text、office、video、audio、pdf。默认为 image。

(4) initialPreviewConfig:数组类型,与 initialPreview 选项定义的初始化预览项目一一对应。其用于为每一个项目定制一些重要的属性,这些属性包括:

- type:该属性对于需要显示特定模板类型的初始化预览项目有用,它将覆盖 initialPreviewFileType 选项中的设置。
- filetype:用于标识文件内容的 MIME(Multipurpose Internet Mail Extensions,描述消息内容类型的因特网标准)类型。适用于音频或视频文件模板。
- size:用于在文件预览模板中显示的文件大小(以字节为单位)。
- previewAsData:是否将初始预览内容解析为数据而不是原始标记,它将覆盖 initialPreviewAsData 选项中的设置。
- caption:每个初始化预览项目的标题。
- width:显示图像的宽度。
- url:初始化预览区域文件定义删除的 Ajax 请求。如果没有设置,将默认为 deleteUrl 设定的值。
- key:删除 Ajax 请求的参数名。
- extra:删除 Ajax 请求的附加参数。如果没有设置,将默认为 deleteExtraData 设定的值。
- downloadUrl:初始化预览区域文件定义下载的 Ajax 请求。如果没有设置,将默认为 initialPreviewDownloadUrl 设定的值。

示例如下:

```javascript
// 预览内容
var previews2 = [
    "< img src = '/WebAdvanced/resources/images/Light A Fire.jpg' class = 'kv-preview-data file-preview-image' alt = 'Light A Fire' title = 'Light A Fire' >",
    "< img src = '/WebAdvanced/resources/images/Wisdom.jpg' class = 'kv-preview-data file-preview-image' alt = Wisdom' title = 'Wisdom' >",]

$('#input-pd').fileinput({
    language : 'zh',
    initialPreview : previews2,
    // 预览配置
    initialPreviewConfig : [ {
        caption : 'Light A Fire.jpg',
        width : '120px',
        url : '/WebAdvanced/seven/deleteFile',
        key : "Light A Fire",
        extra : {
            fileName : "Light A Fire"
        }
    }, {
        caption : 'Wisdom.jpg',
        width : '120px',
        url : '/WebAdvanced/seven/deleteFile',
        key : 'Wisdom',
        extra : function() {
            return {
                id : 'Wisdom'
            };
        },
    } ]
});
```

注意：如果你认为在 initialPreview 中使用 HTML 标记比较麻烦的话，可以换一种简单的方式，但必须将 initialPreviewAsData 选项设置为 true。例如：

```javascript
var previews3 = [
                "/WebAdvanced/resources/images/Light A Fire.jpg",
                "< img src = '/WebAdvanced/resources/images/Wisdom.jpg' class = 'kv-preview-data file-preview-image' alt = Wisdom' title = 'Wisdom' >",
                "/WebAdvanced/resources/other/快乐每一天.mp3",
                "/WebAdvanced/resources/other/致读者的一封信.pdf",
                ]
```

```javascript
$('#input-pd').fileinput({
    language: 'zh',
    initialPreviewAsData:true,
    initialPreview: previews3,
    initialPreviewConfig: [{
        caption: 'Light A Fire.jpg',
        url: '/WebAdvanced/seven/deleteFile',
        key: "Light A Fire",
    },{
        previewAsData: false, // 使用 HTML 标记
        caption: 'Wisdom.jpg',
        url: '/WebAdvanced/seven/deleteFile',
        key: 'Wisdom',
    },{
        type: "audio",
        filetype: "audio/mp3",
        caption: '快乐每一天.mp3',
        url: '/WebAdvanced/seven/deleteFile',
        key: 'happy every day',
    },{
        type: "pdf",
        caption: '致读者的一封信.pdf',
        url: '/WebAdvanced/seven/deleteFile',
        key: 'A letter to the reader',
    },]
});
```

效果如图 7-8-7 所示。

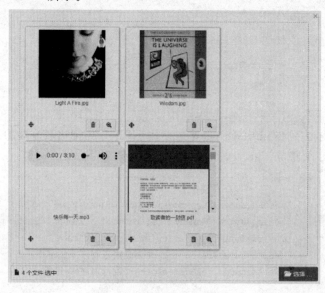

图 7-8-7

(5) deleteUrl：每一个初始化预览文件定义删除的 Ajax 请求。该选项可以被 initialPreviewConfig['url']覆盖。

(6) deleteExtraData：定义删除 Ajax 请求的附加参数（仅在 initialPreviewConfig['url']或 deleteUrl 定义的情况下起效）。该选项可以被 initialPreviewConfig['extra']覆盖。该选项的值可以为一个包含键值对的对象。

```
{key: '1', fileName: 'Wisdom.jpg'}
```

也可以是一个函数。

```
function() {
    var obj = {};
    $('.form').find('input').each(function() {
        var name = $(this).attr('name'), val = $(this).val();
        obj[name] = val;
    });
    return obj;
}
```

(7) initialCaption：定义初始化预览标题。中文默认值为{preview-file-count}个文件 选中，其中{preview-file-count}为 initialPreview 定义的项目数。

(8) initialPreviewDownloadUrl：每一个初始化预览文件定义下载的 Ajax 请求。该选项可以被 initialPreviewConfig['downloadUrl']覆盖。

(9) overwriteInitial：选择新的文件时是否要覆盖 initialPreview 选项设定的初始化预览项目。默认为 true，设置为 false 有助于显示在数据库中已保存，并且始终要预览显示的文件。

(10) validateInitialCount：我们已知通过 minFileCount 和 maxFileCount 可以对选择的文件数量进行验证。那么当设置 validateInitialCount 为 true 时，可以把初始化预览的文件数量计入总量进行验证。

5. 外观类配置项

(1) browseLabel：文件选择器按钮的标签,中文默认值为"选择…"。

(2) browseIcon：文件选择器按钮的图标,默认为< i class="glyphicon glyphicon-folder-open" > </i> ,即一个文件夹的图标。

(3) browseClass：文件选择器按钮的 CSS 类,默认为 btn btn-primary。

(4) removeLabel：移除按钮的标签,中文默认值为"移除"。

(5) removeIcon：移除按钮的图标,默认为< i class="glyphicon glyphicon-trash" > </i> ,即一个废弃图标。

(6) removeClass：移除按钮的 CSS 类,默认为 btn btn-default btn-secondary。

(7) removeTitle：鼠标悬停在移除按钮上时显示的标题,中文默认值为"移除选中文件"。

（8）uploadLabel：上传按钮的标签，中文默认值为"上传"。

（9）uploadIcon：上传按钮的图标，默认为 < i class="glyphicon glyphicon-upload"></i> ，即一个上传图标。

（10）uploadClass：上传按钮的 CSS 类，默认为 btn btn-default btn-secondary。

（11）uploadTitle：鼠标悬停在上传按钮上时显示的标题，中文默认值为"上传选中文件"。

（12）previewZoomButtonIcons：详细预览模式中控制按钮的图标，有以下按钮可供设置。

- prev：导航至前一个文件内容的按钮。
- next：导航至下一个文件内容的按钮。
- toggleheader：切换滑入滑出模式的按钮。
- fullscreen：切换全屏和恢复正常窗口大小的按钮。
- borderless：切换有无边框模式的按钮。
- close：关闭详细预览模式的按钮。

可以使用 Font Awesome 图标来代替默认的 Glyphicon 图标。

```
previewZoomButtonIcons: {
    prev: ' < i class="fa fa-backward" > </I > ',
    next: ' < i class="fa fa-forward" > </I > ',
    toggleheader: ' < i class="fa fa-arrows-v" > </I > ',
    fullscreen: ' < i class="fa fa-arrows-alt" > </I > ',
    borderless: ' < i class="fa fa-expand" > </I > ',
    close: ' < i class="fa fa-times" > </I > '
},
```

效果如图 7-8-8 所示。

图 7-8-8

(13) previewZoomButtonClasses：详细预览模式中控制按钮的 CSS 类，默认值如下：

```
{
    prev: 'btn btn-navigate',
    next: 'btn btn-navigate',
    toggleheader: 'btn btn-kv btn-default btn-outline-secondary',
    fullscreen: 'btn btn-kv btn-default btn-outline-secondary',
    borderless: 'btn btn-kv btn-default btn-outline-secondary',
    close: 'btn btn-kv btn-default btn-outline-secondary'
}
```

(14) previewZoomButtonTitles：详细预览模式下，鼠标悬停在控制按钮上时，显示的标题，中文默认值如下：

```
previewZoomButtonTitles: {
    prev: '预览上一个文件',
    next: '预览下一个文件',
    toggleheader: '缩放',
    fullscreen: '全屏',
    borderless: '无边界模式',
    close: '关闭当前预览'
}
```

(15) dropZoneTitle：拖拽区域显示的标题。中文默认值为拖拽文件到 …< br >，并支持多文件同时上传。

(16) dropZoneTitleClass：拖拽区域标题的 CSS 类。默认为 file-drop-zone-title。

(17) dropZoneClickTitle：当 browseOnZoneClick 选项值为 true 时，在拖拽区域附加的标题，中文默认值为< br >（或单击{files}按钮选择文件）。

(18) progressClass：上传进度条的 CSS 类，仅适用于内置 Ajax 上传。默认值为：progress-bar progress-bar-success progress-bar-striped active。

(19) progressCompleteClass：上传完成时的进度条 CSS 类，同样仅适用于内置 Ajax 上传。默认值为 progress-bar progress-bar-success。

(20) progressErrorClass：上传出错时的进度条 CSS 类。默认值为 progress-bar progress-bar-danger。

6. 内置 Ajax 配置项

(1) uploadURL：内置 Ajax 上传文件的请求 URL。如果文件输入框 < input type ="file" name="parameterFile" > 定义了 name 属性，那么文件数据提交到服务器端的参数名为 name 属性值 parameterFile；否则，参数名默认为 file-data。

(2) uploadExtraData：上传文件到服务器端时的附加参数，仅在内置 Ajax 上传文件时才起效。

可以是一个对象。

```
{id: 1, fileName: 'test'}
```

也可以是一个函数。

```
// previewId 为预览文件的 ID
uploadExtraData: function (previewId, index) {
    var obj = {"previewId" : previewId};
    return obj;
}
```

(3) showAjaxErrorDetails：当通过内置 Ajax 上传文件遇到服务器端抛出异常时，是否显示错误的详细堆栈信息。默认为 true，这对于上传过程中服务器端出现不可预知错误的调试非常有用。

(4) uploadAsync：异步上传多个文件。默认值为 true。

① 异步上传

异步上传是内置 Ajax 上传文件的默认模式，即 uploadAsync 选项值为 true。当上传多个文件的时候，异步模式允许所有文件并行提交到服务器端。通过 maxFileCount 选项可以控制一次允许选择的最大文件数。异步模式下，每个预览文件的进度条都会实时更新。

我们先来看异步上传文件时的完整初始化代码。

```
var previews3 = [ "/WebAdvanced/resources/images/Light A Fire.jpg", " < img src =
'/WebAdvanced/resources/images/Wisdom.jpg'   class = 'kv-preview-data file-preview-image'
alt = Wisdom' title = 'Wisdom' >", "/WebAdvanced/resources/other/快乐每一天.mp3",
    "/WebAdvanced/resources/other/致读者的一封信.pdf", ];

$('#input-ajax-multiple').fileinput({
    language : 'zh',
    uploadUrl : '/WebAdvanced/seven/saveAjaxFile',
    uploadAsync : true,
    uploadExtraData : function(previewId, index) {
        var obj = {
            "previewId" : previewId
        };
        return obj;
    },
    initialPreviewAsData : true,
    minFileCount : 2,
    maxFileCount : 2,
    overwriteInitial : false,
    initialPreview : previews3,
```

```
initialPreviewConfig : [ {
    caption : 'Light A Fire.jpg',
    url : '/WebAdvanced/seven/deleteFile',
    key : "Light A Fire",
}, {
    previewAsData : false,
    caption : 'Wisdom.jpg',
    url : '/WebAdvanced/seven/deleteFile',
    key : 'Wisdom',
}, {
    type : "audio",
    filetype : "audio/mp3",
    caption : '快乐每一天.mp3',
    url : '/WebAdvanced/seven/deleteFile',
    key : 'happy every day',
}, {
    type : "pdf",
    caption : '致读者的一封信.pdf',
    key : 'A letter to the reader',
}, ],
});
```

对于文件数据，服务器端可以通过以下方式获取。

```
@RequestMapping("saveFile")
public void saveFile(HttpServletRequest request) {
    // 获取上上传文件的管理器类
    UploadFileManager fileManager = getFiles(request);

    // 获取上传文件
    UploadFile file = fileManager.getFile();

    // 判断是否为空，如果客户端没有上传文件，则返回错误消息
    if (file == = null) {
    }

    // 验证通过后对上传文件进行保存
    fileManager.save();
}
```

对于附加数据，如果设置 uploadExtraData＝{name : 'cmower'}，在服务器端可以通过以下方式读取。

```java
@RequestMapping("getExtraData")
public void getExtraData(HttpServletRequest request) {
    String name = request.getParameter("name");
    logger.debug("姓名{}",name);
}
```

那么服务器端应该响应什么数据呢？答案是JSON对象，格式如下：

```
{
    error：'错误信息',// 当前上传文件过程中出现的错误
    initialPreview：[
        // 如果要在上传后立即显示服务器端上传文件的初始化预览,可通过此选项设置,注
            意服务器端一次只会接收一个文件,所以此数组长度为1。
    ],
    initialPreviewConfig：[
        // 为初始化预览项目进行详细配置。
    ],
    append：true // 如果在插件初始化的时候设置了'initialPreview',那么返回true 意味着
                    要将新的内容附加到初始化预览列表中；返回false 则会覆盖原来的初始
                    化预览项目。
}
```

如果服务器端没有可响应的数据，那么至少应返回一个空的JSON对象，例如{}。现在，我们来看服务器端具体的代码。

```java
@RequestMapping("saveAjaxFile")
@ResponseBody
public Object saveAjaxFile(HttpServletRequest request) {
    logger.debug("使用 Bootstrap FileInput 内置 Ajax 上传文件");
    
    String previewId = request.getParameter("previewId");
    logger.debug("预览 ID{}", previewId);
    
    // 获取上上传文件的管理器类
    UploadFileManager fileManager = getFiles(request);
    
    // 获取上传文件
    UploadFile file = fileManager.getFile();
    
    // 判断是否为空,如果客户端没有上传文件,则返回错误消息
    if (file == null) {
        HashMap result = new HashMap();
        result.put("error", "请选择正确的文件类型");
        return result;
```

```
    }

    // 验证通过后对上传文件进行保存
    fileManager.save();

    HashMap result = new HashMap();
    String[] initialPreview = new String[1];
    initialPreview[0] = file.getCompleteName();
    result.put("initialPreview", initialPreview);
    result.put("append", true);
    return result;
}
```

② 同步上传

同步模式需要设置 uploadAsync 选项值为 false。在此模式下，内置 Ajax 会将所选的全部文件作为一个数组对象发送到服务器端，并且仅触发一次上传请求。同样，可以通过 maxFileCount 选项控制一次允许选择的最大文件数。同步模式下，上传进度只会反应在整体的进度条上。我们先来看异步上传文件时的完整初始化代码。

```
var previews = [ "/WebAdvanced/resources/images/Light A Fire.jpg"];

$('#input-ajax-multiple').fileinput({
    language : 'zh',
    uploadUrl : '/WebAdvanced/seven/saveSyncAjaxFile',
    uploadAsync : false,
    uploadExtraData : {cmower:"沉默王二"},
    initialPreviewAsData : true,
    minFileCount : 2,
    maxFileCount : 2,
    overwriteInitial : false,
    initialPreview : previews,
    initialPreviewConfig : [ {
        caption : 'Light A Fire.jpg',
        url : '/WebAdvanced/seven/deleteFile',
        key : "Light A Fire",
    }, ],
});
```

因为同步模式下，服务器端接收的是所有的上传文件，而不再是单个文件，所以接收文件的方式与异步模式不同。

```
@RequestMapping("saveSyncFile")
public void saveSyncFile(HttpServletRequest request) {
    // 获取上上传文件的管理器类
```

```
    UploadFileManager fileManager = getFiles(request);

    // 获取上传文件
    List < UploadFile > list = fileManager.getFiles();

    // 判断是否为空,如果客户端没有上传文件,则返回错误消息
    if (list == = null || list.size() < 1) {
    }

    // 验证通过后对上传文件进行保存
    fileManager.save();
}
```

对于附加数据来说,服务器端获取的方式和异步模式相同。但响应数据的格式和异步模式有一些差别。JSON 对象的格式如下:

```
{
    error: '错误信息', // 整个批量上传过程的错误信息
    errorkeys: [], // 上传文件的索引,从 0 开始
    initialPreview: [], // 上传文件的初始化预览,数组长度与上传文件数量保持一致
    initialPreviewConfig: [],
    append: true
}
```

然后,我们来看完整的服务器端代码。

```
@RequestMapping("saveSyncAjaxFile")
@ResponseBody
public Object saveSyncAjaxFile(HttpServletRequest request) {
    logger.debug("使用 Bootstrap FileInput 内置 Ajax 上传文件");

    String cmower = request.getParameter("cmower");
    logger.debug("额外参数{}", cmower);

    // 获取上上传文件的管理器类
    UploadFileManager fileManager = getFiles(request);

    // 获取上传文件
    List < UploadFile > list = fileManager.getFiles();

    // 判断是否为空,如果客户端没有上传文件,则返回错误消息
    if (list == = null || list.size() < 1) {
        HashMap result = new HashMap();
        result.put("error", "请选择上传文件");
```

```java
        return result;
    }

    HashMap result = new HashMap();

    int [] errorkeys = new int[list.size()];
    String [] initialPreviews = new String[list.size()];
    ArrayList < HashMap > initialPreviewConfigs = new ArrayList < > ();
    for (int i = 0; i < list.size(); i++) {
        HashMap initialPreviewConfig = new HashMap();
        UploadFile uploadFile = list.get(i);
        initialPreviewConfig.put("caption", uploadFile.getOriginalFileName());
        initialPreviewConfig.put("key", i + 1);
        initialPreviewConfigs.add(initialPreviewConfig);

        if (uploadFile.getFileSize() > 1 * 1024 * 1024) {
            errorkeys[i] = i + 1;
        }
        initialPreviews[i] = uploadFile.getCompleteName();

    }

    if (errorkeys[0] > 0) {
        result.put("error", "文件大小超过 1M");
    }

    // 验证通过后对上传文件进行保存
    fileManager.save();

    result.put("initialPreview", initialPreviews);
    result.put("initialPreviewConfig", initialPreviewConfigs);
    result.put("append", true);
    return result;
}
```

7. 图像缩放配置项

（1）resizeImage：是否增加调整上传图像大小的功能，默认为 false。需要注意的是，调整图像需要在引入 fileinput.js 之前引入 piexif.js。

（2）resizeImageQuality：缩放图像的质量，可选值在 0.00 到 1.00 之间，默认值为 0.92。

（3）resizeDefaultImageType：图像缩放后的 MIME 类型，默认为 image/jpeg。

（4）resizeIfSizeMoreThan：只有大小超过此选项值的图像才会进行调整，单位为

KB,默认值为0。

(5) resizePreference:根据宽度(width)或高度(height)调整图像大小的首选项,前提条件是 resizeImage 为 true,默认为 width。

- 值为 witdh,那么会先和 maxImageWidth 进行比较,如果图像的宽度大于此,则将图像宽度调整为 maxImageWidth,图像高度等比例缩放;如果图像的宽度小于此,则按照 maxImageHeight 进行调整。
- 值为 height,则会先和 maxImageHeight 进行比较,如果图像的高度大于此,则将图像高度调整为 maxImageHeight,图像宽度等比例缩放;如果图像的高度小于此,则按照 maxImageWidth 进行调整。

示例如下:

```
// resizePreference 设置为 'width'
// 如果图像宽度大于 200px,则宽度调整为 200px
// 如果图像宽度小于 200px,并且高度大于 200px,则高度调整为 200px
// 否则不进行调整
$('#input-b1').fileinput({
    uploadUrl : '/WebAdvanced/seven/saveFile',
    resizeImage : true,
    maxImageWidth : 200,
    maxImageHeight : 200,
    resizePreference : 'width',
});
```

例如原图为1920×1080,按以上规则调整后的图像是什么样的?怎么验证呢?可将图片通过 Bootstrap FileInput 上传到服务器端,然后查看,如图7-8-9所示(宽度变成了200,也就是 maxImageWidth)。

8. 其他配置项

(1) defaultPreviewContent:预览内容的占位符。也就是说当选择的文件被清除时,预览区域显示的默认内容。当我们需要显示一张默认的用户头像时,这个选项就变得非常有用。那你可能会产生疑问:"该选项和 initialPreview 的作用类似啊?"但其实有所不同,因为当 overwriteInitial 设置为 false 时,initialPreview 设定的预览内容并不会被覆盖。而 defaultPreviewContent 仅在初始化或清除预览内容时才显示,在其他时候,例如说选择了文件,那么它就会被临时覆盖,直到所选文件被清除为止。示例如下。效果如图7-8-10所示。

图7-8-9

```
$("#avatar-1").fileinput({
    overwriteInitial: true,
    maxFileSize: 1500,
```

```
    showClose: false,
    showCaption: false,
    showUpload:false,
    browseLabel: '',
    removeLabel: '',
    browseIcon: ' < i class = "glyphicon glyphicon-folder-open" > < /I > ',
    removeIcon: ' < i class = "glyphicon glyphicon-remove" > < /I > ',
    removeTitle: '取消或重新选择 ',
    defaultPreviewContent: ' < img src = "/WebAdvanced/resources/images/cmower160x160.jpg" alt = "沉默王二" > ',
    allowedFileExtensions: ["jpg", "png", "gif"]
});
```

（2）maxFilePreviewSize：可预览文件的最大大小（单位 KB），超过此大小的文件不再显示预览内容，而只有一个默认的缩略图。如果设置为 0 或者 null，意味着允许的预览大小是无限制的。默认值为 25600，即 25M。

（3）previewFileType：可预览的文件类型。默认为 image，可以指定以下类型。

- image：只有图像文件才可以预览。
- text：只有文本文件才可以预览。
- any：图像和文本文件均可以预览。

图 7-8-10

图像和文本之外的文件将以文件名的缩略图形式在预览区域显示。

（4）elErrorContainer：显示错误信息的容器标识符（例如 #id）。如未设置，则默认为预览容器内的 .kv-fileinput-error 元素。

（5）zoomModalHeight：预览详细窗口的默认高度(px)，默认值为 480。

（6）slugCallback：一个用于将文件名转换为安全字符串的回调函数，主要用于消除特殊字符。默认的回调函数（参数为文件名）为：

```
slugCallback: function (text) {
    return isEmpty(text) ? '' : String(text).replace(/[\[\]\/\{}:;#%=\(\)\*\+\?\
    \\^\$\|<>&"]/g, '_');
}
```

也可以使用自定义的函数,例如:

```
slugCallback: function(filename) {
    return filename.replace('(', '_');
}
```

(7) textEncoding:读取文件时使用的编码,只适用于预览文本文件。默认为"UTF-8"。

7.8.5 Bootstrap FileInput 的扩展应用实例

场景 1:文件被拖放(或通过浏览按钮选择文件)后自动上传至服务器端

对于这样的场景,我们需要先来了解:

- filebatchselected:选择一批文件后触发的事件。
- upload:触发内置 Ajax 上传所选文件的方法,仅在设置了 uploadUrl 选项后有效,于是,这个场景我们可以这样做。

```
var $bf7841 = $("#bf7841");
$bf7841.fileinput({
    language : 'zh',
    uploadUrl: "/WebAdvanced/seven/saveSyncAjaxFile",
    uploadAsync: false,// 同步上传
    showUpload: false, // 不显示上传按钮
    showRemove: false, // 不显示移除按钮
    minFileCount: 1,
    maxFileCount: 5,
    initialPreviewAsData: true
}).on("filebatchselected", function(event, files) {
    $bf7841.fileinput("upload");
});
```

场景 2:删除文件前提醒用户进行确认

对于这样的场景,我们需要先来了解:

- filebeforedelete:单击每个初始化预览文件的"删除"图标即可触发此事件。该事件发生在删除的 Ajax 请求发出之前,这样可以帮助我们来确认是否真的需要发起 Ajax 请求。
- Promise:承诺将来会执行创建 Promise 对象可以这么做:

```
new Promise(function(resolve, reject) {
    // 满足条件,执行 resolve
    // 条件不满足,执行 reject
});
```

于是，这个场景我们就可以这样做：

```
var $bf7842 = $("#bf7842");
$bf7842.fileinput({
    uploadUrl : "/WebAdvanced/seven/saveSyncAjaxFile",
}).on("filebeforedelete", function(jqXHR) {
    return new Promise(function(resolve, reject) {
        $.confirm("你确定要删除当前文件吗?", function() {
            resolve();
        });
    });
});
```

场景 3：基于 Form 表单上传文件前使用 BootstrapValidator 进行校验

在这之前，我们已经学习过了 BootstrapValidator，让我们来回顾一下。

- 字段验证器，例如说 notEmpty 用来判空，callback 可通过回调函数来自定义验证规则。
- 常用方法，例如说 revalidateField 可用来对字段重新校验。
- 常用监听事件，例如说 success.form.bv 是在所有验证器都通过后触发的监听事件，然后可以在其内部调用 Ajax 对表单进行提交。

然后，我们来考虑一下怎么用 BootstrapValidator 对 Bootstrap FileInput 进行校验。

……

思考片刻后，我们有了灵感：Bootstrap FileInput 可通过设置 required 选项来确保已选择了文件，否则就会显示错误信息（在一个 CSS 类名为 .kv-fileinput-error 的容器内），我们就利用这一点来自定义一个验证规则，以便 BootstrapValidator 在 Form 表单提交时对 Bootstrap FileInput 进行校验。于是，我们就可以这样做：

```
var $bf7843 = $("#bf7843"), $bf7843Form = $('#bf7843Form');
$bf7843.fileinput({
    language : 'zh',
    required: true,
    showUpload : false, // 不显示上传按钮
    showRemove : false, // 不显示移除按钮
    initialPreviewAsData : true,
    allowedFileTypes : ['image'],
    allowedFileExtensions : [ 'jpg', 'png' ],
}).on("filebatchselected", function(event, files) {
    var bv = $bf7843Form.data('bootstrapValidator');
    // BootstrapValidator 的一个方法，用来重新验证指定的字段
    bv.revalidateField('headimg');
});
```

```javascript
$bf7843Form.bootstrapValidator({
    fields : {
        username : {
            validators : {
                notEmpty : {// 用户名不能为空
                    message : '请输入用户名'
                },
            }
        },
        headimg : {
            validators : {
                callback : {//BootstrapValidator 的一个验证器,通过自定义回调函数来进行验证
                    message : '', // 设置 BootstrapValidator 的验证信息为空白字符
                    callback : function(input) {
                        // 获取 Bootstrap FileInput 的错误信息
                        var error = $bf7843Form.find('.kv-fileinput-error').html();
                        return $.trim(error) = = = '';
                    }
                }
            }
        },
    }
}).on('success.form.bv', function(e) {
    e.preventDefault();

    var $form = $(e.target), bv = $form.data('bootstrapValidator'), data = new FormData($form[0]);

    $.ajax({
        type : $form.attr("method") || 'POST',
        url : $form.attr("action"),
        data : data,
        cache : false,
        dataType : "json",
        // 发送数据到服务器时所使用的内容类型。默认为 true,类型为:"application/x-www-form-urlencoded"。
        contentType : false,
        // 布尔值,规定通过请求发送的数据是否转换为查询字符串。默认是 true。
        processData : false,
        success : function(json) {
            if (json.statusCode = = = 200) {
```

```
                $.msg(json.mo.fileUrl);
            } else {
                bv.updateMessage(json.field, 'blank', json.message);
                bv.updateStatus(json.field, 'INVALID', 'blank');
            }
        },
    });
});
```

当表单验证出错的时候,效果如图7-8-11所示。

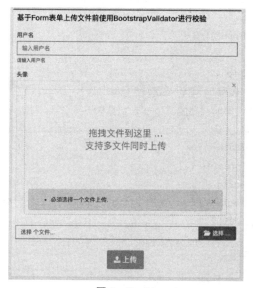

图7-8-11

场景4:切换主题

Bootstrap FileInput 默认的主题是 Glyphicons。但如果你希望变点花样,看到些不一样的主题,那么也是可以的。目前来说,有 2 种其他的主题可供选择:Font Awesome 和 Krajee Explorer。

它们的使用方法是类似的,因此我打算只介绍 Krajee Explorer,它比起 Font Awesome,它更新颖一些,该主题提供了一个有趣的解决方案:可以将用于预览的文件缩略图显示为文件资源管理器的格式。

为此,我们可以按照以下几个简单的步骤来实现主题切换:

第一步,加载 Krajee Explorer 主题的 CSS 文件,必须在 fileinput.css 之后。

```
< link href = "https://cdn.bootcss.com/bootstrap-fileinput/4.4.8/css/fileinput.css"
rel = "stylesheet" >
    < link href = "https://cdn.bootcss.com/bootstrap-fileinput/4.4.8/themes/explorer-fa/
theme.css" rel = "stylesheet" >
```

第二步,加载 Krajee Explorer 主题的 JavaScript 文件,必须在 fileinput.js 之后。

```
   < script src = "https://cdn.bootcss.com/bootstrap-fileinput/4.4.8/js/fileinput.js" >
</script>
   < script src = "https://cdn.bootcss.com/bootstrap-fileinput/4.4.8/themes/explorer-fa/
theme.js" > </script>
```

第三步，Bootstrap FileInput 初始化的时候设置 Krajee Explorer 主题。

```
    var previews4 = [ "/WebAdvanced/resources/images/Light A Fire.jpg",
        "/WebAdvanced/resources/images/Wisdom.jpg",
        "/WebAdvanced/resources/images/Ship In The Sand.jpg",];

    $("#bf7845").fileinput({
        language: 'zh',
        theme: "explorer-fa",
        uploadUrl: "/WebAdvanced/seven/saveAjaxFile",
        allowedFileExtensions: ['jpg', 'png', 'gif'],
        overwriteInitial: false,
        initialPreviewAsData: true,
        initialPreview: previews4,
        initialPreviewConfig: [
            {caption: "Light A Fire.jpg", width: "120px", url: "/WebAdvanced/seven/delete-
            File", key: 101},
            {caption: "Wisdom.jpg", width: "120px", url: "/WebAdvanced/seven/deleteFile",
            key: 102},
            {caption: "Ship In The Sand.jpg", width: "120px", url: "/WebAdvanced/seven/
            deleteFile", key: 103}
        ],
    });
```

效果如图 7-8-12 所示。

场景 5：选择文件夹上传所有文件

对于此场景，可以有两种解决方案：

- 使用 HTML5 的递归上传文件属性 webkitdirectory，指示 < input type = "file" > 元素让用户选择文件夹而不是文件来解决。要使用此功能，必须使用文件选择器按钮来选择文件夹，而无法使用拖拽功能。
- 利用 Bootstrap FileInput 插件自身的拖拽功能来解决，但这仅适用于内置 Ajax 上传。可以选择文件和文件夹的组合，该插件会自动深度扫描嵌套文件夹以读取文件夹中的所有文件。

需要特别注意的是，为了在上传大量文件的过程中获取更好的性能，建议隐藏缩略图的预览功能。否则，在文件夹中读取和显示大量文件以进行预览，可能会耗尽浏览器内存。

第 7 章 大有可为的 Form 表单

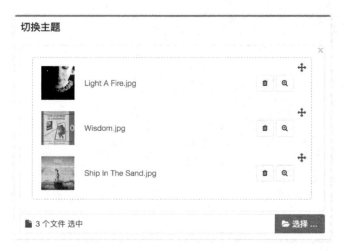

图 7-8-12

(1) webkitdirectory

```
< input id = "bf7846" name = "bf7846[]" type = "file" multiple webkitdirectory >

$(function(){
    $("#bf7846").fileinput({
        language : 'zh',
        uploadUrl : "/WebAdvanced/seven/saveAjaxFile",
        browseLabel : '选择文件夹...',
        hideThumbnailContent : true
    });
});
```

(2) 拖拽文件夹

```
< input id = "bf7847" name = "bf7847[]" type = "file" multiple >

$(function(){
    $("#bf7847").fileinput({
        language : 'zh',
        uploadUrl : "/WebAdvanced/seven/saveAjaxFile",
        hideThumbnailContent : true
    });
});
```

选择或拖拽文件夹后的效果如图 7-8-13 所示。

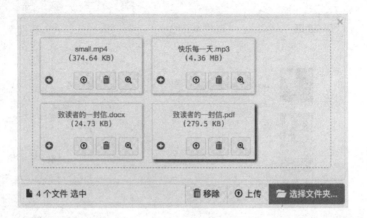

图 7-8-13

7.9 Summernote——超级简洁的富文本编辑器

7.9.1 为什么选择 Summernote

为什么要选择 Summernote？其实也没有什么特别的理由，就像喜欢一个人一样，讲理由总显得有些多余。但如果一点理由不讲，总难免让人觉得你无话可说，那既然这样，就不妨说一些吧。

首先，Summernote 依赖于 Bootstrap，这一点似乎不需要重点说明，但恰恰相反。如果 Summernote 不是依赖于 Bootstrap 的话，我可能就不大会在本书中选择它来作为富文本编辑器的首选方案。

其次，作为一个可以帮助我们在线创建 WYSIWYG（What you see is what you get）编辑器的 JavaScript 库，Summernote 具有与众不同的、令人欣喜的功能。

- 可以轻松地粘贴剪贴板上的图像；
- 使用 base64 编码直接在字段域中保存图像内容，因此无需再做额外的处理来保存图像；
- 超级简洁的 UI（没错，这正是 Summernote 熠熠生辉的特色之一）；
- 交互式的 WYSIWYG 编辑器；
- 能够便捷地与服务器端保持联络（嗯，轻松自如地和服务器端取得联系是必不可少的）；
- 支持 Bootstrap 3，也支持 Bootstrap 4（很有必要，紧随时代的步伐是生存之道）；
- 扩展了一些有用的插件。

最后，Summernote 是开源的，可以放心的使用。

GitHub 地址：https://github.com/summernote/summernote。

第7章 大有可为的 Form 表单

Demo 实例：https://summernote.org/examples/。
官方文档：https://summernote.org/。

7.9.2 Summernote 的基本应用

第一步，把 summernote.css 加入到 csslib.jsp 文件中。

```
<link href="https://cdn.bootcss.com/summernote/0.8.10/summernote.css" rel="stylesheet">
```

第二步，把 summernote.js 和 summernote-zh-CN.js（简体中文语言包）加入到 js-lib.jsp 文件。

```
<script src="https://cdn.bootcss.com/summernote/0.8.10/summernote.js"></script>
<script src="https://cdn.bootcss.com/summernote/0.8.10/lang/summernote-zh-CN.js"></script>
```

第三步，构建 Summernote 元素。

Summernote 可以放在 Form 表单中使用，也可以单独使用。如果单独使用的话，建议在 <body> 中创建一个 div 元素，然后这个 div 将会在接下来的步骤当中渲染成 Summernote 编辑器，代码如下：

```
<div id="summernote">你好呀,Summernote!</div>
```

如果希望在 Form 表单中使用 Summernote，做法与上面差不多。只不过最好使用 textarea 元素代替 div 元素，因为 textarea 可以设置 name 属性，这样当表单将数据提交到服务器端时，服务器端可以通过 name 属性值来获取编辑器中的数据。

第四步，DOM 加载完毕后对 div 标签进行 Summernote 初始化。

```
$('#summernote').summernote({
    lang: 'zh-CN',
});
```

效果如图 7-9-1 所示。

图 7-9-1

另外，如果你想单独使用 Summernote 而不依赖于 Bootstrap，还可以直接引用 summernote-lite.js 和 summernote-lite.css。Lite 版的完整示例如下：

```jsp
<%@ page language="java" contentType="text/html; charset=UTF-8" pageEncoding="UTF-8"%>
<!DOCTYPE html>
<html lang="zh-CN">
  <head>
    <meta charset="UTF-8">
    <title>Lite版</title>
    <link href="https://cdn.bootcss.com/summernote/0.8.10/summernote-lite.css" rel="stylesheet">
  </head>
  <body>
    <div id="summernote"></div>
    <script src="https://cdn.bootcss.com/jquery/3.3.1/jquery.js"></script>
    <script src="https://cdn.bootcss.com/summernote/0.8.10/summernote-lite.js"></script>
    <script>
      $('#summernote').summernote({
        placeholder: '我是Lite版的Summernote,看我漂亮吗？',
        height: 100
      });
    </script>
  </body>
</html>
```

运行后的效果如图7-9-2所示。

图7-9-2

7.9.3 Summernote 的常用配置项

(1) toolbar：可通过此选项来自定义工具栏，示例如下。

```
$('#summernote').summernote({
    lang: 'zh-CN',
    toolbar: [
            //[组名,[按钮列表]]
            ['style', ['bold', 'italic', 'underline', 'clear']],
            ['font', ['strikethrough', 'superscript', 'subscript']],
            ['fontsize', ['fontsize']],
            ['color', ['color']],
            ['para', ['ul', 'ol', 'paragraph']],
            ['height', ['height']]
});
```

现在，工具栏已经做好了瘦身，只剩下字体样式的按钮了，如图 7-9-3 所示。

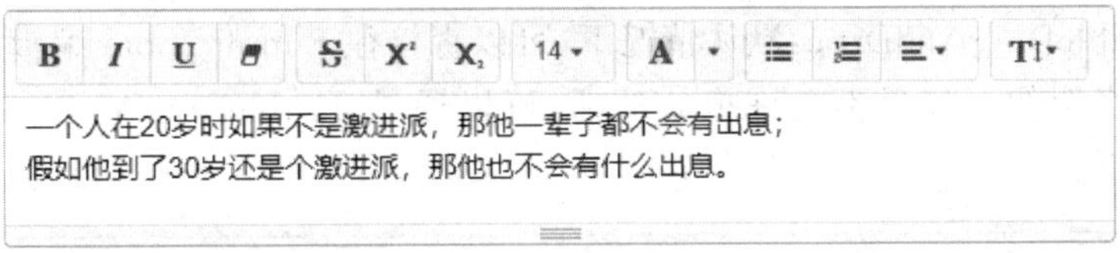

图 7-9-3

如果你还不清楚 sumernote 工具栏选项里的英文都代表什么意思，可扫描《致读者的一封信》中的二维码获取。

(2) placeholder：可通过该选项自定义占位符。示例如下：

```
$('#summernote').summernote({
    placeholder: '索罗说：大多数人都生活在平静的绝望中'
});
```

(3) fontNames：该直接通过该选项自定义字体。示例如下：

```
$('#summernote4').summernote({
    lang: 'zh-CN',
    fontNames: ['黑体','宋体','楷体','微软雅黑'],
});
```

在将字体添加到下拉列表之前，Summernote 会对新添加的字体进行测试。当添加的字体是 Web 字体时，可能检查并不会很顺利，因此，可以使用 fontNamesIgnoreCheck 选项定义要忽略的 Web 字体。示例如下：

```
$('#summernote4').summernote({
    lang: 'zh-CN',
    fontNames: ['黑体','宋体','楷体','微软雅黑','Merriweather'],
    fontNamesIgnoreCheck: ['Merriweather']
});
```

(4) Dialogs：如果是在一个模态框中使用 Summernote，应该设置该选项为 true。示例如下：

```
$('#summernote').summernote({
    dialogsInBody: true
});
```

默认情况下，对话框是没有淡入淡出效果的，可以使用 dialogsFade 打开此效果。示例如下：

```
$('#summernote').summernote({
    dialogsFade: true
});
```

(5) disableDragAndDrop：默认情况下，可以直接往 Summernote 编辑器中拖放一段文字或一张图像。如果不允许拖放的话，可以通过 disableDragAndDrop 选项禁用它。示例如下：

```
$('#summernote').summernote({
    disableDragAndDrop: true
});
```

(6) height：可通过该选项设置编辑器的初始化高度。示例如下：

```
$('#summernote-height').summernote({
    height: 150
});
```

当内容超出时将出现滚动条，如图 7-9-4 所示。

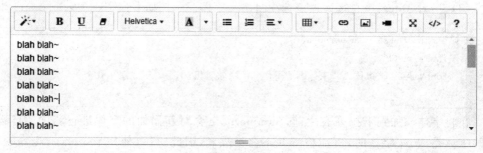

图 7-9-4

如果在初始化的时候没有设置高度,那么编辑器的高度将会随着内容的变化而变化。

(7) minHeight:设置编辑器的最小高度。

(8) maxHeight:设置编辑器的最大高度。

(9) focus:如果设置为 true,初始化 Summernote 后,可编辑区域将获得焦点。

(10) airMode:可通过该选项开启 Air 模式,Air 模式下将不再设有固定在编辑器顶部的工具栏。如果想要修改一段文本,可以先选中它,然后就会弹出一个迷你工具栏。示例如下:

```
$('.summernote').summernote({
  airMode: true
});
```

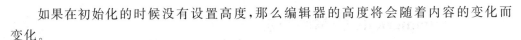

图 7-9-5

可通过以下方式来定义 Air 模式下弹出式工具栏:

```
$('#summernote3').summernote({
    lang : 'zh-CN',
    airMode : true,
    popover : {
        air : [ [ 'color', [ 'color' ] ], [ 'font', [ 'bold', 'underline', 'clear' ] ] ]
    }
});
```

效果如图 7-9-5:

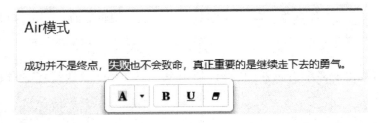

图 7-9-6

7.9.4 Summernote 的常用方法

1. 基础方法

我们可以通过 summernote 方法将一个元素初始化成 Summernote 编辑器。

```
$('#summernote').summernote();
```

也可以通过 summernote 方法在初始化的时候插入一段文字。

```
$('#summernote').summernote('editor.insertText', '学,然后知不足'));
```

第一个参数是字符串类型,表示模块及其方法;第二个参数是方法需要传递的参数值。editor 为缺省模块,因此代码可以写成以下形式:

```
$('#summernote').summernote('insertText', '学,然后知不足'));
```

（1）isEmpty:判断编辑器的内容是否为空。即使编辑器的内容为空,Summernote 的编辑器区域也需要 <p>
</p> 来填充,因此 Summernote 提供了此方法来帮助开发者检查内容是否为空。代码如下:

```
if ($('#summernote').summernote('isEmpty')) {
  console.log('内容真的为空');
}
```

（2）reset:重置编辑器,可清除编辑器内容以及所有存储的历史记录,代码如下:

```
$('#summernote').summernote('reset');
```

（3）enable:启用编辑器。
（4）disable:禁用编辑器。
（5）destory:销毁,代码如下:

```
$('#summernote').summernote('destroy');
```

（6）获取和设置编辑器内容,可通过以下方法获取编辑器的 HTML 内容。

```
var markupStr = $('#summernote').summernote('code');
```

如果初始化了多个编辑器,则可以使用 jQuery 的 eq 获取指定 Summernote 的 HTML 内容。

```
var markupStr = $('#summernote').summernote('code');
```

要设置编辑器的内容也超级简单。

```
var markupStr = '一个人在 20 岁时如果不是激进派,那它一辈子都不会有出息;<br>假如它到了 30 岁还是个激进派,那它也不会有什么出息。';
```

```
$('#summernote').summernote('code', markupStr);
```

2. 插入方法

(1) insertImage：插入图像。

```
// @param {String} url,图像插入后的可访问地址
// @param {String|Function} filename,可以是字符串,也可以是回调函数
$('#summernote').summernote('insertImage', url, filename);
```

例如说可通过回调函数对图像进行修改,示例如下：

```
$('#summernote5').summernote('insertImage', '/WebAdvanced/resources/images/Light A
Fire.jpg', function($image) {
    $image.css('width', $image.width() / 2); // 宽度减半
    $image.attr('data-filename', 'cmower');// 定义文件名为 cmower
});
```

(2) insertNode：插入 DOM 元素。示例如下：

```
$('#summernote5').summernote('insertNode', $("<div></div>")[0]);
```

(3) insertText：插入文本。
(4) createLink：插入链接。示例如下：

```
// @param {String} text - 链接文本
// @param {String} url - 链接 URL
// @param {Boolean} isNewWindow - 是否在新窗口打开链接
$('#summernote5').summernote('createLink', {
    url: 'https://github.com/qinggee',
    text: 'This is my House!!!',
    isNewWindow: true
});
```

7.9.5 Summernote 的常用监听事件

Summernote 的监听事件绑定方法有两种。

方法 1(推荐),在 Summernote 的 callbacks 选项内绑定事件。示例如下：

```
$('#summernote').summernote({
    callbacks: {
        onInit: function() {
            console.log('Summernote 初始化完毕。');
        }
    }
});
```

方法 2，通过 jQuery 的 on 方法绑定事件，需要带有 summernote 前缀。示例如下：

```
$('#summernote').on('summernote.init', function() {
  console.log('Summernote 初始化完毕。');
});
```

监听事件列表如下：

(1) onInit：初始化完毕后触发的监听事件。示例见方法 1、方法 2。

(2) onEnter：按下回车键触发的监听事件。示例如下：

```
$('#summernote').summernote({
  callbacks: {
    onEnter: function() {
      console.log('按下回车键');
    }
  }
});
```

```
$('#summernote').on('summernote.enter', function() {
});
```

(3) onFocus：编辑区域获得焦点时触发的监听事件。示例如下：

```
$('#summernote').summernote({
  callbacks: {
    onFocus: function() {
      console.log('编辑区域获得焦点');
    }
  }
});
```

```
$('#summernote').on('summernote.focus', function() {
});
```

(4) onBlur：编辑区域失去焦点时触发的监听事件。示例如下：

```
$('#summernote').summernote({
  callbacks: {
    onBlur: function() {
      console.log('编辑区域失去焦点');
    }
  }
});
```

```
$('#summernote').on('summernote.blur', function() {
});
```

(5) onKeyup：键释放时触发的监听事件。示例如下：

```
$('#summernote').summernote({
  callbacks: {
    onKeyup: function() {
      console.log('键释放');
    }
  }
});

$('#summernote').on('summernote.keyup', function() {
});
```

(6) onKeydown：键按下时触发的监听事件。示例如下：

```
$('#summernote').summernote({
  callbacks: {
    onKeydown: function() {
      console.log('键按下');
    }
  }
});

$('#summernote').on('summernote.keydown', function() {
});
```

(7) onPaste：粘贴时触发的监听事件。示例如下：

```
$('#summernote').summernote({
  callbacks: {
    onPaste: function(e) {
      console.log('粘贴');
    }
  }
});
$('#summernote').on('summernote.paste', function(e) {
});
```

(8) onImageUpload：选择插入图像后触发的监听事件。默认情况下，Summernote会对选择后的图像进行base64编码，编码后会在富文本编辑区域插入 < img > 标签，如下所示。

```
    < img style = " width: 604. 5px;" src = " data: image/jpeg; base64,/9j...
70TaCYw2SjqSPbODWtN2mD2P/9k = " data-filename = "cmower.jpg" >
```

这样的数据就可以直接提交到服务器端,而不需要对图像做单独的上传处理。但如果我们希望在文件选择后,先将文件上传至服务器端,然后再将服务器端返回的图像路径通过 insertImage 方法插入到富文本编辑区域,这时,可以按照以下方法来实现。

首先是服务器端代码,它和我们之前保存文件的方法差别不大。

```java
@RequestMapping("saveSummernoteImg")
@ResponseBody
public AjaxResponse saveSummernoteImg(HttpServletRequest request) {
    logger.debug("上传 summernote 选择图像");

    AjaxResponse response = AjaxResponseUtils.getFailureResponse();

    // 获取上上传文件的管理器类
    UploadFileManager fileManager = getFiles(request);

    // 获取上传文件
    UploadFile file = fileManager.getFile();

    // 判断是否为空,如果客户端没有上传文件,则返回错误消息
    if (file == = null) {
        response.setMessage("请选择文件");
        return response;
    }

    // 验证通过后对上传文件进行保存
    fileManager.save();

    response = AjaxResponseUtils.getSuccessResponse();
    // 返回客户端可以访问的文件路径 + 文件名
    response.put("imgUrl", file.getCompleteName());
    response.put("parameterName", file.getParameterName());
    return response;
}
```

然后来看客户端代码,onImageUpload 事件在触发的时候会传递一个 files 数组(用户选择的图像都在 files 对象中),我们可以对 files 数组进行遍历。然后通过 Ajax 来上传每一张图像,图像上传完成后会从服务器端返回的 JSON 对象中取得图像的可访问路径和文件名,然后利用 insertImage 方法在富文本编辑器内插入图像。具体的代码如下:

```js
$('#summernote6').summernote({
    lang : 'zh-CN',
    callbacks : {
        onImageUpload : function(files) {
            var $files = $(files);

            // 通过 each 方法遍历每一个 file
            $files.each(function(i) {
                var file = this;
                var data = new FormData();
                data.append("summernote_img_" + i, file);

                $.ajax({
                    data : data,
                    type : "POST",
                    url : '/WebAdvanced/seven/saveSummernoteImg',
                    contentType : false,
                    processData : false,
                    success : function(json) {
                        if (json.statusCode == 200) {
                            $('#summernote6').summernote('insertImage', json.mo.
                                imgUrl, json.mo.parameterName);
                        } else {
                            $.error(json.message);
                        }
                    },
                });
            });
        },
    }
});
```

此时，插入的 < img > 标签是(src 属性值的体积相对 base64 编码的体积小了很多很多)。

```html
< img style = " width: 604.5px;" src = "/WebAdvanced/upload/20180727f7cfead37d374e58a71a7206fa280cc3.jpg" data-filename = " summernote_img_0" >
```

(9) onChange：编辑器内容发生改变时触发的监听事件。示例如下：

```js
$('#summernote').summernote({
  callbacks: {
    onChange: function(contents) {
```

```
        console.log('改变后的内容:', contents);
      }
    }
  });

  $('#summernote').on('summernote.change', function(we, contents) {
  });
```

7.9.6 Summernote 的扩展应用实例

某年某月的某一天,产品经理默默地给实习生小二哥下达了一个命令,要求小二哥在一个星期内搞定以下内容,否则卷铺盖走人。

- 使用 Summernote 在 Form 表单创建一个富文本编辑器。
- 富文本编辑器内要提供 Emoji 提示。
- 提交数据前使用 BootstrapValidator 进行验证。
- 服务器端要能够对富文本编辑器的内容进行保存。

小二哥接到命令后,赶忙通过某搜索引擎在网络上发起了一阵猛烈的寻"案"之旅,但奈何搜索结果都不尽如人意。沉痛思索片刻后,小二哥决定向他在网络上认识的"大神"小王老师求救。

在?

……(10 分钟后)

嗯!

大神,求助了

嗯!

我们那产品经理沉默给我下了一道死命令,要不完成的话我就得卷铺盖走人。

嗯?

实在没办法了,我只能求助大神你了。

嗯(心软不忍心拒绝了)!

需求是这样的……你最好能给我一份源码,非常感谢。

额(又要源码,不耐烦)。

大神,你一定要救救我!

好吧(培养一个粉丝不容易,还是耐心解决问题吧)。

十分钟后……

源码发给你了。

大神就是大神,速度这么快,非常非常感谢,我先看看啊。

(以下是详细步骤)

第一步,在 Form 表单内构建 Summernote 元素。

第7章 大有可为的 Form 表单

```html
<form id = "bv795Form" action = "${ctx}/seven/saveDetail" method = "post" role = "form">
    <div class = "form-group">
        <textarea id = "summernote" name = "detail"></textarea>
    </div>
    <div class = "box-footer text-center">
        <button type = "submit" class = "btn btn-lg btn-success">
            <i class = "fa fa-upload"></i> 提交
        </button>
    </div>
</form>
```

第二步，对 textarea 进行 Summernote 初始化。

```javascript
$('#summernoteDetail').summernote({
    lang : 'zh-CN',
    placeholder : '键入英文冒号:和任意字母开头,可提示 Emoji 表情',
    hint : {
        match : /:([\-+\w]+)$/,
        search : function(keyword, callback) {
            // $.grep 使用指定的函数过滤数组中的元素,并返回过滤后的数组。
            callback($.grep(emojis, function(item) {
                return item.indexOf(keyword) === 0;
            }));
        },
        template : function(item) {
            var content = emojiUrls[item];
            return '<img src = "' + content + '" width = "20" /> :' + item + ':';
        },
        content : function(item) {
            var url = emojiUrls[item];
            if (url) {
                return $('<img />').attr('src', url).css('width', 20)[0];
            }
            return '';
        }
    }
});
```

Summernote 可通过设置 hint 选项来启用自动完成功能。也就是说,可以在用户键入字符的时候完成自动匹配,并提示可选项供用户选择。可根据表 7-9-1 所示选项进行自定义。

表 7-9-1 Summernote hint 选项的子选项

选项	类型	描述
match	正则表达式,必须	触发匹配的条件。
search	Function,必须	匹配关键字的处理程序,第一个参数是输入的关键字,第二个参数是自定义匹配结果的回调函数。
template	Function,可选	构建建议项列表的模板函数。此函数将关键字作为参数,并返回一个用于在模板列表中显示的 HTML 字符串。
content	Function,可选	将建议项插入到富文本编辑区域的模板函数。此函数将关键字作为参数,并返回一个用于插入到富文本的 DOM 节点。

使用过程的截图,如图 7-9-7 所示。

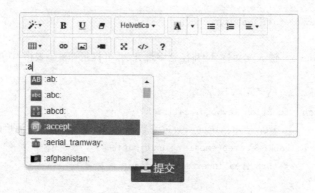

图 7-9-7

第三步,对 BootstrapValidator 进行初始化。

```
var $bv795Form = $("#bv795Form"), $summernoteDetail = $bv795Form.find("[name=detail]");

$summernoteDetail.summernote({
    callbacks: {
        onInit: function() {
            $bv795Form.bootstrapValidator({
                fields: {
                    detail: {
                        // 切记,Summernote 会将 textarea 设为不可见,要使用 excluded = false 设置该字段要进行验证
                        excluded: false,
                        validators: {
                            callback: {
                                message: '内容不允许为空',
```

```javascript
                    callback: function(input) {
                        var flag = $summernoteDetail.summernote
                            ('isEmpty');
                        return !flag;
                    }
                }
            }
        },
    }).on('success.form.bv', function(e) {
        e.preventDefault();

        var $form = $(e.target), bv = $form.data('bootstrapValidator');

        $.ajax({
            type: $form.attr("method") || 'POST',
            url: $form.attr("action"),
            data: $form.serializeArray(),
            cache: false,
            dataType: "json",
            success: function(json) {
                if (json.statusCode == 200) {
                    $.msg(json.message);
                } else {
                    bv.updateMessage(json.field, 'blank', json.message);
                    bv.updateStatus(json.field, 'INVALID', 'blank');
                }
            },
        });
    });
},
onChange: function(contents) {
    var bv = $bv795Form.data('bootstrapValidator');
    bv.revalidateField('detail');
}
    }
});
```

- 当Summernote完全初始化后,再进行BootstrapValidator初始化(可将BootstrapValidator初始化放在Summernote的onInit监听事件中),这样可以防止Summernote没有初始化时BootstrapValidator已经开始初始化,这样可能会导致BootstrapValidator对Summernote验证时和预期不符。
- 由于Summernote会在初始化完成后将textarea设为不可见,因此要在Boot-

- strapValidator 初始化的时候设置 excluded 为 true,否则该验证规则不会执行。
- 可通过 $summernoteDetail.summernote('isEmpty') 来判定 Summernote 编辑器是否为空。如果为空,则提示"内容不允许为空"的错误信息。
- 提交表单时,如果 BootstrapValidator 验证通过,则可以通过 Ajax 将表单数据提交至服务器端。
- 当 Summernote 编辑器的内容发生改变时(触发 onChange 事件),BootstrapValidator 对其重新验证。

第四步,服务器端获取数据保存成功后返回响应给客户端,代码如下:

```
@RequestMapping("saveDetail")
@ResponseBody
public AjaxResponse saveDetail() {
    logger.debug("保存 summernote 数据");


    AjaxResponse response = AjaxResponseUtils.getFailureResponse();

    String detail = getPara("detail");

    if (StringUtils.isEmpty(detail)) {
        response.setMessage("请填写详情");
        response.setField("detail");
        return response;
    }


    Users user = this.userService.loadOne("wang");
    Users update = new Users();
    update.setId(user.getId());
    update.setDetail(detail);
    this.userService.updateSelective(update);

    response = AjaxResponseUtils.getSuccessResponse();
    response.setMessage("详情保存完毕");
    return response;
}
```

第五步,体验效果,如图 7-9-8 所示。

第六步,确认数据是否保存完毕,如图 7-9-9 所示。

图 7-9-8

图 7-9-9

7.10 筛选结果的查询类表单

之前我们已经了解到，Form 表单既可以作为保存数据的载体，也可以作为筛选结果的查询条件。不管是保存类表单，还是查询类表单，它们共同的使命就是将用户在客户端填写的数据提交至服务器端。至于它们之间的差别，可以从达成的目的上加以区分：保存类表单的目的是用于数据保存，无论是简单的文本数据，还是更复杂的文件数据，服务器端仅是保存这些数据；而查询类表单的目的是用于结果筛选，数据只是用来做查询条件的（如果需要的话，这些数据还会原封不动的传回客户端，保证客户端页面上的查询条件为最后一次查询的状态）。

我们来做一个完整的实例，在实战中体验一番。

第一步，构建查询类表单页面。

```html
<form id="queryForm" action="${ctx}/sitemesh?p=query-form" method="post" role="form">
    <div class="input-group input-group-sm" style="width:150px;">
        <input type="text" name="realname" value="${param.realname}" class="form-control pull-right" placeholder="用户名">

        <div class="input-group-btn">
            <button type="submit" class="btn btn-default">
                <i class="fa fa-search"></I>
            </button>
        </div>
    </div>
</form>
<table class="table table-hover">
    <tr>
        <th>头像</th>
        <th>昵称</th>
        <th>简介</th>
    </tr>
    <c:forEach var="item" items="${list}">
        <tr>
            <td><img class="direct-chat-img" src="${item.headimg}" alt="${item.realname}"></td>
            <td>${item.realname}</td>
            <td>${item.brief}</td>
        </tr>
    </c:forEach>
</table>
```

页面主要分为两个部分。

(1) 查询表单部分，负责将查询条件提交至服务器端。注意，原始的 Form 表单在提交数据后会重新刷新页面，导致查询条件丢失。因此，我们需要把 action 的指向地址与获得当前筛选结果的地址保持一致。这样做的好处就是当表单提交之后，不仅能够把筛选的结果带回来，也能把请求的查询条件带回来。例如，查询结果可以通过 EL 表达式 ${list} 绑定到表格上，而查询条件也能够通过 EL 表达式 ${param.realname} 绑定到输入框上，这样就保证了查询条件与筛选结果的一致性。

(2) 结果表格部分，负责将筛选结果显示在当前页面上。可以通过 <c:forEach> 对筛选结果 ${list} 进行遍历，然后将具体字段的信息显示在单元格内。

第二步，服务器端接收查询条件并筛选数据，然后将两者返回给客户端。

```java
@Controller
@RequestMapping("sitemesh")
public class SitemeshController extends BaseController {
    @Autowired
    private UserService userService;

    @RequestMapping("")
    public String index(@RequestParam(required = false, defaultValue = "index") 
    String p, Model model) {
        if ("query-form".equals(p)) {
            Users param = new Users();
            param.setRealname(getPara("realname"));
            List<Users> list = this.userService.selectList(param);
            model.addAttribute("list", list);
            model.addAttribute("param", param);
        }

        return "sitemesh/" + p;
    }
}
```

我们在查询表单中输入"小"作为查询条件,其筛选结果如图 7-10-1 所示。

查询类表单			小 🔍
头像	昵称	简介	
	小王老师	纵横江湖三十馀载,杀尽仇寇,败尽英雄,天下更无抗手,无可奈何,惟隐居深谷,以雕为友。	
	小二哥	事了拂衣去,深藏身与名	

图 7-10-1

注意,为了防止 From 表单以 POST 方式提交数据的时候出现中文乱码,我们需要在 web.xml 中配置 Spring 编码过滤器。

```xml
<filter>
    <filter-name>characterEncodingFilter</filter-name>
    <filter-class>org.springframework.web.filter.CharacterEncodingFilter</filter-class>
    <init-param>
        <param-name>encoding</param-name>
        <param-value>UTF-8</param-value>
    </init-param>
```

```
    < init-param >
        < param-name > forceEncoding </param-name >
        < param-value > true </param-value >
    </init-param >
</filter >

< filter-mapping >
    < filter-name > characterEncodingFilter </filter-name >
    < url-pattern > /* </url-pattern >
</filter-mapping >
```

7.11 小 结

小二哥：亲爱的读者，你们好，我是小二哥。

小王老师：亲爱的读者，你们好，我是小王老师。

小二哥：小王老师，我觉得这一章的内容非常的重要，尤其是 Form 表单验证和文件上传等章节，可以让我一个初入 Web 开发之路的学习者快速提升到一个非常高的水准。

小王老师：这也是近些年来我最有收获的心得。

小二哥：非常感谢小王老师的分享，这对我们新人来说，帮助特别的大。

小王老师：最重要的是，这些知识可以快速地应用于实战，帮助大家顺利地完成工作，赢得上级领导的认可和欣赏，这也是我最希望看到的。

小二哥：没错，所有的技能，如果对工作帮助不大，那么它的价值就会相应的缩水。那么问题来了，小王老师在之前的工作当中就运用过这些知识，那么这次整理成文的过程中有没有升华到一个更高的层次？

小王老师：升级是必然的。就好像怪打得多了，经验得到累计，荣誉和等级就必然会得到提升。记得七八年前刚开始打 DOTA 的时候，感觉游戏的世界是奇妙的，而我能把一号位打成五号位的酱油，被队友骂得抬不起头。但渐渐地，一局一局的那么打过来之后，自己也能越塔强杀，甚至残血反杀，更甚至完成疯狂杀戮。进阶的过程是痛苦的，但收获是满满的。一步步脚踏实地的走过来，感觉自己所有的付出都是值得的。这一次，把以往的工作经验整理成文，并分享出来，是我这辈子感觉最有收获的时刻。

小二哥：小王老师，我为你加油！

小王老师：小二哥，我看好你哟！大家一起努力，相信明天会更美好！